NATIONAL PUBLICATION FOUNDATION

ARJ21新支线飞机技术系列

主编 郭博智 陈 勇

支线飞机设计技术
实践与创新

Regional Aircraft Design Technology
Practice and Innovation

陈 勇 谢灿军 段 林 等 著

上海交通大学 出版社
SHANGHAI JIAO TONG UNIVERSITY PRESS

大飞机读者俱乐部

内容提要

本书回顾了 ARJ21 - 700 飞机的研制过程,对研制过程中的一些创新设计和设计实践进行了总结和提炼,以便形成可以借鉴的经验,为后续新型号研制提供一些参考,本书所涉及的内容包括了飞机型号研制过程中的设计理念、设计体系、技术管理、技术风险与决策、市场分析、适航验证、需求管理、构型控制、供应商管理、客户服务、设计攻关事例概述与分析等内容。

本书以"设计攻关事例及设计创新"作为主要内容进行重点描述,对各"技术攻关创新事例"从问题背景、技术难点、国内外现状、技术方案、技术难点、解决途径和取得的成果等方面进行了说明。

图书在版编目(CIP)数据

支线飞机设计技术实践与创新/陈勇等著. —上海:上海交通大学出版社,2017
大飞机出版工程
ISBN 978 - 7 - 313 - 18557 - 0

Ⅰ.①支… Ⅱ.①陈… Ⅲ.①飞机-设计 Ⅳ.①V22

中国版本图书馆 CIP 数据核字(2017)第 307696 号

支线飞机设计技术实践与创新

著　者:陈　勇　谢灿军　段　林

出版发行:上海交通大学出版社　　　　　　　　　地　　址:上海市番禺路 951 号

邮政编码:200030　　　　　　　　　　　　　　电　　话:021 - 64071208

出 版 人:谈　毅

印　制:上海万卷印刷股份有限公司　　　　　　经　　销:全国新华书店

开　本:710mm×1000mm　1/16　　　　　　　印　　张:27.5

字　数:528 千字

版　次:2018 年 10 月第 1 版　　　　　　　　　印　　次:2018 年 10 月第 1 次印刷

书　号:ISBN 978 - 7 - 313 - 18557 - 0/V

定　价:168.00 元

大飞机出版工程

丛书编委会

总主编

顾诵芬（中国航空工业集团公司科技委原副主任、中国科学院和中国工程院院士）

副总主编

贺东风（中国商用飞机有限责任公司董事长）

林忠钦（上海交通大学校长、中国工程院院士）

编委会（按姓氏笔画排序）

王礼恒（中国航天科技集团公司科技委主任、中国工程院院士）

王宗光（上海交通大学原党委书记、教授）

刘　洪（上海交通大学航空航天学院副院长、教授）

任　和（中国商飞上海飞机客户服务公司副总工程师、教授）

李　明（中国航空工业集团沈阳飞机设计研究所科技委委员、中国工程院院士）

吴光辉（中国商用飞机有限责任公司副总经理、总设计师、中国工程院院士）

汪　海（上海市航空材料与结构检测中心主任、研究员）

张卫红（西北工业大学副校长、教授）

张新国（中国航空工业集团副总经理、研究员）

陈　勇（中国商用飞机有限责任公司工程总师、ARJ21飞机总设计师、研究员）

陈迎春（中国商用飞机有限责任公司CR929飞机总设计师、研究员）

陈宗基（北京航空航天大学自动化科学与电气工程学院教授）

陈懋章（北京航空航天大学能源与动力工程学院教授、中国工程院院士）

金德琨（中国航空工业集团公司原科技委委员、研究员）

赵越让（中国商用飞机有限责任公司总经理、研究员）

姜丽萍（中国商用飞机有限责任公司制造总师、研究员）

曹春晓（中国航空工业集团北京航空材料研究院研究员、中国工程院院士）

敬忠良（上海交通大学航空航天学院常务副院长、教授）

傅　山（上海交通大学电子信息与电气工程学院研究员）

ARJ21 新支线飞机技术系列

编 委 会

总　　序

　　国务院在 2007 年 2 月底批准了大型飞机研制重大科技专项正式立项,得到全国上下各方面的关注。"大型飞机"工程项目作为创新型国家的标志工程重新燃起我们国家和人民共同承载着"航空报国梦"的巨大热情。对于所有从事航空事业的工作者,这是历史赋予的使命和挑战。

　　1903 年 12 月 17 日,美国莱特兄弟制作的世界第一架有动力、可操纵、比重大于空气的载人飞行器试飞成功,标志着人类飞行的梦想变成了现实。飞机作为 20 世纪最重大的科技成果之一,是人类科技创新能力与工业化生产形式相结合的产物,也是现代科学技术的集大成者。军事和民生的需求促进了飞机迅速而不间断的发展和应用,体现了当代科学技术的最新成果;而航空领域的持续探索和不断创新,也为诸多学科的发展和相关技术的突破提供了强劲动力。航空工业已经成为知识密集、技术密集、高附加值、低消耗的产业。

　　从大型飞机工程项目开始论证到确定为《国家中长期科学和技术发展规划纲要》的十六个重大专项之一,直至立项通过,不仅使全国上下重视我国自主航空事业,而且使我们的人民、政府理解了我国航空事业半个多世纪发展的艰辛和成绩。大型飞机重大专项正式立项和启动标志着我国的民用航空进入新纪元。经过 50 多年的风雨历程,当今中国的航空工业已经步入了科学、理性的发展轨道。大型客机项目产业链长、辐射面宽、对国家综合实力带动性强,在国民经济发展和科学技术进步中发挥着重要作用,我国的航空工业迎来了新的发展机遇。

　　大型飞机的研制承载着中国几代航空人的梦想,在 2016 年造出与波音公司

B737 和空客公司 A320 改进型一样先进的"国产大飞机"已经成为每个航空人心中奋斗的目标。然而,大型飞机覆盖了机械、电子、材料、冶金、仪器仪表、化工等几乎所有工业门类,集成数学、空气动力学、材料学、人机工程学、自动控制学等多种学科,是一个复杂的科技创新系统。为了迎接新形势下理论、技术和工程等方面的严峻挑战,迫切需要引入、借鉴国外的优秀出版物和数据资料,总结、巩固我们的经验和成果,编著一套以"大飞机"为主题的丛书,借以推动服务"大飞机"作为推动服务整个航空科学的切入点,同时对于促进我国航空事业的发展和加快航空紧缺人才的培养,具有十分重要的现实意义和深远的历史意义。

2008 年 5 月,中国商用飞机有限公司成立之初,上海交通大学出版社就开始酝酿"大飞机出版工程",这是一项非常适合"大飞机"研制工作时宜的事业。新中国第一位飞机设计宗师——徐舜寿同志在领导我们研制中国第一架喷气式歼击教练机——歼教 1 时,亲自撰写了《飞机性能及算法》,及时编译了第一部《英汉航空工程名词字典》,翻译出版了《飞机构造学》《飞机强度学》,从理论上保证了我们的飞机研制工作。我本人作为航空事业发展 50 多年的见证人,欣然接受上海交通大学出版社的邀请担任该丛书的主编,希望为我国的"大飞机"研制发展出一份力。出版社同时也邀请了王礼恒院士、金德琨研究员、吴光辉总设计师、陈迎春副总设计师等航空领域专家撰写专著、精选书目,承担翻译、审校等工作,以确保这套"大飞机"丛书具有高品质和重大的社会价值,为我国的大飞机研制以及学科发展提供参考和智力支持。

编著这套丛书,一是总结整理 50 多年来航空科学技术的重要成果及宝贵经验;二是优化航空专业技术教材体系,为飞机设计技术人员的培养提供一套系统、全面的教科书,满足人才培养对教材的迫切需求;三是为大飞机研制提供有力的技术保障;四是将许多专家、教授、学者广博的学识见解和丰富的实践经验总结继承下来,旨在从系统性、完整性和实用性角度出发,把丰富的实践经验进一步理论化、科学化,形成具有我国特色的"大飞机"理论与实践相结合的知识体系。

"大飞机出版工程"丛书主要涵盖了总体气动、航空发动机、结构强度、航电、制造等专业方向,知识领域覆盖我国国产大飞机的关键技术。图书类别分为译著、专著、教材、工具书等几个模块;其内容既包括领域内专家们最先进的理论方法和技术成果,也包括来自飞机设计第一线的理论和实践成果。如:2009 年出版的荷兰原福克飞机公司总师撰写的 *Aerodynamic Design of Transport Aircraft*(《运输类飞机的空气动力设计》));由美国堪萨斯大学 2008 年出版的 *Aircraft Propulsion*(《飞机推进》)等国外最新科技的结晶;国内《民用飞机总体设计》等总体阐述之作和《涡量动力学》《民用飞机气动设计》等专业细分的著作;也有《民机设计 1000 问》《英汉航空缩略语词典》等工具类图书。

　　该套图书得到国家出版基金资助,体现了国家对"大型飞机"项目以及"大飞机出版工程"这套丛书的高度重视。这套丛书承担着记载与弘扬科技成就、积累和传播科技知识的使命,凝结了国内外航空领域专业人士的智慧和成果,具有较强的系统性、完整性、实用性和技术前瞻性,既可作为实际工作指导用书,亦可作为相关专业人员的学习参考用书。期望这套丛书能够有益于航空领域里人才的培养,有益于航空工业的发展,有益于大飞机的成功研制。同时,希望能为大飞机工程吸引更多的读者来关心航空、支持航空和热爱航空,并投身于中国航空事业做出一点贡献。

2009 年 12 月 15 日

序

民用飞机产业是大国的战略性产业。民用客机作为一款高附加值的商品,是拉动国家经济发展的重要力量,是体现大国经济和科技实力的重要名片,在产业和科技上具有强大的带动作用。

自新中国成立以来,中国民机产业先后成功地研制了 Y-7 系列涡桨支线客机和 Y-12 系列涡桨小型客机等民用飞机。在民用喷气客机领域,曾经在 20 世纪 70 年代自行研制了运-10 飞机,国际合作论证了 MPC-75、AE-100 等民用客机,合作生产了 MD-80 和 MD-90 飞机。民机制造业转包生产国外民机部件,但始终没有成功研制一款投入商业运营的民用喷气客机。

支线航空发展迫在眉睫。2002 年 2 月,国务院决定专攻支线飞机,按照市场机制发展民机,并于 11 月 17 日启动 ARJ21 新支线飞机项目,意为"面向 21 世纪的先进涡扇支线飞机(Advanced Regional Jet for the 21st Century)"。从此,中国民机产业走上了市场机制下的自主创新之路。

ARJ21 作为我国民机历史上第一款按照国际通用适航标准全新研制的民用客机,承担着中国民机产业先行者和探路人的角色。跨越十六年的研制、取证和交付运营过程,经历的每一个研制阶段,解决的每一个设计、试验和试飞技术问题,都是一次全新的探索。经过十五年的摸索实践,ARJ21 按照民用飞机的市场定位打通了全新研制、适航取证、批量生产和客户服务的全业务流程,突破并积累了喷气客机全寿命的研发技术、适航技术和客户服务技术,建立了中国民机产业技术体系和产业链,为后续大型客机的研制打下了坚实的基础。

习近平总书记考察中国商飞公司时要求改变"造不如买、买不如租"的逻辑,坚持民机制造事业"不以难易论进退",在 ARJ21 取证后要求"继续弘扬航空报国精神,总结经验、迎难而上"。马凯副总理 2014 年 12 月 30 日考察 ARJ21 飞机时,指出,"要把 ARJ21 新支线飞机项目研制和审定经验作为一笔宝贵财富认真总结推广"。工信部副部长苏波指出:"要认真总结经验教训,做好积累,形成规范和手册,指导 C919 和后续大型民用飞机的发展。"

编著这套书,一是经验总结,总结整理 2002 年以来 ARJ21 飞机研制历程中设计、取证和交付各阶段开创性的重要成果及宝贵经验;二是技术传承,将民机研发技术专家、教授、学者广博的学识见解和丰富的实践经验总结继承下来,把丰富的实践经验进一步理论化、科学化,形成具有我国特色的民机理论与实践相结合的知识体系,为飞机设计技术人员提供参考和学习的材料;三是指导保障,为大飞机研制提供有力的技术保障。

丛书主要包括了项目研制历程、研制技术体系、研制关键技术、市场研究技术、适航技术、运行支持系统、关键系统研制和取证技术、试飞取证技术等分册的内容。本丛书结合了 ARJ21 的研制和发展,探讨了支线飞机市场技术要求、政府监管和适航条例、飞机总体、结构和系统关键技术、客户服务体系、研发工具和流程等方面的内容。由于民用飞机适航和运营要求是统一的标准,在技术上具有高度的相似性和相关性,因此 ARJ21 在飞机研发技术、适航验证和运营符合性等方面取得的经验,可以直接应用于后续的民用飞机研制。

ARJ21 新支线飞机的研制过程是对中国民机产业发展道路成功的探索,不仅开发出一个型号,而且成功地锤炼了研制队伍。参与本套丛书撰写的专家均是 ARJ21 研制团队的核心人员,在 ARJ21 新支线飞机的研制过程中积累了丰富且宝贵的实践经验和科研成果。丛书的撰写是对研制成果和实践经验的一次阶段性的梳理和提炼。

ARJ21 交付运营后,在飞机的持续适航、可靠性、使用维护和经济性等方面,继续经受着市场和客户的双重考验,并且与国际主流民用飞机开始同台竞技,因此需要针对运营中间发现的问题进行持续改进,最终把 ARJ21 飞机打造成为一款航空公司愿意用、飞行员愿意飞、旅客愿意坐的精品。

ARJ21 是"中国大飞机事业万里长征的第一步",通过 ARJ21 的探索和积累,中国的民机产业会进入一条快车道,在不远的将来,中国民机将成为彰显中国实力的新名片。ARJ21 将继续肩负着的三大历史使命前行,一是作为中国民机产业的探路者,为中国民机产业探索全寿命、全业务和全产业的经验;二是建立和完善民机适航体系,包括初始适航、批产及证后管理、持续适航和运营支持体系等,通过中美适航当局审查,建立中美在 FAR/CCAR - 25 部大型客机的适航双边,最终取得 FAA 适航证;三是打造一款具有国际竞争力的喷气支线客机,填补国内空白,实现技术成功、市场成功、商业成功。

这套丛书获得 2017 年度国家出版基金的支持,表明了国家对"ARJ21 新支线飞机"的高度重视。这套书作为上海交通大学出版社"大飞机出版工程"的一部分,希望该套图书的出版能够达到预期的编著目标。在此,我代表编委会衷心感谢直接或间接参与本系列图书撰写和审校工作的专家和学者,衷心感谢为此套丛书默默耕耘三年之久的上海交通大学出版社"大飞机出版工程"项目组,希望本系列图书能为我国在研型号和后续型号的研制提供智力支持和文献参考!

ARJ21 总设计师

2017 年 9 月

前　　言

ARJ21-700 飞机是由中国商用飞机责任有限公司研制的具有完全自主知识产权的 70~90 座级中短程支线客机,该型号于 2002 年 4 月 30 日经国务院正式批准立项,2008 年 11 月 28 日在上海实现首飞,经过了研发试飞和适航验证试验等,于 2014 年年底取得型号合格证。

经过 13 年的艰苦努力,ARJ21-700 飞机终于从图纸变成了具有一定市场竞争力的产品,在飞机设计过程中,融入了先进的设计理念和先进的设计技术,攻克了许多难关,突破了许多瓶颈,积累了宝贵经验,实现了技术创新,取得了一大批科研成果和技术专利。

在 ARJ21-700 飞机研制过程中,技术研究方面取得了许多突破,例如民用飞机总体设计技术、气动设计与布局技术、机体防冰与验证技术、系统综合与验证技术、数字化设计技术、全机安全性分析与验证技术、特定风险分析与验证技术、适航符合性及验证技术、动力装置与机体一体化设计技术、综合航电设计技术、构型控制与项目管理等方面进行了创新,实现了关键技术的突破。此外在技术管理领域;在构型控制、需求管理以及决策体系方面也进行了大胆的尝试和创新,为后续民用飞机的研制探索出一条新路,积累了宝贵的经验,值得借鉴。

本书涉及的内容广、涵盖的面比较宽,为了尽最大可能地将 ARJ21-700 飞机研制过程中的创新设计呈现在读者面前,本书分为上、中、下三篇共 39 章进行描述,各篇内容侧重点不同,上篇为民机技术体系创新,共 12 章,中篇为设计技术与实践,共 14 章,下篇为验证试验与试飞,共 13 章。

上篇主要介绍了飞机型号研制过程中的设计理念、设计体系、技术管理、技术风险与决策、市场分析、适航验证、需求管理、构型控制、供应商管理、客户服务、设计攻关事例概述与分析等内容。

中篇主要介绍了全尺寸疲劳试验、气动弹性适航符合性设计、技术出版物编制、维修审查委员会、飞机机载软件管理、标准材料和信息化技术、备份仪表 ISI

系统、水上迫降漂浮特性计算分析、数字样机、驾驶舱视界设计、全数字化外形设计、曲面风挡设计、可靠性/安全性分析、中央维护系统、电传系统、风挡组合件安装等内容及适航符合性分析技术。

下篇主要介绍了起落架轮胎爆破试验、地面应急撤离试验、电磁环境效应、转子爆破适航符合性验证方法、全机静力试验、气弹符合性验证、飞机鸟撞设计分析与验证、液压能源系统、环空系统、燃油系统、电源照明系统设计与验证、声疲劳、结构损伤容限、内饰抗火焰烧穿试验等内容。

本书在编写过程中，得到了各研究部门和相关专业的大力支持，他们提供了飞机研制过程中各创新案例的相关素材，为此付出了辛勤的劳动，有他们的无私奉献，才有了这本书的浮出，在此对他们的默默工作表示衷心的感谢和敬意。

发展中国的民机产业、让老百姓坐上中国人自己设计制造的喷气式飞机，是几代航空人的夙愿，他们长期奋斗、长期探索，付出了沉痛的代价，攻克了一个个难关，希望能找到一条发展中国民机产业的道路，这一愿望在 ARJ21 - 700 飞机上得到了实现。

飞机研制是一个复杂、漫长的过程，涉及的专业面很广，本书所选取的"设计攻关事例及设计创新"事例不可能面面俱到，不可能将飞机研制过程的所有创新设计全部呈现，只能尽量选取飞机研制过程中具有代表性的事例做简要描述，如有遗漏或片面性之处，希望读者在阅读过程中予以包涵和谅解，并欢迎批评指正。

目　　录

中篇　设计技术与实践

下篇　验证试验与试飞

0 绪 论

　　ARJ21-700 飞机是我国自行研制的具有自主知识产权的中、短航程新型支线飞机。该飞机标准航程型满客航程为 2 225 公里,延程型航程 3 700 公里,主要用于满足从大城市向周边中小城市辐射型航线的使用要求。飞机最大起飞重量为 43 500 kg,最大使用高度是 11 900 m,尾吊 2 台 CF34-10A 发动机,其客舱采用混合级 78 座和全经济级 90 座布局形式。2000 年国务院决定集中力量研制支线飞机,原国防科工委宣布中国将研制具有自主知识产权的新型涡扇支线飞机。2002 年 ARJ21-700 新支线飞机项目正式立项。

　　2014 年 12 月 30 日,在国家有关部委的关怀下,在中航工业等各参研单位和供应商的支持下,经过 12 年艰苦卓绝的研制和取证工作,ARJ21-700 飞机通过了中国民用航空局的审查,并获得了民用航空局颁发的型号合格证。这标志着我国首款按照国际标准自主研制的喷气式支线客机通过中国民用航空局适航审定,符合《中国民用航空规章》第 25 部《运输类飞机适航标准》(CCAR-25-R3)要求,具备可接受安全水平,可以参与民用航空运输活动。同时,也向世界宣告我国拥有了第一款可以进入航线运营的喷气式客机,具备了喷气式民用运输类飞机的研制能力和适航审定能力。

　　在飞机取证后,中国商用飞机有限责任公司(简称中国商飞或 COMAC)专门抽调一架飞机,先后在国内部分民航机场和航线开展了将近一年的功能可靠性试飞和航线演示飞行,对飞机做了进一步的考验,发现了影响运营的问题,并且纳入设计优化项目。2015 年 11 月 28 日,首架 ARJ21 飞机交付全球首家用户成都航空公司,经过半年的运营符合性验证和航线验证飞行,2016 年 6 月 28 日,ARJ21 正式投入航班飞行,首条航线是成都—上海虹桥往返航线。运营一年多来,已经投入 2 架飞机,开拓了成都—长沙—上海虹桥每天航班,已经安全运输旅客 1 万多人,飞机上座率很高,获得了旅客好评。更重要的是,在运营的过程中,发现了飞机使用和维护方面需要改进的问题,为此,中国商飞安排了为期 3 年的顺畅运营设计优化。至 2018 年 ARJ21 飞机完成为期 3 年的示范运营,完成了顺畅运营设计优化。同时,ARJ21 已经取得了中国民航颁发的批生产合格证,可以开展批量生产,交付国内外客户。目前 ARJ21 飞机拥有来自全球十多家客户的 400 多架订单,将会陆续交付客户。飞机还将开启系列化发展的规划,包括公务机、货机、行政机、发展型和加长型等。

ARJ21 - 700 飞机研制和取证过程,不仅研制出中国第一款满足适航要求,具有市场竞争力的喷气式支线客机,更是承担着为中国的民机产业探路的角色。通过 ARJ21 的研制取证和运营,系统性地探索出中国民机可以产业化和商业化应用的技术体系,覆盖市场研究、工程研发、总装制造、适航管理和客户服务等领域,包含标准材料、设计研发、适航取证、验证试验试飞、批生产、客户服务、商业运营、持续适航和维护维修等全寿命的技术经验。为 C919 飞机、宽体客机的研制积累经验和总结教训,形成标准、方法和案例。国内民机技术基础薄弱,没有全过程按照市场和适航要求系统地研制过一个民用客机项目,没有现成可用的民用飞机设计、分析、试验和试飞方法,所以说 ARJ21 研制过程中,攻克和掌握的每一项关键技术都是一次系统性的探索、实践和创新。

ARJ21 飞机的技术创新具有以下特点:一是市场导向,ARJ21 飞机研制过程中,始终瞄准市场目标和市场需求,牢固树立市场观的设计理念,研究市场动向,预测市场未来,以满足市场要求作为飞机研制的目标;二是集成创新,产学研结合,集全球民用航空技术,紧抓飞机顶层定义和系统集成,研制满足市场要求的飞机;三是系统集成,ARJ21 飞机研制是高端复杂的庞大系统工程,在 ARJ21 研制的过程中,遇到很多因为考虑不周而出现的系统要求缺失,系统要求不匹配,系统确认和验证不充分的问题,通过飞机的研制形成了完整的系统开发流程和定义;四是体系创新,在 ARJ21 的研制过程中,建立了一套行之有效的设计标准、设计规范和研发流程及试验试飞方法,从业务流程上,建立了工程研发、批产、适航、客户服务体系,为后续型号打下了基础;五是建立了技术基础,ARJ21 飞机研制过程开展了大量的技术攻关,掌握了一大批民机研制的关键技术,取得了大量的技术专利和科技成果;六是全寿命周期,ARJ21 的研制体现了民机研制的全寿命周期特点,飞机不仅是完成研制和取证,更在于投入航空运输市场,与全世界一流民用客机同台竞技。当然,在运营中还需要不断优化,始终瞄准市场动向,按照市场需求进行平台升级和改进,开展系列化和衍生型发展。

ARJ21 - 700 飞机研制成功,标志着第一次走通了民用飞机自主研发的道路。完成了我国几代航空人立足国内自主研制完全拥有自主知识产权喷气客机的夙愿,ARJ21 飞机是运 - 10 之后,中国喷气式客机的又一次探索。到目前为止,走完了全新研制、取证、交付、投入运营全过程,是国产喷气式客机自主研发走得最远的一次,尽管如此,ARJ21 要达到市场成功和商业成功还有很长的路要走。

ARJ21 飞机艰难地迈出的每一步、取得的每一项成绩都是我国民机工业发展的宝贵财富,ARJ21 项目无论其管理模式,还是研发技术、取证技术、客户服务、运营保障,都在走一条前所未有的研制道路,对于我国民机工业来说,形成了一套可以复制的技术管理和技术基础体系。

ARJ21 飞机的研制不同于原来航空工业一厂一所为主的上有集团公司,下有国内机载配套和军代表监督的研制模式。而是完全按照国际民用航空运输市场和产业分工规律开展研制的。

首先,完善市场机制,在 ARJ21 飞机研制过程中,没有一家用户出钱研制和承诺一定要采购,完全由研制方在市场调研的基础上,提出研制一款什么样的民用客机。其次,在研制组织体系上,采用主制造商-供应商模式。成立项目公司作为项目责任主体,设计方整合了两家设计单位,西安飞机设计研究所和上海飞机设计研究所。制造方由上海飞机制造厂作为总装单位,西飞、成飞、沈飞 3 家国内飞机制造厂作为机体供应商。系统研制采用全球招标,吸引国际顶尖系统供应商参与研制,采用"主制造商—供应商"的管理模式和"风险公担、利益共享"的合作机制,充分发挥国内现有资源,调动社会各种力量,开展新支线客机的研制工作。再次,构建研发制造、供应商管理、适航和持续适航及客户服务体系,这些都是我国民机产业链的薄弱环节。最后,国家层面成立专业化的商用飞机项目公司。2008 年 3 月 13 日,国家正式批准成立中国商用飞机有限责任公司(简称中国商飞),明确中国商飞是统筹实施支线客机研制的发展,实现我国民机产业化的主要载体。通过 ARJ21 项目的研制,为我国民机产业建立了技术体系,并且充分验证并提升了民用飞机的研制能力和水平。提高了民用飞机设计能力、制造能力、市场营销能力、适航取证能力、客户服务能力及国际供应商的管理能力,进而形成支撑航空工业良性发展的产业链;培养出一批民用航空设计的中坚力量。民用飞机的商业运作是长线经营,离不开飞机研发、制造和客户服务等方面的优秀人才,ARJ21 飞机项目中启用了一大批年轻技术管理人员,在研制过程中锻炼了他们的设计、制造及管理能力,成就了一支坚强的队伍,成为大型客机研制的宝贵财富。

ARJ21 是完全按照国际和国内民航运输市场和航空公司客户的要求研制的民用客机,其面向的主要市场是中国支线运输市场,特别是西部高温高原日益增长的支线客运需求,同时也适应国际支线运输市场的需求。广泛搜集世界和中国民用支线运输市场统计数据,准确地分析判断市场的需求,提出 ARJ21 的市场要求和目标,研发出满足市场要求和客户需求,满足国际和国内适航标准要求和运营要求,在国际市场上具有竞争力的支线客机。按照民用飞机的发展规律和一般惯例,ARJ21 飞机的发展走系列化的道路,分为基本型和加长型。基本型采取两舱布局和散舱布局两种客舱布局;加长型在基本型交付客户后适时推出,以加大市场覆盖面和分享量。除了客运型飞机,ARJ21 还有系列化发展的规划,可以改装为公务机、货机、特种飞机等衍生型飞机。此外,还要根据国内外民用运输市场的发展情况和竞争对手的发展情况,优化和升级飞机平台,打造精品工程,不断提高支线运输市场的分享量。

上篇 民机技术体系创新

1 自主创新发展民用客机

1.1 自主创新是企业发展的主动力

自主创新是指通过拥有自主知识产权的独特的核心技术以及在此基础上实现新产品价值的过程。自主创新包括原始创新、集成创新和引进技术再创新。自主创新的成果,一般体现为新的科学发现以及拥有自主知识产权的技术、产品、品牌等。

自从 18 世纪第一次工业革命,英国人瓦特发明蒸汽机,把人类带入机器时代。以电力发明为代表的第二次工业革命把人类社会带入电器时代。以计算机和原子能为代表的第三次工业革命把人类社会带入信息时代。以互联网、人工智能为代表的正在进行的第四次工业革命将把人类社会带入全新的时代。

通过四次工业革命给人类社会带来的进步可以看出,社会的不断进步,经济高速发展,在很大程度上归结于技术的进步。这种技术的进步,越来越呈现加速发展的状态,特别是进入第四次工业革命以来,技术对人类社会的推动,对一个国家的推动,对一个企业的推动,越来越起到决定性的作用。

高端科技是现代先进国家必须具备的利器,西方国家之所以能够称雄世界,其中一个重要原因就是掌握了高端科技。近年来的经济学理论都把技术进步和知识增长作为经济增长的主要动力,而西方先进国家正是掌握了包括计算机、航天航空、电子元器件等各方面的高附加值核心技术,获取高额的利润,使得全世界成为他们的原料产地和廉价工厂。

自主创新已成为全世界各企业参与全球化竞争的利器,拥有核心技术可以赢者通吃,一方独大,近些年来,初创企业的成长速度越来越快,规模越来越惊人。例如微软公司,不仅是美国跨国科技公司,而且是世界个人计算机软件开发的先导者,由比尔·盖茨与保罗·艾伦创办于 1975 年,用了 25 年时间成为一家上市企业,在 1999 年 12 月 30 日创下了 6 616 亿美元的人类历史上上市公司最高市值记录。Facebook 是美国的一个社交网络服务网站,创立于 2004 年 2 月 4 日,总部位于美国加利福尼亚州帕拉阿图,2012 年 3 月 6 日发布 Windows 版桌面聊天软件 Facebook Messenger。按照 2016 年 BrandZ 全球最具价值品牌百强榜公布,Facebook 排第 5

名。截至 2017 年 7 月,世界上最有价值的美国五大科技公司——苹果、Alphabet、亚马逊、Facebook 以及微软(按市值排名)创造了新的里程碑,它们的市值总和超过 3 万亿美元。科技创新同样也是传统百年老店铸就百年辉煌的利器,以航空航天领域为例,波音公司百年来一直是航空航天业的领袖公司,也有着创新的传统。波音公司不断开发更高效的新机型,通过网络整合军事平台、防御系统和战斗机,研发先进的技术解决方案,制订创新型的客户融资方案。波音公司在占据全球民用客机领先地位的情况下,2003 年宣布一款航空史上首架超远程中型客机 B787,典型的三舱布局座位设计能容纳 242～335 名乘客。B787 是一款革命性的全新梦幻客机,其最大特点是大量采用先进复合材料建造飞机骨架、超低燃料消耗、较低的污染排放、高效益及舒适的客舱环境。B787 飞机的推出改变了全球宽体客机的格局,为波音公司带来先发优势,迫使空客公司跟随其后推出 A350WB 及 A330neo。

从上面的案例可以看出,一个国家要想立足于世界强者之林,一个企业要想立于不败之地,必须不断地自主创新,掌握核心技术,铸就技术护城河。核心技术是买不到的,买来的技术是不具备生命力的,只能靠自己开发和积累,才能形成自己的核心能力。一个企业特别是成熟市场的后来者,只有通过自主技术创新,才能进入目标市场,参与市场竞争。

1.2　自主创新是企业发展的必由之路

对自主创新设计来说,一般有两种发展模式,一种是原始创新,一种是集成创新。

原始创新是指前所未有的重大科学发现、技术发明、原理性主导技术创新等,原始性创新意味着在研究开发方面,特别是在基础研究和高技术研究领域取得独有的发现或发明。原始创新是最根本的创新,是最能体现智慧的创新,是一个民族对人类文明进步做出贡献的重要体现。例如,诺贝尔奖获得者多是原始创新方面取得重大突破的科学家,像爱因斯坦的广义相对论,通过假设星体质量聚集到一个足够小的球状区域里,引力的强烈挤压会使那个天体的密度无限增大,然后产生灾难性的坍塌,使那里的时空变得无限弯曲,证明了宇宙中黑洞的存在。推导了质能关系式,通过解释核裂变产生巨大能量,进而发明了原子弹,通过核聚变发明了氢弹。

集成创新是指通过对各种现有技术的有效集成,形成有市场竞争力的产品或者新兴产业。1998 年,哈佛大学教授 Marco Iansiti 提出了“技术集成”(technology integration)理念,而这也被大多数学者认定为集成创新概念的首次提出。他认为“通过组织过程把好的资源、工具和解决问题的方法进行应用称为技术集成”。集成创新界定为按照社会和市场需求,系统地组织内外部优势资源(如技术、知识、信息等)而产生具有功能倍增性技术发明和创新产品的过程。在当今企业创新管理中,构建柔性的组织结构、流程和创新型文化以快速响应环境的变化,更利于集成创新。

这表明在创新管理领域中,更高层次的集成及技术创新与组织、制度等由分化走向融合的趋势更加明朗化。

集成创新的主体是企业,集成创新的目的是有效集成各种要素,创造出具有市场竞争力的产品,更多地占有市场份额,创造更大的经济效益。现代企业集成创新以提高企业持续的整体竞争力为目标,创新过程与创新资源创造性地集成与协同。越是高端复杂的产品和系统,就越不可能全面在产品所有技术上都依靠自身进行原始创新,只能是根据自己产品的市场目标,分解为技术需求,寻找和发现实现自身需求的技术,进行技术成熟度评估,进行二次开发的工作。最重要的是,进行系统集成,进行产品需求全方位评估,最终目标是满足市场需求,具有市场竞争力。这种集成创新包括技术层面的,涉及设计技术、试验技术和制造技术等,还有公共方面的安全技术、环保技术和法律法规等,在管理方面涉及项目管理、市场管理、生产管理、构型管理和资源管理等。总而言之,集成创新是技术融合的进一步延伸,是产品、生产流程、创新流程、技术和商业战略、产业网络结构和市场创新的集成。

集成创新的3个关键要素,一是系统集成,集成创新不是简单的叠加过程,而是系统化的集成过程;二是业务协同集成,协同是集成的要素问题,通过信息化网络应用实现协同运作;三是创新团队集成,集成创新最为关键的是要在集成创新中集成各业务流程创新人才。

综上所述,原始创新是技术创新的基础和核心,原始创新主要针对科学发现、技术发明和新技术原理的突破。原始创新通常具备以下特点,一是首创性,研究开发成果前所未有;二是突破性,在原理、技术、方法等某个或多个方面实现重大变革;三是带动性,在对科技自身发展产生重大牵引作用同时,对经济结构和产业形态带来重大变革。原始创新以大学和专业研究机构为主力军。集成创新主要是技术创新的应用层面和产业、产品层面。集成创新主要针对多种复杂新技术进行应用、权衡和综合集成,以达到系统最优的原则,创造出满足市场需求的新的产品、新产业。集成创新通常具有以下特点:一是以市场和用户的需求为创新的依据;二是全生命周期的体系化的创新,包括各个业务流程和组织构架;三是全产业链的创新和升级,包括供应商和用户。集成创新的主体是主制造商,参与者是所有产业链的参与企业。企业的集成创新能力决定了企业产品的竞争力,决定了企业能否在市场上具有强大的生命力。

集成创新和原始创新不同的是,原始创新的创新能力是由一个或几个核心科学家,带领团队取得突破。集成创新能力是一个企业持续积累的过程,可以是经历几代人的不断努力、不断地提高集成的创新能力,不断地通过新技术的集成,研制出更有竞争力的产品。保持和不断提高集成创新能力,是一家企业成为百年老店和千年老店的必须具备的关键能力。如波音公司就是这样一个百年老店,百年来不断提高自身的创新能力,不断研发出具有竞争力的商用飞机。而新的公司想要进入市场与老牌企业竞争,靠的也是集成创新能力。例如,空客公司推出集成智能座舱和电传飞控系统等技术为特点的 A320 系列飞机就是为了同这个细分市场上的王者 B737 飞机竞争,以技术集成创新为市场竞争利器的战略通过几十年的竞争,终于与 B737 平分天下,证明是成功的。

1.3　集成创新是民机先进性的重要体现

纵观世界民用飞机的发展历史,就是一部集成创新的历史。从人类第一次驾驶飞机飞上蓝天,到今天的最新型的民航客机,无一不是通过集成当时世界上最新的技术成果,不断满足人类快捷、安全、舒适、经济和环保的空中旅行梦想。

1.3.1　莱特兄弟创造了人类首架真正的飞机

1903 年 12 月 17 日,人类历史上第一次有动力飞行,由奥维尔·莱特驾驶的飞行者一号飞机完成,飞行者一号飞机的研制,集成了基于蒸汽机技术的活塞发动机、空气动力学和飞行操纵系统的技术创新。这 3 项技术集成迅速把人类带入商业飞行和军用飞行的应用,1905 年莱特兄弟制造的飞行者三号飞机经过飞行操纵系统的改进,已经可以进行长途飞行,最长飞行距离达到 38.6 km,飞行时间 38 min。飞机上改装了乘客座位,可以供乘客及执行侦察和射击任务的士兵乘坐。莱特兄弟发明了世界上第一架实用的固定翼飞机,依靠机载外部动力,具有飞行操纵系统控制,可以持续稳定地飞行。

1.3.2　麦道公司在世界民用飞机领域的第一次辉煌

麦道飞机公司的前身之一道格拉斯公司在第二次世界大战中是一个重要的赢家,从 1942 年至 1945 年该公司共生产了近 3 万架飞机。尤其是于 1935 年推出的 DC-3 螺旋桨客机获得了空前的成功,被认为是航空史上最具代表性的运输机,一共生产了 13 000 余架,这在民航史上是空前的。DC-3 客机的主要技术创新在于集成了以下几项新技术:一是相对于 DC-2 客机加宽了机身,载客量提高到 30 人,改善了乘客舒适性;二是更换了大功率螺旋桨发动机,飞机的性能、飞行速度和航程大幅提高。这项技术提升是革命性的,只需在中途一次加油便能横越美国东西岸。三是客舱设备方面,首次在飞机上出现了空中厨房,在机舱中设置了床位,为商业飞行带来革命性的突破。在此之前,所有航班都不提供热餐服务,相当不便。四是 DC-3 飞机在保障航空公司运营方面,飞机可靠性好,运营成本低,维修性好,维修费用低。DC-3 客机是世界航运史上第一种让经营者不靠补贴或邮运,只靠客运就能赚钱的航班飞机,堪称民航运输业的第一只"金饭碗",大大促进了美国航空运输的发展。至 1938 年,DC-3 成为美国所有大航空公司的主力飞机。由于性能优越,DC-3 被世界各国航空公司大批购买。

1.3.3 麦道、波音、空客公司在窄体干线飞机方面的集成创新和竞争

在空客公司进入民机市场以前,窄体干线机市场只有麦道和波音两家公司,从 20 世纪 60 年代至 90 年代,麦道公司和波音公司在窄体干线客机上进行了 30 多年的竞争,麦道公司研发的 DC‐9、MD‐80、MD‐90 三个系列,与波音公司的 B737‐100、200 和 B737‐300、500 系列进行了竞争。

1) 第一次创新和竞争

DC‐9 飞机是道格拉斯公司 20 世纪 60 年代研发的中短程客机,1965 年 12 月交付使用,总共生产并交付 979 架。其技术集成创新点,一是机身尾部两侧各装一台涡轮风扇发动机,客舱前段噪声低,机翼气动特性好,适合小型机场和中短程航线的需求;二是采用高效机翼,T 型垂直尾翼和水平尾翼。同期的波音公司 B737‐100、200 飞机,其技术集成创新点,一是采用共通性设计理念,采用 B707/B727 的机头和机身横截面,机身一排可以容纳 6 个座位;二是采用了常规布局,发动机位于翼下,采用后掠式下单翼,翼下两台普惠 JT8D 涡轮风扇发动机装载在减重后的发动机舱内,尾翼由后掠式垂直尾翼和下置水平尾翼构成;三是在飞机座级选择上,按照市场和客户的要求,B737‐100 最初的设想是一种只有 65～80 个座位的小容量短途客机。但是在启动客户——德国汉莎航空公司的坚持下,最后 B737‐100 的设计容量提升到 100 座级。B737‐100 在市场上并不算受欢迎,只生产了 30 架。波音公司于 1967 年推出了机身加长型号 B737‐200,以配合美国市场的需要。B737‐200 系列在市场上大受欢迎,总产量达到 1 114 架。

2) 第二次创新和竞争

麦道 MD‐80 系列及麦道 MD‐90 系列是根据道格拉斯 DC‐9 改良而成的一款双引擎商业飞机。首架麦道 MD‐80 系列飞机于 1980 年推出,之后于 1989 年推出了改进版的麦道 MD‐90 系列。主要创新特点:一是根据市场需求增大机翼翼展 28%,每个机翼在翼根和翼尖处各加长一段,机翼前机身加长 3.68 m,机翼后机身加长 0.48 m,根据不同的要求可安排载客量 105～172 人。机翼内整体油箱燃油量增加,航程增大。机身、机翼使用更多复合材料。二是采用新式先进数字电子综合飞行导引和操纵系统,研制了电子飞行仪表系统,可以将平视显示和飞行管理系统结合在一起。襟翼无级调节系统可以使襟翼控制在更精确的位置上,以保证飞机有更好的起飞着陆性能。引进发动机冲压空气冷却航空电子设备,采用新的通风循环系统,辅助动力装置功率加大。三是共通性方面,采用的是 DC‐10 客机的飞行性能管理系统。波音公司的 B737‐300 于 1984 年推出,其主要创新点为:一是机身加长,配装新的机翼,座位数增加到 102～180 座级。二是共通性方面,应用了 B757 与 B767 的现代化驾驶舱设计,采用电子飞行系统(EFIS),机舱设计来源自 B757。三是选用高涵道比的 CFM‐56 涡轮风扇发动机,噪声和经济性得到大大改善,推力比

第一代 B737 所使用的 JT8D 更高。

3）第三次创新和竞争

波音公司为应对空客公司的 A320 的竞争，于 1993 年启动新一代 B737NG 项目，1998 年正式投入使用。其主要创新点，一是全新机翼设计，采用了新的先进技术，机翼的翼弦长增加了 0.5 m，翼展增加 5 m。机翼总面积增加了 25%，选装翼尖小翼，提高了机翼效率，载油量增加 30%。新一代 B737 的最大巡航高度可达41 000 ft[①]。航程约为 3 300 n mile，比 B737 早期型的航程增加了 900 n mile。二是共通性方面，新一代 B737 的客舱采用了 B777 飞机的设计，更平滑的弧线型天花板提升了整体客舱环境。新一代 B737 的 4 种机型之间具有 98% 的机身零部件具有通用性、95%～100% 的地面支援设备具有通用性和 100% 的发动机通用性。新一代 B737 和传统型 B737 之间具有驾驶舱通用性，机组人员的驾驶资格是相同的，在零备件、地面支援设备和地面操作方面也有通用性。这为航空公司节约了很多费用。三是新一代的 B737 飞机在驾驶舱方面采用的大屏幕显示器，在发动机方面采用了全权限数字控制系统。

空客公司 A320 系列飞机作为后来者，在飞机研制中完全依靠集成更多的先进技术，采取"以新制胜"的方针，争取在窄体干线飞机市场占有一席之地。一是采用先进的新结构新材料，大量使用复合材料作为主要结构材料。二是使用先进的数字式机载电子设备，采用 6 个可互换的液晶显示屏，降低 2 名驾驶员的工作负载，采用侧置的操纵杆代替传统驾驶盘。三是 A320 飞机历史上第一架放宽静稳定度设计的民用客机。也是历史上第一种采用电传操纵（fly-by-wire）飞行控制系统的民用客机。四是机翼在 A310 机翼的基础上又进行了改进，可以配装翼梢小翼。五是A320 系列拥有单通道飞机市场中最宽敞的机身，这一优化的机身截面为客舱灵活性设定了新的标准，并提供了集装箱货运装载系统。六是在共通性方面，A320 系列飞机的飞行员都具有空中客车电传操作飞行资格。通过简捷的差别培训，而不必经过一整套全新的型别等级培训，就可方便地过渡到驾驶较大的 A330、A340 和A380 飞机。共通性还体现在全系列飞机系统成品的共同性、制造的共通性、飞机系统改进的使用共通性。七是提供多种发动机选型，A319、A320 和 A321 飞机可由CFM 公司的 CFM56 发动机或 V2500 发动机提供动力，而 A318 则可配备 CFM56发动机或普惠公司的 PW6000 发动机。

4）第四次创新和竞争

2008 年 5 月中国商用飞机有限责任公司（简称中国商飞或 COMAC）成立，宣布全新研制 C919 窄体干线客机。一石激起千层浪，波音公司和空客公司分别宣布其系列飞机的升级改进计划，2011 年波音公司启动了装配新发动机的衍生机型 B737

---

① 　ft（英尺）：为非定长度单位。1 ft＝0.304 8 m。

MAX,包括 B737 MAX 7、B737 MAX 8 和 B737 MAX 9。其主要集成技术包括:一是进一步降低油耗,采用新的 CFM 国际公司 LEAP-1B 发动机,B737 MAX 将为航空公司带来未来成功竞争所需要的更低的燃油成本,实现 10%～12% 的燃油效率提升。尾椎新的气动修型以及新的翼梢小翼等设计与优化后,再额外减少高达 1.5% 的燃油消耗。二是对航电系统、飞行控制系统及其他系统的升级,使用霍尼韦尔公司的电子引气系统,驾驶舱采用 4 台新的罗克韦尔·柯林斯公司的大屏幕显示器,同时保持了新一代 B737 驾驶舱显示器的熟悉观感,从而确保 B737 家族培训的共通性。三是 B737 MAX 将凭借新的波音天空内饰吸引更多乘客。新内饰的强大吸引力来自最宽敞的客舱空间、与天花板融为一体而容量更大的头顶行李舱以及为客舱带来各种色彩的 LED 照明。B737 MAX 设计团队还定义了 B737 MAX 的高速气动特性。四是通过开展高速、低速风洞试验和数据分析,设计团队进一步改进了飞机的外形。五是生产线的共通性。生产计划包括一条 B737 MAX 过渡生产线,最初批次的 B737 MAX 将在过渡生产线上组装,成熟后再转移到现有 B737 生产线上。

空客公司也推出了 A320neo 飞机,是现款 A320 系列飞机的改进机型,其集成的新技术主要有:一是换装更高效大涵道比发动机,包括普惠公司生产的 PW1100G-JM 发动机的风扇尺寸达到 81 in[①],涵道比为 12.5。CFM 国际公司生产的 LEAP-1A 发动机,风扇尺寸为 78 in,涵道比则为 11。并装配空客公司最新设计的鲨鳍小翼。借助于新发动机、鲨鳍小翼等有效的改进措施,A320neo 飞机的油耗可降低 15%,相比现款 A320 飞机,A320neo 飞机的航程可增加 500 n mile (950 km),或者在航程不变的情况下增加 2 t 的额外载重。二是环保方面,A320neo 每年每架飞机可减少 3 600 t 的二氧化碳排放,氮氧化合物排放可降低十几个百分点,发动机噪声也会大幅下降。三是 A320neo 飞机与现款 A320 系列飞机具有 95% 的通用性,可以无缝加入航空公司现有的 A320 飞机机队,这一点对于空客公司的客户和用户来说至关重要。

从上述的国外民用飞机发展的案例可以看出以下几点启示:

(1) 民用飞机的发展必须依靠自主创新。自主创新不是全部包办,这种自主创新是一种全方位的集成创新,集成创新的目标是研发出具有市场竞争力的飞机,提供全寿命周期的服务。

(2) 民用飞机的集成创新依靠的是一个具有创新能力的体系,不仅是设计、制造和服务的技术创新,还包括管理、整个供应链及客户服务的创新。

(3) 民用飞机的集成创新是一个长期持续积累的过程,仅一个飞机项目本身的积累就是几十年的过程,更何况一个企业的多个飞机之间的相互共通性,也将是一

---

① in(英寸):为非法定长度单位。1 in=2.54 cm。

个更长的持续积累过程,从某种意义上讲飞机研制成功就是搭建了一个集成创新的平台。

(4) 对于民用飞机这样一个高端复杂的产品,必须不断集成新的技术,满足新的市场需求和竞争需求。这个市场,没有不好的飞机,只有退出市场的飞机,即使是再有实力的制造商,再有竞争力的飞机也逃不出这一规律。对于新兴的企业和新研发的民用飞机,只有站在集成创新的制高点,才能以新取胜。

(5) 民用飞机的集成创新追求的是整体最优,而不是局部最优,集成创新既有技术性,又有继承性,在技术上要讲究先进性,在继承性上更应侧重于成熟性。

(6) 从国外民用飞机集成创新历程可以看出,一款民用飞机的集成创新历程,都是紧紧围绕着市场和客户的需求,不断地升级飞机平台,提高驾驶舱人机功效,保持共通性,提高发动机燃油经济性,提供更多的座位和商载,提供更舒适的乘坐空间,为航空公司提供更好的经济性,为旅客提供更好的舒适性。

2 中国民用客机的曲折创新道路

新中国成立后,中国民用客机的发展历程曲折而又复杂,先后经历了从模仿研制,自行研制,联合研制,合作生产和转包生产多种探索道路,在民用客机的发展道路上,可谓是历尽挫折,屡败屡战。

2.1 自主研制之路,研制 Y - 7 涡桨客机和运-10 喷气式客机

1966 年 4 月,运-7 涡桨客机正式立项研制,1968 年 3 月完成设计投入试制,1970 年 12 月 25 日首飞,1982 年 7 月,国家产品定型委员会正式批准运-7 飞机设计定型。1984 年,正式向中国民航局交付。1986 年 5 月 1 日正式编入航班投入客运。运-7 飞机研制了一型 50 座级的涡桨飞机平台,填补了国产涡桨客机的空白,建立了民机研制体系,培养了一支民机设计队伍。尽管运-7 飞机初期并没有按照适航要求设计和取证,但是在后来的几十年过程中,在运-7 这个平台上,依靠运-7 的研制体系,经过 30 多年持续不断集成新技术和不断地创新,取得了营运资格证,并发展出新舟 60、新舟 600,新舟 700 飞机。

新舟 60 飞机是在运-7 飞机的基础上进行的优化改进,主要目标是进行技术升级,满足适航条款要求,主要的技术创新如下,一是对机体结构进行全新设计,飞机机头部分重新设计,进行减阻、减重和优化设计,有效地增加了商载。起落架采用电子防滑刹车系统,钢索天线改为隐蔽式天线,同时对尾翼前缘和翼盒做了相应改进等;二是采用国外技术成熟的系统,动力装置采用加拿大普惠公司 PW127J 涡轮螺桨发动机。安装美国盖瑞特公司的 APU 辅助动力装置,除冰系统为气囊式除冰系统。重新设计驾驶舱,改为 2 人驾驶体制,采用新型电子机载设备,装有美国柯林斯公司的 APS - 85 自动驾驶仪系统。

新舟 600 在新舟 60 的基础上再次进行技术升级,主要集成新技术包括:一是经济寿命提高到 60 000 飞行小时;二是改进了飞机维修性,加大了可检修区域,使飞机的维护维修更加便捷;三是综合航电系统的全面升级,驾驶舱采用 5 个综合显示器,采用数据总线技术、信息综合技术和智能化传感器等先进技术,使航电系统具备综

合化、信息化、模块化和智能化；四是通过整机减重，缩短起飞距离，增加商载，节油性能更加优良，有效提升了飞机运营的经济性。

新舟700是一款全新设计的涡桨支线飞机，从事区域航空运输业务，能够适应高原、高温地区的复杂飞行环境和短距频繁起降，燃油消耗、运营成本和维修成本都低于同类飞机。其客舱系统包含的客舱核心分系统(CCS)和机载娱乐分系统(IFE)，是飞机航电系统重要组成部分，相当于客舱系统的"大脑"和"中枢神经系统"，控制着照明、温度、应急指示和广播等重要信息。

在Y-7研制的同时期，即20世纪70年代，中国启动了运-10飞机的研制，运-10是中国首次自行研制、自行制造的大型喷气式客机。在运-10飞机研制的时期，波音公司已经成功研制和交付了B707、B727和B737。1972年完成运-10飞机总体设计方案，1975年6月完成详细设计，1980年9月26日完成首飞。在当时中国科技和工业基础比较薄弱的情况下，能够研制出运-10飞机，尽管没有完成取证和交付，也是一件非常了不起的集成创新成就，中国从喷气式客机方面的一穷二白，一步迈向大飞机的俱乐部。

从Y-7和运-10的案例可以得出以下启示，由于技术基础和产业基础薄弱，中国民用客机集成创新不可能一蹴而就，中国民用飞机产业的发展必须经过长期的、持续不断的技术创新。一个民用飞机型号就是一个技术创新平台、一个技术创新体系，可以凝聚几代技术创新队伍。一个民用飞机项目的持续发展和创新，可以带动一个产业的持续发展，更可以为后续民机项目的发展储备技术和人才。运-10飞机为中国民用喷气式客机的研制开了一个好头。但是，没有能够走下去，运-10飞机终止研制，后续没有发展，失去了这个平台，技术体系和技术队伍自然无法持续发展下去，中国喷气式客机产业进入停滞阶段。

2.2　国际合作研制之路，联合研制MPC75、AE100

1988年至1992年，西德MBB公司提出与中国合作研制中型喷气式支线客机MPC-75。中德双方在汉诺威展览会上向全世界公布了这一消息。1988年底，中方派出了几十名技术骨干去西德学习工作。双方共同完成了预发展阶段工作，然而一直没有全面开展工作。中德双方的合作由于种种原因也没有能够进行下去，MPC-75支线客机的计划也就搁置了。这个阶段，世界上知名的两家支线机公司，加拿大庞巴迪公司和巴西安博威公司也在加紧研制CRJ200和ERJ145两款50座级的喷气支线客机。

1994年，AE-100飞机最早由中国和韩国联合论证。为减小项目的技术风险，获得国外权威机构的型号合格证，双方决定吸收一家国际知名的民用飞机公司作为AE-100飞机项目的合作伙伴。波音公司、麦道公司和欧洲几家飞机公司积极响应。波音公司出于对中国潜在市场的考虑，对AE-100项目的合作表现了积极的姿态,波音公司提出型号的设计工作由他们组织并在波音公司总部完成,中韩必须为使用波音公司的技术资源和享受"波音公司"名称这一无形资产支付高额费用。麦道公司表态与中航总合作共同发展 AE‐100 飞机,但是麦道公司自己也在研发同级别的 MD‐95 飞机。最终,中国选择空客公司参与 100 座级飞机的研制。空客公司提出中方必须支付巨额技术转让费等条件。在即将签署协议前夕,空客公司决定开发 A318 飞机,放弃 AE‐100 项目,理由是:100 座级飞机没有足够的市场,经济上不可行。AE‐100 项目一直处于合作谈判和项目可行性研究阶段,始终未进入预发展阶段,直到 1998 年项目正式终止。

上述案例的启示,一是民用客机研制具有很高的技术门槛,没有一个国家和公司,真正愿意把自己的核心技术即使是有偿转让给别人使用,往往提出苛刻的难以接受的条件,以获取比自己亲自干更大的利润,就这样也不会倾其所有教会徒弟。二是研发民用客机必须依靠自主创新,自己攻克技术难关,牢牢地掌握知识产权,依靠自己逐步地积累民用客机技术体系,依靠国际合作研制得不到核心技术,靠技术转让也买不来真正的核心技术。

2.3 国际合作生产之路,整机生产 MD82、MD90 飞机

1985 年,中方与美国麦道公司合作,由中方在上海总装 25 架中国购买的 MD‐82 飞机。1985 年底第一批 MD‐82 部件运抵上海,1986 年 6 月第一架 MD‐82 在上海总装完毕,1987 年 7 月初首飞,1987 年 11 月,中方获得美国联邦航空局(FAA)颁发的延伸到中国总装 MD‐82 的生产许可证。1990 年 4 月,上海航空工业公司又获得总装 5 架 MD‐82 和返销美国的 5 架 MD‐83 订单。

1992 年,中方和麦道公司签订了合作生产 40 架 MD‐90 的合同,MD‐90 是 20 世纪 90 年代研制的 MD‐80 系列的改进机型,1994 年取得 FAA 型号适航证。同 MD‐82/83 相比,MD‐90 换装了经济性更好、噪声更低的 V2500 高涵比涡扇发动机,驾驶舱仪表和系统设备也有较大改进,上海飞机制造有限公司、成都飞机制造公司、西安飞机制造公司、沈阳飞机工业(集团)有限公司等国内主制造厂完成了 MD‐90 机体 70%的国产化。最终完成 2 架 MD‐90 的生产,交付中国北方航空公司。

MD‐82 合作总装,MD‐90 合作生产,表明我国在干线飞机的制造和总装技术方面已取得巨大的进步,并具备了小批量生产能力,建立了主制造商‐供应商的生产模式。MD‐82 是由麦道公司提供零组件、配套件,按照麦道公司提供的工艺文件,在麦道公司的质量控制下总装。对于 MD‐90 飞机,美方只提供图纸和原材料,中方负责从零件制造到总装试飞的工作,并在质量控制和适航保证方面承担主要责任。通过 MD‐90 的合作生产,中方建立了满足 FAA 要求的生产体系,包括一系列的程序和标准,如工艺文件、工艺装备、加工程序等,在波音公司兼并麦道公司之后,合作生产项目终止。

上述案例的启示为,一是合作总装和合作生产可以让中方学习西方民用航空制造业的生产技术和管理经验,包括适航管理和质量管理经验。为中国大型商用飞机研制打下了制造基础。二是通过合作总装和合作生产,中国可以学习到西方的先进经验,但并不能形成自主知识产权,必须通过在此基础上的自主创新才能真正形成核心技术。

2.4 自主研发 ARJ21 飞机取得我国喷气客机首张型号合格证

2002 年,国务院批准 ARJ21-700 飞机项目立项,由原中国航空工业第一集团公司组织研制。2008 年 5 月,国家组建中国商飞,作为大型客机项目的实施主体,同时统筹干线喷气式飞机和支线喷气式飞机发展。ARJ21-700 支线客机是按照国内国际支线运输市场要求,按照中国民航适航标准,全新研制的具有国际同类飞机先进水平的国产第一款具有自主知识产权的喷气式支线客机。ARJ21-700 飞机的研制承载着为中国民机产业探路的历史使命,于 2008 年 11 月 28 日成功首飞,2014 年12 月 30 日,中国民用航空局(CAAC,局方)在北京向中国商飞颁发 ARJ21-700 飞机型号合格证,2015 年 11 月 29 日交付给首家用户,2016 年 6 月 28 日首次载客运行。

通过 ARJ21-700 项目走完中国民机产业从研发、取证、批产、交付、运营到客户服务的全过程。建立主制造商和供应商集成创新体系,包括设计研发、适航取证、批生产、航线运营、客户服务、项目管理等体系。这标志着我国首款按照国际标准自主研制的喷气式支线客机通过中国民用航空局适航审定,具备可接受安全水平。向世界宣告我国拥有了第一款完全自主知识产权的喷气式客机进入航线运营。ARJ21-700 研制、取证、交付运营是我国民机产业的又一重大里程碑。通过ARJ21-700 飞机研制,攻克了飞机市场分析和要求、飞机系统集成技术、先进气动布局、超临界机翼和增升装置、飞行控制系统、综合航电系统、碳纤维复合材料结构应用、先进制造集成技术、飞机减重减阻技术。攻克了喷气客机适航符合性设计和验证技术,建立了适航审定基础和验证体系,攻克了一批适航验证试验技术,包括全机地面结冰试验、极限温度试验、大侧风试验、鸟撞试验、全机高能电磁场辐射试验、闪电防护间接效应试验、轮胎爆破试验等一大批重大试验课题。掌握了失速、最小离地速度、颤振、自然结冰、起落架摆振、全机排液试飞、溅水试验、系统故障试飞等一大批关键试飞技术,建立了民用飞机新技术、新材料、新工艺标准体系。按照国际惯例探索和建立了民用飞机研制的主制造商和供应商管理模式,建立了市场、适航、研发、批产和客户服务体系。初步探索了一条"自主研制、国际合作、国际标准"的民机技术路线,初步建立"以中国商飞为核心,联合中航工业,辐射全国,面向全球"的民机产业体系;初步构建"以中国商飞为主体,市场为导向,产学研相结合"的民机技术创新体系,锻炼培养了一大批信念坚定,甘于奉献,勇于攻关,敢打硬仗,拥有国际视野的民机人才队伍,培育了"长期奋斗、长期攻关、长期吃苦、长期奉献"的大飞机创业精神,为 C919 大型客机项目顺利推进开辟道路,创造了有利条件。

通过 ARJ21-700 飞机的研制,建立了适航审定体系,形成符合国际标准的适航审查程序、机制和体系,掌握了飞机国际标准,具备喷气式民用运输类飞机适航审查能力,成为保障我国民用航空工业持续发展的重要能力。

3　按照市场要求研制 ARJ21 飞机

回顾我国民用喷气式客机的发展历程,从 20 世纪 70 年代我国自行研制运-10 飞机;到八九十年代国际合作设计制造 MD-82 飞机;再到按国际标准全新研制 ARJ21-700 新支线飞机,是我国喷气客机发展历史上的第三次探索。

2000 年国务院决定集中力量攻支线飞机,原国防科工委宣布中国将研制具有自主知识产权的新型涡扇支线飞机。2002 年,新支线飞机项目正式立项。经过 12 年的研制和适航取证工作,ARJ21-700 飞机于 2014 年底获得了型号合格证,随后开始交付客户,走向市场。

在 12 年的研制过程中,ARJ21-700 飞机经历初步设计、详细设计、样机试制、试验试飞和适航取证等阶段;在研制阶段进行减重、减阻、加长机身、改新机头、更改应急出口等重大设计攻关;在取证阶段攻克 82 个设计和验证技术难关;完成 300 项适航符合性验证试验;完成 528 个验证试飞科目,安全飞行 2 942 架次,5 258 小时;累计编制 3 418 份符合性报告,1 792 份符合性报告获得局方批准,398 个适用条款全部关闭,符合性报告总页数超过 30 万页,如果全部打印出来,厚度将达 30 m 约 10 层楼高。

3.1　ARJ21 是按照国内和国际航空支线市场需求研制的喷气式支线客机

未来 20 年,预计涡扇支线客机的交付量约为 4 541 架(见图 3-1),其中 86%(约 3 935 架)为 90 座级及以上机型。

到 2033 年,北美涡扇支线客机占全球比例将从 54% 降至 31%;亚太地区(含中国)占比将从 9% 大幅上升至 23%,成为第二大涡扇支线客机市场;拉美将上升至 16%。图 3-2 为未来 20 年涡扇支线客机机队规模。

2013 年,中国(除台湾地区外)涡扇支线客机机队规模为 125 架。伴随着中国城镇化进程的不断发展,新城市群之间的航空需求加大,此外根据国家战略发展需求,中西部支线航空市场需求将进一步释放。预计至 2033 年,涡扇支线客机机队规模将达到 785 架,新机交付量为 779 架,97% 为 90 座级,ARJ21 也属于该座级。预计

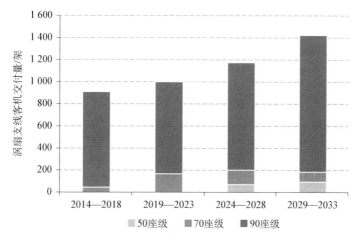

图 3-1 未来 20 年涡扇支线客机交付量

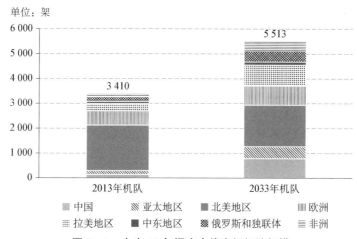

图 3-2 未来 20 年涡扇支线客机机队规模

未来 20 年 ARJ21 将占涡扇支线客机总交付量的 34.4%,达 267 架。未来 20 年涡扇支线客机座级分布如图 3-3 所示。

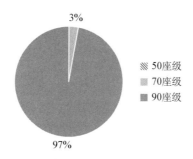

图 3-3 未来 20 年涡扇支线客机座级分布

3.2 ARJ21 是按照国际通用模式与国际民用喷气支线客机制造商同台竞技

中国商飞：成立于 2008 年，生产范围覆盖支线飞机、干线飞机。公司成功研制和交付了中国首款喷气支线客机 ARJ21 飞机。公司研制的 C919 窄体干线客机于 2017 年 5 月成功首飞，目前正在取证试飞。

庞巴迪公司：成立于 1942 年，生产范围覆盖支线飞机、公务喷气式飞机以及铁路和轨道交通运输设备等。是全世界数一数二的喷气支线客机制造商，先后研制和交付了 CRJ100、CRJ200、CRJ700、CRJ900、CRJ1000、C 系列等喷气支线客机，其中 C 系列客机是介于大型喷气支线客机和窄体干线机之间的机型，对窄体干线客机形成竞争，体现了喷气支线机越来越大型化的趋势。C 系列的主要技术创新是先进的气动布局、更省油和环保的齿轮传动发动机、全电传飞行控制系统。

巴西航空工业公司（安博威公司）：成立于 1969 年，现为全球最大的 120 座级以下商用喷气式飞机制造商，业务范围主要包括商用飞机、公务飞机和军用飞机的设计制造，以及航空服务。先后研制和交付了 ERJ145、ERJ170、ERJ190、ERJ195，机型覆盖范围为 50～120 座级。其最新的升级换代机型是 ERJ - E2 系列机型，主要的技术创新特点是更换更省油和环保的齿轮传动发动机、全电传飞行控制系统。

苏霍伊民用飞机公司：成立于 2000 年，主要研制和交付喷气支线客机是 SSJ100 喷气支线客机。该飞机为 100 座级喷气支线客机，2008 年 5 月首飞，2011 年 4 月交付，2012 年 2 月取得欧洲航空安全局（EASA）适航证。

日本三菱飞机公司：成立于 2008 年 4 月，曾经承担 B777、B747、A340 等型飞

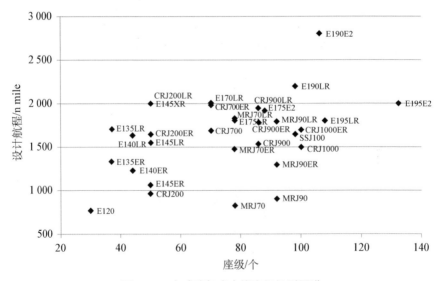

图 3 - 4 全球喷气式支线客机机型图谱

机部件的转包生产。MRJ70/90 喷气支线客机是日本研制的第一款喷气客机,为 70～90 座级飞机,采用了复合材料结构及更加省油和环保的齿轮传动发动机。MRJ 飞机已经于 2015 年 11 月成功首飞,但由于飞机取证技术难度较大,预计交付计划有较大推迟。

图 3-4 为全球喷气支线客机的机型图谱,由图谱分布可以看出,自 20 世纪 90 年代研制成功第一款喷气支线客机 CRJ100 型飞机以来,喷气式支线客机已绝对成为全球支线运输市场的主流机型,逐步替代了涡桨支线客机,后者主要在短途支线航线有所发展。喷气式支线客机座级从 50 座发展到 130 座,航程最大可以达到近 3 000 n mile,越来越接近窄体干线客机。在全球喷气支线客机制造商中,除了传统的两大强国巴西和加拿大。中国、俄罗斯和日本都是全新起步、全新研制自己的第一款喷气支线客机。中国和俄罗斯的喷气支线客机已经研制成功和交付运营,为本国的民机研制技术体系、管理体系和适航体系打下了基础,并且与国际接轨,为本国的窄体干线飞机和宽体飞机的研制打下了坚实的技术基础和产业基础。日本作为曾经的航空大国,研制新型喷气支线客机是其实现民用航空制造强国梦想的起步。值得一提的是,即使是干线飞机的传统两霸主波音公司和空客公司,也在喷气支线飞机领域探索新的技术发展途径,例如全电飞机技术验证,也许会研制一款全电喷气支线客机。

3.3　ARJ21 是中国首架商业化运作和商业运营的喷气支线客机

ARJ21 作为中国首款喷气支线客机,在项目启动之前就进行大量的客户走访和市场调研工作,确定其作为中国第一款喷气式客机,以研制喷气式支线客机为起步,打好技术和管理基础。在市场定位上,不与国际上已经成熟的机型硬碰硬竞争,也不与干线航线、发达地区与干线飞机以及高铁开展竞争。而是针对中国幅员辽阔,地理环境复杂,确定了主要面向国内西部高温高原机场和航线,进行点对点瘦长航线和"老少边穷"地区到中心城市的支线航线的客货运输,这些航线高铁没有通达,窄体干线机运行经济上不合算。

ARJ21 除了以国内市场为主,还将国际市场作为必须兼顾的市场,在适航标准上完全与美国和欧洲适航标准一致。由于 ARJ21 研制年代为 21 世纪前 20 年,所遵循适航标准的修正案远新于现在市场运营的窄体干线飞机和喷气支线飞机。在设计标准选用和系统供应商选择方面,也考虑了大量使用国际标准,以及按照国际管理模式选择国际上成熟的供应商,使得 ARJ21 飞机有潜力成为国际主流的喷气支线客机,并且与国际主流窄体干线客机和喷气支线客机保持较好的共通性,在飞机的购机成本、使用成本和维护成本方面具有竞争性。

由于 ARJ21 市场定位很好地契合市场和客户的需求,到目前为止共有 400 多架订单,客户除国内航空公司和金融租赁公司外,还有来自于亚洲和非洲的客户,以及美国的飞机租赁公司。

　　ARJ21 的全球首家用户是中国的成都航空公司。成都航空公司（简称成都航空）成立于 2010 年，总部设在四川成都，主营运基地设在成都双流国际机场。成都航空是一家专注国内航线的航空公司，其主力机型为 A320 系列飞机，ARJ21 飞机是该公司接收的第二个机型，也是该公司接收的第一款喷气支线客机。成都航空作为 ARJ21 的全球首家用户，于 2015 年 11 月接受首架 ARJ21 飞机，在通过航线演示验证和局方运营审查后，于 2016 年 6 月 28 日进行首次载客飞行，首次飞行的航线是成都—上海虹桥。

3.4　ARJ21 是按照市场要求确定飞机的设计要求与目标

　　ARJ21 作为一款全新研制的喷气支线客机，研制一款什么样的飞机，包括最基本的选择多少座位、飞机航程多少，达到选择什么发动机，甚至细到飞机的驾驶舱显示和告警系统的画面等。这些既不是由某一家航空公司客户提出的要求，也不是由飞机制造商闭门造车确定的。在论证研制 ARJ21 时，飞机制造商做了大量的市场调研，包括对航空运输市场的统计数据和预测未来数据、机队规模的统计和预测，以及对现有航空公司的需求进行走访等。特别是航空公司的需求，并不是作为一个订单的需求，一定程度上是感受。不同的航空公司也有不同的需求，需要对制造商的市场部门和市场研究中心进行模型化的分析，提出市场未来 20 年需要什么样的喷气支线客机，然后由研发部门、制造部门和客户服务部门的联合团队针对初步的市场需求，梳理飞机的技术要求，制订实现技术要求的技术方案、途径和技术关键。市场需求预测和制造商拥有的技术是需要相互平衡的矛盾。技术上先进，飞机在市场上才能更有竞争力，可以拉动市场的需求。技术成熟度低、研发周期长和研发成本高、飞机故障率高、可靠性低、维修费用高会影响飞机的声誉和市场占有率。曾经有某型喷气支线客机，由于研发成本高居不下，而拖垮项目和整个公司的案例。

　　基于市场调研、市场统计、市场分析和市场预测的飞机市场需求，以及基于制造商技术经验、新技术成熟度分析和关键技术解决途径的飞机技术要求，形成了 ARJ21 的市场定位、市场要求和飞机技术要求。ARJ21 是中国民机研制历史上，通过对市场的调研、理解和预测后，确定飞机设计要求的先行者，这样做符合民用飞机作为商品在民用飞机运输市场运营的规律。但是，准确理解市场需求，确定飞机设计要求的难度是很大的。由于任何一款现代喷气客机都具有以下的特点：民用航空运输市场是一个开放的国际化市场，是全球高级别的竞争，竞争每天在世界的每一个机场和航线发生，在这个市场上只有第一集团，没有第二集团。例如世界著名的飞机制造商麦道公司，就是在与波音公司的竞争中，被波音公司收购。民用喷气客机研制周期长，一般至少 10 年左右，一款喷气客机作为一个平台经过不断改进和系列发展，最长已经运营 40～50 年。得到两个启示：一是新研喷气客机的市场目标和飞机技术要求的制订非常关键,必须具有前瞻性和可持续发展;二是一款喷气客机的市场目标和要求必须根据航空运输市场的发展和竞争机型的发展,不断地修订和改进市场目标和要求,以不断适应航空运输市场的变化,保持竞争性。如波音公司的 B737NG 就是在空客公司的 A320 飞机出现后推出,与 A320 展开竞争的。三是民用市场目标和设计要求,既要保持飞机的竞争性,又要保持一种飞机作为一个平台,甚至可以衍生出与其他平台的共通性。例如,空客公司的 A320 系列飞机,甚至整个空客系列飞机都保持驾驶舱和飞行训练的共通性。而波音飞机,即使到了 B787 飞机,也没有采用侧杆飞行,而保持波音飞机驾驶舱和飞行训练的共通性。

ARJ21 飞机经过十多年的研制和取证,在研制开始就制订了 ARJ21 飞机的市场目标和要求,并且在研制和取证的各个阶段,包括交付运营之后,都对市场目标和设计要求的符合性进行确认,特别是在每个阶段都对市场和客户的要求进行研究和分析,并对 ARJ21 的市场目标和设计要求进行修订。特别是在 ARJ21 飞机正式投入市场运营之后,并没有快速交付客户和拓宽市场,而是由首家用户开展为期 3 年的示范运营,在航空运输市场中,继续考验飞机,发现问题,继续优化 ARJ21 飞机的市场目标和设计要求,对 ARJ21 飞机持续进行优化后,然后再大批量交付客户。事实证明,ARJ21 飞机在研制初期制订的市场目标和设计要求,经过十多年的研制和取证工作,还是经得起市场考验的,直到目前为止还是具有前瞻性的。例如,ARJ21 飞机的四性一化的研制理念,其中的适应性原则,适应高温、高原机场起降和航线越障要求,可以做到在高高原机场满客起降,与我国支线机场和航线建设规划是高度契合的,所以 ARJ21 飞机交付运营,为西部高温、高原机场和航线带来了潜在的主力机型。目前国内这部分高高原支线航线上没有喷气式支线客机运营,主要是空客公司 A320 系列的高原型 A319 飞机在运营。ARJ21 飞机投入高高原支线航线的运营,可以为航空公司提供高原和高高原航线更灵活的运力选择。ARJ21 飞机的座级和机身直径的原则也是具有前瞻性的,可以说是引领了国际喷气支线机的发展潮流,ARJ21 飞机在初步设计阶段,座级确定为 70 座级,在转入详细设计阶段之前,进一步调研了支线运输市场的需求和航空公司的需求,并且为了发挥 ARJ21 飞机的潜力,将座级调整为 90 座级。再者,ARJ21 的机身截面选择,也是强调提供与窄体干线飞机同等的舒适性,选择了每排 5 座的机身截面,当时巴西安博威公司 ERJ170、190 系列和加拿大庞巴迪公司的 CRJ700、900 系列飞机都是每排 4 座机身截面。在 ARJ21 飞机之后研制的喷气支线客机飞机,如俄罗斯苏霍伊公司的 SSJ 系列飞机,日本三菱公司的 MRJ70、90 系列飞机,加拿大庞巴迪公司的 C 系列飞机,都不约而同地选择了每排 5 座的机身截面。而喷气支线客机的座级也越来越呈现大型化的趋势,最近全新研制和改进型喷气支线客机的座级都已经提升到 120~130 座级。这些都证明了 ARJ21 飞机在研制和运营的整个阶段,一直紧紧抓住市场需求,确定和不断完善项目市场目标和设计要求。ARJ21 飞机作为中国第一款完全按照市场规律、国际惯例参与国际竞争,是国产喷气式支线客机成功的基本保证。

3.5　ARJ21飞机确定的市场定位和市场目标

ARJ21飞机是90座级中短程涡扇喷气支线飞机,应具备良好的经济性、舒适性、适应性、可靠性和维修性,与CRJ900、ERJ175、ERJ190和SSJ-100等同类竞争机型相比具有一定的竞争优势。

ARJ21飞机的目标市场以国内市场为切入点,同时满足部分国际市场的需求。国际市场开拓首先考虑亚洲、非洲和拉丁美洲市场,其后逐步进入北美和欧洲市场。既满足开发国内西部高温、高原以及地形复杂区域的航空运输需求,也能适应东中部地区中小城市经济发展对航空运输的需求。重点满足高原航线、瘦长航线、省会或区域枢纽至中小城市的支线运输市场的需求,替代在低客流航线上低频率运行的干线飞机。增加航班频率,并为客流量偏低的旅游点、中小城市和经济欠发达地区提供航班服务,培育新的航线市场。

ARJ21飞机启动时确定的市场分享量目标,国内市场:35%以上;国际市场:5%以上。为了达到确定的市场目标,ARJ21制订了系列化发展的目标,在设计要求上具有系列化发展的潜力,能够以其为平台发展加长型公务机、货运飞机等衍生机型。

ARJ21适航取证要求,初始适航取得中国民用航空局(CAAC)型号合格证,随后取得美国联邦航空管理局(FAA)或欧洲航空安全局(EASA)型号合格证。按照这个取证目标,ARJ21在适航标准的选择上,除了遵循与美国同样等效的CCAR-25-R3适航条例要求,这是ARJ21当年向CAAC提出型号适航合格申请的局方最新规章。还按照当时FAA的适航标准的最新修正案,选取部分修正案,纳入ARJ21的审定基础。在ARJ21研制过程中,中国和美国民航适航当局就拓展中美两国的25部大型民用客机适航双边协议,达成了拓展方案。以ARJ21飞机作为拓展双边的背景机型,ARJ21向FAA提出了适航取证申请,FAA组成ARJ21影子审查组。第一阶段对ARJ21飞机进行适航审查,同时对CAAC的适航审查活动进行评估;第二阶段,FAA进行ARJ21的型号合格(FAA TC)审查。所以,ARJ21通过CAAC审查组适航审查,取得CAAC型号合格证(TC),美国适航当局对CAAC的适航审查活动进行认可,对ARJ21的适航符合性也进行了审查。通过ARJ21项目,中美两国已经就25部对大型客机达成适航双边协议,可以向FAA提出型号合格证(FAA TC)适航申请。

3.6　ARJ21飞机商载航程的确定体现了市场竞争力和商业价值

商载航程是喷气支线客机的最重要的商业指标,一款喷气支线客机的商载航程体现一架飞机的商业价值和竞争力,能够使得航空公司在航线适应性上有更多的选择,为航空公司经济收益创造条件。还可以为飞机的系列化发展提供更好的选择。例如,公务机的改装,需要飞机较大的航程潜力;货机的改装,需要飞机较大的商载容量的潜力。

ARJ21 飞机的商载可以分为标准旅客商载和最大商载,这两种商载的定义分别使用于不同的商业场景。其中,作为一款中短程喷气支线客机,ARJ21 的标准旅客商载为全机经济舱布置下旅客及行李的重量,每位旅客及行李重量按不小于 90.7 kg(200 lb[①])计算。标准商载体现了飞机的载客能力。而最大商载则是体现除载客能力以外飞机货邮品的装载能力,货邮装载能力由飞机的货舱容积和飞机最大商载能力决定,而最大商载能力由飞机的重量设计的水平决定。在货运、快递物流规模高速发展的情况下,航空公司货邮收入已经成为航班收益的重要组成部分。ARJ21 的最大商载可为标准旅客商载的 1.2 倍以上,在飞机投入运营后,根据市场和航空公司的航线货运需求,可以通过优化飞机的最大零油重量,还有进一步发掘最大商载的潜力。

ARJ21 飞机的航程定义,按照 ARJ21 飞机的市场定位和目标,分为标准航程型和增大航程型。其中,标准航程型非常适合高原和高高原机场之间的航线,标准旅客商载下,标准航程型的设计航程不小于 1 200 n mile。增大航程型非常适合于平原型瘦长航线,还有部分有特殊飘降要求的平原机场和高高原机场之间的航线,增大航程型的设计航程不小于 2 000 n mile。经过按照航空公司运营规则性能计算分析,ARJ21 的设计航程具有较好的航线适应性,其标准航程型和增大航程型可以满足中国国内 99% 以上的已开通航线的航程要求。更难能可贵的是,ARJ21 飞机的标准航程型和增大航程型在飞机的构型上完全一致,包括发动机推力。相当于航空公司用一架飞机,只需要按照手册性能就可以执行标准航程型和增大航程型两型飞机的任务,可以兼顾高高原和平原航线的性能需求。

3.7 ARJ21 飞机的座级选择和客舱舒适性

自从喷气支线客机出现以来,飞机客座数量一直向大型化发展,由于 50 座级的喷气支线客机燃油成本高企,航空公司难以盈利,已经逐步退出支线运输市场。主流喷气支线客机的座级覆盖了 70～120 座级,越来越接近于窄体干线飞机。同时,航空公司和航空旅客对于喷气支线客机的客舱舒适性也越来越不满足于狭窄的客舱,要求具有与窄体干线客机在客舱舒适性上能够无缝对接,具有舒适的乘坐空间,也具有商务舱、客舱娱乐系统等。

ARJ21 飞机全经济舱布置 90 座,混合级布置 78 座,客舱构型和舱内布置具有灵活性,可为客户提供不同座位数的客舱布局以及旅客座椅、客舱服务设备、内装

① lb(英磅):为非法定质量单位。1 lb=0.453 592 kg。

饰、乘务员座椅等多种选项。并可根据用户需求增加相应的补充功能,如客舱娱乐、无线上网等。由于 ARJ21 采用目前喷气支线客机最宽敞的客舱,每排 5 座,客舱舒适性应优于同类竞争机型,与窄体干线客机的客舱舒适性相当,并在研的下一代支线客机中相比仍然具有良好的舒适性。

3.8　ARJ21 飞机的飞行性能

喷气支线客机的主要飞行性能包括巡航速度、使用高度、单发升限、起飞场长、着陆场长、进场速度及高原特性等。因为运营的同一机场跑道和气象条件、航线距离和时间、越障高度,对于所有运营飞机的性能要求都是一样的,所以对所有的飞机而言,同一时代的飞机的飞行性能都是类似的,否则无法适应机场和航线的运营要求。自从 20 世纪 60 年代喷气客机出现以来,民用喷气客机一直还是亚声速飞行。喷气支线客机的技术进步主要还是为飞机的商载航程、经济性、舒适性和环保性等做贡献。

ARJ21 的基本飞行性能的要求与支线运输市场上的运营机型和在研机型是相当的,性能和巡航速度:$Ma=0.76\sim0.78$。最大使用高度不低于 11 900 m(39 000 ft),初始巡航高度不低于 10 058 m(33 000 ft)。单发升限不小于 6 200 m(20 340 ft)。起飞场长:标准航程型不大于 1 700 m;增大航程型不大于 1 900 m。着陆场长:标准航程型不大于 1 550 m;增大航程型不大于 1 650 m。进场速度:满足中国民航 C 类飞机运行要求,并留有校正空速为 5KCAS 以上的裕度。最大侧风起降能力:不小于 46.3 km/h(25 kn)等。

3.9　ARJ21 飞机的高温、高原特性

ARJ21 飞机市场定位就是具有优异的高温、高原起降能力和航线越障能力,ARJ21 的市场要求是以昆明长水机场为高原标高机场,与国外高原标高机场丹佛机场的机场标高一致,在夏季高温情况下,ARJ21 飞机可以满客全重起飞。ARJ21 在高高原机场同样具有优异的起降性能,以格尔木机场为标高机场,可以满客起飞。所以,ARJ21 飞机良好的高高原性能是基于飞机发动机推力的储备、起落架刹车能量的储备、压调系统性能的储备,考虑了飞机高高原起降的性能要求。

3.10　ARJ21 飞机的经济性要求

ARJ21 飞机的经济性要求,主要包括盈利能力和飞机的运营成本。飞机的盈利能力由飞机商载航程、机场航线适应性、运营效率、客舱舒适性和飞机的签派可靠度等因素决定。飞机的运营成本主要由飞机的采购成本、直接运营成本、维修成本、残值等因素决定。

ARJ21 市场定位为 78~90 座级喷气支线客机,设计航程最大可达 3 700 km,可以覆盖国内 99% 以上的航线,具有较好的高温高原特性,这些都决定了飞机具有很

好的机场和航线适应性。ARJ21 客舱舒适性是同类飞机最有竞争力的,可以为旅客提供与干线机无差异的舒适性。ARJ21 飞机的运营要求是按照日利用率 8 h、年利用率 2 720 h、平均航段时间 1.3 h 计算,签派可靠度要求达到 99.5%。在运营效率方面,飞机过站时间小于 30 min,平均修理时间小于 30 min,航班过站维修时间小于 15 min。

ARJ21 飞机在研制、生产和运营过程中,一直注重飞机的设计和生产成本控制,特别是在飞机取证交付以后,开展精品工程优化、可制造性优化。如减重减阻、材料标准件的优化、工艺规范的优化等。降低飞机的座公里直接运营成本(DOC)应优于同类竞争机型(500 n mile 典型航段),主要是由发动机油耗决定。直接维修成本应优于同类竞争机型,民用客机的维修方面的适航标准都是按照 CCAR-145 部,决定飞机维修成本的因素包括基于 MSG-3 的维修计划、飞机的可维修性、外场可维护件和内场可维护件。

3.11 ARJ21 飞机噪声水平和排污要求

ARJ21 飞机噪声水平包括外场噪声和舱内噪声两部分要求。外场噪声包括飞越噪声和停机坪噪声,外场噪声要求属于适航审定项目,外场噪声的技术要求是 CCAR-36 部。外场噪声:满足 CCAR 第四阶段的飞机噪声限制要求并留有裕度。飞机停机坪噪声:应满足 ICAO 附件 16 第一卷附录 C 的要求,货舱门、登机门及服务点处最大噪声值不大于 85 dB(A),机身前后左右周边 20 m 处最大噪声值不大于 90 dB(A)。舱内噪声属于客舱舒适性要求:巡航状态下,客舱内噪声平均值不高于 80 dB(A);客舱前部的语音干扰级(SIL)不超过 66 dB,后部不超过 67 dB。排污:满足 CCAR-34 部的要求。

3.12 ARJ21 飞机的运营要求

ARJ21 飞机的运营要求包括航空器运营设计和评审及维修设计和评审两部分。航空器评审主要分为驾驶舱评审和运行符合性评审。维修评审主要包括维修设计和维修审查。ARJ21 是国内首个开展航空器评审的喷气式客机,满足中国民航发布的民航客机强制运营规章的要求,以及其推荐或建议的运营要求(包括最小垂直间隔 RVSM、区域导航 PBN、卫星通信 SATCOM 等),并且持续改进满足中国民航推出的最新运营要求,例如 ADS-B 等。中国民用航空局成立了航空器评审组(AEG)和飞行标准委员会(FSB),在 ARJ21 研制过程中,持续跟踪和评审飞机的驾驶舱和运行符合性。特别是在飞机交付运营时进行的飞行员 T5 测试阶段,结合首批飞行员的培训,对飞机的驾驶舱告警系统(EICAS)、飞机控制板、驾驶舱照明提出改进建议。飞机交付首家用户以后,在示范运营阶段,中国民用航空局成立了由局方、客户和公司飞行员组成的飞机技术委员会,对飞机运营中出现的问题进行讨论,提出改进建议,由厂家进行改进,委员会进行评审。

在飞机维护维修方面,中国民用航空局成立维修评审委员会,持续对维修计划的需求分析进行评审。在飞机投入运营以后,成立了由局方、航空公司和公司参与的维修技术委员会,对航线维修和定检过程中发现的问题进行确认和讨论,由公司提出改进设计建议,维修技术委员会进行评审。

ARJ21目前已取得亚洲和非洲地区的订单,还将不断开拓国际市场,根据国际市场拓展情况,逐步满足国际上对民航客机的强制运营要求和建议要求。

ARJ21飞机在运营环境方面,主要包括机场气候环境、飞跃环境和机场运营环境。能够适应国内不同地区的不同气候特点和地理环境,在酷热、严寒、沙尘、潮湿高盐、大风、低能见度、净空条件差等恶劣条件下能够正常使用。具备水上迫降功能和跨水运营设备选装。进场着陆能力满足CATⅡ运行的要求。

4 ARJ21 飞机设计理念的创新

为了增强市场竞争力,ARJ21 – 700 飞机设计中提出一系列的设计理念,在国内民机研制领域进行了大量开创性的工作,为后续民用飞机的研制探索出一条新路,积累了宝贵的经验。在设计理念上提出了"三观、四性、一化"的设计思想。三观就是安全观、市场观和客户观;四性就是舒适性、适应性、共通性、经济性;一化就是系列化。

4.1 安全观

民机安全是民机事业的生命线,是民用飞机设计最重要一环。安全性设计从一开始贯穿于飞机研制的各个阶段,直至飞机交付后的全生命周期。民用飞机对安全性要求非常高,对于第一次从事民用飞机设计的设计人员要从设计理念上有一次全新的转变,要充分认识到民用飞机的安全性是要通过按照适航条款要求设计飞机和验证飞机的条款符合性,使得飞机具有初始的适航性;按照适航要求生产飞机、维护飞机;按照持续适航要求搜集和处理影响机队安全的事件。通过上述工作,保证一款民用飞机全生命周期内都具有持续的适航性,这样才能保证民用飞机全生命周期的安全性。我国的民机安全性设计的发展是从一般安全性设计到适航性设计,再从适航性设计到安全性设计。ARJ21 飞机采用的安全性理念是以适航标准为最基本要求,设计理念追求安全完备性,在开发投入和产品经济可行的前提下,在全寿命周期内不断地提升飞机的安全水平。

ARJ21 飞机的安全性设计和分析参照国际最新的美国工业协会标准 SAE ARP 4754 和 SAE ARP 4761,制订 ARJ21 飞机的安全性顶层标准与要求,形成一整套完整的安全性管理、设计、试验与评估的方法,建立相应的文件体系与工作指南,能够指导飞机在研制阶段有效地开展安全性设计和分析。在飞机研制阶段,第一次在国内开展自顶而下的全机系统安全性分析,并以此作为飞机和系统安全性设计的依据,确定飞机和系统构架,确定系统软件和硬件安全登记。制订了系统安全性条款的验证方法、大纲和验证计划,特别是复杂硬件和软件的验证计划。这个系统安全性分析工作是持续的、不断更新的,并且一直到用以作为飞机持续适航的风险评估的依据。在飞机取证试飞和商业运营阶段,为了持续跟踪飞机出现的可能影响飞机和机队安全性的问题,开发了 ARJ21 飞机 FRACAS（failure reporting, analysis and corrective）失效分析与纠正措施系统平台,对 ARJ21 飞机运营阶段故障进行全过程闭环管理。

中国民用航空局在 ARJ21 飞机上第一次全面地开展型号合格适航审定工作和航空器评审工作,ARJ21 飞机对于中国民用航空适航合格审定工作的一大贡献是,通过中美适航当局和航空器评审组织的联合审查 ARJ21 飞机,开创了中美全面适航双边互认合作,标志着 ARJ21 飞机的适航符合性和型号合格审定得到美国适航当局的认可,中国民用航空局在 ARJ21 飞机开展的适航审定工作得到美国适航当局的认可,说明 ARJ21 飞机具有与波音飞机同等的安全性。更深远的意义是,由于 ARJ21 适航方面的开创性工作,我国后续研制的民用飞机只要能够通过中国民用航空局的适航审查,就可以获得美国适航当局的认可,进入美国这个全球民用航空运输最发达的市场。

适航性是给民用航空器设定的最低安全标准。适航的本质就是保障飞机的安全,确保飞机处于安全可用的状态,维护公众利益。ARJ21-700 飞机的适航取证工作从设计阶段就开始严格按照中国民航标准《运输类飞机适航标准》（CCAR-25-R3）进行的,也是完全等效于美国适航当局的 FAR25 适航标准,这也是中美适航双边的基础。中国民用航空局集全国各个地区管理局的适航审查专家,成立了 ARJ21 适航审查国家队,以弥补任何一个地方管理局都存在的技术资源不足的困难。中国商飞建立了国内首个集团级的适航技术中心,在 ARJ21 研制期间,国内几所航空类大学还建立适航专业,积极培养适航技术人才。通过 ARJ21 的研制,在国内第一次完整地建立和适应民用飞机研制的申请人和审查方的适航技术队伍和技术体系。美国适航当局以西雅图大飞机审定中心为班底,抽调几个审定中心力量成立 ARJ21 影子审查组,参与中国民航审查组的审查活动,并且给出自己的审查意见和审查结论。中国民航适航审查组成立飞行性能、结构强度、电子电气、动力装置、机械系统、制造检查、持续适航 7 个专业组对 ARJ21-700 飞机进行审查,经过 12 年的艰苦努力,攻克了一个又一个的技术难题,从条款要求的理解,到符合性方法确定、验证技术、验证问题的设计更改、局方验证试飞,通过 ARJ21 完整的适航符合性设计和验证过程,完整地经历了全过程。2014 年 12 月 30 日,中国民用航空局（CAAC）ARJ21 型号合格审定委员会在北京召开了最后一次全体会议,一致同意向中国商飞颁发 ARJ21-700 飞机型号合格证。标志着我国首款按照国际标准自主研制的喷气支线客机通过中国民用航空局适航审定,具备可接受安全水平,可以参与民用航空运输活动。同时,也向世界宣告我国拥有了第一款可以进入航线运营的喷气式支线客机,并具备喷气式民用运输类飞机的研制能力和适航审定能力。

为了保持与国际接轨的步伐,经过与中国民用航空局和美国联邦航空局(FAA)的反复磋商谈判,达成以 ARJ21 飞机为背景项目,中美两国通过联合审查 ARJ21 飞机型号合格申请(初始适航证 TC),作为拓展中美适航双边协议的渠道。美方通过审查 ARJ21 项目,在评估飞机适航性的同时,评估中国适航当局的审查能力,最终在 ARJ21 飞机取证的同时,中美达成适航双边协议。ARJ21 飞机正式担当起拓展中美适航双边协议的大任。ARJ21 飞机在获得美国 GE 金融租赁公司订单后,正式向 FAA 提出了 ARJ21 飞机型号合格证申请,FAA 正式启动"影子审查"工作。

中国民航审查组作为项目主权国审查方负责全部项目的审查,FAA 作为影子审查组全面评估中国民航审查组的审查工作,值得一提的是,FAA 还提出了 50 个适航验证项目,开展直接审查工作,直接目击和审查申请人的符合性试验和符合性报告。和国际顶级的适航当局同台竞技,FAA 有几十年审查波音和空客飞机积累的丰富的技术经验,而我们的研制队伍和审查队伍都是在进行开创性的工作,ARJ21 飞机的适航取证对我们无疑是一场巨大的技术考验。同时,FAA 的参与对 ARJ21 项目也是一次巨大的机遇,使我们有机会研制一款能够达到世界安全水平的喷气支线客机。中国民航审查组、FAA 影子审查组以及申请人和申请人的国际适航专家在 ARJ21-700 飞机适航审查活动中,开展了一系列高水平的适航符合性验证活动。例如,与飞机高速飞行安全性密切相关的全机颤振,FAA 影子审查组直接审查项目,开展了两次影子审查活动,包括全机地面共振试验(MOC5)和高风险试飞项目颤振飞行验证试验(MOC6),审查的重点包括试验大纲和试验点选择、试飞机构型和改装构型、试验现场目击、试验分析报告和符合性分析。2010 年 5 月 17 日至 21 日,FAA 对 104 架机的全机地面共振试验(GVT)进行了全面的影子审查。FAA 代表全面审查了试验飞机的制造符合性文件、试验大纲、试验传感器布置文件及图纸,现场检查了试验机状态并目击试验两次。试验大纲及试验测试的符合性也是审查的另一个重点,FAA 对试验大纲提出 14 项试验技术问题,考验 CAAC 的审查能力及申请人的技术能力。申请人 GVT 试验的责任部门迅速组织力量积极应对,并且聘请国际顶级适航专家,对 14 个技术问题做出深入严谨、实事求是的回答,向 FAA 和 CAAC 展示中国商飞的技术水平和能力,得到 FAA 的充分认可。经过 5 天的持续审查,未发现不符合项,FAA 表示对试验认可。104 架机全机地面共振试验成为第一个通过 FAA 影子审查的 MOC5 试验项目,形成 FAA 影子审查的程序和技术文件模板。

颤振飞行试验是通过飞行试验的方法将飞行包线逐步扩展至最大飞行包线 VDF/MD,飞行包线的全面放开为高速试飞、性能试飞等科目提供条件,颤振试飞是局方验证试飞前唯一一个局方验证试飞项目,是进入局方验证试飞阶段(TIA)的必要条件。2011 年 4 月,FAA 审查代表到试飞现场进行第一次影子审查,重点关注裂纹问题、空速校准、增加小翼襟翼测试传感器、大纲修改及颤振地面试验,提出测试改装存在的问题。例如平尾载荷监控等项目,由于飞机补充测试改装导致试飞计划有所延迟,颤振试飞未能按原计划正式执行。在此之后,颤振试飞联合攻关团队集智攻关,解决了飞机安全监控技术方案、颤振试飞试验点选择,积极推进颤振试飞进程。在进行局方验证试验和试飞之前,申请人首先进行表明符合性验证试验和试飞,2011 年 5 月,申请人进行 9 个颤振试飞点的研发试飞,对颤振试飞大纲进行了验证和完善,结合研发试飞对验证试飞结果进行分析,并且将研发试飞结果向局方汇报。2011 年 6 月,CAAC 和 FAA 正式目击颤振验证试飞,分两个阶段开展试飞工作,第一阶段,完成 VMO/MMO 包线内的所有 16 个颤振试飞状态点。第二阶段,进行 VMO/MMO 包线外的颤振试飞,考虑到机载空速系统在包线外试飞数据不稳定,加装机尾拖锥作为静压源,经过对拖锥进行校准飞行,调整拖锥传感器采样率、激活拖锥滤波器等工作。最终颤振验证试飞圆满结束,FAA 影子审查取得圆满成功,FAA 专家接受了颤振试飞的结果。颤振试飞是 ARJ21 取证试飞的第一个试飞项目,也是我国喷气式客机首次颤振验证试飞,通过 AJR21 颤振适航验证工作,为国内民用大飞机颤振设计、分析计算、风洞试验、地面试验,尤其是颤振试飞开辟了一条可以借鉴的技术路线。通过 ARJ21 颤振试飞也走通了 FAA 适航审查的路线图,走出了中外专家民机适航技术合作的路子,这些都在后续的适航验证活动中得到发扬光大。FAA 前颤振专业资深专家受邀到中国和申请人颤振团队专家合作攻关,对申请人提出很多有益的技术建议,包括试验点的选择、载荷监控和拖锥改装等。颤振试飞只是 ARJ21 飞机 6 年取证试验试飞的一个典型案例,ARJ21 取证道路上的每一个验证分析、验证试验、验证试飞都是一次技术上的开拓和创新,从试验试飞要求、试验方法、试验设施到符合性判据都是一次几乎全新的探索,通过一个个试验和试飞,一步一步走出了中国民机的取证道路。

2014 年 12 月,ARJ21 获得 CAAC 颁发的型号合格证(TC),在飞机投入运营前,中国民用航空局 ARJ21 飞行器评审组(AEG)和飞行标准委员会(FSB)联合美国 AEG 和 FSB,对飞机的运行符合性进行审查,并且结合对飞行员转机型培训程序(T5)进行审查,对 ARJ21 的驾驶舱进行再次审查,提出驾驶舱控制板操作和照明、航电系统显示和告警系统等方面的设计改进问题,申请人安排了后续的改进计划。飞机在正式交付客户之前,还针对单发引气防冰、卫星通信、RNP 进近等问题进行了交付前的改进。2015 年 11 月成都航空公司首架 ARJ21 飞机获得中国民航华东管理局颁发的飞机合格证(AC),正式进入航空公司,在航空公司进行投入运营前的航线演示飞行。在西南民航局运营审查期间,对飞机提出 6 项改进建议,中国民航局飞标司组织民航西南管理局、华东管理局、成都航空和中国商飞联合成立 4 方协调机制,协调飞机运营中的问题,成立了由 4 方飞行员组成的飞行技术委员会,专门审查飞机运营过程中的驾驶舱操作问题。由 4 方维修专业人员成立的维修技术委员会专门审查运营过程中出现的维修类技术问题。为了保证 ARJ21 飞机批产和运营阶段保持持续的适航性,及时处理运营过程中出现的可能影响机队安全性的问题,对机队安全风险进行评估,评估危害等级和允许暴露时间,提出临时解决措施和长期解决措施,采取必要的设计改进措施。中国民用航空局和中国商飞合作成立了持续适航体系,民航华东管理局成立了持续适航审查组,中国商飞成立了持续适航管理委员会和技术委员会,经过运营,及时处理了批产、试验试飞、运营过程中可能影响机队安全的问题,保证飞机运营安全。

2017年10月,中美正式签署全面适航双边协议,标志着中国民用飞机的设计和适航水平得到美国同行的认可,达到国际水平。ARJ21飞机适航设计、验证和取证为中美适航双边的签署奠定了技术基础。ARJ21飞机作为一款按照中美适航标准设计和经过中美适航当局审查的民用客机,具有和波音、空客飞机同等的安全性。

4.2　市场观

ARJ21作为一款民用客机,其终极目标是技术成功、市场成功和商业成功。研制一款什么样的民用客机,完全是研制方自己提出来,自己负责任,通过充分调研和理解市场需求,确定ARJ21市场定位是研制一款适合中国西部高温、高原机场和航线要求、90座级的喷气支线客机。值得一提的是,当时欧美支线市场是50座级喷气支线客机大行其道,中国支线运输市场还没形成,西部高温、高原机场缺乏,支线航线依靠干线客机运营。在ARJ21取证交付时,世界喷气支线机市场运营和在研的主力机型是100座及以上的机型,这就证明ARJ21飞机当年的市场定位是有前瞻性的。这就要求项目的参研人员从项目论证阶段开始,直到项目的全寿命周期的各个阶段,都要心中时刻装着市场要求,在每一个转阶段的时刻,不断地审视市场需求,不断地研究市场的变化,更新项目的市场要求。ARJ21作为市场的新入者,必须继承这个市场的竞争性的特性,必须提出自己项目的特点。例如ARJ21飞机的四性一化体现了自身在支线运输市场的独特的特点。适应性:适合中国西部高温、高原机场和航线。舒适性:每排5座机身,提供与窄体干线飞机同等客舱空间。共通性:驾驶舱操纵体制与窄体干线机保持共通性。经济性:提供比同类飞机更低的使用成本。系列化:应具有系列化发展的潜力,能够以其为平台发展加长型公务机、货运飞机等衍生机型。

按照市场需求研制和发展ARJ21飞机的市场观是瞄准市场,走入市场,占领市场,扩大市场的根本和关键。

ARJ21作为一架新研制的飞机要想在市场上获得商业成功,必须具有优异的经济性,这就需要从采购成本、使用成本、维护成本和飞机残值等方面全面考量其经济性。在ARJ21研制过程中,市场部门在各个阶段进行了ARJ21-700飞机运营经济性分析、经济性竞争性对比工作、航线成本收益测算、ARJ21-700飞机定价策略研究和价值评估等方面工作。通过上述工作,从无到有地实现经济性分析的方法建立、工具开发、人才培训和流程规范等重要成果。建立民机全寿命周期的经济性评估方法,解决了研制阶段民用飞机经济性评估手段单一、研究方向零散的难题,初步形成较完整的技术体系,填补了国内空白。面向 ARJ21 - 700 飞机产品工程设计,逐渐摸索建立一套经济性设计方法体系,建立飞机技术方案参数与运营经济性的关联关系,在飞机研制的各个阶段评估飞机方案运营经济性,并开展与竞争机型的经济性对比分析,为飞机方案优化设计和技术决策提供科学依据。其中有典型意义的包括 ARJ21 - 700 飞机的运营经济性分析、设计指标与试飞结果的对比、减重减阻对经济性的影响分析。此外,还在各个阶段跟踪研究竞争对手动向,完成与竞争飞机的经济性对比分析。

自行开发的《支线客机运营经济性竞争分析方法》,能够分别进行中国、美国、欧洲 3 个航空市场的飞机运营经济性分析,覆盖全球窄体机市场分享量最大的 3 个市场。采纳这些模型和公式计算得出的结果能够在方案设计阶段进行不同方案经济性的对比。随着方案的进一步细化和数据的不断积累,估算的精确度还会不断提高。该方法已经用于 ARJ21 - 700 飞机的销售支持工作,其经济性竞争分析模型和结果经受了航空公司专家的考验,赢得用户肯定。在 ARJ21 - 700 飞机海外用户开拓过程中,根据客户的市场环境和要求,应用该模型和计算软件准确快捷地为客户做了运营经济性竞争分析,赢得国外航空公司专家的信任。

4.3 客户观

ARJ21 飞机是一款要投入商业运行的飞机,面向的直接客户分为航空公司、维修企业和旅客。航空公司包括飞行员、乘务员、机务人员、签派人员;维修企业包括维修工程人员、航材、维修工人;旅客作为最终用户,其乘坐体验是最重要的。目前,他们正在使用的飞机都是波音公司和空客公司等成熟的飞机,已经形成一种便捷、舒适、经济的使用体验和习惯,空客公司和波音公司经过几十年的发展,其各型飞机已经形成了自身的共通性,对于航空公司各类人员而言,只要掌握一种机型就不需要转机型,可以很容易地转到其他机型。ARJ21 作为一款全新研制的喷气支线客机,在客户观方面,提出了与窄体干线飞机在驾驶舱操作方面保持共通性,为乘客提供与窄体干线客机一样的舒适性。

在飞行操作方面。从方案阶段开始,就不断地征求航空公司飞行员的意见,成立飞行标准委员会,汇聚局方、航空公司、用户和研制方的飞行员,在飞机设计的各个转段评审点组织驾驶舱评审,评审的平台是机头物理样机、工程模拟机、飞行训练模拟机和试飞机。来自各个机型的飞行员分别熟悉波音公司和空客公司的主流机型的优缺点,这些客户意见和建议既代表先进的理念,也有对其他机型缺点的改进建议,对于 ARJ21 飞机驾驶舱设计非常重要。特别是在 ARJ21 飞机交付客户前,结合飞机转机型测试(T5 测试),飞行标准委员会对 ARJ21 飞机的驾驶舱控制板和告警理念提出改进建议,对于 ARJ21 飞机顺畅运营具有重要意义,中国商飞开展以驾驶舱更改为核心的舒畅运营设计优化活动。航空公司客户的需求是研发部门飞机设计、制造、客户服务的重要输入依据,飞行员作为飞机的直接使用者,飞机的设计最终都是面向飞行员的,因此,认真倾听飞行员的意见对于研制安全、先进的飞机具有重要作用。ARJ21-700 飞机驾驶舱设计理念与波音飞机具有一定的共通性,以飞行员为中心,因为飞行员对飞机运行安全最终负责,飞行员需要获取足够的、准确的信息,才能及时有效地行使安全操纵飞机的最终决定权。因此驾驶舱设计应充分考虑飞行员操作能力、已有的驾驶经验以及操作习惯,人机界面设计应充分考虑飞行员生理极限、认知特性以及个体差异。在 ARJ21-700 飞机设计阶段的历次评审过程中,中国商飞多次邀请航线飞行员对驾驶舱和机头进行评估,将其意见作为设计更改的主要输入。在 ARJ21 飞机设计过程中,开展几次大的设计更改活动,完成机头主风挡外形更改、通风窗结构尺寸更改、仪表板安装角度更改、PFD 位置调整、遮光罩位置调整、顶部板位置调整等多项更改,从"飞行机组/驾驶舱系统"的角度来优化系统。

在飞机维护维修方面,ARJ21 飞机在研制过程中非常注重维修性设计和评估。ARJ21 飞机采用全三维设计,通过建立全机数字样机,对全机 8 大协调区的维修性进行数模检查。在飞机制造和试飞过程中,不断听取操作人员对飞机的维修性提出的改进建议,并纳入设计优化项目。在 ARJ21 飞机适航取证过程中,局方专门成立持续适航组,对维修工程和技术出版物进行审查,研制方采用最新的 MSG-3 分析手段,对飞机的维修计划进行分析,据此制订飞机的维修计划和维修手册。成立由局方、航空公司和研制方维修专家组成的工业指导委员会和维修工作组,对研制方提出的维修计划分析,对维修方案进行评审。特别是在飞机交付客户之后,结合在航线维修和定检维修中出现的问题,成立了由局方、成都航空和山东太古维修专家组成的维修技术委员会,对这些问题进行讨论,提出改进要求,对研制方提出的改进方案进行审查。持续改进设计优化,不断提高飞机的维修性,在以顺畅运营为目标的第二阶段优化设计中,维修性优化设计是其中的一个模块,包括细节设计优化、标准件和耗材的通用性优化、外场可更换建(LRU)的优化、维修手册优化等。

为了给航空公司客户提供多样化选择,中国商飞非常重视客户的选型意见,开发出选型管理系统,首次在国内建立完整的选型管理系统,实现选项管理、选型过程及记录管理、选型文件管理、选型流程管理,首次为客户提供在线选型。该系统可以完成从选项创建到客户构型的选定直至合同附件—选项选择结果文件的产生这一完整的选型过程,是国内唯一的民用飞机选型管理系统,这套软件可以实现客户虚拟现实场景下的选型。选型管理软件能极大提高航空公司选型工作效率,提升公司形象,使客户选型工作规范化。软件正式验收后,将首先应用于成都航空的实际选型工作中,之后每架交付飞机的选型工作以及客户化构型都将通过此系统完成。因此,本系统将是客户了解公司产品的一个标志性窗口,在飞机销售和交付工作中产生巨大的作用,可广泛地应用于市场开拓、销售支援和飞机交付工作。

4.4 舒适性

舒适性主要是指旅客的客舱舒适性,包括客舱空间、噪声、乘坐品质和行李箱空间等。相对于干线机,支线机客舱舒适性一直是个短板。ARJ21 飞机在设计之初,就提出支线飞机中的宽、静机身,为旅客提供良好的乘机环境。采用每排 5 座、头等舱和经济舱布局,设置可以提高正餐质量的厨房、超大行李箱。在客舱体验方面,ARJ21 飞机的设计理念就是为乘客提供与干线客机舒适性的无缝对接。在客舱舒适性方面,特别是个人空间方面,让旅客感觉不到是在乘坐支线机。为了进一步提升后排乘客的舒适性,在客舱降噪方面采取设计优化,通过采用隔音棉、阻尼层等材料,有效降低了后排噪声。后续还将继续采用发动机减振和隔振装置,降低发动机振动噪声。ARJ21 飞机客舱中前部舒适性甚至优于窄体干线客机。ARJ21 飞机的每排 5 座的客舱布局已经成为喷气支线机的标杆,后续研制的俄罗斯苏霍伊的 SSJ、日本三菱的 MRJ、加拿大庞巴迪的 C 系列等喷气支线客机,都采用了每排 5 座的布局。

随着技术的不断更新,能提升客舱舒适性的更新技术还将应用在 ARJ21 飞机上,包括客舱无线数据网络(WiFi)、客舱娱乐系统、情景照明系统、电传飞控系统的阵风减缓系统等。

4.5 适应性

适应性主要是指支线飞机对机场和航线的适应性。ARJ21 作为一款喷气支线客机,主要适应两类航线,一种是轮辐枢纽式中小城市和中心城市之间的航线;一种是点对点的中小城市之间的瘦长航线,当然这种点对点航线也可以衍生为多点链接的航线。ARJ21 飞机客座数为 90 座级,标准航程 2 000 km,最大航程 3 700 km,可以覆盖中国国内已开航航线的 97%。相对于窄体干线机依靠航线补贴运营支线航线而言,运营支线航线,更有利于提高航班频度,经济上每航班盈亏平衡点更低。中国的支线运输市场发展潜力巨大,必然需要像 ARJ21 的专业支线飞机运营支线航线,达到国外发达国家的运营水平。

相对其他的支线客机,ARJ21 飞机在市场定位上,特别适合在中国西部高原、高温机场起降和复杂航路越障为目标的营运要求,这些地区由于地理环境复杂陆地交通系统不方便,又特别需要便捷的交通实现经济交流,以改变"老少边穷"地区的面貌。ARJ21 飞机在设计时,考虑这样的市场理念,首先是在设计要求上,把昆明和格尔木机场分别作为高原和高高原的标高机场,优越的高温、高原机场性能,得益于飞机采用了超临界机翼和前后缘增升装置,并且标准航程型和增大航程型选用同款发动机,储备了足够的高原起飞推力。

在 ARJ21 飞机交付首家用户进行示范运营期间,ARJ21 飞机也在抓紧进行高高原机场航线演示验证,先后在宁夏花土沟、德令哈和西宁等机场进行航线验证飞行,积极开拓高高原航线。同时,开拓黑龙江航线,以哈尔滨为中心,进行冬季高寒季节的航线演示验证,在取证阶段 ARJ21 在内蒙古海拉尔机场进行了高寒适航验证试飞。

4.6 共通性

共通性主要是指某一公司的系列飞机在驾驶舱、客舱、零部件、标准件、飞行员、乘务员和机务资质等存在着共通性,可以最大限度地减少航空公司使用不同系列飞机的成本。ARJ21 飞机市场定位是考虑和 150 座主力窄体干线机的性能和使用特性有尽可能多的共通性,力求与 150 座主力机种实现无缝链接服务。这种设计理念的好处是,国内航空公司主要机型是波音公司的 B737 系列和空客公司的 A320 系列飞机,ARJ21 的驾驶舱操作理念主要是和波音公司飞机保持着操作的共通性,这样 B737 和 A320 飞行员很容易适应 ARJ21 飞机上的操作系统。对于机务人员而言,ARJ21 飞机的机载系统与波音和空客公司的窄体干线机也具有类似水平的系统,这些都降低了航空公司的成本。从飞机的航线安排上,飞机飞行性能,包括巡航性能和起落性能,在同一航线上也是相互可以替代的,只是座级的不同。对于旅客而言,乘坐 ARJ21 飞机几乎感觉不到是在乘坐一款支线飞机,因为飞机的性能和舒适性在同一航线上与其他飞机几乎没有差别。

4.7 经济性

经济性是航空公司购买一款商用飞机的终极目标,也是 ARJ21 飞机取得商业成功的必由之路。ARJ21 飞机的经济性由飞机的采购成本、直接使用成本(DOC)和全寿命成本(LLC)这几个方面构成。ARJ21 从方案阶段开始就不断地通过设计降低飞机的单机采购成本,成立飞机项目控制委员会(PCB)和构型控制委员会(CCB),对新的设计方案和设计更改进行研发费用、单机成本的核算和评估。在 ARJ21 飞机的设计目标中,明确要求直接运营成本(DOC)应优于同类竞争机型,为了实现这一目标,采用超临界机翼和高效增升装置,采用高性能涡扇发动机,在研制过程中持续开展减重减阻设计。在飞机投入运营后,通过优化自动飞行系统和推力管理系统,不断挖潜飞机在各飞行阶段的性能,如减推力起飞、优化飞机巡航性能等。直接维修成本应优于同类竞争机型,是 ARJ21 飞机在经济性方面具有竞争力的另一个努力方向。在 ARJ21 设计过程中,可靠性和维修性作为飞机使用维护的重要指标提出来,按照日利用率 8.5 h,飞机的签派可靠度要求达到 99.7%,飞机平均修理时间 25 min。要达到这一目标,一是对全机各系统提出可靠性指标要求,通过不断提高产品可靠性,加大维修计划间隔;二是飞机各设备舱要具有很好的可达性;三是飞机的外场可维护单元的细分,要尽量兼顾高效和成本的平衡;四是维修计划的合理安排,尽量减少飞机定检维修停场时间,优化航线维修计划,把定检维修任务结合到航线维修任务执行。

提高 ARJ21 飞机的经济性是一项全寿命周期的工作。进入批产运营阶段后,中国商飞开展精品工程设计优化,持续开展减重减阻,挖潜飞机性能,降低直接运营成本。持续开展可制造性优化,在材料、标准件、可制造性细节设计、生产和装配工艺方面提高飞机生产效率,降低制造成本,达到降低飞机采购成本的目的。在维修性方面,对客户航线维修和定检维修时发现飞机维修性问题,包括可达性、材料、标准件、耗材等问题,开展优化设计。不断提高 ARJ21 全寿命周期的经济性。

4.8 系列化

ARJ21 飞机的系列化发展是按照国际民用客机发展规律制订的发展战略。除了现有的 ARJ21 - 700 飞机基本型(78 座级)与全经济舱(90 座级)两种构型外,后续还要大力发展加长型、货运型、公务机、全公务舱和遥感飞机等,形成 ARJ21 的系列化。

公务机。ARJ21 公务机是在 ARJ21 - 700 基本型飞机的基础上发展的,主要服务于企业和个人商务活动的专用飞机,旨在丰富 ARJ21 系列化产品,拓展细分市场。公务机典型客舱布置座位数 12 座,客舱将按客户需求定制私人休息区、VIP 休息区、工作区/就餐区和随员舱 4 个相对独立的功能区间。私人休息区将注重私密性、舒适性,配备双人床(1.5 m 宽)、嵌入式衣柜、盥洗室(配备淋浴间)、无线局域网、互联网接口、音/视频娱乐系统、电源插座等设施/设备。VIP 休息区配备座椅、折叠桌、音/视频娱乐系统、无线局域网、互联网接口和电源插座等设施/设备。工作区/就餐区配备座椅、折叠桌、吧台、无线局域网、互联网接口、电源插座等设施/设备。随员舱考虑采用公务舱独立或双联座椅,每排两座布置,并配备娱乐系统。厨房配备烤箱、咖啡机、烧水壶等基本设施,并提供冰柜等各类厨房插件的选装和个性化定制,以满足客户飞行中的就餐要求。配置 2 个盥洗室,前后布置;其中一个布置于私人休息区内。此外,可根据客户的要求定制客舱内饰,包括材质、颜色、花纹、尺寸等不同选择。

全公务舱。ARJ21 - 700 飞机全公务舱是在 ARJ21 - 700 飞机标准构型基础上发展的 52 座特殊构型。客舱布局方案采用每排 4 座对称布置,增大旅客座椅的排距,达到 39 in,进一步提高公务舱客舱舒适性。

货机。ARJ21 - 700 飞机货运型作为新型涡扇支线飞机 ARJ21 的衍生型飞机,是适应我国高速发展的航空货运市场需求的新一代支线货运型飞机。按照 ARJ21 系列化发展的要求,货运型飞机将在客运型的基础上进行必要的改型设计,以降低研制风险和研制成本。目前进行主要更改项目的初步整理,包括在前机身左侧增开大尺寸的主货舱门;在主货舱增加货物装卸、运送和系留等系统;并加强主货舱的地板滑轨;主货舱拟采用 A‐2/LD‐4/LD‐9 集装箱或 PIP 集装盘;主货舱最大装载能力为主货舱装载容积和全机重量平衡限制的集装箱或集装盘自重与货物重量之和的最大值;下货舱可与客运型保持一致,用于装载散装货物。也可根据客户要求,部分改装为机身辅助油箱舱,以满足增大航程的需求。

ARJ21‐700 特种飞机。包括海监、大地测量行政飞机。

ARJ21‐700 遥感飞机是由 ARJ21‐700 新支线飞机经改装形成具有多种观测窗口的高性能航空遥感飞行平台(搭载种类多样的光学、雷达、红外遥感设备)、满足航空遥感需求的特种飞机(非经营性通用航空、非运输运营),用于科学实验、作业飞行和应急飞行。

5 ARJ21 飞机技术管理创新

5.1 技术合作体系

ARJ2121 飞机是我国首个按照国际通用的民用飞机研制模式、采用主制造商-供应商模式和市场化机制运作项目。主制造商重点加强飞机研发、总装集成、供应商管理、市场营销、客户服务和适航取证能力建设,项目设立行政指挥和设计师两总系统,构建了设计、制造、试验、试飞、市场、适航和客户服务体系。ARJ21 飞机技术管理在项目研制和取证阶段,采用两总领导下的各中心业务负责制,设计研发中心负责设计、试验和适航取证。制造中心负责制造分工和总装集成。客服中心负责客户的培训、飞行运行、维修工程和航材等业务。市场中心负责飞机市场研究、市场目标和要求的确定、客户推介技术支持。适航中心负责适航标准研究、适航审定基础、项目适航审查活动组织、条款关闭技术管理、持续适航技术管理等。在 ARJ21 飞机证后运营阶段,项目技术管理采取 IPT 团队和职能管理相结合的方式,顺畅运营优化设计和精品工程优化设计采取多职能集成产品团队(DBMOT)形式,为实现并行产品定义(CPD)和协同设计制造服务,来自工程设计、系统工程、制造、维修,运行和试验试飞的技术专家组成一个跨职能项目团队,共同负责交付一个定义的产品或流程。DBMOT 的核心是团队负责具体的交付物,DBMOT 主力是工程设计人员。

ARJ21 飞机前期设计中在国内首次整合了大飞机的设计力量,组合上海飞机设计研究所和西安飞机研究所成立了第一飞机设计研究院,上海飞机设计研究所负责全机总体设计、全机结构和系统综合,承担技术总抓责任。西安飞机研究所负责机翼、前机身、中机身、中后机身、服务门和后应急门结构详细设计,还负责动力装置、燃油系统、空气管理系统综合,负责全机安全性设计。调动国内试验试飞单位和复合材料结构研究单位,中航工业试飞院负责取证试飞。中航工业强度研究所负责全机静力试验、全机疲劳试验和全机共振试验。中航工业 637 所负责雷达罩研制。民机机载系统一直是国内的弱项,在这方面由上海飞机设计研究所负责系统顶层设计和系统集成,采用全球招标方式选择国外系统供应商负责承研分系统和设备的研制。在设计取证方面,上海飞机设计研究所(中国商飞成立后,改名为上海飞机设计研究院,简称上飞院)承担型号技术抓总工作,中航工业试飞院、强度所、637所和19家国外系统供应商参加了研制工作。

在制造方面,ARJ21项目首次在国内采用主制造商负责总装集成,各结构部件分段分包制造的方式。上飞公司负责总装、设备安装、管线安装和平尾升降舵制造;成飞公司负责机头制造;西飞公司负责前机身、中机身、中后机身和机翼制造;沈飞公司负责后机身、垂尾、方向舵制造。在制造技术方面,成立总工程师系统(简称总师系统)协调各厂之间的技术分工界面,建立项目工艺规范体系,项目总工程师作为总师系统成员,领导制造系统的技术工作。为了适应批生产要求,成立联络工程体系和器材评审委员会(MRB),负责代表设计系统处理生产过程中的超差、带料问题,并组织涉及可制造性的设计问题的解决。

在国内首次建立专业的客户服务中心,全面负责ARJ21的客户服务工作,全新建立飞行训练、航材支援、维修工程、地面设备、技术出版物和飞行运行支持等专业,聘请了航空公司的资深飞行员、飞行教员、乘务教员、维修专家和签派专家等技术管家,充实客户服务技术体系。与局方、航空公司和维修机构开展合作,开展人员资质的培训,初步建立满足适航规章要求的客户支援体系。

5.2　技术管理体系

ARJ21项目成立了项目行政指挥系统和设计师系统为主体的设计保证系统,以确保设计组织履行设计保证的设计、适航和独立监控的职能。技术体系,ARJ21飞机项目总师系统在中国商飞的领导下,对项目总指挥负责,是项目的技术领导核心,对飞机的技术工作负全责。

5.2.1　总师系统

总师系统由型号总设计师/副总设计师/总工程师、主任设计师/副主任设计师、主管设计师/设计师三级组成。ARJ21飞机项目总设计师、型号副总设计师由中国商飞任命;主任设计师、副主任设计师、主管设计师由所在单位任命。ARJ21飞机项目副总设计师设置有:总体气动副总设计师、试飞副总设计师、强度副总设计师、结构与标准材料副总设计师、电子电气副总设计师、机械系统副总设计师、环控氧气系统副总设计师、动力装置系统副总设计师、试飞和安全性副总设计师、适航副总设计师、总工程师、客户服务副总设计师。主任设计师、副主任设计师、主管设计师的专业分布和名额按照项目需要设置。总师系统按矩阵管理模式,副总设计师在型号总设计师领导下,既分管本专业领域的技术工作,也管理项目专项技术工作。

总师系统是项目设计保证体系的重要组成部分,各级设计师应按照各负其责、密切配合的原则,在技术上直接对上一级设计师负责;在项目工作上受上一级设计师和所在单位的双重领导;各级设计师所在单位/部门,应对ARJ21飞机项目各级设计师的工作予以充分的支持。各单位/部门行政管理部门应支持和配合总师系统的技术规划和技术决策。

5.2.2 总师系统职责

ARJ21飞机项目总师系统在项目总指挥系统领导下,负责ARJ21飞机项目技术规划、技术管理、试飞、客户服务技术、市场营销技术支持、适航取证和持续适航;关键技术攻关;提出项目研制、试验和客户服务的技术保障要求;协调并解决研制工作中的重大技术问题,负责技术问题的归零工作。带好型号技术队伍,组织技术交流和技术攻关预研,优化技术流程,不断积累专业知识,做好未来型号技术储备;注重将型号技术成果升华为科技技术成果或专利等形式。总设计师是型号任务的技术总负责人,负责型号任务的技术工作,对总指挥和中国商飞负责。总设计师主要职责如下:

(1)负责型号研制技术工作,协助型号总指挥对与型号研制生产技术有关的工作实施有效的协调规划,贯彻落实有关规章制度。

(2)根据型号研制要求,审查并合理确定型号技术指标,组织总体方案技术和经济性论证,并对型号总体方案和技术方案负责。

(3)合理选择技术途径,确定各阶段技术状态,组织评审并优选总体技术方案,参与研制、技改、引进和攻关计划的编制等。

(4)根据型号研制要求,组织编制、审查型号技术流程,确定各系统的设计要求,组织型号设计,负责总体和系统方案设计以及经济性的审查;组织编制设计手册,建立与适航标准相适应的设计保证体系和工艺标准体系,以保证型号研制符合适航要求。

(5)负责合理分配、确定系统性能技术指标,审定并签署型号研制中的系统接口及重大技术文件、系统之间主要技术接口参数和系统研制任务书,负责组织编制适航取证技术文件等;组织协调解决型号总体技术问题、总体与各系统之间和系统之间以及总体设计与总装制造、客户服务之间的技术接口问题。

(6)组织制订设计准则,组织合理分配和落实可靠性、安全性指标,进行可靠性和安全性设计,负责技术状态管理和产品设计质量。

(7)组织编制符合性验证文件,制订符合性验证计划并组织实施,保证适航取证工作的顺利进行。

(8)审查型号研制中的技术攻关项目,解决型号研制过程中的重大技术问题。

(9)提出型号研制、试验和重大技术改造的技术保障要求。

(10)组织型号大型试验技术方案和经济性论证,优化试验项目,组织制订试验大纲及对试验场所的要求,并负责处理试验中有关技术问题。

(11)确定型号研制中的新材料、新工艺项目,并组织工艺攻关;制订试制工艺总方案和工艺规范;组织产品设计的工艺性审查;解决试制过程中的重大工艺技术问题。

（12）负责处理批产型号中的技术问题,对型号的技术状态负责监督和检查,负责型号研制中质量问题的归零工作。

（13）参与对下级设计人员的考核,并提出奖惩建议。

（14）会同型号总指挥和所属单位搞好型号设计队伍建设。

5.2.3 副总设计师职责

副总设计师协助总设计师工作,在技术上对总设计师负责,并负责领导分管专业的研制技术工作。各专业副总设计师职责如下:

（1）根据 ARJ21-700 飞机设计、使用要求,组织制订所负责专业的设计要求、研制程序,负责飞机研制各阶段所分管专业和专项的设计、试验和适航工作,完成总设计师交办的其他工作。

（2）编制分管专业设计规范、准则,组织制订针对全机的指令性文件,批准系统级指令性文件,批准分管专业的工程图样、技术文件,组织处理生产、试验、试飞和运营中出现的技术问题,组织分管专业的技术预研工作。

（3）处理分管专业的重大技术问题,组织技术攻关,批准最终解决方案;召开技术协调会议,处理分管专业的技术界面、偏离等技术协调问题,提出飞机各研制阶段所分管专业的研制报告,向总设计师汇报重大问题处理意见并提交技术工作报告。

（4）确定所分管专业的适航审定计划,经批准后组织实施,组织所分管专业各项适航符合性验证工作,批准适航符合性验证报告。

（5）批准所分管专业重大试验项目及试验结论性意见,负责所分管专业的试验室建设中的技术工作,并支持技改论证及实施。

（6）负责对供应商承担研发任务的协调、控制和批准。

（7）会同型号质量管理系统在分管专业内贯彻执行各项质量管理规定,参加分管专业的各类设计评审,参与处理重大质量问题,从设计上确保型号的研制质量。

（8）进行分管专业的工作分解,提出任务计划与资源保证要求。

（9）对下级设计师工作进行检查。

（10）负责科研课题立项论证、科技论文发表、科技成果申报等工作的技术审查。

（11）负责科技攻关工作,负责技术交流、涉外活动中的技术审查工作。

5.2.4 试飞副总设计师

试飞副总设计师职责如下:

（1）负责组织研究和决策试飞规划、试飞计划和试飞大纲中的重大试飞技术问题,协调和解决各参试单位界面、试飞要求、科目试飞状态和结果、试飞机构型、试飞测试系统、数据分析中出现的重大试飞技术问题。

（2）组织设计研发中心和中国飞行试验研究院相关专家组成试飞现场技术协调小组，负责试飞现场日常技术问题的协调和决策。

（3）试飞副总师无法决策的重大试飞技术问题，提交中国飞行试验研究院和设计研发中心行政指挥、项目副总指挥、总设计师研究决策。

（4）负责试飞技术规划的制订，组织试飞大纲协调、会签和批准，进行试飞数据管理和发放。

（5）中国飞行试验研究院试飞副总设计师职责：领导中国飞行试验研究院试飞技术系统，提出试飞规划，对试飞安全评估和管理，负责试飞计划的组织实施；编制试飞大纲和试飞任务单，负责测试需求的实施和落实以及试飞数据采集和分析，负责试飞报告的编制。

（6）设计研发中心试飞副总设计师职责：负责组织设计研发中心的试飞技术工作；组织各专业提出试飞要求和测试需求，组织确认试飞结果，对试飞机进行技术保障（构型评估和排故）；指导总体气动部试飞专业的技术工作，领导外场试验队工程中队的技术和管理工作，领导设计研发中心快速响应协调小组工作。

5.2.5 适航副总设计师

适航副总设计师协助总设计师工作，分管适航技术与管理工作。其主要职责如下：

（1）负责组织适航工程师向研制团队明确型号研制适航要求，向研制部门解释适航要求，协助型号总设计师确保按适航要求研制飞机。

（2）负责组织确定型号适航符合性方法，并协助型号总设计师开展适航符合性活动。

（3）负责组织适航工程师对型号适航设计、验证、制造、证后管理和持续适航各阶段形成的报告开展内部审查工作，保证其符合适航要求。

（4）负责组织向航空公司提供运营的适航技术支持，并明确向局方报告使用困难信息的适航要求。

（5）负责飞机型号证后和持续适航的技术支持。

5.2.6 型号总工程师

型号总工程师协助总设计师工作，分管型号制造技术工作的组织管理以及重大技术问题的决策。具体职责如下：

（1）负责批准工艺总方案、装配协调方案、工艺装备方案、产品互换和替换实施方案等型号项目级顶层技术管理文件。

（2）负责批准与供应商有关的型号项目级工艺技术、工艺装备等相关技术管理文件。

（3）负责型号项目先进制造技术攻关与试验的管理。

（4）负责型号项目产品制造技术管理。

（5）负责型号项目工艺规范管理。

（6）负责型号项目制造构型管理技术职责。

（7）负责批准中心级及以上制造技术问题归零。

（8）负责上述职责履行过程中涉及的重大制造技术问题的协调与决策。

5.2.7 产品支援和客户服务副总设计师

产品支援和客户服务副总设计师协助总设计师工作，分管客户服务相关技术工作。其主要职责如下：

（1）全面负责飞机客户服务工作的技术要求和总体技术方案。

（2）研制客户服务技术规范。

（3）组织开展客户服务技术研发，向总设计师汇报重大问题处理意见并提交技术工作报告。

（4）组织实施客户服务关键技术攻关。

（5）负责客户服务总体协调以及相关技术问题的协调和决策、客户服务中心技术改造和建设方案的技术论证。

（6）负责维修类手册的批准。

5.3 技术风险决策机制

技术风险决策内容包括增加技术工作的决策和技术问题的决策。参与决策的技术成员包括主任师/副主任师、副总设计师、总设计师，项目管理成员包括总师办、行政指挥。

5.3.1 技术决策责任

主任师：负责提出要增加项目和存在技术问题报告和相关技术报告，对情况准确性负责，负责按决策制订计划，执行决策内容。副总设计师：负责识别和决策本专业技术问题，负责上报需总设计师决策的技术问题。总设计师：负责识别和决策全项目上报的技术问题，全面领导技术攻关，组织专家咨询，组织技术决策。

5.3.2 技术决策流程

增加技术工作的决策，按要求编制材料，内容应包括增加工作的内容、完成形式和节点，增加的原因（前期规划考虑不周、其他专业需求、上级下达）、相关的影响（仅影响本专业进度、影响进度、影响外单位或全项目进度）。提交主管副总设计师签署意见后提交总师办登记，由总师办提交总师签署决策意见，按需纳入总师系统会议议题，待总师系统会议决策后落实到会议纪要中，各副总师依据总师会议纪要的决策，按格式要求发总师决定单，经总设计师批准后生效。

5.3.3 技术问题的决策

技术问题的决策各团队/部门需按格式编制材料,内容应包括技术问题名称、问题类型(没有技术思路、需要技术决策、需要专业间协调决策)、建议的解决措施等,提交主管副总设计师签署意见后提交总师办登记,由总师办纳入总师系统会议议题,待总师系统会议决策后落实到会议纪要中,各副总师依据总师会议纪要的决策,按格式要求发总师决定单,经总设计师批准后生效。

5.3.4 技术决策会签

本专业技术决策若对其他专业技术要求、接口有影响,对技术工作、技术接口、进度有影响,要请受影响专业副总师会签。

5.3.5 技术决策的分发、督办和落实

总师办负责管理总师会议议题上报表和决策意见,建立技术问题决策管理数据库,跟踪每项技术问题决策和落实情况。主任师/副主任师按每项技术决策单制订计划并报总师办,总师办负责督促执行。

5.3.6 技术、进度、经费的综合决策

对仅对本单位有影响的,会同本单位行政指挥一同批准;对项目有重大影响的,按规定报 CCB 决策。

5.3.7 试飞技术问题的决策

技术决策机构:组织各专业联合攻关组,由设计研发中心和试飞单位技术人员组成联合攻关组,专业副总师作为技术负责人;技术决策程序:联合攻关组内部讨论决策技术问题,如有两次或 5 天无法决策的技术问题,属于试飞要求问题由设计研发中心提出,属于试飞技术问题由试飞单位提出,按照决策程序格式提交总师办。

5.4 主制造商-供应商模式

ARJ21 作为一款按照民机市场规律研发的喷气支线客机,要直接参与国际民机市场的高级别竞争,就必须摆脱传统的一所一厂封闭研制模式,从有利于提高飞机市场竞争力,有利于大批量生产的角度,细化机体分工,实行国际大联合,采用主制造商-供应商联合研制,风险利益共担的研制模式,这也是参照波音公司、空客公司等飞机制造商多年来在民机型号研制中采用的成熟研制模式,通过 ARJ21 飞机的研制探索出一条适合中国的民用飞机研制道路。

ARJ21 飞机的主制造商-供应商的研制方式,已经为国内多个军民大飞机所应用,其中机体分工模式完全相同,表明国内已经形成成熟的机体部件分工体系。值得总结的教训是,国内的主制造商-供应商研制模式距离国外成熟体系还有很大的差距。例如,ARJ21 飞机目前的批生产还没有形成模块化制造,供应商交付结构件

为主,设备管线支架没有安装,总装工作量巨大,飞机交付速率还上不来。供应商还都是唯一供应商,主制造商还是过度依靠供应商,甚至受制于供应商,缺乏进一步降本增效的机制,这一点也距离国际先进主制造商有很大差距。

5.5 系统联合定义(JDP)和构型控制

ARJ21 飞机是我国第一款自主设计,具有完全知识产权的民用喷气式飞机,从项目立项、概念设计、初步方案设计、详细设计到试制、试飞取证全过程都是由主制造商技术总抓,采取全球招标方式,选择 19 家国外供应商,负责研制分系统设计和制造。在系统研制过程中,按照国际惯例与国外供应商开展联合设计和构型管理,走出了一条供应商技术管理的流程。在供应商选择阶段,主制造商向潜在供应商发出招标要求(RFI),愿意参与的供应商向主制造商发出投标建议(RFP),经过技术评估和商务评估,确定系统供应商。

在供应商正式开始研发之前,必须由主制造商和供应商确定系统的设计要求。在 ARJ21 项目中,主制造商在完成项目的初步设计后,和各系统供应商开展系统联合定义工作,联合定义在中国上海开展,所有供应商安排工程技术人员到现场,联合定义是多边的技术协调工作,通过联合定义确定对系统的技术要求。系统联合定义结束后,各系统供应商回公司开展系统研制工作。系统联合定义后,系统设计变更都要进入构型控制流程,由设计更改的提出方,提出工程更改建议(ECP),由各相关供应商对 ECP 的更改方案、工作量、贯彻有效性进行评估。在项目首飞后,对于系统设计更改供应商要进行经费和进度的评估,包括对重复费用(RC)进行评估。

由于在系统集成设计方面的技术经验不足,和国外供应商的系统联合定义没有完全达到系统定义的目标。对系统的技术要求,由于国内没有研制经验数据,有些是依靠国外系统供应商的经验数据,在后续的验证试验试飞过程中,往往发现不能满足飞机的顶层要求,不得不按照我们在试验试飞中获得的实际数据向供应商提出新的要求。还有些设计要求,由于国内缺少经验数据,没有向供应商提出来,在后续的验证试验和试飞中,甚至运营过程中发现了问题,又得补充设计要求。通过 ARJ21 全过程的研制,不断地积累经验发现问题,完善系统的设计要求,为后续项目打下基础。

在 ARJ21 联合设计和联合定义过程中,为了顺畅、及时地与分布在世界各地的系统供应商交换数据和协同工作。建立了基于异地协同的数字化数据和文件管理平台(CPC 平台),在这个平台上,可以实现数模交换的功能,可以实现工程更改建议(ECP)的审批流转功能。

5.6 并行工程

ARJ21 - 700 飞机研制过程中,前期引入并行工程管理理念,再加上三维数字化设计,产品数据管理和 CPC 平台审批和发放流程管理,在主制造商、国内供应商和国外供应商之间构成实时异地协同的数字化并行工作平台,在这个平台上实现适航数据管理、客服管理和构型管理的功能。在 ARJ21 飞机取证交付后,这个平台的功能又延伸到成都保障现场。另外,为了实时处理航空公司客户运营的问题,在客户所在地和主制造商之间建立全球快速响应平台,以中国商飞客服中心为主平台,联系成都、印尼和非洲等所有的客户所在地,通过平台、视频会议和快速响应制度建立全球快速影响机制。

在 ARJ21 飞机取证交付后,项目管理分为两种模式,以顺畅运营、精品工程、平台升级为目标持续改进,在原有管理基础上,采取全面的并行工作团队(IPT)工作模式,建立了 0 级、1 级、2 级三级团队,按照优化任务建立和划分团队职责。在成都现场建立保障大队(保障 IPT)作为过渡机制,逐步过渡至客服中心智能管理。批生产、持续适航管理为职能管理模式。上述管理体系在项目两总系统的领导下开展工作。在 ARJ21 飞机研制过程中,对于并行工程的应用也是逐步探索的过程,逐步形成以系统工程为理念,以需求管理和构型管理为核心的并行工程体系,把并行工程的科学理念,成熟化应用在高端复杂的民机项目技术管理中,形成理念、工具、流程和软硬件平台,为后续项目打下了基础。

5.7 联络工程体系

联络工程作为飞机制造业的一个重要专业,是飞机设计部门对生产支援的重要环节,是设计部门在制造部门的代表,负责解决制造领域中出现的与工程相关的问题,并负责与主管设计部门协调这些问题。目前像波音公司等知名航空企业都建有一套完整的联络工程体系,而国内在中美合作生产麦道飞机时成立的联络工程,也仅是美国麦道公司联络工程体系在中国的一个延伸,包括国内航空工业的各飞机主机厂及科研院所也未建立和形成满足《CCAR - 21 - R3 民用航空产品和零部件合格审定规定》第 21.125 条规定的生产检验系统,能够完整、独立运行的民机联络工程体系。

在 ARJ21 - 700 飞机研制过程中,为满足型号研制需要,建立快速反应机制,着重解决制造现场的各类技术问题,提高产品质量,降低制造成本,通过组建联络工程专业,构建一套满足适航相关要求、适应中国现代民用飞机研制、生产(主制造商-供应商模式)、交付和运营全过程的、以满足适航规章之器材评审委员会(Material Review Board, MRB)为核心的民机联络工程体系。

中国商飞联络工程专业是目前国内民机产业内第一个以完整、系统的联络工程体系建设为目标建立的。在飞机生产过程中,联络工程专业作为飞机设计部门技术支援的重要桥梁,是设计工程部门在制造部门的全权代表,不仅承担着联络工程体系一系列相关活动的运营管理,更要承担处理飞机生产过程中所有与工程有关的技术问题,是设计在制造部门的延伸,是适航要求的生产检验系统的重要组成部分。联络工程实现设计与制造之间的无缝连接,为实现设计优化、工艺改进、工艺稳定、保证产品经济性创造了必要条件。

体系创新:通过建立联络工程专业,对民机制造领域内设计、制造、客户及适航之间的衔接关系和工作模式进行探索,逐步建立和完善符合民机生产的以管理和技术为主体的联络工程体系,保证设计思想、技术要求、技术规范在最终产品的实现,是保证产品制造质量、产品功能和性能要求的手段,同时也为提高产品设计质量提供参考和依据。联络工程不仅实现设计与制造之间各环节的无缝连接,也建立了设计与适航、用户、供应商之间的沟通和联络渠道。联络工程建立现场问题快速反应机制,解放了设计部门处理现场问题的资源压力,极大提高现场问题的处理效率。以工程MRB为核心的工程处理模式,让问题的处理方式和手段更加专业化、规范化,满足了质量和适航的要求。

管理创新:通过制订联络工程一系列管理规定、工作流程,建立和完善适应中国商飞"主制造商-供应商"生产管理模式的联络工程活动的管理体系,提出适合中国现代民机生产、满足《CCAR-21-R3民用航空产品和零部件合格审定规定》规定的工程MRB建设要求和规划,建立以包括制造、供应商及用户为中心的技术支持和服务机制,作为设计的延续,实现对制造单位的驻厂工程代表的管理及信息的快速传递,从而将设计的技术支持延伸到民机制造过程中的各个阶段。

技术创新:以制造问题处理和技术支持为主导的联络工程技术创新,实施以《联络工程手册》为代表的用以指导联络工程工作的技术规范的编写工作,提出适合ARJ21-700飞机生产问题的处理流程和方法,为现场问题处理提供参考和依据,方便、快捷的手册查询提高现场问题处理的规范、质量和效率。为更好支持ARJ21-700飞机及后续型号飞机的研制、生产过程中的技术处理工作,联络工程将继续开展诸如制造偏离(超差)对结构强度(包括静强度、疲劳强度、损伤容限)影响的评估等相关技术的研究工作,通过理论分析、试验验证的方法,形成一系列符合现代民机特征的新材料、新结构及新工艺的超差处理和评估规范,不断充实和完善民机联络工程技术体系。

6　ARJ21 飞机市场技术创新

　　ARJ21 飞机是按照国际民机研制规律，在国内首次完全按照市场需求全新研制的民用喷气客机，在研制过程中吸取了以往国产民用客机研发中的经验和教训，秉承"以市场需求为导向，以客户满意为宗旨"的市场观，从项目启动伊始即将市场的真实需求融入飞机的设计研发中，在市场方面采取多项技术和管理创新。图 6-1 是在 ARJ21 飞机研制各个阶段，所形成的一整套民机市场工作的研究分析和流程，包括其中的方法和模型。其中形成的主要成果包括飞机市场需求定义、飞机经济性设计和市场符合性分析、客户选型管理和市场分析软件。

　　ARJ21 飞机市场需求定义主要包括机场和航线适应性分析及飞行计划、飞机竞争力分析、市场适应性分析。机场和航线适应性分析及飞行计划主要工作是完成目标市场及航空公司的分析并定期更新，用于评估 ARJ21 飞机运营情况。实时跟踪机场和航线环境的变化情况，为设计方案优化提供输入。产品竞争力分析是从市场和客户关注的角度提炼产品竞争力评估因素和权重，并完成建模。完成 ARJ21 飞机与竞争机型的对比分析，进而评估 ARJ21 方案及优化设计，图 6-2 为飞机竞争力分析流程。

　　市场适应性分析工作包括通过机队规划、航线网络规划和排班及优化等优化 ARJ21 的运营。结合运营经济性分析，充分体现 ARJ21 高温、高原的运营特性。

　　飞机经济性设计和市场符合性是一项持续性的工作，其目标是通过飞机经济性设计不断挖掘飞机的市场潜力，其主要工作包括飞机经济性设计优化和飞机经济性运营提升。飞机经济性设计优化主要工作包括评估 ARJ21 飞机总体技术方案经济性及其经济竞争性，为方案评审和客户推介提供支撑。评估 ARJ21 飞机优化设计方案的经济性，为方案优选和优化设计提供支持。如选用钛合金座椅的经济性分析等。飞机经济性运营提升主要工作包括开展 ARJ21 飞机运营模式研究，提出经济性运营优化策略。调研采集航空公司实际运营成本数据，形成 ARJ21 飞机成本指数计算方法。开发 ARJ21 飞机经济飞行功能，并在飞行计划工具中实现，进一步节约运营成本，提高飞机经济性。开展 ARJ21 飞机航线收益分析及网络优化研究，开

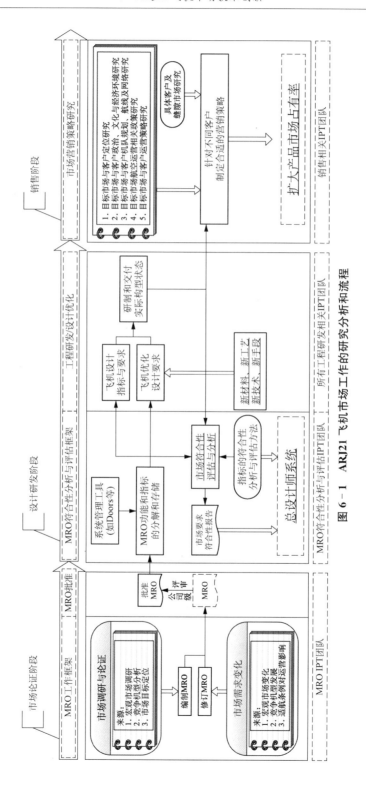

图 6-1 ARJ21 飞机市场工作的研究分析和流程

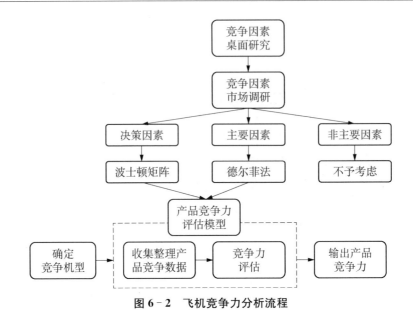

图 6-2　飞机竞争力分析流程

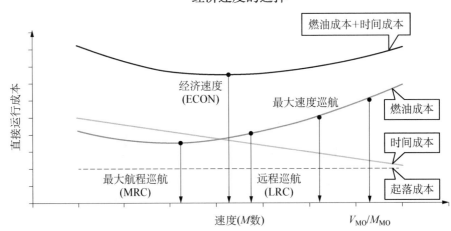

图 6-3　飞机巡航速度选择和运营成本的关系

拓有利的运营市场。飞机巡航速度选择和运营成本的关系如图 6-3 所示。

　　飞机客户选型管理工作主要包括客户构型要求的工程评估、开发相关的虚拟选型评估和管理平台、客户构型的工程信息管理、为支持合同签署所需提供的工程信息、客户构型的工程发布管理和客户构型的工程构型落实管理。通过以上的措施实施,完成对客户构型及商务合同的支持,充分将客户构型要求引入到单/批架次飞机的设计和构型配置中,以满足客户飞机选型的要求。

在 ARJ21 长期的市场分析和评估工作过程中,形成了一系列的分析工具,主要包括市场预测模型及工具、支线客机运营经济性竞争方法分析、基于收益评估的航线优选方法模型及软件、ARJ21 飞机飞行计划软件、虚拟选型系统、选型管理系统、支线客机客户驱动型市场战略研究和基于咨询式营销的商用飞机运力配置方法及模型。

市场预测模型及工具。建立了民用飞机市场预测模型,对全球支线市场的历史发展及 8 个地区的支线飞机的未来交付、机队规模发展进行了深入研究,有助于公司正确把握 ARJ21 - 700 飞机的研制和市场开拓方向,为 ARJ21 飞机改进改型的发展提供市场依据,从而帮助 ARJ21 飞机在激烈的支线客机市场竞争中争得一席之地。

支线客机运营经济性竞争方法分析。首次分析并建立起符合国内环境的飞机运营经济性分析方法是本项目的主要创新点。在此方面虽然国外存在不少经济性分析的方法文献,但大部分方法和公式都来源于国外的数据和经验公式,不一定能完全满足国内的现状。针对这个现状我们开发了适用于中国国内民航市场环境的分析方法,并对国外大量研究成果进行了跟踪,修正国外市场环境的分析方法。最终,开发了与分析模型相配套的软件,支持型号工作。

基于收益评估的航线优选方法模型及软件,提出符合时刻资源紧缺、市场需求旺盛等国内特有运营环境的航线网络规划方法,构建科学合理的基于收益评估的航线优选方法、模型及软件,解决了航空公司引入新机型后,以利润最大化为目标的航线网络布局和规划问题。同时,该项目结合 ARJ21 - 700 后续交付,完成了航空公司运营 ARJ21 - 700 飞机的航线优化方案。

ARJ21 飞机飞行计划软件。ARJ21 飞机飞行计划软件是国内首款自主开发、兼顾航空公司运行应用需求和飞机制造商销售支持工作需求的飞行计划软件,该软件瞄准国际先进的商用飞行软件系统,起点高且贴近中国民航运行的特点,适合国内运行环境,能完成各种特殊情况下的飞行计划计算。能够有效地帮助航空公司减少不必要的油量和减载,提高航班经济效益,增大运行安全余度,为飞机产品航线适应性分析和竞争机型比较分析提供有力的工具。

虚拟选型系统。客户虚拟选型系统首次在国内建立面向客户和工程设计的虚拟仿真系统,使工程设计人员可以完成选项的验证、评估等工作,同时使得航空公司在进行选型时可以直观地比较不同选项的差别,确定适合自身的选型。航空公司在进行客舱选型的同时,可以根据需要,将已选定的选型内容在三维客舱选型工具内进行模拟、查看、修改,系统将客舱选型结果清单进行记录。

选型管理系统。首次在国内建立了完整的选型管理系统,实现选项管理、选型过程及记录管理、选型文件管理和选型流程管理,首次为客户提供在线选型。该系统可以完成从选项创建到客户构型的选定直至合同附件—选项选择结果文件的产生这一完整的选型过程,是国内唯一的民用飞机选型管理系统。

支线客机客户驱动型市场战略研究。通过市场要求与目标论证的方法论研究,建立健全 ARJ21 飞机市场研究方法及研究工具,细化 ARJ21 飞机的产品竞争优势,明确 ARJ21 飞机在不同细分市场上的价值主张。为 ARJ21 飞机进入全球主要的支线飞机目标市场提供理论依据,为产品交付后进一步寻找细分市场机会和目标客户提供信息数据以及营销策略的支撑。

基于咨询式营销的商用飞机运力配置方法及模型。用咨询式营销的方式,并考虑中国航空公司实际工程需求,提出符合国内市场的运力配置方法。通过规划分析,不断完善运力配置,提高了成都航空的运营效益和运营利润,为 ARJ21 - 700 飞机后续架次拟排航班计划及航线提供有力的量化支持,对于提高交付后的机队运营效率和提高成都航空盈利水平具有重要指导价值。

7　适航技术创新

ARJ21飞机是我国十五规划的重大高科技项目,是严格按照国际通用标准、规范和方法,进行设计、生产制造、总装集成、适航取证的国产喷气支线客机。该项目在国内首次按照CCAR-25部适航条例全新研制,并取得CAAC TC证的喷气式支线客机。通过ARJ21飞机的研制取证,建立了满足CAAC和FAA要求的民机适航取证体系,建立了从审定基础、符合性方法、验证计划、验证大纲、符合性报告的文件体系,提出了申请人表明符合性和局方验证阶段的技术工作规划,提出了验证试验、验证试飞、条款关闭的方法,提出了影子审查的路线图。ARJ21-700飞机取得型号合格证,是我国航空工业的又一重大里程碑。

7.1　适航技术创新

在ARJ21飞机研制取证之前,我国从没有走过大型喷气客机研制、取证的全过程,因此在ARJ21飞机取证过程中,不论是研制部门还是适航审查部门,都缺乏适航技术经验。在条款的认识、验证方法选择、验证分析、试验和试飞方法、试验试飞基础设施和符合性判据方面,基本上没有系统、完整的知识,每一个条款的符合性设计和验证都是一次全面的技术攻关活动。通过ARJ21飞机的适航取证,掌握了大型民用客机针对25部条款的审定基础和符合性方法,掌握系统安全性条款、适坠性条款、燃油箱点燃防护、性能和操稳条款、全机疲劳和损伤容限分析、全机溅水分析、可燃液体排放、大型飞机颤振分析、复杂电子软硬件分析、特定风险分析等问题的分析和验证方法;攻克了全机鸟撞试验、全机高能电磁场辐射试验、闪电防护间接效应试验、飞机地面自然结冰试验、全机疲劳和损伤容限验证试验等一批验证试验难题;掌握了空速校准试飞、失速试飞、最小离地速度、颤振试飞、自然结冰试飞、起落架摆振试飞、飞控系统故障试飞、极端气象温度试飞、全机溅水试验、全机排液试验、最大刹车能量试飞、功能可靠性试飞、最小机组工作量试飞等一大批关键试飞验证技术。在国内首次开展了航空器运营符合性评审。通过ARJ21飞机的适航取证,使得我国适航验证技术体系,真正地实现系统性的跨越。

7.2　适航管理体系

中国民用航空局围绕 ARJ21 - 700 飞机适航审查,成立了专业的审定机构,建立了专门的局方试飞员队伍和审查队伍,形成了符合国际标准的适航审查程序、机制和体系,掌握了飞机国际标准,具备了喷气式民用运输类飞机适航审查能力,成为保障我国航空工业持续发展的重要国家能力。中国商飞建立了两级适航管理部门、适航工程中心,由公司管理部门和研发、总装制造和客服服务的两级适航管理系统,全面组织 ARJ21 项目的适航取证工作。

在适航技术管理方面建立了适航规章数据库,及时跟踪研究 FAA 和 EASA 最小规章修订情况和最新颁发的 AC,并聘请有经验的 FAA 专家,为设计和符合性验证提供指导。编制了 PSCP 和各系统/专业 CP,通过 PSCP 确定和局方的工作程序,通过各系统/专业 CP 确定各系统/专业的审定基础、符合性方法、具体验证工作和符合性报告,依据型号合格审定程序(AP21 - 03),完成了 CP 规划的各类符合性验证工作。确定了符合性验证试验和试飞开展流程,编制了符合性验证试验和试飞管理规定。通过研究,确定了进入局方验证试飞阶段 TIA 的路线图和工作要求,明确进入 TIA 前以及签发 TIA 后需完成的工作。开展了系统功能、安全性和机载软硬件的适航符合性验证,按照国际标准,适航专家开创性地建立系统功能、安全性和机载软硬件的验证流程和规范,解决了第 25.1301 条和第 25.1309 条的验证难题。建立了条款责任体系,在公司层面成立了条款关闭指挥部,总师系统以适航副总师归口,专业副总师(大专业联络人)牵头、层层落实分解 398 个条款的技术责任,针对每一条款编制一份条款符合性综述报告,以检查条款验证工作的完整性和充分性,为条款关闭提供依据。开发了适航取证过程管理系统(条款关闭管理模块、资料管理模块),全面翔实地记录了设计和符合性验证证据材料。接受 FAA 的审查并基本完成一阶段 FAA 确定的审查项目,FAA 在一定程度上起到第三方监督的作用,使得适航验证过程走得更加严谨和严格。

在 ARJ21 适航取证过程历经了 6 年时间,除了国内研制方和审查方在适航技术方面经验不足,很多验证试验试飞出现反复,需要开展技术攻关,开展优化设计。几乎所有试验试飞方法和设施基础薄弱,需要开展技术攻关。除申请方和审查方对于条款符合性验证所需的数据点和符合性判据的认知经验不足等原因外,也有一些深层次的经验教训值得总结。在研制过程中,由于技术储备不足,没有完全采用 SAE 4754A 国际标准,以双 V 设计和验证为核心,自顶而下需求分解和确认,从底层到顶层进行系统和飞机级的验证。所以在后期取证过程中,暴露出较多的需求缺失、验证不满足的问题,再回过头清理需求,补充设计重新验证。在研制过程中,重视适航条款的符合性,对运行规章和运营要求,包括运行、培训和维修等方面关注不够。在 ARJ21 交付前,研制方开展了第一阶段运营要求的优化设计;在交付后,开展了第二阶段顺畅运营的优化设计。运营规章和运营要求在飞机设计过程中,应该作为顶层需求,纳入设计要求,并且应该前瞻性研究和跟踪新的运营要求。

7.3　符合性文件适航审查

(1) 建立起符合性文件适航内审管理体系,联合设计研究部和聘请的相关技术专家全面开展符合性文件内审工作,提高符合性文件审查方审批通过率,节省了大量科研经费,加快了 ARJ21－700 飞机型号合格取证进程。

(2) 将审查方和适航规章的要求明确为符合性文件的具体编制规范作为符合性文件编制和内审的重要输入,保证了符合性文件编制和内审的充分性、一致性和规范性。

(3) 制订适航内审原则和详细实用的内审检查单用以规范和指导适航内审工作,提高了适航内审工作的效率和质量。

(4) 建立适航内审专家制度,充分整合院内和外协适航专家资源,对符合性文件内审质量的提高和适航工程师技术水平的提升起到了重要作用。

适航工程中心根据适航规章、审查方建议和 ARJ21－700 飞机型号取证和符合性文件提交审批的实际进展情况,系统规划和构建了符合性文件适航内审管理体系,体系由组织机构、角色分配与职责、相关程序文件等组成,具体如下。

7.3.1　角色与职责

1) 设计研究部

负责依照适航规章和相关管理规定完成符合性文件的编制,并完成符合性文件的初步适航内审。

2) 适航工程中心

负责制订符合性文件的编制要求和规范,在符合性文件正式提交审查方审查之前完成符合性文件的适航内审,从审查方和适航规章角度提出文件修订和完善建议,并与设计研究部进行讨论交流,以完成符合性文件的修订。

7.3.2　工作原则和内审检查单

适航工程中心根据 ARJ21－700 飞机型号取证特点制订符合性文件适航内审原则,所有相关人员在对符合性文件进行适航内审时均应遵循:

(1) 将符合性文件仔细通读至少一遍,记录其中文字上的错误、内容上的前后不协调问题。对于供应商的技术资料,核对设计或编制人员所写摘要的描述与原文是否一致。

(2) 与设计或编制人员沟通,了解其文件编制和符合性验证思路,协助设计或编制人员运用适航语言、按照相关的文件编写要求来编制各类文件,特别需关注所采用的新的计算方法及新技术是否符合适航要求。

（3）核对文件中引用的适航规章、适航程序、标准是否正确、适用、是否遗漏。

（4）对照条款逐一分析、判断设计或编制人员对条款的理解是否准确、全面。

（5）若符合性报告（MOC1）中引用了该系统的各项试验、试飞、检查以及鉴定试验报告，需确认这些验证试验是否完成，判断这份报告引用这些报告是否合理。

（6）审核试验报告时，确认其内容与试验大纲的协调性和一致性，试验报告中叙述的试验步骤、结果与试验大纲的一致性；审核试验分析报告时，需对照试验报告进行核实，主要确认是否分析了试验的结果与要求的符合性、与适航要求的符合性。

（7）认真记录发现的问题，进行分类管理，及时反馈设计或编制人员，协助其修改完善，确保内审意见和建议得以贯彻，形成闭环。

（8）对于把握不准的文件，及时向相关专业专家、本部门领导、相关专业副主任设计师、型号主任设计师、副总设计师等报告，共同探讨解决。

（9）及时总结归纳审查方审查中提出的意见，归类整理，作为自己内审的工作指南。

（10）全面了解与掌握自己所主管条款的各项验证工作，清楚准确理解每一种计算、设计、分析、试验和符合性验证方法，确保正确及时地完成符合性文件的内审工作。

7.3.3 适航内审专家制度

根据适航内审工作和适航工程师队伍建设的实际需要，适航工程中心创造性地建立了适航内审专家制度。适航内审专家主要包括聘请的院内、国内高校、民航科研单位具有丰富型号设计经验的各领域的技术专家、型号副主任设计师、型号主任设计师、适航副总设计师等。根据适航工程师对内审文件的重要性级别做出的划分（极重要、重要和普通），各专家的内审职责如下：

（1）聘请的技术专家对本领域内所有需要开展内审的文件进行适航内审。

（2）型号副主任设计师对本领域内所有需要开展内审的文件进行适航内审。

（3）型号主任设计师对划分为"极重要""重要"的文件开展适航内审。

（4）适航副总设计师对划分为"极重要"的文件开展适航内审。

（5）适航内审专家对相关文件完成适航内审的同时，对适航工程师的内审工作进行技术指导，帮助适航工程师提高技术能力和积累工程经验。

适航内审专家良好的学术水平和丰富的型号设计经验对适航内审工作的有效开展起到积极作用，对内审文件提出许多宝贵合理的修订建议，对各专业适航工程师的技术指导和帮助使其设计水平和技术能力在短时间内迅速提高，适航内审专家制度对于 ARJ21-700 飞机型号合格取证进程起到了良好的促进作用。

7.4 适航符合性文件体系

（1）提出一套完整、直观、清晰、合理的适航符合性文件总体框架，建立满足适航要求的符合性文件体系,从顶层角度确定分类情况以及相互之间关系,得到了CAAC的一致认可,为深入细化各适航符合性文件奠定了基础。

(2)合理界定了符合性支持文件中各符合性验证方法之间的边界与相互关系,为有效确定这些方法所应编制文件的定位、内容以及格式给出统一原则与依据。

(3)根据国内型号合格证申请人和试飞实施单位的实际情况,将有关试飞验证的适航符合性文件拆分为试飞和试飞分析两份报告。合理界定两者之间的边界,既满足各负责单位在工程上的可操作性,又能确保报告内容的完整性,以快速、高效地达到对相关飞行适航条款的符合性表明。

(4)成功解决适航符合性说明报告(MOC1)的定位问题,即不应是一份包括所有相关验证活动在内的总结性报告,而是仅从设计说明来表明对条款要求的符合性。

(5)根据对设备鉴定是一种过程的理解,首次明确了设备鉴定报告(MOC9)应包含的内容范围,即在原有基础上扩展到所有与设备鉴定相关的文件,以充分实现对设备的符合性验证。

(6)首次给出供应商所提供的报告有效转化为申请人文件的解决方案,即在对其内容进行充分分析与理解的基础上,编制对应的综述报告(summary),对其核心内容进行阐述,表明申请人的观点。

本项目综合考虑了CAAC、FAA以及EASA的适航规章和程序要求以及国内实际现状,编制完成了适用于ARJ21-700飞机的适航符合性文件编写要求、注意事项以及配套样例,并在适航符合性文件体系建立、符合性支持文件界定、MOC6试验报告处理、MOC1适航符合性说明报告、MOC9设备鉴定报告处理、供应商报告处理等方面进行了自主创新。相比国内外同类研究来说,该成果达到了国内领先水平,为提升我国民用飞机适航取证能力建设做出了创造性贡献。

7.5 型号合格审定大纲

(1)研究并明确型号取证符合性验证计划管理的规律和要求,提出型号合格审定大纲的编制方法,编制了ARJ21-700飞机型号合格审定大纲。

(2)形成了型号合格审定大纲管理制度、流程与方法,实现对ARJ21-700飞机型号合格审定大纲的有效管理。

(3)通过型号合格审定大纲,实现了型号取证验证工作、条款关闭工作与验证工作实施计划的合理关联,实现对CP、条款符合性检查单的有效管理,大纲编制中的关键技术如下。

1)规章要求

型号合格审定大纲是型号合格取证的全机级符合性验证计划,是对全机符合性验证任务进行管理的工具。中国民航规章CCAR-21-R3《民用航空产品和零部件合格审定规定》第 21.15 条规定:"型号合格证或者型号设计批准书申请人应当提交申请书并提交下列文件:……(四)相应的验证计划。"此条明确了民用运输类飞机取得型号合格证必须提交验证计划的要求。国内外民用运输类飞机适航取证经验表明,一个型号适航取证的任务项可多达数千项,对验证计划的管理贯穿适航取证的全过程。通过型号合格审定大纲,可实现对全机符合性验证计划的有效管理,以满足规章对型号合格取证验证计划管理的要求。

2) 型号合格审定大纲制订

型号合格审定大纲的制订过程是定义型号适航取证验证任务的过程。首先需确定审定基础,包括适用的适航规章,如 CCAR - 25 部、34 部、36 部,以及必要的专用条件、等效安全、豁免。在飞机设计过程中,将审定基础中每个条款的要求予以贯彻。针对每项条款要求,需确定符合性验证方法,规划验证项目(分析、计算、试验、试飞等),在原型机验证阶段完成这些验证项目,得到相关证据资料以表明对条款的每项要求的符合性。

为确保条款的要求得到全面的贯彻和验证,在研制和适航取证过程中,按照ATA 章节将飞机按系统、部件进行划分,并将每个条款的要求分解到每个适用的ATA,针对每个 ATA 确定每个条款的符合性验证方法,针对每个符合性方法定义符合性验证任务,包括符合性声明、符合性说明、计算分析、安全性评估、试验室试验、机上地面试验、试飞、符合性检查、模拟器试验、设备合格鉴定等,从而得到全机的符合性验证任务清单。"审定基础(条款)→ATA→符合性方法→验证任务"逐步进行分解的思路确保验证工作的完整性。

结合项目研制计划确定的每项符合性验证任务的计划节点、责任部门等信息,汇总得到全机的符合性验证计划,即型号合格审定大纲。

3) ARJ21 - 700 飞机型号合格审定大纲

2004 年,编发了 920GD007《ARJ21 - 700 飞机型号合格审定大纲的编制规定》。其中规定,型号合格审定大纲是依据与审查方共同确定的符合性方法表和项目的研制计划对符合性验证工作的细化落实,即全机的适航符合性验证计划。该文件规定了对型号合格审定大纲要求、编制方法、修订和管理要求,给出了初步的模板。2004年 5 月,发布了 920GD014《ARJ21 - 700 飞机型号合格审定大纲》A 版,后续保持动态更新和完善,并对其进行更新换版。目前最新版本为 N 版。

ARJ21 - 700 飞机型号合格审定大纲主体内容是符合性验证工作中产生的各类符合性证据文件的汇总清单。该清单中包含每份文件对应的 ATA 章节、符合性方法、验证任务、符合性文件名称、符合性文件编号、验证条款、完成时间、责任部门、验证条款。在后续更新完善过程中增加了若干信息,包括:①申请方责任人、责任总师、审查方责任人、适航主管等,确保每份符合性文件责任落实到相关人员;②审批计划和状态,将符合性文件按 5 种状态进行标示;③符合性文件的版本和批准单号。

4）型号合格审定大纲管理流程和制度

为实现型号合格审定大纲管理目标，需开展以下方面的工作：①确定审定基础和符合性方法；②定义各专业验证任务，建立全机符合性文件清单；③根据型号合格审定大纲制定符合性文件编制和审批计划，纳入项目计划并下发各专业实施，由适航工程中心对符合性文件进行内审并提交局方审批，由项目管理部门进行考核；④动态跟踪更新全机符合性文件状态。

为明确型号合格审定大纲的编制要求，制定了 920GD007《ARJ21‐700 飞机型号合格审定大纲的编制规定》，明确了型号合格审定大纲编制、修订、管理的基本要求，明确了型号合格审定大纲是依据符合性方法表和项目研制计划对符合性验证计划的细化落实。

为明确 CP 的编制要求以及 CP 与型号合格审定大纲的关系（型号合格审定大纲与 CP 的关联见本文 5.1 节），修订了 920GD045《ARJ21‐700 飞机系统级 CP 编制要求》D 版，其中明确，CP 中符合性验证项目及对应的符合性文件需与型号合格审定大纲协调一致，但计划完成时间不在 CP 中具体列出，而是在型号合格审定大纲中给出。

为确保型号合格审定大纲得到有效的管理，一方面，需根据项目研制的大节点动态更新符合性文件的编制和审批计划；另一方面，需动态更新符合性文件的完成状态。为此建立了适航管理与项目管理的协调机制。适航工程中心制订符合性文件清单，建立并管理型号合格审定大纲，据此定期摘录出年度和月度符合性文件计划报 ARJ21 项目管理部，纳入项目计划下发实施。符合性文件计划的完成情况，由各部门报适航工程中心进行检查确认，项目部门根据适航工程中心检查确认的结果进行考核。

对型号合格审定大纲和条款符合性检查单进行分析研究后发现，两者所包含的主要信息是相同的，但是编排顺序不同，前者是以符合性文件为主序列出的清单，后者是以条款为主序列出的清单。为了减少重复编排的工作量，研究提出条款符合性检查单快速生成方法。通过编制宏命令程序，以型号合格审定大纲为基础，通过拆分条款项、数据读写、辨别、排序等流程，生成条款检查单。通过该方法，能大大降低条款符合性检查单的编制时间，从约 30 人天降低至 0.5 人天，极大地提高了效率。同时，由于条款符合性检查单由型号合格审定大纲生成，可将原来分别进行状态跟踪的两个清单减少至仅跟踪型号合格审定大纲，减少出现差错的可能性。

8 客户服务技术

国内民机客户服务体系一直是薄弱环节,与国外民机客户服务差距很大,直接影响了国产民用飞机的声誉,使得国产民机在国内外一直无法形成批量。中国商飞自成立起便非常重视客户服务体系建设,专门成立独立的民机客户服务中心。全新建立 ARJ21 飞机客户服务体系,包括飞行训练、技术出版物、快速响应支援和维修工程等业务。在 ARJ21 飞机投入运营的过程中,客户服务的各个专业经受了航空公司的考验,逐步形成自身的业务流程,建立了技术手段,特别是在 ARJ21 飞机顺畅运营优化设计中,客户服务体系作为连接航空公司和设计研发部门的纽带,发挥了需求方的作用,ARJ21 飞机客户服务工作已经由刚开始交付的设计、制造和客服部门联合保障大队模式,逐步过渡到客服中心独挑大梁,进入良性循环,并且逐步在海外设立客户服务机构。

ARJ21 飞机的客户服务技术在多个方面都填补了国内民机产业的空白,包括 ARJ21-700 飞机全动飞行模拟机、技术出版物信息管理系统、实时监控系统、快速响应系统、备件管理信息系统、数字化客户服务系统、维修工程系统等。在国内民机领域研制了第一台 ARJ21-700 全动飞行模拟机,通过过渡 C 级鉴定,最终通过 D 级鉴定,用于飞行员培训。研发了技术出版物信息管理系统,采用信息化手段来实现 ARJ21-700 飞机技术出版物全寿命跟踪管理,可为航空公司提供客户化、电子化的技术出版物。研制了数字化客户服务系统,为客户、合作伙伴/供应商以及中国商飞内部创造集成化的协同工作环境,提供客户运营所需的信息化服务及增值服务。

8.1 基于收益评估的航线优选方法、模型及软件

该技术的创新点主要为在国内首次完成基于收益评估的航线优选方法、模型,构建商用飞机运营航线优化和收益评估软件系统,指导航空公司实际运营。

该项技术提出国内特有运营环境的航线网络规划方法,构建了科学合理的基于收益评估的航线优选方法、模型及软件,能够根据设定的条件自动分析评估机型在

航线上的变动成本、固定成本、收益情况。并以航空公司预期运营利润最大化为目标,优化机队配置方案、航线规划方案以及相应的航线运力分配方案。同时,结合ARJ21‑700飞机后续交付,完成航空公司运营 ARJ21‑700 飞机的航线优化方案。

主要关键技术如下:

(1)根据设定的条件有效分析评估机型在航线上的变动成本、固定成本和收益情况。

(2)在综合考虑各备选机型的运营经济性、航线适应性、各航线市场运营环境、航空公司的航线资源和机组资源约束的前提下,以航空公司预期运营利润最大化为目标,优化机队配置方案、航线规划方案以及相应的航线运力分配方案。

8.2 ARJ21 飞机飞行计划软件

该技术的主要创新点是国内首款自主开发的,并且兼顾航空公司运行应用需求和飞机制造商销售支持工作需求的飞行计划软件。

该软件瞄准国际先进的商用飞行计划软件系统,起点高且贴近中国民航运行的特点,适合国内运行环境,能完成各种特殊情况下的飞行计划计算,帮助航空公司减少不必要的油量和减载,提高航班经济效益,增大运行安全裕度。并能够有效地应用于中国商飞飞机产品的市场营销工作中,为飞机产品航线适应性分析和竞争机型比较分析提供有力的工具。

主要关键技术如下所述。

(1)解析全球高空气象数据库,对其内在的编码形式进行解码和读取,将数据拆分出各经纬网格的高空风、温度与对流层顶高度等信息,并处理成飞行计划软件可用格式。

(2)解析导航数据库,将杰普逊公司提供的导航数据文件进行识别读取和拆分处理,形成飞行计划软件适用的文件格式。

(3)精确计算多种情况下飞机的起飞油量及计算航路各点经纬度、速度、航向、剩余油量等状态参数。

(4)根据实时的气象数据,在综合考虑航线适应性、航空公司的航线资源的前提下,优化配置飞行高度,降低燃油消耗,在提高航空公司航班安全裕度的同时降低运营成本。

9 需求管理

民用飞机是典型的高端复杂系统,具有高新技术密集程度高、学科交叉性强、系统综合集成度高、研制周期长、项目投入巨大、管理复杂的特点。随着对飞机安全性、经济性、环保性和舒适性要求的进一步提高,飞机功能日趋复杂、系统间信息交换量逐渐增大,进一步增加了飞机的设计难度。为适应当前民用飞机研制特点,民用飞机项目的管理要从粗放的模式转入精细化模式,确保民用飞机项目研制、适航取证、市场、运营的全面成功,而需求管理是项目精细化管理的基础。FAA 和 EASA 在对飞机研制结果审定的基础上,加强了对民用飞机研制的过程控制。局方对 ARJ21 飞机、C919 飞机需求的确认及实现的验证工作极其关注,即飞机设计不仅应满足所有需求、实现既定的功能,同时应有一套科学的需求管理方法和流程实现对飞机研制的过程管控。

ARJ21 飞机需求管理在项目取证后期开始规划方案,正式开始于 ARJ21 飞机证后优化设计。由于在研制阶段没有重视飞机需求管理,暴露了飞机运营方面的需求缺失的情况,所以在 ARJ21 飞机证后开展的交付运营优化设计、顺畅运营优化设计、精品工程优化和发展型优化设计中,制订了需求管理方案,成立需求管理的 IPT 团队。ARJ21 飞机需求管理的理论基础主要是 SAE ARP 4754A 民用飞机及系统设计指南,将精细化的需求管理流程和方法应用于 ARJ21 飞机设计,贯彻由上至下的顶层设计,由下至上的集成验证理念,确保飞机研制过程中需求的有效传递与实施,以满足民用飞机适航审定对过程管理的要求。

9.1 管理程序

ARJ21 飞机设计优化需求管理工作实施步骤,如图 9-1 所示。通过工作实施,实现飞机设计优化需求的条目化管理,形成设计要求定义、确认、验证的完整过程,加强飞机集成能力与技术管控能力。

9.1.1 需求信息架构定义

基于 ARJ21 飞机前期开展的大量工作和 C919 飞机已经建立的需求管理文件

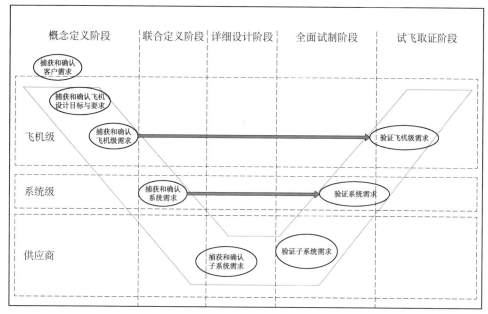

图 9-1 ARJ21 飞机设计优化需求管理流程

信息架构,ARJ21 飞机设计优化的全机信息架构将优先利用现有的功能基线文件建立飞机级需求,后期将在保证需求的链接质量的前提下加入安全性文件体系如功能定义、功能失效危害性分析等,逐步完善全机需求信息架构,如图 9-2 所示。

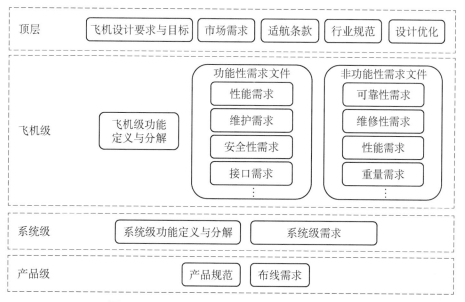

图 9-2 ARJ21 飞机设计优化需求信息架构定义

9.1.2 功能定义

功能定义是功能性需求文件编写的基础。飞机功能来源于飞机的操作运行理念,飞机级功能的定义和分解的目的就是确保功能完整(见图 9-3)。ARJ21 飞机的操作运行理念是搭载乘客和货物安全地从起点运动到终点,并对环境的影响最小,同时为保证运营效率和持续适航,必须对飞机进行维护。为支持飞行,必须提供人机接口、液压能源、气源和电源等公共资源。

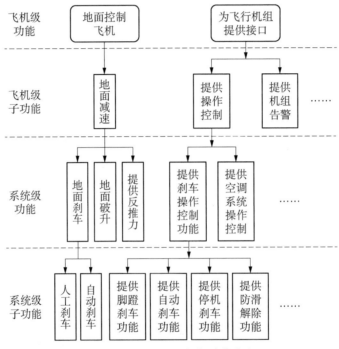

图 9-3 ARJ21 飞机级功能定义

功能定义的分解应遵循以下分配原则:

以需求为牵引,从上级功能分解到下级功能,以下级功能支撑上级功能。

(1) 确保功能的完整性。

(2) 尽量减少功能的重叠和交叉。

(3) 尽量提升功能级别,减少功能层次。

(4) 应将功能分解到合适的层次,便于进行飞机级的功能危害性分析。

ARJ21 飞机功能由基础功能、主要功能、功能和子功能 4 个功能级别组成,其中基础功能有 6 项:载人和装货、从起点运动到终点、提供公共资源、确保安全、支持运营和环保。

(1) 载人和装货:该功能主要提供容纳人员和货物的空间,支持乘员的生活和娱乐需求,提供人员和货物的出入通道,以及对货物系留。

(2)从起点运动到终点:首先要提供导航和导引,明确目前的位置并指示设定轨迹,然后控制飞机的姿态、速度、高度及其他相关功能,使飞机沿预定轨迹飞行。

(3)提供公共资源:主要为支持飞机运行提供公共性的功能,如环境控制、人机接口、消耗品、能源、公共计算资源和照明等资源。

(4)确保安全:提供措施确保人员、飞机和机上设备的安全,提供对自然和诱导环境危险的防护、提供对非自然危险的防护、提供对飞机内部(固有)危险的防护、提供对人为错误的防护、提供集中的飞机环境监视和广播飞机标识、提供适航调查数据、提供操作改进数据。

(5)支持运营:支持飞机的正常运营和持续适航,支持飞机维护、飞行准备、高效运营、运营通信,提供飞机标识,支持飞机定期、非定期维修,支持构型改进。

(6)环保:使飞机的运营对环境的影响最小,如噪声较低、排放较小,机体材料、涂覆和机载设备与环境相容等。

9.1.3 需求捕获

需求捕获将从飞机级和系统级两个层面同时开展工作(见图9-4)。飞机级需求捕获将以ARJ21飞机设计优化的飞机级需求为主线,对每一个优化项进行需求类型的定义,并根据定义结果梳理对系统级/飞机级的性能、安全性、维修性、可靠性、经济性、条款符合性等诸多影响分析。在此基础上对前期发布的飞机设计方案、飞机设计要求等顶层文件进行梳理,完善飞机级需求文件,根据需求层级关系,建立追溯的链接。

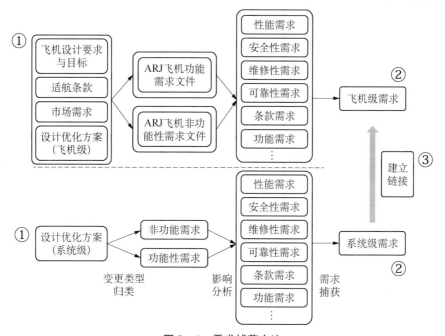

图9-4 需求捕获方法

飞机级需求将从涉及全机优化项和基线中的飞机级设计文件捕获,开展需求内容检查,确保需求符合 SMART 原则,以便开展链接、确认工作。飞机级需求至少应包含如下几部分:

1) 非功能性需求

可靠性、经济性、可维修性、地面服务、公共专业等影响全机的非功能性需求。

2) 功能性需求

描述在一系列情况下飞机完成功能所必须具备的能力。其中功能性需求可以分成多个来源。

(1) 功能需求:指产品基于一系列需求的预期行为(与具体实现无关)。

(2) 安全性需求:在飞机级应当对每一个飞机级功能进行功能安全性分析,并得到每一项功能的最低可用性和完整性指标。这些指标即构成该项功能的安全性需求。

(3) 操作需求:定义机组、乘组及维护人员与飞机的功能接口需求。

(4) 性能需求:定义一项功能在执行过程中必须满足的各类指标,包括精度、范围、分辨率、速率、响应时间等类型。性能需求在飞机级需求中占有核心地位,是决定安全性需求和系统架构的源头。

(5) 物理安装需求:在 ARP 4754A 中对该类型需求定义为系统物理特性与飞机环境之间的关系,包括尺寸、安装空间、电源、冷却、环境约束等。因为主要涉及设备层面实现,在飞机级需求中该类出现得很少。

(6) 维护需求:与物理安装需求一样,此类需求涉及具体设备的维护需求,以及设备的故障检测率,故障隔离能力等实现层需求。因此在飞机级需求中也不应该大量出现。

(7) 接口需求:ARP 4754A 中定义的接口需求是实现层信号、电气、液压能等物理接口的需求。在飞机级功能之间也会存在大量广义上的信息、能量接口,但是纯粹的功能接口需求(如"自动飞行功能应和控制飞机俯仰功能产生接口")如果没有功能模型和相关的分析支持是没有存在意义的。

系统级需求捕获将以 ARJ21 飞机设计优化的系统级更改需求为主线,对每一个更改项进行需求类型的定义,并根据定义结果梳理对系统级/飞机级的性能、安全性、维修性、可靠性、经济性、条款符合性等诸多影响分析。根据分析结果,编写相应的需求内容作为该系统的系统级需求文件。系统级需求将根据优化项来确定,系统级需求文件内容至少应包含如下几部分。

1) 系统特征

描述优化设计的目标与要求,系统优化设计后的系统架构、原理等。

2) 非功能性需求

可靠性、经济性、可维修性、地面服务等影响系统运行,但是不涉及具体功能的需求。

3) 功能性需求

描述在一系列情况下系统完成功能所必须具备的能力。其中功能性需求可以分成多个来源。

(1) 功能需求：优化设计后对原有飞机功能的影响描述。

(2) 安全性需求：优化设计后，系统和产品对安全性的需求。

(3) 操作需求：定义机组、乘组及维护人员与飞机的功能接口需求。

(4) 性能需求：定义一项功能在执行过程中必须满足的各类指标，包括精度、范围、分辨率、速率、响应时间等类型。性能需求在飞机级需求中占有核心地位，是决定安全性需求和系统架构的源头。

(5) 物理安装需求：在 ARP 4754A 中对该类型需求定义为系统物理特性与飞机环境之间的关系，包括尺寸、安装空间、电源、冷却、环境约束等。因为主要涉及设备层面实现，在飞机级需求中该类出现得很少。

(6) 维护需求：与物理安装需求一样，此类需求涉及具体设备的维护需求以及设备的故障检测率、故障隔离能力等实现层需求。因此在飞机级需求中也不应该大量出现。

(7) 接口需求：ARP 4754A 中定义的接口需求是实现层信号、电气、液压能等物理接口的需求。在系统级功能之间也会存在大量广义上的信息、能量接口，但是纯粹的功能接口需求（如"自动飞行功能应和控制飞机俯仰功能产生接口"）如果没有功能模型和相关的分析支持是没有存在意义的。

(8) 人为因素需求：系统维护、安装、驾驶舱控制界面中的防差错设计等系统层面的人为因素设计需求。

9.1.4　需求的确认

需求确认基于完成的 ARJ21 飞机设计优化系统级需求和飞机级需求链接关系。各层级需求应确保需求满足上一层级的需求，并且上一层级需求的技术负责人必须批准该层级的需求。在完成该工作后，才能开展后续的需求确认活动以证明该层级的需求是正确的、完整的，并记录和归档相关确认证据。需要注意的是，在需求确认阶段，无法保证全部的需求是 100% 正确的，但是需求确认的结果应足以表明该阶段的需求已具备一定的成熟度以便开展后续的设计研发活动。

与此同时，应明确需求确认目标和需求确认活动。在定义需求确认活动时，应根据项目研制里程碑阶段对需求确认活动进行分组和组织。在开展需求确认活动时，应基于一组需求制订需求确认计划和确认活动报告以减少管理成本。

当需求或者设计变更时，应对所计划或者已执行的确认活动进行评估，以确定是否需要重新开展或者修改确认活动。如果已经建立了需求与确认证据之间的链接追溯关系，将有助于在需求发生变更时进行相关的评估。在完成各项需求确认活动以后，为了此后的适航等工作，必须编制确认活动总结。

ARJ21飞机设计优化的需求确认状态梳理及补充原则上由原设计方负责,各部门或专业开展飞机级和系统级需求确认状态和验证状态梳理,逐条判断需求是否已经被确认,在此过程中明确被确认需求的确认方法、确认执行人、确认证据等信息,并通过确认矩阵捕获记录上述信息。图9-5为需求确认活动的流程。

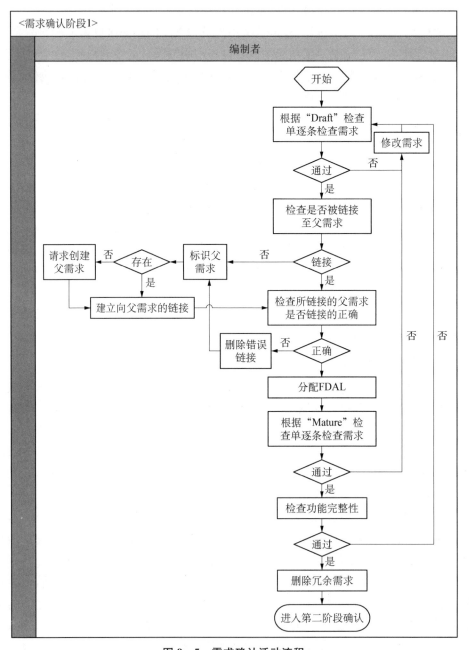

图9-5 需求确认活动流程

需求确认总结报告作为需求确认活动的交付物是需求确认阶段的工作总结,该报告应提供足够的置信度以表明需求内容以及被确认的过程。需求确认报告应包含如下基本内容。

（1）引用需求确认计划相关内容,描述确认过程中确认计划的偏离情况。

（2）需求确认矩阵。需求确认矩阵是需求确认总结的重要组成部分,其中包含需求确认过程、确认方法、确认状态等各项关键信息。确认矩阵应包含如下内容：需求内容、需求来源、需求相关功能、研制保证等级、需求确认方法、需求确认执行人、需求确认支撑数据、需求确认结果、需求确认结论、需求确认状态。

（3）需求确认支撑材料或者数据源。

9.1.5 需求验证活动

验证活动的目的是为了验证设计实现已满足了其需求,其主要目标有 3 个方面：确定预期的功能被正确地实现了；确定所有需求都被满足了；确保安全性分析对已实现的系统仍然是有效的。

对于 ARJ21 飞机设计优化来说,验证活动是设计优化是否满足设计要求的判断依据。ARJ21 飞机设计优化的验证活动主要按照以下顺序开展（见图 9-6）。

验证总结报告作为验证活动的主要交付物是产品验证阶段的工作总结,验证总结用可视化的方式描述了证据,这些证据用于表明飞机、系统或设备的设计实现满足了设计要求。验证总结报告的主要内容应包括如下几部分：

（1）引用验证计划相关内容,描述确认过程中确认计划的偏离情况。

（2）分配的研制保证等级。

（3）验证矩阵：验证内容、需求来源、相关功能、研制保证等级、验证方法、验证执行人、验证支撑数据、验证结果、验证结论、验证状态。

（4）未完成的验证活动及其对安全性的影响评估。

（5）验证的支撑材料或数据源。

（6）验证覆盖度总结。

9.1.6 职责分工

需求管理团队负责制订 ARJ21-700 飞机需求管理流程,制订需求管理文件体系和管理要求,确定各层级需求定义方法和追溯方法,编写需求管理各类文件的编写要求和模板定义,组织相关系统开展需求管理各类文件的编写培训,为系统提供需求管理数据库,制订相应的数据签署和变更流程,提供数据库使用工具。飞机级需求定义团队完善 ARJ21-700 飞机级需求,根据 ARJ21-700 飞机设计优化方案提出飞机级需求更改要求,ARJ21-700 飞机需求编写原则和相应规范文件,编写飞机级需求定义文件,并对飞机级需求进行链接,完成飞机级需求定义的确认和验证工作,完成需求确认和验证总结报告,完成数据库中飞机级需求文件的编写和签署

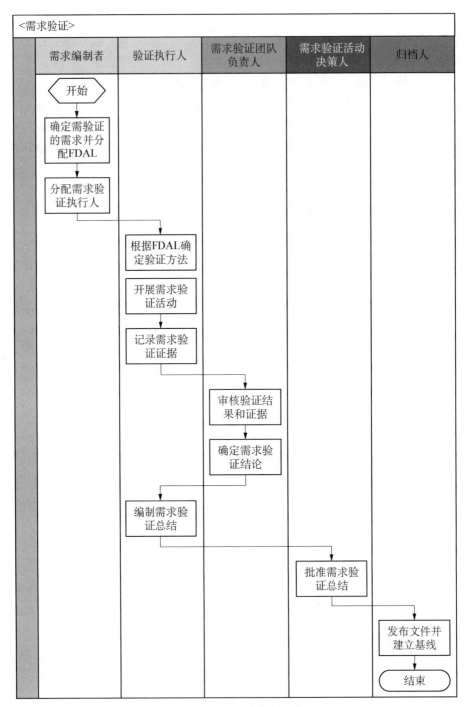

图 9-6　验证活动与顺序

流程。

　　系统级需求定义团队根据 ARJ21 – 700 飞机设计优化方案提出系统级需求,根据 ARJ21 – 700 飞机需求编写原则和相应规范文件,编写系统级需求定义文件,并对飞机级需求进行链接,完成系统级需求定义的确认和验证工作,完成需求确认和验证总结报告,完成数据库中各需求文件的编写和签署流程。

9.2　经验教训

　　ARJ21 基本型飞机设计过程中没有采用过程控制方法进行飞机的研制,造成后期很难梳理飞机设计要求和各系统的实际性能关系,从而无法充分表明飞机设计要求向系统设计贯彻的程度。通过 ARJ21 飞机研制来看,如果说构型管理是对文件、模型的构型管理,那么需求管理就是对文件内容的细节管理,可以有效梳理飞机级需求与系统实现间的符合性关系,查找遗漏项,提高全机设计和多系统集成设计效率。需求工程作为一种全新的技术,在工业与学术领域备受重视,目前在各种复杂产品系统的设计开发过程中得到广泛应用,国内外航空企业已经成功将该方法应用于飞机及其相关系统的研制工作,可以有效地提高多系统集成设计能力。

10 构型管理创新

由于民用飞机产品技术/管理复杂,资金投入量大、研制周期长、成本回收慢,安全性要求高、要求多部门协同等特点,如何加强飞机研制管理,避免研制失败,在预计的经费范围内实现性能指标和进度目标,而对于民机而言还必须要满足适航审定的要求,就成为需要研究的重大问题。而解决此问题,即面向全生命周期,以产品构型定义和更改控制为主要核心的构型管理,正逐步成为国内外航空制造业比较推崇的方法。

构型管理的概念源于政府对承包商的管理。20 世纪 60 年代,美国空军在研发某喷气式飞机时,为解决与承包商的数据传输和控制问题而制定了第一份构型管理的标准,明确对供应商的构型标识和产品定义、更改控制、构型纪实和构型审核等方面的要求,制定规范、建立流程,实现对供应商构型的管理和掌控。通过实施构型管理可以对产品的设计特征和性能提供可见度和控制,并建立和维持产品构型信息与产品需求的一致,逐步获得飞机制造企业的认可和共识。构型管理成为以最短的时间和最低的成本、提供给客户最满意的产品的一种有力的工作和保障,因此也渐渐成为航空制造企业的自发自主行为。

构型是指技术文件规定,并在产品上体现的设计特征和性能,飞机构型管理是保证飞机符合安全性、适航条例和客户要求以及成本和进度目标的系统管理程序。ARJ21 飞机在项目研制初期就引入了构型管理的理念,并在后续的研制和取证过程中得到细化,逐步建立一套完整、系统、能够正常运转、保证飞机安全的构型管理体系。通过这个体系,能够保证构型管理工作的顺利开展。构型管理是指从产品定义、设计、生产到产品支援的整个生命周期内的管理程序。它通过对产品标识、更改、审核和纪实等过程的控制,从而建立并维持产品的性能、功能特性和物理特性与产品的设计要求和使用信息之间的一致。构型管理对制造每架飞机的设计状态和设计过程保持精确的记录。

10.1 构型管理的目标

定义产品特征,提供量化的主要性能参数,从而使供求双方对产品的购买和使用达成共识。用文件(如文档、图纸、数模等)规定产品构型,为更改建立一个公认的基础,使更改决定是根据正确的、有效的信息所做出的。增强了产品的重用性。产品被贴上标签,并与相关的需求、设计和制造信息相联系。可选取适用的数据(如用于采购、设计或产品服务的数据),以避免猜测、尝试和误差。在做出更改决定之前,对建议的更改进行识别并就更改造成的影响进行评估,避免后序工作产生意外,实现降低成本和缩短进度的目的。使用规定的流程来管理更改活动,避免由特别的、无序的更改管理造成的高昂代价。为了检索关键信息和相互关系,按需要组织在产品定义、更改管理、产品制造、分发、操作和处理的过程中记录构型管理信息。及时、准确的信息,确保正确的更换和修理,避免了误工和停产,降低了维护成本。按所要求的特性验证实际的产品构型。在产品生命周期内,检验和记录产品更改的合并。建立产品信息的高置信度。

10.2　构型管理职责

ARJ21飞机的构型管理工作从研发设计到产品实物、从研制初期到取证状态冻结再到后续证后更改,贯穿项目始终和飞机的全寿命。

10.2.1　公司总部

根据项目构型管理委员会(CMB)、构型控制委员会(CCB)、构型管理办公室(CMO)、构型控制办公室(CCO)组织设置参与相应评估、决策等活动,并提供各自业务领域的支持;支线项目部对ARJ21新支线飞机项目进行顶层的控制和管理,组织各中心制订项目构型管理顶层要求及文件,协调确定各职能部门或各中心工作分工和界面,并在顶层要求中明确;负责管理CMO的工作;市场营销部负责向设计研发中心传递在产品交付前因客户要求发起的更改申请;国际合作与供应商管理部负责将项目构型管理要求传递到参与产品设计、制造的Ⅰ类供应商,并对国外供应商实施有效的控制和管理;适航管理部负责根据局方的有关要求提出更改申请,并对局方在构型审核过程中提出的问题的落实情况进行监督检查,按照局方要求进行报告;科技质量部负责组织开展构型审核工作,对审核过程中发现的问题的落实情况进行监督检查和闭环管理。

10.2.2　设计研发中心/项目总设计师系统

设计研发中心负责工程发展领域内的构型管理工作,应设立中心构型管理办公室(CCMO),采用有效的构型管理系统和手段,按照顶层文件的要求编制工程发展领域内的构型管理文件,建立设计、制造和国外供应商的构型管理接口,对ARJ21新支线飞机产品数据实施有效的管理,并对承担设计工作的其他国内外供应商实施有效的构型控制和管理,使飞机的设计工作始终处于受控状态,保证产品数据的唯一性、一致性、完整性、有效性和可追溯性。根据项目研制里程碑制定基线定义和管理要求,并建立基线;开展型号设计构型定义,以及对型号单机设计构型进行定义;建立更改控制流程,实施更改控制;开展设计过程构型纪实活动;策划并开展功能构型审核活动;负责执行 CCB 的职责;负责执行并管理 CCO、各构型控制团队(CCT)的工作。

10.2.3　总装制造中心

总装制造中心承担 ARJ21 新支线飞机的总装制造任务,与其他机体制造商一起完成飞机产品实现工作。总装制造中心应设立 CCMO,编制相应的管理文件和工作程序,协调和管理其他机体制造商及国外供应商,对其内部和其他机体制造商承担的产品实施有效的控制,对交付总装系统/成品件按工程要求进行核查并实施有效的控制,保证飞机的制造符合性和全机完整性;保证工程更改得到贯彻执行,并对制造、装配过程进行完整的、准确的构型纪实,保证可追溯性。制订实物的构型标识规则,开展标识活动,并对供应商的产品标识进行管理;参与基线建立与更改控制工作;负责建立、实施和控制工艺规范制订与更改流程;负责提出因制造问题或改进发起的更改申请,并负责向设计研发中心传递机体供应商(机体设计供应商除外)提出的更改申请;负责对采购产品的构型状态实施监控和管理;负责产品制造符合性,并通过开展构型纪实活动对实物产品的状态进行记录和管理,并提供客观证据;策划并开展物理构型审核活动;参与并实施 CCB、CCO 及相关 CCT 的工作。

10.2.4　客户服务中心

制订服务产品的构型标识规则,开展标识活动;参与构型标识、基线建立与更改控制工作;负责制订服务产品(如航材、备件、技术出版物等)的更改控制流程;负责服务产品的符合性,并通过开展构型纪实活动记录并提供客观证据;负责提出服务产品研制过程中及飞机运行过程中因客户要求或使用问题发起的更改申请;策划并开展服务产品的物理构型审核活动;负责制订服务通告等客户服工作相关的要求和流程,在飞机交付运营期间向客户发布工程更改结果(服务通告),并追踪客户的落实情况;负责收集产品在役构型变化,并与客户共同维护产品在役构型管理;负责组织开展服务产品 CCT 的工作;参与并实施 CCB、CCO 及相关 CCT 的工作。

10.2.5　试飞中心

负责开展试飞测试改装过程的标识、更改控制和纪实活动;负责试飞测试改装的制造符合性;参与基线建立与更改控制工作;负责组织开展试验试飞 CCT 的工作;参与并实施 CCB、CCO 及相关 CCT 的工作。

10.2.6　基础能力中心

负责构建并维护构型管理所需的软硬件环境(包括计算机资源和支持系统);负责统筹策划、制订并维护产品图样、技术文件、数据集、表单分类、标识、定义、审签、发放及更改规则;负责统筹策划、建立并维护型号标准规范体系,并建立标准规范的更改控制流程;参与并实施 CCB、CCO 及相关 CCT 的工作。

10.3　构型管理理论基础

　　"构型管理"这个名词第一次是出现在国防与航天业,国防与航天业通过对当时的工业最佳实践进行整合,并将这些最佳实践放置在一个公共的构架之下。由于多种原因,这些最佳实践已经成为现在很多工业部门的标准工作方法。软件开发人员进行构型管理是为了标识并控制不同版本的软件产品;汽车工业的构型管理是为了支持汽车零部件的备件、配件管理、追踪保单,需要时能进行汽车召回;核能与军工业的构型管理是为了达到既能对产品的管理,又实现对生产设备的维护。不同的工业部门都会突出并强调构型管理众多程序中的某些特定方面,并逐步衍生出本行业内部专门使用的一套构型管理术语和构型管理办法。在我国的航空工业,构型管理的很多原理和做法很早以前就已经开始运用,并在军、民用飞机的研制过程中发挥了积极的作用。只是我们没有对这些原理和做法进行提炼与概括,以形成专门的构型管理理论和标准实践而已。

　　ARJ21 飞机的构型管理在参考了 MD - 90、GE 公司的基本构架基础上,通过学习和研究一些成熟的国际国内通用标准,结合国内民机特点,形成了国内首套民机构型管理体系。主要参考的通用标准包括如下几方面。

　　(1) EIA - 649《National Consensus Standard for Configuration Management》:这是美国国家标准协会电子工业协会编制的标准,提供以构型管理为基础的技术/项目管理原理的理解和执行管理原理的最好实践,要求主制造方是发自自身需要主动进行构型管理而不是由于外界要求进行的被动管理。这份标准奠定了 ARJ21 飞机的构型管理主体思路和方法。

　　(2) ISO 10007《Quality Management Systems — Guidelines for Configuration Management》:这是国际标准组织编制的规范,偏重于与 ISO9001 的协调和一致,为满足 ISO9001 中制定的产品特性和可追溯性的要求。

　　(3) GJB3206《技术状态管理》:本标准是国内第一本关于构型管理的通用标准,主要适用于武器装备(常规武器装备、战略武器装备、人造卫星)技术状态项目在研制、生产中的技术状态管理。

10.4　构型管理的原则和要求

　　为实现 ARJ21 飞机清晰的构型管理,同时扩大设计/制造数据的重用性,满足不同用户多样化的要求、最小化选项成本和缩短飞机交付周期的目的,在设计过程中应该按照型号的要求落实模块化的设计理念。构型管理需要利用技术的和管理的手段,来保证对制造每一架飞机的零件及有关的计划、工艺、工装和规范的精确记录,这就需要建立一个构型库,在产品的设计和生产阶段,提供需要确定和控制产品要求的工程图样和零件号的信息,以及更改产品要求的信息。产品生产后也可能需要按用户要求或设计部门的要求更改产品的构型或产生新零件、新构型,这就需要生产后的产品的信息(通常是维护手册、服务通报等)也反映在构型库中。构型库提供的工程图样信息记录应符合适航部门批准的型号设计资料。构型库应包含所有的构型文件,包括产品的三维模型、二维图样、数据、文件、工程更改纪实、构型审核和试验验证等。根据各部门的不同需要,构型库应能输出不同的信息。如输出某一架飞机上安装的所有零件清册,或者输出某一架飞机所使用的所有图样,再或者某一个零件所适用的所有飞机等。选项是客户可以选择的飞机性能、功能、设备或服务,选项大体分为基本稳定的选项、客户可选择的选项和客户特殊要求的选项,选项与飞机的产品结构有相互的对应关系。在研制过程中要逐步建立 ARJ21 飞机的构型库,构型库中包含了 ARJ21 飞机选项、产品结构以及选项与产品结构的关系,客户选项目录是指供客户选择的选项信息的集合,ARJ21 飞机构型库和 ARJ21 飞机的客户选项目录在 ARJ21 飞机研制进程中逐步建立和丰富,从不成熟到成熟。

建立单一的产品数据源,ARJ21 飞机的研制是异地设计/制造环境下开展的,并且还和十多家国外供应商开展国际合作,ARJ21 飞机的数据源在物理上是分布的,必须有工具和手段保证逻辑上单一的产品数据源,保证 ARJ21 飞机产品数据的唯一性、一致性、完整性、有效性和可追溯性。

研制阶段是从在项目研制初期,通过对市场的调查和分析,确定飞机的设计目标和要求,形成项目的需求基线,再经过初步设计、详细设计、生产制造、试验试飞,一步步形成飞机的功能基线、分配基线,经过试验试飞的验证,取得型号合格证(TC),最终形成飞机的产品基线,产品基线实际上就是获得适航批准后的 TC 取证构型。TC 取证构型与研制批每架机的构型是有区别的,TC 取证构型是研制批飞机构型的有机集合,是整个型号的构型的集合,是所有基本稳定不变的构型与可选构型的集合。研制批飞机的构型相对于 TC 取证构型要能说明其可验证性。研制批试验验证机主要是指全机静力试验机和全机疲劳试验机,全机静力/疲劳试验机的构型按照试验的具体要求进行配置,根据试验需要进行换装。要对试验过程中的构型进行控制和纪实,保证任何时候的构型都是清晰的、可控的,包括试验飞机本身的构型和安装的测试设备状态。对于其他类型的验证型飞机或飞机部件/系统(如铁鸟等)的构型也需要进行有效的控制,并能说明相对于 TC 取证构型的可验证性。试飞飞机的构型按照试飞任务分工、各架机上的试飞科目进行配置,根据测试需要进行改装。要对试飞过程中的构型进行控制和纪实,保证任何时候的构型都是清晰的、可控的,包括试飞飞机本身的构型和安装的测试设备状态。试飞飞机在完成所有试飞验证任务以后,如有需要可经过整修交付客户使用。

批生产飞机的构型是按客户要求配置而成,客户从选项目录中选择选项,构成客户选项选择(CSOS),然后按构型库中选项与产品结构的关系,可以得到一架飞机的产品结构,从而定义该架飞机的构型。为缩短从客户订单到交付飞机的周期,基本的稳定的选项所对应的零组件在没有确定的订单时也可以进行投产,客户可选择的选项对应的零组件可以进行预见性的投产,而客户特殊要求选项是需要进行重新设计的。

10.5　构型管理组织体系

ARJ21项目构型管理组织体系由项目构型管理委员会(CMB)、构型控制委员会(CCB)、构型管理办公室(CMO)、构型控制办公室(CCO)、各构型控制团队(CCT)和中心构型管理办公室(CCMO)组成,如图10-1所示。

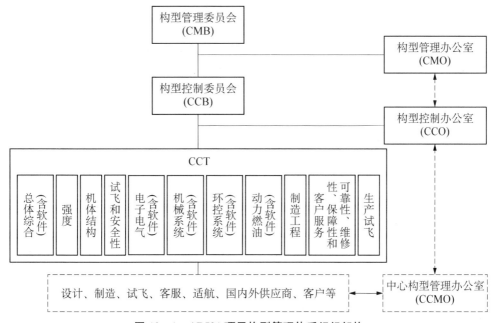

图 10 - 1　ARJ21 项目构型管理体系组织架构

10.5.1　项目构型管理委员会

CMB 是 ARJ21 项目构型管理的最高管理机构。CMB 主任由 ARJ21 项目总指挥担任,副主任由项目总设计师和副总指挥担任。CMB 成员包括 CCB 主任、项目管理、财务、质量、市场营销、供应商管理、适航管理、技术、制造、试飞、客服等部门及单位的负责人。

CMB 的主要职责:

(1) 组织开展项目构型管理顶层策划,建立项目构型管理组织体系,审议并批准项目顶层的构型管理文件和程序。

（2）对客户需求、项目进度、研制经费、单机成本、市场、适航等具有特别重大影响的构型更改决策进行审议：

a. 研制费用大于或等于500万人民币（或按照即期汇率折算的等值外币）或单机成本增加大于或等于6万人民币（或按照即期汇率折算的等值外币）的构型更改决策需上报CMB进行审议；

b. 对于偏离《市场要求与设计目标》《设计目标与要求》的构型更改进行决策；

c. 对于影响项目进度3个月以上的构型更改进行决策。

（3）统筹协调各单位之间的构型管理工作。

10.5.2　构型管理委员会办公室

CMO是CMB的日常管理机构和工作协调机构，设在公司支线项目部。CMO主任由支线项目部主管构型的副部长担任，副主任由支线项目部构型主管处室负责人担任，成员由CMB成员部门相关工作负责人和设计研发中心、总装制造中心、客户服务中心、试飞中心（以下简称各中心）等项目管理部门负责人组成。

CMO的主要职责：

（1）组织制订项目构型管理顶层文件，统筹管理项目构型管理工作。

（2）组织、协调召开CMB会议，记录会议决策意见。

（3）负责CMB决策意见的组织落实和协调，必要时纳入项目计划进行管理。

（4）统筹协调公司、供应商、外包方的构型管理工作。

（5）完成CMB交办的任务。

10.5.3　构型控制委员会

CCB由CMB批准建立，是构型管理的主要决策机构。CCB主任由ARJ21项目总设计师担任，副主任由分管总体的副总师、各中心项目行政指挥担任。CCB成员由型号副总师/各CCT组长及项目管理、财务、质量、市场营销、供应商管理、适航管理等部门的负责人和各中心项目管理部门负责人组成。

CCB的主要职责：

（1）建立项目构型基线，对项目构型基线更改进行决策，当更改对客户要求、项目进度、费用有较大影响时应提交CMB审议。

（2）对项目进度、研制经费、单机成本、市场、适航、性能等方面造成重大影响的构型基线更改、Ⅰ类工程更改和偏离/超差等进行决策：

a. 研制费用小于500万人民币（或按照即期汇率折算的等值外币）或单机成本增加小于6万人民币（或按照即期汇率折算的等值外币）的构型更改决策由CCB进行决策。当更改对客户需求、项目进度、市场、适航等具有特别重大影响，或研制费用大于或等于500万人民币（或按照即期汇率折算的等值外币）或单机成本增加大于或等于 6 万人民币(或按照即期汇率折算的等值外币)时,应提交 CMB 审议。

b. 对于影响项目进度的构型更改进行决策;当更改对项目进度的影响大于 3 个月时,应提交 CMB 审议。

c. 评估并决策客户提出的设计更改。

(3) 按照飞机产品和客户服务产品确定构型控制团队(CCT)组成。

(4) 确定项目构型控制文件、控制流程和方法。

(5) 协调各单位之间的构型管理工作。

10.5.4 构型控制委员会办公室

CCO 是 CCB 的日常办事机构和组织管理机构,设在设计研发中心。CCO 主任由设计研发中心项目行政指挥担任,常务副主任由设计研发中心项目部部长担任,副主任由设计研发中心总体部主管构型的部门负责人、各中心项目管理部门负责人担任。CCO 成员由各中心项目主管及构型主管人员,市场、财务、质量、供应商管理、适航等相关职能部门人员,信息化中心、能力中心标准化部相关人员组成。

CCO 的主要职责:

(1) 组织项目构型管理工作。

(2) 组织、协调召开 CCB 会议,记录会议决策意见。

(3) 负责 CMB、CCB 决策意见的组织落实和协调,必要时纳入项目计划进行管理。

(4) 协调公司、供应商、外包方的构型管理工作。

(5) 组织制订构型管理文件、工作流程。

(6) 完成 CCB、CMO 交办的其他任务。

10.5.5 构型控制团队

CCT 是构型管理的执行机构,负责构型管理的具体技术工作。根据项目研制及生产交付工作特点,ARJ21 项目设置总体综合,强度,机体结构,试飞和安全性,电子电气,机械系统,环控系统,动力燃油,工艺规范,可靠性、维修性、保障性与客户服务,生产试飞共 11 个 CCT。各 CCT 组长由各专业副总设计师担任,副组长由各专业主任/副主任设计师或技术主管担任。各 CCT 成员包括相应专业主管设计师、构型管理专员、质量部门人员、适航部门人员、制造部门人员、试飞中心人员、必要时包括供应商代表、财务部门代表、市场代表、客户代表等。

CCT 的主要职责:

(1) 处理 II 类工程更改和一般超差/偏离。

(2) 对 I 类工程更改进行预判,并组织完成技术、成本、进度等相关方面的影响分析。

(3) 实施日常构型管理工作(构型标识、构型控制、构型纪实、构型审核及联合设计供应商的协同工作等）。

（4）为 CCB 提供技术支持。

10.5.6 中心构型管理办公室

设计研发中心、总装制造中心、客户服务中心建立各自的构型管理组织体系，自行设立 CCMO，设置中心构型管理办公室，负责本单位构型管理工作的组织与实施。其余各中心可根据项目构型管理需要自行建立 CCMO。

CCMO 的主要职责：

（1）在 CCO 的指导下组织实施本中心日常构型管理工作。

（2）协助、协调 CCT 开展构型管理工作，按需参加 CCT 会议。

10.6 构型标识

构型标识是指需要对任何性能、功能特性、物理特性能够被单独管理的构型项及其相关的构型文件，进行明确的界面定义和识别，并通过对构型项的标识建立对构型基线的标识，从而达到产品数据唯一的目的。ARJ21 项目建立一套适合构型项及其相关构型文件标识（编号及版本）的图文管理系列制度。

构型项就是产品，可以是零件、装配件、安装件或者一架可以飞行的飞机。构型项功能特性和物理特性的技术文件的标识也是构型管理的重要基础。ARJ21 项目的构型项标识是基于图文管理规范中的 DBS 编号系统，包括定义构型项的二维、三维图样和工程指令及对应产品结构划分等信息。其中，包括采用 CATIA V5 建立的三维数模和提供补充与提示信息的二维图样以及工程指令（EO）。

二维图样的编号分为非生产用图和预生产图样、设计（生产用）图样两类来进行标识。同样，图样的编号也能反映零件、装配件和安装件的构型。

由于 ARJ21 飞机的图样和产品的构造为树状结构，为了减少更改对下一级装配件所引起的影响，图样树和产品树的每一个独立分支结构不宜太大。

10.7 构型基线

根据 ARJ21 飞机项目阶段划分和项目控制的需要，主要设立以下几条构型基线：需求基线、功能基线、分配基线和产品基线。需求基线、功能基线、分配基线和产品基线是对飞机产品和各级构型项提供循序渐进的定义和描述，定义这 4 条基线的文件应该是相互协调一致的，从需求构型文件到功能构型文件到分配构型文件再到产品构型文件，一级接一级的构型文件之间应有可追溯性，后者是前者的展开和细化，体现和满足前者的要求。如果各级文件之间出现矛盾，其优先顺序是需求构型文件、功能构型文件、分配构型文件、产品构型文件。

ARJ21 飞机构型基线框架如图 10－2 所示。

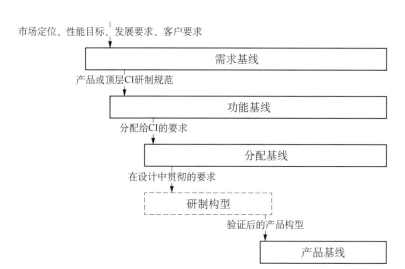

图 10 - 2 **ARJ21 飞机构型基线**

1）需求基线

需求基线用已批准的需求构型文件描述，文件是在项目研制初期，通过对市场的调查和分析，从市场需求和项目的发展出发，综合项目的成本、进度、质量等的要求，对飞机的设计目标和要求以及达到这些目标和要求所必需的验证进行规定；在后续阶段，在进行飞机销售，与客户签订订单时，对销售协议中相关的技术要求和客户构型飞机的技术要求等进行规定。需求构型文件规定了：

（1）飞机的设计目标和要求。

（2）销售协议相关的技术要求。

（3）客户构型飞机的技术要求。

（4）达到上述要求所必需的验证。

在确定构型基线时，应注意需求基线的完整性、有效性和可追溯性。

2）功能基线

功能基线用已批准的功能构型文件描述，这些构型文件描述飞机级或顶层系统的性能（功能、互用性和接口特性）以及证明达到这些规定特性所需要进行的验证。

功能构型文件规定了：

（1）功能特性（产品或顶层系统的能力、可靠性、维修性、环境条件、运输条件、电磁兼容性、生产性、可互换性、安全性、人机工程、计算机资源要求、综合保障等）。

（2）接口特性。

（3）设计约束。

（4）证明上述特性达到规定要求所需要进行的验证。

3）分配基线

分配基线用已批准的分配构型文件描述，这些文件描述从系统或更高层构型项分配而来的功能、互用性和接口特性，以及证明达到这些特性所需要进行的验证。对于ARJ21飞机来说，与系统供应商之间的接口控制文件，实际上是分配到各系统的功能和接口特性以及证明达到这些特性所必需的验证，属于ARJ21飞机分配基线的一部分。

在分配构型文件中包含下列要求：

（1）功能特性（从系统或更高层构型项分配给构型项的能力、可靠性、维修性、环境条件、运输条件、电磁兼容性、生产性、可互换性、安全性、人机工程、计算机资源要求、综合保障等）。

（2）接口特性。

（3）设计约束。

（4）证明上述特性达到规定要求所需要进行的验证。

4）研制构型

研制构型用三维设计模型、图纸和特性清单等文件描述，这些文件定义了构型项研制过程中的设计解决方案，包含分配基线建立之后正式产品基线建立之前这一期间内产生的各种设计文件和相关的技术文件。

5）产品基线

产品基线用已批准的产品构型文件描述，这些文件描述产品的生产、使用和运行支持阶段的构型。

产品构型文件规定了：

（1）构型项所必需的物理特性与功能特性。

（2）必不可少的生产验收试验所选择的功能特性和物理特性。

（3）为保障构型项合格所需的生产验收试验产品构型文件包括产品规范、图样、数据集、材料规范、工艺规范等，这些文件共同构成构型项的成套技术资料。

ARJ21飞机的构型基线描述框架。基线的设立与项目阶段划分和项目控制要求密切相关，ARJ21飞机构型基线描述框架如图10-3所示。

10.8 构型控制

10.8.1 构型控制的目的

构型控制是指在某构型项的构型基线建立后，针对构型项的构型进行系统的更改建议、论证、评定、协调、更改建议的批准或不批准和执行所有获得批准的更改等活动，包括对工程更改以及偏离和超差的控制。构型控制的目的和益处包括如下几点：

（1）全面了解更改产生的所有影响之后，在此基础上做出更改的决定。

（2）将更改限于那些必要的更改或能带来重大效益的更改。

（3）便于对成本、补救和换位的评估。

（4）保证考虑客户利益。

（5）提供更改信息的有序流通。

（6）保持在产品接口的构型控制。

（7）维持和控制当前的构型基线。

（8）保证产品和文件之间的一致性。

（9）记录并限制状态变化。

（10）促进对更改后的产品的持续支援。

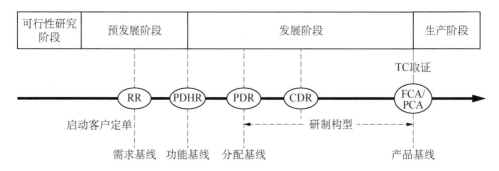

图 10-3 ARJ21 飞机构型基线框架

注：
RR：Requirement Review 需求评审；PDHR：Preliminary Development Phase Review 预发展阶段评审；
RDR：Preliminary Design Review 初步设计评审；CDR：Critical Design Review 详细设计评审；
FCA：Functional Configuration Audit 功能构型审核；PCA：Phisical Configuration Audit 物理构型审核

当第一个构型文件被批准并基线化之后，产品的构型控制过程就开始了。通过这个过程可以管理整个生命周期的费用和进行以下工作：

（1）在系统/CI 整个生命周期内，采用相应广度和深度的构型更改控制程序，从而使项目的设计优化和扩大研究发展的范围。

（2）为构型更改提供高效处理和快速执行的途径，以保持和提高运行的就绪性、可支持性、互换性和协同工作的能力。

（3）保证对构型控制机构管理的构型文件进行完整、准确和及时的更改。

（4）杜绝不必要的更改。

构型控制过程应记录更改对生产的影响、更改实施的证据以及追溯更改批准的源头。构型控制应保证对所有 CI 及其已批准的构型文件实施有效控制，包括对供应商提交的已批准构型文件的更改进行控制。

10.8.2　更改的控制

ARJ21 项目工程更改构型控制的顶层模型,如图 10-4 所示。

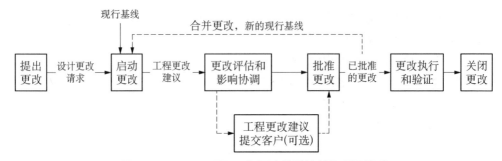

图 10-4　ARJ21 项目工程更改构型控制的顶层模型

1) 构型控制的启动

工程外的单位(项目、市场、制造、客服和 637 所)在数据的使用过程中,如果发现数据存在设计问题,可通过设计更改请求(DCR)向工程发出设计更改请求。工程在对问题进行评估后,如需要更改构型基线中的设计文件或设计图样,需要启动工程更改建议(ECP)。对于工程内发现的数据设计问题,如需更改构型基线中的设计文件或设计图样,可直接启动 ECP。

2) 更改的分类

更改类型可分为Ⅰ类和Ⅱ类。如果更改影响到下列内容则该工程更改为Ⅰ类更改。

(1) 影响需求基线、功能基线文件和分配基线文件,致使下列要求超出规定限值或规定容差:性能,可靠性、维修性,重量、平衡、惯性矩,接口特性,电磁特性和规范中的其他技术要求。

(2) 产品构型文件的更改对需求基线、功能基线文件或分配基线文件的影响达到前节所述程度,或者影响下列一个或多个因素:客户提供的设备;适航要求;安全性;与接口构型项(CI)、保障设备或保障软件、备件、训练器材或训练装置/设备/软件等的兼容性和共用性;需要进行构型改进;已交付的操作和维修手册,但其更改和修订所需费用未在合同中予以规定;预定的安排或进度表,影响了使用限制或履约,以致必须给出一个新的标识号;适用于构型项(CI)和所有零组件(但不包括不可修复的组件的零组件的互换性、替换性或更换性);由源头控制图样所定义的所有级别的 CI 或可维修构型项的源头;技能、人员配置、培训、生物医学等诸多因素的人体工程设计。

(3) 更改将影响到下列合同因素中任何一项:项目成本及合同经费、合同保证或担保、合同交付、已排定进度的合同里程碑。Ⅱ类更改是指对构型文件(已发布的设计信息)、工艺或零部件进行较小的更正或修改,不会影响任何引起Ⅰ类更改的特性。不属于Ⅰ类更改的更改均属于Ⅱ类更改。

3)更改的发起

对于市场预测与客户需求引起的更改,在进行市场调研过程中或者在与客户接触的过程中,ARJ21飞机项目管理部门、市场营销部、客户服务中心收集和接收市场的反馈,对飞机提出改进和优化意见,并将意见反馈给市场工程部门。市场工程部门了解情况并进行分析评估后,填写设计更改请求(DCR),经由CCO提交相关CCT,CCT组织形成详细解决方案,报CCB决策(必要时报CMB决策)后,如需更改,相关专业发起ECP。对于适航要求引起的更改,适航管理部门接收适航当局发出的与项目相关的适航指令,跟踪适航要求,将要求传递到上飞院适航工程中心,由适航工程中心填写DCR,经由CCO提交相关CCT,CCT组织形成详细解决方案,报CCB决策(必要时报CMB决策)后,如需更改,相关专业发起ECP。由追溯性的适航条款要求或是适航指令(AD)等局方强制要求引起的更改同样适用于此流程,但必须强制贯彻。对于生产制造和客户服务单位要求引起的更改,各生产制造、客户服务单位内部需要提出更改申请或客户建造代表提出要求时,生产制造单位和客户服务单位应与相关设计专业之间进行必要沟通,填写DCR,经由CCO提交相关CCT,CCT组织人员进行讨论和评估,决定是否进行更改。若经过初步评估决定进行更改,则CCT组织形成详细更改方案(必要时报CCB、CMB决策)后,相关专业发起ECP;若经过初步评估认为不宜进行更改,则CCT与提交申请的生产制造单位进行协调,关闭DCR。如评估出现分歧,则报CCB决策(必要时报CMB决策)。对于试验试飞问题引起的更改,在试验试飞阶段由于出现问题而需进行构型更改时,试飞中心应与相关设计专业之间进行必要沟通,填写DCR,经由CCO提交相关CCT,CCT组织人员进行讨论和评估,决定是否进行更改。若经过初步评估决定进行更改,则CCT组织形成详细更改方案(必要时报CCB、CMB决策)后,相关专业发起ECP;若经过初步评估认为不宜进行更改,则CCT与试飞中心进行协调,关闭DCR。如评估出现分歧,则报CCB决策(必要时报CMB决策)。对于设计内部改进或优化需求,设计内部为改正设计缺陷或不足、改进产品性能等需要进行更改时,无须填写DCR,直接提交相关CCT,CCT组织人员进行讨论和评估,决定是否进行更改。若经过初步评估决定进行更改,则CCT组织形成详细更改方案(必要时报CCB、CMB决策)后,相关专业发起ECP;其他参与设计的单位和国外系统/成品供应商是工程领域的一部分,其更改的提出按设计内部的流程进行。对于新增选项/构型更改发起,为满足客户提出的特殊要求而需设计新的特定选项,或者工程部门自行设计开发新的选项等,这种更改均属于新增选项/构型的更改。客户提出的新增选项/构型更改由市场工程部门填写选项更改请求(RFC),设计内部研发的可供客户选择的新增选项/构型更改由设计研发中心各专业填写RFC,提交相关CCT,

CCT 组织形成详细解决方案，报 CCB 及 CMB 决策后，如需更改，相关专业发起 ECP。

4）更改的评估

CCT 在接收更改请求后，组织人员分析更改的影响范围，与受影响的责任单位（包括项目管理、设计、试验试飞、生产制造、国外供应商、飞行及运营等）进行协调，认真评估更改对市场、技术、进度、经费、适航、飞行及运营等的影响，并提出备选的解决方案以及建议的生效架次。

5）更改的批准

按照更改的影响范围和程度，ECP 进行 CCT/CCB/CMB 分级审批，审批权限分工可参见前节。

（1）Ⅱ类更改一般由 CCT 审批，必要时提交 CCB 审议。

（2）Ⅰ类更改由 CCB 审批，必要时提交 CMB 审议。

（3）当更改对相关供应商的技术要求、设计担保、费用、进度以及产品交付要求等既定的采购合同/订单条款造成影响时，应确保相关供应商的项目经理、合同经理、财务经理参与 CCT 的更改评估过程，当在 CCT 层面与供应商无法达成一致时，应提交 CCB 与相关供应商共同商议，必要时提交 CMB 审议。

（4）对于涉及产品销售合同的Ⅰ类更改，必须经过相应客户的确认。

（5）对于因客户要求发起的更改申请，当 CCT、CCB 的评估结果为否定意见时，必须提交 CMB 进行审议，必要时与客户协商。

项目获得型号合格证（TC）后，工程更改还需按照 AP21－03 的规定提交局方审批或由局方授权的工程代表（DER）批准。

6）更改的执行

更改批准后，各相关的责任单位和部门应制订详细的更改执行计划，落实更改措施，将更改体现在相关的技术文件、图纸、模型、清册、出版物等中，并落实到批准架次的产品中，对更改的执行情况要进行跟踪和记录。

工程更改建议（ECP）批准后，需要编制或修改相关的构型文件（如规范、图纸、模型、零件清册、技术出版物等），还需要将更改贯彻到相应的产品中。设计研发中心负责工程领域内的构型管理和更改控制工作，需有程序和手段保证 ECP 中的更改及时反映在相关的构型文件中，并记录和跟踪 ECP 中更改的贯彻情况；机体制造商需有相应程序保证更改贯彻到相应的产品中，并按规定进行适当的标识；对于国外供应商承担的产品，需要求供应商内部有程序保证更改如实贯彻到相应产品中，并进行适当的标识。选项更改请求 RFC 批准后，工程部门需要进行新选项的实质性设计工作，发放相关的构型文件（如规范、图纸、模型、零件清册、技术出版物等），制造部门完成制造，设计部门和制造部门进行必要的试验试飞验证和适航审查。市场与销售部门需组织与客户进行价格等方面的谈判工作。选项最终完成设计和验证后可销售给客户,新的选项纳入 ARJ21‐700 飞机的选项库供后续客户进行选择,与该选项相关的构型文件纳入相应的构型基线管理之下。

7) 在役飞机更改控制

如更改涉及在役飞机,其更改通过服务通告向运营人进行传递。服务通告的内容包括技术更改和建议的重要性以及飞机运营人正确执行服务通告的必要性及其条件。对在役飞机更改的控制通过对服务通告的管理实现。

8) 偏离的控制

偏离的控制按照构型管理通用要求执行。

9) 超差的控制

超差的控制按照构型管理通用要求执行。

10.9　构型纪实

构型纪实是对已确定的技术状态文件、提出的更改状况和已批准更改的执行情况所做的正式记录和报告。构型纪实活动一般包括如下方面。

(1) 记录并报告构型项的标识号、现行有效的构型文件及其标识号。

(2) 记录并报告所有工程更改从提出到贯彻实施的全过程。

(3) 记录所有偏离和让步的申请和批准状况,报告关键和主要偏离及让步的批准状况。

(4) 记录所有构型文件的更改过程。

(5) 记录并报告构型审核结果,包括不符合状况及最终处理情况。

(6) 记录并保持各架次飞机的构型信息。

(7) 定期备份构型纪实数据,维护数据安全。

应根据适航和 AS9100 的相关要求,对各自承担的产品实现过程的构型纪实活动及其管理要求做出规定,并建立有效、实时的构型信息管理系统。

(1) 对标识的技术状态以及更改、偏离/超差的处理和实施情况进行全过程记录,必要时进行报告。

(2) 构型纪实通过记录产品定义、实现、更改等过程的每一步骤来完成,具有实时记录的能力。

(3) 构型信息的关联、查询和报告能力。

(4) 纪实数据采用规范的数据元、数据类型,建立必要的数据字典。

(5) 构型纪实数据在飞机的寿命期内是可防护、可储存和可追溯的。

应以文件的形式确定各类数据的保存期,并按照档案管理规定对构型纪实数据进行归档和维护,以确保构型纪实数据的可用性。

10.10　构型审核

构型审核是为确定构型项是否符合构型文件,以及最终产品的构型与产品定义的构型的符合性所进行的检查和验证活动,包括功能构型审核和物理构型审核。通过构型审核要确保:

(1) 产品的真实性能达到了预定的要求。

(2) 构型文件是完整的。

(3) 产品与其构型文件是相符合的。

(4) 管理和控制程序能满足连续控制产品构型的要求。

(5) 能够确立产品基线作为批生产的依据;

(6) 能为操作和维修手册、培训、备件等提供已知的构型。

构型审核与阶段评审、质量管理、适航审查等活动相关,可互相协调,统筹开展。

10.10.1　功能构型审核

功能构型审核是确认构型项目是否达到功能构型文件和分配构型文件中规定的功能特性的正式审核,功能构型审核的内容应包括如下内容:

(1) 规范的更改情况。

(2) 设计文件对规范的符合性。

(3) 产品性能与设计文件的符合性。

(4) 试验规范与试验计划的实施情况。

(5) 分析和仿真条件的充分性和完整性。

(6) 软件配置管理情况。

(7) 工程更改控制情况。

(8) 偏离/超差的纪实情况。

10.10.2　物理构型审核

物理构型审核是确认制造结果的构型与相应的产品构型文件的符合性的正式审核,物理构型审核的内容应包括如下内容:

(1) 产品数据。

(2) 设计、试验试飞和生产用文件。

(3) 检验与验收文件。

(4) 软件测试验收与配置管理纪实情况。

(5) 制造偏离/超差纪实。

10.11　飞机构型的配置

ARJ21飞机推向市场时,会向客户提供一本说明书,详细说明 ARJ21 基本型飞机的技术数据和状态,并提供构型选项清单及构型选项指南。客户可以在基本型的基础上进行构型选择。

10.11.1　基本型飞机

基本型飞机＝A＋B＋S

飞机机体 A 加上基本选择项目 B 再加上标准更改 S,就形成了一架基本型飞机,它是一架可以飞行、满足适航要求的、可以销售的飞机。

10.11.2　客户特定的飞机

客户特定的飞机＝基本型飞机＋C＋D＋E－B 少部分

客户根据字母方案进行选择,这些选择代表客户对飞机的能力、功能、设备和服务的要求,最后在基本型飞机中去除少数 B 类项目,加上客户选择的 C 类、D 类、E 类项目就构成了一架客户特定的飞机。

10.11.3　字母方案中字母的定义

ARJ21 飞机采用字母方案对客户的构型选择进行分类。字母定义如下。

A:飞机机体及其组成部分。A 是机体(airframe)的字首。

B:基本型选择项目。B 是基本(basic)的字首。B 所列项目是飞机制造中的基本设备,如无线电、雷达或发动机等,其功能是飞机必不可少的。000HZ001《ARJ21飞机全机主要部件清册》中的表一列出了"基本型部件清册"。客户可以根据需要另行选择可覆盖其功能的选项设备替换清册中的基本设备。

C:类目选择和有关系列设备。C 是客户选项或类目(customer option 或 catalog)的字首。这些选择项目在 000HZ001《ARJ21 飞机全机主要部件清册》的表二中用类目的形式加以描述,以便客户在订货前挑选自己满意的设备。

D:零件设计和装饰的选择。D 是设计(design)和装饰(decor)的字首。在客户订货之前,诸如地毯、外部喷漆、内设选择项目等不能事先确定。

E:要求工程更改的选择。E 是工程(engineering)的字首,客户可以按自己的使用要求,提出工程更改项目,这类特殊款项导致的工程更改将使造价提高。

S:标准更改。S 是标准(standard)的字首,标准更改是指某版本详细技术说明书发放以后对技术说明书内容的修改,也就是对基本型飞机的更改,基本型飞机都要执行标准更改。

采用字母方案便于归类简化,统一民用飞机的销售、设计、制造和管理。客户选择飞机构型通过技术更改通知单(specification change notice,SCN)来执行。SCN实际上是用户与制造方之间确定飞机详细技术说明书的更改,飞机详细技术说明书的内容加上 SCN 的要求就构成了客户特定飞机的技术规范,也就是飞机交付给客户时必须满足的技术规范。

10.12　证后构型管理要求

ARJ21‐700 飞机证后构型管理是在飞机型号设计被批准并取得型号合格证(TC)以后,对飞机在设计改进、生产、运营、产品支援过程中的构型状态进行管理的程序。

证后构型管理活动的主要内容包括:

(1) 管理批产飞机的构型与取证构型之间的一致性,确保飞机的生产状态符合取证状态、满足适航要求。

(2) 对生产过程中出现制造偏离进行评估,由构型控制委员会进行批准,并管理局方对产生的偏离情况的审查和批准状态。

(3) 在对来自于各方面(客户、供应商、制造商等)的设计更改请求或适航指令要求的设计更改,协调相关设计部门或客户进行评估、提出更改方案、获得构型控制委员会和局方批准。

(4) 确保更改的全过程,包括更改提出、需求分解、更改细化、最终产品实现,状态清晰可控。

(5) 为已经完成验证任务的研制批飞机提供持续的状态管理,确保后续改进方案经过构型管理体系的认可,直至停止使用。

在控制流程方面,应该制订和维护证后民用飞机的构型控制流程,使构型控制流程、服务通告流程和证后适航管理流程能够有效衔接。

在 ARJ21‐700 飞机取得型号合格证(TC 证)以后,描述飞机设计、生产、使用和后勤保障所必需的型号构型资料应已经得到了局方批准或达到了适航规章所要求的状态(即设计构型、型号设计、取证状态)。为了使生产交付的飞机在交付时都能符合型号设计并处于安全可用状态,在生产交付过程中,应该对生产交付阶段的型号构型资料进行管理,应当对以下 3 种偏离进行评估分析和跟踪管理。

(1) 单机设计状态对型号设计状态的偏离:需要对偏离进行工程评估,确认偏离对取证构型及对飞机适航性的影响。

(2) 对型号设计进行的更改:更改应该按照适航的要求确认和划定更改范围及对适航性的影响,并按照上述"10.8 构型控制"一节的流程进行构型控制。

(3) 阶段性/最终生产的飞机与型号构型资料的状态出现的制造偏离:应该对飞机的偏离情况进行管理,并提交局方以获得局方的认可或批准。

11 供应商管理

ARJ21项目供应商按照项目所处的不同阶段,采取不同的管理模式,从最初的职能化管理模式,到探索项目经理模式,最后全面融入公司各级IPT团队,并在此过程中充分发挥采购与供应商管理系统的主动性和积极性,最终形成独特的供应链管理模式。

11.1 从职能化的区域管理到团队式的项目管理

11.1.1 最早的职能化管理模式

公司成立伊始,总部和三大中心分别设立采购与供应商管理部门,作为项目研制过程中,牵头开展供应商协调、组织以及合同管理的职能部门。同时,设计、制造、客服、质量、适航等各业务专业按照职能划分,各自开展与本业务相关的供应商管理有关工作。

职能化管理模式的组织结构,如图11-1所示。

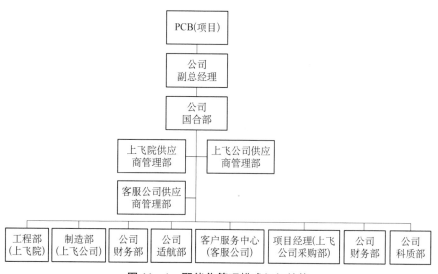

图11-1 职能化管理模式组织结构

11.1.2　成立供应商项目管理团队

随着项目研制工作的逐渐深入，单纯的职能式管理模式由于横向间协调的缺陷，无法适应管理需要。从 2011 年开始，国合部组织成立供应商项目管理团队，通过团队解决内部协调问题，进而加速与供应商的沟通、协调乃至决策，成为一种新的模式。

在项目管理团队模式下，由项目经理牵头，设计研发中心委派工程经理，质量系统委派质量经理、适航系统委派适航经理、总装制造中心委派采购经理和制造经理、客户服务中心委派客服经理进入团队工作，共同开展协调和管理。项目经理由上飞公司采购经理担任。

2012 年，随着 ARJ21 项目进入适航审定试飞（TIA）阶段，工程更改、试飞试验、供应商资源协调等方面的任务日益繁重和复杂，为了更有效地协调内部与外部资源，供应商项目经理的职位转换为国合部人员担任。

在 2013 年至 2014 年间，ARJ21 项目共成立了 19 个供应商管理团队，覆盖了 ARJ21 项目 19 个机载系统。团队共涉及 73 名成员，其中，项目经理 7 人，均来自国合部；计划协调经理 4 人，均来自支线部；工程经理 30 人，均来自上飞院；采购经理 14 人，均来自上飞公司；质量经理 4 人，来自科质部及上飞公司；适航经理 5 人，均来自适航部；客服经理 9 人，均来自客服公司。

项目管理团队历经几次变化，尤其是项目经理作为团队中最重要的成员，由哪个单位或部门派出，才能最好地带领团队开展工作，是很长时间困扰采购与供应链系统的问题。在 ARJ21 项目试飞阶段前期，项目经理由上飞公司采购部人员担任；从 2012 年起的试飞取证阶段，则由总部国合部人员担任。

11.2　从独立化的项目管理到集成式的供应链管理

从 2014 年起，公司全面开始推行矩阵式项目管理模式，整个 ARJ21 项目研制团队，自上而下组成若干一级、二级、三级团队。而采购与供应链系统融入公司管理体制改革大潮则是顺应潮流、水到渠成。

2013 年，为了开展好供应商管理团队的工作，国合部组织公司三大中心的采购与供应商管理部门，抽调精兵强将先后在团队中担任供应商系统项目经理、采购经理、供应链经理、客服经理，人员规模达到 32 人。为了配合公司的 IPT 团队成立，采购与供应链系统将这些人员再次优化组合，并进行加强，全面派入各级 IPT 团队中。同时，为了帮助 IPT 团队中采购与供应系统人员更好地开展工作，国合部编制了《采购与供应链管理系统人员 IPT 团队工作管理规定》《采购与供应链管理手册》，从分工、职责、机制、工作要求、工作流程等方面，指导 IPT 团队成员更好地履行职责、完成任务、服务项目。

与供应商管理团队不同,IPT 团队模式下,涉及机载系统研制的各级 IPT 团队队长一般由设计研发中心人员担任,采购系统人员担任供应链经理、采购经理、合同经理、客服经理等。虽然团队体制有所不同,但是经过几年供应商管理团队的锻炼,采购系统人员在 IPT 团队日常工作中发挥出积极有效的作用,较好地完成了 IPT 团队的相关工作。

11.3　国外供应商现场工作团队 CRT

从 2014 年下半年开始,既是为了加强对 C919 供应商的现场管控,也是为了加快与 ARJ21 供应商的沟通协调,公司开始组建驻供应商现场工作团队,到供应商的现场去协调和开展工作。

在 ARJ21 项目的研制历程中,从 2010 年 8 月至 2011 年 2 月,中国商飞(COMAC)仅由供应商管理人员派驻在供应商现场工作,但是效果并不明显。而这一次的派驻,则包括工程设计、质量、适航、供应链管理、采购管理的人员组成一个团队,将整个团队派往美国和欧洲,并在美国、欧洲循环走访供应商,在每家供应商停留 3~7 天,或结合实际需要,停留更长时间。2014 年 10 月,经过充分的准备,第一批中国商飞国外供应商现场工作团队 CRT (COMAC resident team)终于成行。第一批派出的美国团队由 7 人组成,欧洲团组由 6 人组成。

CRT 团队的派驻,起到了两个方面的作用。一方面,基本达到了原先预想的效果,通过 CRT 与供应商直接开展现场协调和管理,给予供应商一定的压力,推动供应商工作的开展;另一方面,探索派驻国外工作的相关模式和机制,从任务下达、工作汇报、与供应商关系处理、具体问题协调渠道、保障机制等各个方面,摸索出一条较为可行的道路,编制一系列的现场工作手册,指导 CRT 成员开展工作。

可以说,CRT 模式的探索,是 C919 项目和 ARJ21 项目为公司供应商管理体系建立的又一项新的模式和工具。虽然 CRT 模式只在 ARJ21 项目研制尾声才推出,但却为后续项目的供应商批产管理奠定了坚实的基础。

11.4　供应商管理文件体系及管理机制

ARJ21 项目供应商管理基本形成了一套完整的管理文件,现已成为体系,指导供应商管理工作。这套管理文件体系由内部管理程序和外部管理要求两部分组成。

1) 内部程序

供应商管理程序是公司内部开展供应商管理相关工作所依据的操作流程。ARJ21 项目梳理了货源开发、供应商选择、合同管理、研制阶段供应商履约管理、采购实施和供应商绩效管理六大方面的内部管理程序。

2) 对外要求

供应商管理要求是对供应商的要求,规定了供应商应如何履行合同中规定的相关义务与责任。对供应商的管理要求,目前从合同和供应商管理要求文件(GYG 文件)两个方面予以规定。在与供应商签署的合同中,主要从产品的研制、交付和服务出发,规定了供应商应承担的责任和要履行的义务。而在 GYG 文件中,则明确了供应商的具体工作的程序。目前,公司共制订了 45 份 GYG 文件,从质量、适航、工艺、工装、物流、制造、构型、采购等各方面进行了规范。

3) 管理机制

除了上述管理程序,在日常工作中,公司采取了一系列措施和机制进行供应商管控。建立完善的供应商沟通机制,为了做好与供应商的沟通,除了建立日常沟通的管理协调备忘录 PCM(项目协调备忘录 MCM),工程协调备忘录 ECM 制度以外,公司还着力打造供应商大会、供应商中期检查会、供应商项目回顾会、供应商检查会等会议平台。每年 3 月份召开公司 COMAC 供应商大会,公司邀请所有项目(目前为 ARJ21 - 700 项目和 C919 项目)的推进系统、机载系统、结构件、原材料、标准件等供应商参加大会。大会采用 1＋2＋N 形式举行。"1"即一个大会,向供应商介绍公司发展状况、市场开发、项目进展、质量要求、适航要求、供应商管理要求等。"2"为 ARJ21 项目和 C919 项目会议,向供应商通报项目研制计划及工作安排;"N"为每个项目的各个系统召开的系统分会,与各供应商讨论系统工作计划,解决问题的措施和具体行动项。每年 6 月至 9 月召开供应商中期检查会,集中检查供应商工作进展和供应商大会各系统分会所制订的行动项,解决供应商研制工作中的问题。项目回顾会由国合部领导组织工程、适航、质量、商务、客服等对系统供应商的工作进行全面评估,找出问题,确定双方行动项。项目检查会由公司领导、国合部领导、项目副总师等带团赴国外供应商现场检查各工作包的研制进展。同时,还建立与供应商的高层互访机制,并通过电话会议、视频会议、微信群等手段,加快沟通交流的速度。上述手段的采用,不断完善了与供应商的沟通平台,保证了与供应商之间的高效合作。建立供应商评估机制,公司建立了较为完善的供应商评估机制,包括评估与评价两个方面。其中,供应商评估除了在货源开发和供应商选择过程中的货源评估和初始评估,更重要的是建立了定期评估和专项评估机制。对于机体、系统、材料标准件供应商,均在初始评估通过或有条件批准后,纳入中国商飞批准的供应商清册(ASL)中,并对清册中的供应商进行定期评审,只有评审合格的供应商才能继续保持其合格供应商的资质。针对机体供应商,每年度组织质量体系和特种工艺评审,以确保供应商的质量体系和特种工艺能力符合中国商飞的要求。对供应商的评价,则是基于公司的供应商绩效评价制度,每月对供应商在项目管理、进度、技术、质量、交付、服务等方面的表现进行绩效考核,并将考核结果向供应商发布。启用供应商绩效提升机制,基于对供应商日常绩效评价的情况,公司建立了对绩效不佳供应商的绩效警示机制,对于严重影响进度、合作态度不积极、支持力度不够、重复问题屡犯的供应商按照等级发放供应商绩效警示单。绩效警示单共分三级,分别由国合部或三大中心领导、公司主管副总经理或项目总经理、公司董事长或总经理签发,对应供应商相应的高层,通过高层的协调,以促进供应商的工作,提升供应商的绩效。建立双向的信息交流机制,公司每季度向供应商发布 COMAC News,每月向供应商发布供应商绩效报告;供应商每月向我方提交合同执行情况通报,与 IPT 团队共同编制研制周报和日报。通过建立这些双向的信息交流机制,既向供应商发布了我方的研制进展,利用供应商有效安排资源,又能及时了解供应商工作进展,以便督促和协调解决供应商存在的问题。

11.5 供应链管理工具

除了建章立制,形成一套供应商管理文件体系和管理机制制外,国合部还组织建立了多种供应链管理工具,配合进行供应商的管理工作。

11.5.1 COMAC News

COMAC News 又称"供应商信息通报",其作为供应商了解公司动态的正式途径之一,在项目发展阶段应运而生。它以新闻、简讯的形式,定期向供应商传递我公司的动态、两个项目的进展以及供应商月度排名等信息。供应商信息通报按季度发出,每期以 C919 和 ARJ21 两个项目为主线,结合当季度公司主要发展新闻、供应商绩效考核结果,形成报告。其中,公司级新闻指公司对外交流、沟通、主要成绩等;两个项目新闻主要指在该阶段内公司两个主要项目 C919 以及 ARJ21 的主要进展,例如 C919 项目的机体对接进展、ARJ21 项目的试验试飞信息等;供应商绩效考核是指在该季度中,各供应商以工作包为单位,在供应商管理工具(简称"SMART",下文有详细介绍)中所得分数及排名。当遇重要节日、重要节点时,公司领导也会受邀为 COMAC News 致辞,向供应商表达问候、传递信心。自创办以来,COMAC News 在供应商中反响热烈,它将新闻报道与实时数据相结合,使供应商在了解公司大事、项目进展的同时,及时掌握两个型号的最新状态,做到双方团队项目信息透明,增强团队契合度。

11.5.2 SMART 平台

SMART 平台,全名为"供应商实时管理系统",是中国商飞的五大管理工具之一。顾名思义,该平台主要功能即为"供应商管理",且其中信息均为实时更新,是一个可通过互联网进行登录的平台。作为供应链管理的有力辅助工具,SMART 平台一经建立,至今已更新至 4.0 版本。该工具通过对 C919、ARJ21 两个项目的"项目计划""开口问题""风险管理"以及"供应商绩效考核"四大板块,来对供应商在项目中的日常工作进行管理、监控。SMART 平台实现了我方与供应商团队的信息交互,使双方能够实时在平台中进行操作,从而得到信息。目前,SMART 平台在供应商与中国商飞双方的团队中,起到了重要的作用,如何将日常工作用现代化的平台进行管理,也成了双方团队在日常交流过程中经常讨论的主题。SMART 平台登录界面,如图 11 - 2 所示。

图 11 - 2 SMART 平台登录界面

11.5.3 供应商门户

根据型号项目研制和供应商管理需求,中国商飞开发了主制造商-供应商协同工作门户。供应商门户(supplier portal)建设原则是数据源唯一、数据访问统一、访问入口统一、使用方便,主要实现以下功能:统一的网络接入方式,通过 SSL VPN 实现了外网移动接入;统一业务功能入口,集成了 IDEAL/CPC/SMART/FRR/文档中心等业务子系统;统一登录账号及账号申请方式;统一待办工作及消息通知入口;统一供应商数据接收方式;统一搜索。

11.5.4 警示单

供应商管理过程中,当供应商反复出现重大问题、现场协调、中高层协调均无结果时,COMAC 将以警示单(warning sheet)的形式,与供应商高层就此问题进行沟通。供应商在收到中国商飞发出的警示单后,必须书面提出解决方法。以此案例可看出,警示单作为约束供应商重大问题的有力工具,效果显著。

12 ARJ21 飞机技术创新实践

12.1 机型特点

ARJ21 飞机是 90 座级中短程涡扇喷气支线飞机,具备良好的经济性、舒适性、适应性、可靠性和维修性,与 CRJ900、ERJ175、ERJ190 和 SSJ－100 等同类竞争机型相比应具有一定的竞争优势。以国内市场为切入点,同时满足部分国际市场的需求。国际市场开拓首先考虑亚洲、非洲和拉丁美洲市场,其后逐步进入北美和欧洲市场。既满足开发国内西部高温高原、地形复杂区域的航空运输需求,也能适应中东部地区中小城市经济发展对航空运输的需求。重点满足高原航线、瘦长航线、省会或区域枢纽至中小城市的支线运输市场的需求,替代在低客流航线上低频率运行的干线飞机,增加航班频率,并为客流量偏低的旅游点、中小城市和经济欠发达地区提供航班服务,培育新的航线市场。标准旅客商载(SPP)为全经济级布置下旅客及行李的重量,每位旅客及行李重量按不小于 90.7 kg(200 lb)计。最大商载应达到标准旅客商载的 1.2 倍以上。标准旅客商载下,标准航程型的设计航程不小于 1 200 n mile,增大航程型不小于 2 000 n mile 巡航速度:$Ma=0.76\sim0.78$,最大使用高度不低于 11 900 m(39 000 ft),初始巡航高度不低于 10 058 m(33 000 ft);单发升限不小于 6 200 m (20 340 ft)。起飞场长:标准航程型不大于 1 700 m;增大航程型不大于 1 900m。着陆场长:标准航程型不大于 1 550 m;增大航程型不大于 1 650 m。高温高原特性:满足标准旅客商载、夏季高温情况下在昆明长水机场起降使用,覆盖航程应达到 1 852 km(1 000 n mile)以上。进场速度:满足中国民航 C 类飞机运行要求,并留有 5KCAS 以上的裕度。最大侧风起降能力:不小于 46.3 km/h(25 kn)。ARJ21 飞机具有多种可选客舱布局,混合级布局 78 座、全经济级布局 90 座、豪华经济舱布局 68 座。尾吊两台 CF34－10A 先进涡扇发动机。采用每排 5 座双圆切面机身。"T"型尾翼布局。前三点式可收放起落架布局。两人制驾驶舱,航电系统高度综合化,采用总线技术、液晶(LCD)平板显示。飞控系统由电信号控制、液压或机电作动。较大后掠角的超临界机翼和一体化设计的翼梢小翼。次要结构采用复合材料。应满足中国民航发布的民航客机强制运营规章的要求,以及其推荐或建议的运营要求,包括最小垂直间隔标准(RVSM)、基于导航性能(PBN)、卫星通信(SATCOM)等。座公里直接运营成本(DOC)应优于同类竞争机型(500 n mile 典型航段)。直接维修成本应优于同类竞争机型。噪声、振动和排放,外场噪声:满足第四阶段的飞机噪声限制要求并留有裕度。飞机停机坪噪声:应满足国际民用航空组织(ICAO)附件 16 第一卷附录 C 的要求,货舱门、登机门及服务点处最大噪声值不大于 85 dB(A),机身前后左右周边 20 m 处最大噪声值不大于 90 dB(A)。舱内噪声:巡航状态下,客舱内噪声平均值不高于 80 dB(A);客舱前部的语音干扰级(SIL)不超过 66 dB,后部不超过 67 dB。舱内振动:正常飞行范围内,不应有旅客或机组可感的舱内振动。根据国际市场拓展情况,逐步满足国际上对民航客机的强制运营要求和建议要求。能够适应国内不同地区的不同气候特点和地理环境,在酷热、严寒、沙尘、潮湿高盐、大风、低能见度、净空条件差等恶劣条件下能够正常使用。具备水上迫降功能和跨水运营设备选装。进场着陆能力满足 CATⅡ运行的要求。

12.2 技术创新

ARJ21 飞机严格按照 CCAR – 25/FAR – 25 部进行设计和验证。首次采用超临界机翼设计技术,具有高气动效率。采用支线机中 5 排座宽体机身,提供与干线机同等的舒适性。大推力动力装置和高效增升装置满足高原高温机场起降要求。在噪声和排污方面,满足先进的环保要求。采用两人机组驾驶舱,模块化航电系统和综合化显示技术。采用多裕度、高安全性、高可靠性、简单结构的电飞行控制系统。采用新一代综合化航电系统,综合处理机柜、模块化组合,易于功能扩展。采用先进的低耗环保发动机,全权数字发动机控制系统使发动机的运行更可靠、更经济。全面按损伤容限要求进行机体结构设计、评定和验证。建立全新的与国际接轨的标准、材料、工艺、质量标准和设计规范体系。采用数字化设计技术,建立异地协同设计平台(CPC)及构型管理系统(ECMS),实现了异地协同设计、制造。进行全机闪电间接效应试验和全机高强度辐射场(HIRF)防护试验。在型号设计中全面进行系统安全性设计和评估,以此确定系统构架和软件级别。在型号设计中按照国际接轨的模式和规范开展产品支援工作。飞机制造中采用了新型铝合金加工、机翼机加壁板的数控喷丸成型等技术。对 19 个国外系统和设备供应商开展有效的供应商管理和适航管理。总体气动在改善 T 尾深失速固有特性、机翼与翼稍小翼一体化设计、超临界机翼成功应用、机翼防冰设计与验证等技术。结构强度设计在全机静强度适航验证技术、全机疲劳损伤容限适航验证技术以及系统设计在民用飞机全机及系统可靠性、安全性分析与评估技术、数字式电传主飞行控制系统架构、多系统综合试验技术等方面均达到先进水平。

在 ARJ21 – 700 飞机设计过程中,出现了多个创新,在国内喷气式支线客机研究领域创造了多个第一。

1）第一架中国自行研制的新型涡扇支线飞机

ARJ21－700飞机是中国自行研制的第一架中短航程新型涡扇支线飞机,它完全由中国人自己完成总体设计、系统集成、总装和适航取证,并在总体技术、气动布局、系统综合等方面掌握了大量关键技术。

2）第一次严格按国际适航条例进行研制和生产

ARJ21－700飞机是中国首次严格按国际通用的适航管理条例进行研制和生产,也是目前中国唯一申请运输类飞机适航标准型号合格证并获得美国联邦航空局受理的运输类飞机项目。

3）第一次创建全尺寸疲劳试验适航验证技术体系

国内首次创建了载荷谱编制、加载方案、广布疲劳损伤性能的验证和试验故障处理等一套民机全尺寸疲劳试验适航验证技术体系。

4）第一次建立气动弹性适航符合性设计和验证技术体系

国内首次按照适航标准建立了针对民机完整的气动弹性适航符合性设计和验证技术体系,突破了理论分析、模型设计、风洞试验、地面试验和飞行试验中的多项关键技术并进行了充分验证,标志着我国民机气动弹性设计技术达到了国际先进水平。

5）第一次形成一套完整的电磁环境效应适航符合性设计和验证技术

ARJ21－700飞机通过开展全机高强度辐射场/间接效益/电磁兼容性设计、适航验证试验和电磁兼容性飞行试验,在国内首次形成一套完整的民用飞机电磁环境效应适航符合性设计和验证技术,对提高我国民用飞机复杂电磁环境效应(E3)防护设计与验证技术具有重大意义。

6）第一次进行地面应急撤离试验

2012年9月21日,ARJ21－700飞机完成全机地面应急撤离试验。这是我国第一次按CCAR－25部要求进行的喷气式支线飞机地面应急撤离试验。

7）第一次开展飞机主起落架舱内轮胎爆破试验

2014年5月20日,ARJ21－700飞机完成主起落架舱轮胎"X型"爆破试验。这是我国第一次按照国际适航标准进行的飞机主起落架舱内轮胎爆破试验,对提高我国航空器飞行安全具有重要意义。

8）第一次运用随动加载方法进行强度试验

ARJ21－700飞机的襟/缝翼疲劳试验是国内第一次运用随动加载方法进行的强度试验。

9）第一次开展最小离地速度试飞

2013年5月13日,ARJ21－700飞机完成最小离地速度局方审定试飞。该试飞是国内首次开展,是民机试飞最高难度Ⅰ类风险科目之一。此次试飞还创造了飞机尾橇触地滑跑姿态角达到预计的最大离地姿态等相关记录。

10）第一次飞出国门进行自然结冰试飞，实现环球飞行

2014年4月28日，ARJ21-700飞机在北美圆满完成自然结冰试飞后安全返回阎良。这是中国首款自主研制的涡扇喷气支线客机首次飞出国门开展特殊气象环境下的试验试飞，首次实现了飞越亚美欧三大洲和太平洋、大西洋的6万里环球飞行。

11）第一次完成最小飞行机组试飞

2014年9月29日，ARJ21-700飞机在成都完成最小飞行机组试飞任务，该试飞是国内首次开展。这是ARJ21-700飞机第一次在成都双流机场飞行，该机场为飞机首家用户成都航空的基地机场。

12）第一次开展功能和可靠性试飞

2014年12月16日，ARJ21-700飞机顺利完成功能和可靠性试飞任务。这是颁发型号合格证（TC）前的最后一项重要专项试飞科目，自10月29日开飞以来，先后完成了在成都、贵阳、桂林、海口等10个机场及其航线的模拟航线运营飞行，该试飞是国内首次开展。

13）第一家中国民用飞机客户服务企业成立

2008年10月7日，上海飞机客户服务有限公司在上海正式挂牌成立，这是中国首家民用飞机客户服务企业，有力推动了ARJ21-700飞机国内外客户服务的科技研究、体系建设和全寿命客户服务等工作。

14）第一次将飞机工程三维数据引入民机客户培训领域

客服公司成功打造民用飞机三维虚拟机务培训系统，这是我国首次将飞机工程三维数据直接引入民机客户培训领域的一项创举。

15）第一台ARJ21飞机全动飞行模拟机投入使用

国内第一台ARJ21-700飞机全动飞行模拟机于2010年3月26日在客服公司正式投入使用。该模拟机由模拟驾驶舱、运动系统、视景系统、计算机系统及教员控制台等五大部分组成，用于训练飞行人员，使其掌握该类机型的飞行驾驶技术和其他相关技术。

12.3　研制背景

研制ARJ21新支线飞机项目，是总结几十年来我国民机发展得失，借鉴国外先进民机发展经验后，做出的重大抉择。2000年2月，国务院总理办公会议上，国务院领导听取了关于我国民机发展思路的汇报，决定支持研制和发展我国新型涡扇支线飞机，并明确指出，国家要在政策上引导和支持民用飞机工业的发展，民航要积极支持国产民用飞机生产，加快发展支线航空运输。2000年11月，国防科工委在珠海航展期间发布了《中国民用飞机发展报告》，对外宣布中国将按照国际适航标准研制具有自主知识产权的新型涡扇支线飞机。

2001年北京"两会"期间，新型涡扇支线飞机项目被列入《"十五"国民经济和社

会发展纲要》，从而成为"十五"期间国家集中力量发展的 5 个新型产业之一。2002年 4 月，国务院批准了《国家计委关于审批中国航空工业第一集团公司新型涡扇飞机项目建议书的请示》。2002 年 6 月，国家发展计划委员会发文《印发国家计委关于审批中国航空工业第一集团公司新型涡扇支线飞机项目的通知》，明确指出，按国务院总理办公会议的决定，新支线飞机由上海、西安航空制造企业和事业单位联合研制，为了便于利用现有设施、节约投资，总装厂设在上海。新支线飞机研制首批 5 架原型机，其中 3 架用于试飞，1 架用于静力试验，1 架用于疲劳试验。计划 2005 年首飞，再用 18 个月取得适航证并投入航线使用。研制总经费约 50 亿元，其中中央财政专项安排民用飞机科研费 25 亿元，其余通过多种形式融资解决。ARJ21 新型涡扇支线飞机项目正式启动。

2003 年 5 月 12 日国家发改委发文《印发国家发展改革委关于审批中国航空工业第一集团公司新型涡扇支线飞机项目可行性研究报告的请示的通知》，批准了ARJ21 新支线飞机的可行性报告。附件《国家发展改革委关于审批中国航空工业第一集团公司新型涡扇支线飞机项目可行性研究报告的请示》，关于项目组织模式指出：原项目可行性研究报告中提出，中航商用飞机有限责任公司负责新支线飞机的总体设计的协调，西安飞机设计研究所和上海飞机研究所负责飞机的详细设计。但中航商用飞机有限责任公司缺乏足够的设计队伍，且西安飞机设计研究所和上海飞机研究所之间的分工也不利于发挥双方的优势和积极性。对此，中国航空工业第一集团公司在补充报告中做出了调整，拟由中航商用飞机有限责任公司负责总体设计要求的制订和飞机概念设计，将西安飞机设计研究所和上海飞机研究所合并，成立第一飞机设计研究院，作为设计依托单位。该院经国防科工委批准后已于 2003 年6 月 28 日正式开始业务运行。

12.4 机制探索

采用新的运行机制和管理模式，实行国家和企事业单位共同投资、共担风险的市场运作机制，在项目初期，组建由集团公司、西安飞机设计研究所、上海飞机研究所、西飞公司、上飞公司、沈飞公司、成飞公司、中国飞行试验研究院、中国飞机强度研究所等 15 家单位作为股东成立中航商用飞机有限公司（简称中航商飞），作为ARJ21 新支线飞机的项目法人责任单位正式开始运作。2003 年 6 月，为了整合资源，形成合力，经国防科工委批准，将西安飞机设计研究所和上海飞机研究所整合成立了第一飞机设计研究院（简称一飞院），开始承担起工程发展的责任。2003 年 9 月25 日，中国民航总局在上海召开了 ARJ21 - 700 型飞机首次型号合格审定委员会会议，成立新支线飞机适航审定委员会，确定了适航审定基础和标准，成立适航审定国家队承担适航审查任务。中航商飞成立前后，与各参研单位的任务分工、责任界面没有完全定义清楚，生产关系一直在磨合。中航商飞作为项目法人责任单位进行管理,消除阻碍中国民机发展体制和机制障碍,打破过去由一厂一所单纯靠国家投资研制飞机型号的旧模式,为项目快速发展奠定坚实基础。

2008 年 5 月 12 日,国家决定组建成立中国商飞,自此,ARJ21 项目走上了快速发展的道路。中国商飞举全国之力,聚全球之智,产学研结合。2008 年 11 月 28 日,ARJ21 飞机成功首飞,之后经历了 6 年的刻苦攻关,于 2014 年 12 月 30 日,完成所有取证任务,获得中国民用航空局颁发的型号合格证(TC),2015 年 11 月交付全球首家用户成都航空公司。2016 年 6 月 30 日,正式开始商业运行。

12.5　重大调整

ARJ21 飞机的技术方案论证初期,由于时间紧迫,没有充分利用已有的较为完整的技术体系(原上海飞机设计所或西安飞机设计研究所)。2003 年 9 月国防科工委组织了 ARJ21 项目预发展评审,同意项目转入工程发展阶段。但实际上并没有完成预发展工作,2003 年 6 月 28 日后,才紧急从吹风模型的设计、加工开始。

2005 年 6 月,经过内部和外部专家评审,重新确定了以满足适航要求为重点、完善设计和解决图纸质量问题为中心的优化设计方案。2005 年 8 月,调整、组建合格的设计师队伍,用正确的方法,干正确的事情。即将总设计师系统的人员和任务分工做了较大的调整,保证每一个设计单元(即设计+校对)是合格的;严格按照已有的科研管理流程、质量保证体系和适航的要求进行设计;在 ARJ21 - 700 基本型方案的基础上优化设计,达到设计技术指标,满足客户的要求。2005 年 9 月,上述三方面的工作调整到位,使 ARJ21 飞机的优化设计发图工作出现了很好局面,保证了2005 年底完成优化设计后的发图任务,研制工作开始走入正轨。事实证明,上述所做出的管理上、组织上和技术上的一系列调整决策是正确的。

2005 年 8 月,各方认真分析和研究了 ARJ21 飞机所面临的严峻形势,做出了《关于加强新支线飞机项目研制工作的决定》(简称《决定》)。《决定》指出:要坚持"一个目标、一个团队、一个计划"。保证设计系统高效运行。重点是做好技术攻关工作,主要是做好减阻、增升和减重工作,加强与供应商的沟通和协调。还要集中精力扎实抓好基本型设计的优化和完善工作,抓紧启动必要的试验,以达到主要的技术经济性能指标,确保满足客户对性能的要求等。

经各参研单位的艰苦努力,方案和预发展阶段的大部分问题得以解决。2005年底发出经适航审查的优化设计的结构图,2006 年一季度发出经适航审查的系统图。ARJ21 飞机研制全面进入试生产和试验阶段。

12.6　自主知识产权

在新支线项目立项时,就提出 ARJ21 飞机要以我为主,要拥有自主知识产权,这是中国航空工业在 20 多年国际合作中以沉痛的教训和巨额的代价换来的一种共识。同时,ARJ21项目也是一项高水平的国际合作项目,按照国际通行的招标方式,面向全球选择供应商。这种新机型的运作方式是目前包括波音公司、空客公司在内的飞机制造商通用的风险共担的国际合作模式。这种国际合作方式对中国航空工业来说意义重大,中国航空工业第一集团公司第一次作为主承包商向世界招标,吸纳了包括GE、罗克韦尔·柯林斯、霍尼韦尔、汉胜公司、帕克公司以及利波海尔公司等19家国际一流的航空产品供应商参与其中。正是通过全体参研人员近6年的积极努力,奋力攻关,ARJ21项目取得了令人瞩目的进展和突破。

12.7 创新体会

体制和机制的创新。根据国务院领导指示精神,大胆尝试,采用全新的运作机制和管理模式,先是成立了项目公司,积极探索机制体制,后由国家决策成立中国商飞。整合民机资源,提升竞争力,通过项目运作方式和资源整合,打破了过去一厂一所单纯靠国家投资研制生产飞机型号的旧模式。一个由中国商飞为主制造商,上飞、西飞、沈飞、成飞以及国外供应商组成的一整套系统逐渐运转起来,从而为项目的快速发展奠定了基础。

始终强调自主知识产权。民机产业是欧美实行技术垄断、控制世界市场的重点产业。国外民用飞机制造商可以通过民机零部件转包生产实现全球采购,也经常采用国际合作的研制方式,但飞机设计和制造的关键技术及研制项目的知识产权始终掌握在主制造商自己手里。历史经验表明,通过走国际合资、合作研制中国民机的道路,不可能获得先进的民机核心技术和自主开发能力,必须强调自主创新,拥有自主知识产权,才可能打破西方国家对民用航空工业的垄断。

重视市场开发和售后服务。新支线飞机的研制过程中,认识到应建立起由市场开发、产品研制、客户支持三部分构成的完整体系。几年来,在市场研究、市场开拓、客户关系建立、销售支援等方面取得了很大进步。在新支线飞机尚在设计当中,就签订了41架先锋用户订单,开创了国内第一次按照市场化模式向用户销售在研民机的先河。

面向全球选择供应商。选择和管理国外供应商是新支线飞机项目研制中的一项全新挑战,也是世界航空工业界开展国际合作的最高境界。在ARJ21飞机项目运作过程中,中国一航打破常规,不以转让技术和合作生产为先决条件,而是从项目成功角度考虑,第一次以主承包商身份,在全球范围内通过招标方式选择能共担风险、共同发展的供应商。中国一航从国外航空企业的零部件供应商一下子变成了主承包商,由配角升为主角,这个转变是划时代的。

12.8 创新收获

ARJ21飞机是我国第一架从设计开始就完全按照中国民用航空总局(CAAC)、

美国联邦航空局(FAA)的适航条例 25 部研制的飞机。ARJ21‐700 飞机适航审查过程曲折艰难,摸索探究,为后续型号设计和适航审查积累了宝贵的经验。

几十年来,中国在民机道路上的大胆探索和不懈努力,也得到了极其珍贵的启示,航空工业是战略性高科技产业,对民机研制的长期性艰巨性应有足够的再认识,国家应该科学地制定中国民机产业发展战略规划,并长期坚持不动摇。型号研制不可取代产业的发展,飞机型号一旦慎重立项,开始研制,不可半途而废,决策不可多变。必须丢掉幻想,坚持自主创新,市场和金钱换不回来航空工业的核心技术,国外引进和转包生产不可能形成自己的民机产业。航空工业是典型的军民结合的产业,应在充分利用国家对军机研制长期投入形成的宝贵资源和平台的基础上,来发展民机产业,否则是国家级的浪费。应有稳定的政策和法规长期扶持,实事求是地允许国产民机有一个成长、成熟的过程,鼓励航空公司购买国产飞机。发展民机应采用新的体制,更好地整合利用现有资源,发挥市场经济的作用,由市场主体,运用市场经济的手段(如股份制、民营化等)来体现国家的意志。不另起炉灶,重复建设。民机产业发展的客观规律之一是政府支持,企业自主,创新超越,持之以恒,系列发展,商业成功。下决心建设与中国民机发展战略规划相适应的民机研制能力平台。军机是本国化产品,民机是国际化商品,民机从技术成功到商业成功有一个艰难的过程。民机项目是战略意义重大的国家级工程,高新技术密集、投资大、周期长、风险高、涉及面宽,应纳入整个航空工业的发展规划,立足于现有布局基础上,打破地域和集团的分割,集中全国的力量攻关。

中国发展民机产业是国家振兴航空工业的必然选择,是建立强大国防力量的可靠途径,是以技术创新为核心的中国经济竞争优势发展战略的重大突破点。民机产业作为一个战略性高科技产业是中国作为一个世界大国的必争之地,对于推动整个产品/产业结构的升级,促进中国经济增长从依靠引进、模仿,向自主创新战略的实现,提升整个国家的国际竞争力,都具有重大意义。民机产业的竞争力是由领头企业的竞争力所决定,民机产业是国际化程度非常高的产业,它的竞争力就是国际竞争力,而参与国际竞争,是中国发展民机产业、国家振兴航空工业的必然选择,是建立强大国防力量的可靠途径,是以技术创新为核心的中国经济竞争优势发展战略的重大突破点。在型号研制过程中,掌握核心技术,从技术、管理、体制多方位创新,成为增强飞机市场竞争力、取得成功的必由之路。

12.9　创新实践和案例

经过 13 年的艰苦努力,ARJ21‐700 飞机终于从图纸变成了具有一定市场竞争力的产品,在飞机设计过程中,融入了先进的设计理念和先进的设计技术,攻克了许多难关、突破了许多瓶颈、积累了宝贵的经验,实现了技术创新,取得了一大批科研成果和技术专利。

ARJ21-700飞机在总体气动、结构强度、系统综合、试验试飞、适航验证等领域的创新设计在国内属于先例。民用飞机总体设计技术、气动设计与布局技术、机体防冰与验证技术、系统综合与验证技术、数字化设计技术、全机安全性分析与验证技术、特定风险分析与验证技术、适航符合性及验证技术、动力装置与机体一体化设计技术、综合航电设计技术、构型控制与项目管理等方面关键技术的攻破,为后续民用飞机的研制探索出一条新路,积累了宝贵的经验,值得借鉴。

ARJ21-700飞机研制过程中的多个创新事例,充分展现了飞机研制过程的艰辛,取得的成绩又使人感到无比欣慰。ARJ21-700飞机研制过程中攻克了150多项关键技术,渡过了800多项技术难关,实现了200多项技术创新,涉及:

(1) 飞机市场需求、经济性与分享量分析技术。

(2) 全机气动布局设计技术。

(3) 全机防冰设计与验证技术。

(4) 全机系统综合设计与验证技术。

(5) 三维数字化设计及制造技术。

(6) 构型管理。

(7) 驾驶舱综合设计技术。

(8) 全机安全性分析与验证技术。

(9) 特定风险分析与验证技术。

(10) 全机溅水设计与验证技术。

(11) 全机排液设计与验证技术。

(12) 水上迫降适航符合性及验证技术。

(13) 应急撤离适航符合性设计及验证技术。

(14) 全机静强度适航验证技术。

(15) 全机疲劳损伤容限适航验证技术。

(16) 民机气动弹性适航符合性设计和验证技术。

(17) 全机 E3 设计与验证技术。

(18) 运营规章符合性设计及验证技术。

(19) 先进制造技术。

(20) 客服服务技术。

(21) 先进动力装置系统设计与验证技术。

(22) 综合航电系统设计与验证技术。

(23) 数字式电传飞行控制系统设计与验证技术。

(24) 燃油系统设计与验证技术。

(25) 防火系统设计与验证技术。

(26) 失速保护系统设计与验证技术。

（27）飞管系统设计与验证技术。

（28）起落架系统设计与验证技术。

（29）液压系统设计与验证技术。

（30）电源系统设计与验证技术。

本着多中选优、优中选精、对飞机研制具有重大影响，并对后续型号设计具有借鉴意义的原则，经专家评审、筛选出对 ARJ21-700 飞机研制具有较大影响的创新项目 61 项，其中飞机级 48 项，系统级 13 项，如表 12-1 所示。

表 12-1　有较大影响的创新项

分类	关键技术	重要创新项
飞机级	民用飞机市场与经济性综合分析技术	支线客机市场需求与目标分析方法创新点
		ARJ21 飞机飞行计划软件
		支线客机运营经济性竞争分析方法
		基于收益评估的航线优选方法、模型及软件
	飞机气动布局设计技术	民机发动机反推力风洞试验技术研究
		ARJ21-700 飞机 T 尾深失速试验技术研究
		ARJ21-700 飞机进气道流场畸变试验技术研究
		基于测力抖振同时测量试验技术和 CFD 计算方法的 ARJ21-700 飞机初始抖振边界研究
		低速带动力风洞试验技术研究
		飞机发动机动力正反推数值仿真
		ARJ21-700 飞机翼梢小翼气动设计
		ARJ21-700 飞机翼身及襟翼支臂整流罩减阻设计
	驾驶舱综合设计技术	曲面风挡设计技术
		座舱温湿度限制等效安全技术及应用
		驾驶舱视界设计平台技术
	三维数字化设计及制造技术	ARJ21-700 飞机数字样机
		全数字化外形设计技术
		ARJ21-700 飞机虚拟展示
		以三维数模为基础的设计与制造技术

（续表）

分类	关键技术	重要创新项
飞机级	全机安全性分析与验证技术	民机飞机级/系统级可靠性安全性分析与评估技术
	应急撤离适航符合性设计及验证技术	ARJ21-700 飞机应急撤离地面演示试验
	水上迫降与漂浮特性适航符合性及验证技术	ARJ21-700 飞机水上迫降漂浮特性、计算分析与模型试验验证技术
		ARJ21-700 飞机水上迫降应急撤离研发试验方法
	特定风险分析与验证技术	转子爆破适航符合性验证方法
		轮胎爆破适航符合性验证方法
	全机防冰设计与验证技术	ARJ21-700 飞机机翼防冰系统冰风洞试验技术
		地面结冰气象条件模拟系统
	飞机强度设计与适航验证技术	ARJ21-700 飞机全机静力试验技术
		运输类飞机抗鸟撞设计分析与适航验证技术
		民机全机疲劳试验适航验证技术
		民机疲劳分析和试验载荷编制技术
		民机损伤容限评定体系
		民机气动弹性适航符合性设计和验证技术
	全机 E3 设计与验证技术	ARJ21-700 飞机全机 HIRF 试验
	构型管理	以产品结构为核心的构型数据管理方法
		产品数据管理、协同及工程构型管理平台(CPC)
		产品数据管理技术在 ARJ21 项目中的开发与应用(VPM)
		民用飞机机载软件构型管理及其风险控制方案研究与应用
	适航管理技术	民机国产标准件适航程序
		符合性文件适航内审管理
		适航符合性文件体系
		型号合格审定大纲
		运营规章适航符合性设计与验证技术

（续表）

分类	关键技术	重要创新项
飞机级	客服服务技术	民机技术出版物编制及适航符合性验证体系
		维修审查委员会报告（MRBR）编制
		飞机无损检测手册编制与试验验证
	民机联络工程体系建立	ARJ21飞机跟产管理控制系统的设计与开发
		民机联络工程体系建立
系统级	先进动力装置系统设计与验证技术	辅助动力装置系统一体化设计
		基于起动顺序和空速的应急负载管理技术
		反推力系统意外展开误操作防护措施设计
	综合航电系统设计与验证技术	ARJ21-700飞机中央维护系统 TAR file 技术研究
	数字式电传飞行控制系统设计与验证技术	ARJ21-700飞机三轴操纵力试飞测试方法
		ARJ21-700飞机数字式电传主飞行控制系统架构
	燃油系统设计与验证技术	飞机燃油箱防爆设计及验证技术
	防火系统设计与验证技术	防火系统设计和验证技术
	液压系统设计与验证技术	ARJ21-700飞机液压系统耐久性试验自动控制系统
		高安全性等级的液压能源系统架构及控制设计
		刹车效率试验验证程序与计算方法
	电源系统设计与验证技术	ARJ21-700飞机供配电系统 MOC4 试验 FAA 影子审查
		民机着陆灯照明设计符合性验证计算方法

ARJ21-700飞机研制过程中所取得的多项创新，涉及民用飞机总体设计技术、气动布局技术、气动力设计、流场分析、风洞试验、数字化设计与模拟技术、结构优化设计、强度设计技术、鸟撞设计与验证技术、电传主飞控系统、系统一体化设计技术、除防冰技术与结冰飞行验证技术、电磁干扰、航电综合技术、漂浮特性、油箱防爆、轮胎爆破及验证技术、适航符合性与验证方法、飞机安全性分析与评估技术、构型控制与风险规避、系统工程管理等领域。

所有这些创新设计，不仅体现了设计人员的聪明智慧、还进一步提高了上海飞机设计研究院在民用飞机设计领域的整体水平，更为后续型号设计打下了坚实的基础，积累了宝贵的经验。

ARJ21-700飞机研制中的创新设计和经验教训在后续其他飞机研制中已得到了借鉴和应用，并取得了显著成效。

中篇　设计技术与实践

13 ARJ21-700飞机数字样机

13.1 问题背景

本项目属于航空航天民用飞机设计领域。民用飞机是国家科技实力的体现,发展民机产业有利于带动相关产业共同进步,提升国家科技和经济竞争力。世界上仅美国、欧洲、加拿大、巴西等国拥有较为成熟的民机产业。目前国际民用飞机行业纷纷采用数字样机代替传统的工程样机,作为民用飞机设计的手段。而我国由于自运-10后,民用喷气式客机研制基本处于停滞状态,因此在相关的先进设计手段方面积累很少。同时,民用飞机协同设计、全球采购、异地制造的特点又有别于以往航空工业主机厂所和辅机厂所的关系,对设计数据正确、及时、有效、安全的共享提出了挑战。ARJ21-700飞机数字样机(见图13-1)的研制成功一举攻克了这些难关。

图13-1 ARJ21-700全机数字样机

13.2 技术难点

建立完整、准确、有效的全机数字样机。

1) 数模完整性

由于ARJ21-700飞机全机有成千上万的零件,因此在组建全机数字样机时,保证样机的完整性是创建数字样机的首要问题。各系统必须对电子样机具有充分了解，否则就无法对系统样机的完整性进行负责，导致个别组件缺失情况。在进行总装时就容易出现数模的缺失和遗漏，造成全机样机的不完整。

2）数模准确性

系统样机存在数模状态不准确的情况。与系统样机的完整性问题类似，系统样机存在正确性难以保证的情况。若系统样机都无法保证本身完全正确，其组装而成的全机样机也无法保证正确性。

3）数模有效性

ARJ21-700飞机不同架次的构型是不同的，但在电子样机中需反映出每一架次的构型差异。在设计过程中，系统设计一直处在反复修改过程，系统更新的数模需要及时反映到全机数模。

针对异地协同工作的管理，在设计初期，上海与西安两地协同设计，确保两地设计员基于同一环境进行设计。由于每天都会产生大量的设计数据，需要确保上海与西安两地是在同一环境下进行的，否则就容易产生数据不匹配问题，或者一方在等另外一方的数据结果，造成工作延误。

针对与供应商之间的协调管理，ARJ21-700飞机所使用的设备采用全球采购，与各个供应商的协同设计，既要保证协同数据的实时共享，又要避免核心数据被供应商掌握。通过在 Windchill 平台上设置协调区数模的方式，在实现对供应商访问权限控制的同时也实现了主制造商与供应商基于数字样机的协调。ARJ21-700飞机共划分8个协调区，供应商在 CPC 上只可以访问与之相关的协调区，且相关数模为 cgr 格式，避免了将设计信息过多暴露给供应商，同时又能满足与供应商的协调需要。

13.3 技术先进性

在 ARJ21-700飞机数字样机研制中，全面采用 CATIA 进行三维数字化设计与协调，使用 CATIA 软件完成了从外形定义到零件设计、部件装配的设计过程和包括人机功效、空间检查、拆装模拟、运动仿真在内的各种检查协调；采用 VPM 进行产品数据管理，与 CATIA 紧密集成，提供嵌入式工作桌面、支持上下文设计、关联设计、干涉管理、支持协同设计环境，方便与供应商的数据交换等。采用 Windchill 进行国内外供应商间的协调，建立跨企业的合作环境。该项目与国内相关文件报道比较，同时利用 CATIA、VPM 和 Windchill 各种软件分析工具进行工程仿真，建立了全三维的数字样机，具有创新性和先进性。

综上所述，该项目在民用飞机设计中采用飞机数字样机研制手段，全面实现三维数字化设计，在此基础上，使用 VPM 对设计数据进行管理，使用 Windchill 设计协调，与国内相关报道对比，达到国内领先水平。

与当前国内外同类研究、同类技术的综合比较，ARJ21－700飞机数字样机实现从外形建立到生产发图的全程三维数字化设计，已经全面实现了空间定位样机功能，并且进行了部分仿真分析，例如运动仿真、拆装模拟以及人机工效检验等。同时，基于 VPM 进行数据管理，基于 Winchill 进行国内外供应商的异地协同设计。以上工作在国内均处于领先地位。

ARJ21－700飞机数字样机设计在跨单位、跨国方面在国内属于首次。西安603所、成飞611所、沈飞601所都是采用相似的设计软件，但是这些软件应用与设计是在一个独立的环境。而 ARJ21－700飞机数字样机与之不同的地方就是用数字设计平台实现多家设计单位同步设计，多家单位在同一个平台同时设计研发，从而缩短设计周期。ARJ21－700飞机数字样机的另一特点就是与国外供应商之间的同步工作，基于 Winchill 进行国内外供应商的异地协同设计。在保证设计成果保密的前提下，与国外供应商在同一平台共同工作，展开国际合作，充分利用国外资源。这些飞机数字设计及其经验是国内其他设计单位所不具备的。

13.4 技术路线

在 ARJ21－700飞机研制中，为了加快飞机推向市场的步伐，降低研制成本，全面采用 CATIA 进行三维数字化设计与协调，采用 VPM 进行产品数据管理，通过 Windchill 进行国内外供应商间的协调，利用各种软件分析工具进行工程仿真，建立了全三维的数字样机。

13.5 技术解决方案

ARJ21－700飞机作为国内首次立足于全球采购进行研制的民用喷气式客机，对于设计手段和数据管理都提出了前所未有的要求。传统的二维设计＋实物样机的设计方法无法满足与国内外供应商的异地协同设计要求。在 ARJ21 飞机研制过程中，制订了相应的数字样机设计要求。从最初的外形建立，到零部件设计和布置协调，以至最终的生产发图，完全以 CATIA V5R11 为手段，进行三维数字化设计。

13.6 创新点

"ARJ21－700飞机数字样机"获得上海市科学技术进步奖二等奖。"ARJ21－700飞机数字样机"获得中国商飞科学技术进步奖二等奖。异构系统间的一种数据自动重构方法已经申请中国专利。支持多点间交互式数据发送和接收的一种方法也已经申请中国专利。通过自主创新，开发了 ARJ21－700飞机数字样机设计方案和一系列技术手段。主要创新点如下所述。

（1）充分利用 CATIA 的各项数字样机和仿真功能进行基于数字样机的设计协调和模拟仿真。在 ARJ21－700飞机设计过程中，充分利用 CATIA 的各项功能，实现以数字样机代替传统的物理样机进行设计协调的目的,大大缩短了研制周期,提高研制质量,降低研制成本。

(2)通过 VPM 实现上海与西安两地协同设计。由于 ARJ21 - 700 飞机的设计团队分处上海、西安两地,为实现对两地产生的数据的有效管理,在上海和西安两地各设置一台 VPM 服务器,每晚对两台服务器上的数据进行同步,确保两地设计员基于同一环境进行设计,实现了上海与西安两地的协同设计。

(3)通过 Windchill 上协调区的设立控制供应商对数据的访问。ARJ21 - 700 飞机所使用的设备采用全球采购,与各个供应商的协同设计既要保证协同数据的实时共享,又要避免核心数据被供应商掌握。

13.7 解决的关键技术

本技术创新点的主要关键技术包括基于 CATIA 进行三维设计技术、基于 VPM 进行设计数据管理技术和基于 Windchill 的设计协调以及供应商协同技术 3 项。

1) 基于 CATIA 进行三维设计技术

CATIA 是达索系统公司出品的一款三维设计软件,在航空、汽车、船舶等领域有着广泛的应用。CAITA 具有外形设计、零件设计、装配设计、钣金设计、管路设计、线束设计、人机功效、空间检查、装配模拟、运动仿真等多种功能。ARJ21 - 700 飞机使用 CATIA 软件完成了从外形定义到零件设计、部件装配的设计过程和包括人机功效、空间检查、拆装模拟、运动仿真在内的各种检查协调。

(1)干涉、间隙检查利用 CATIA 的 DMU Space Analysis 功能,对部件之间的干涉和间隙进行检查(见图 13 - 2)。

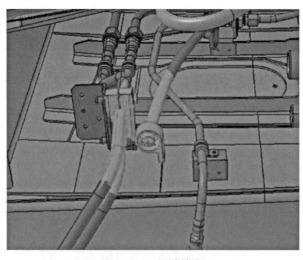

图 13 - 2 间隙检查

（2）人机功效检查。利用 CATIA 的 Human Builder 建立人体模型；使用 Human Posture Analysis 进行人体姿态分析；使用 Human Active Analysis 进行人体行动分析。使用这些功能对驾驶舱等区域进行人机功效检查，主要涉及可达性、可视性、姿态舒适度等方面。图 13-3 为飞行员可达性检查。

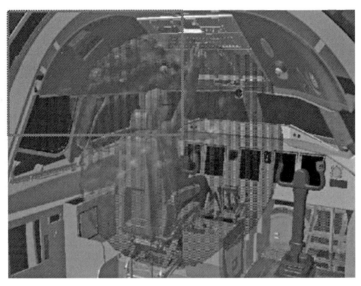

图 13-3 飞行员可达性检查

（3）拆装工艺性检查。利用 CATIA 的 DMU Fitting 功能，对主要部件进行拆装工艺性的检查，如图 13-4 所示。

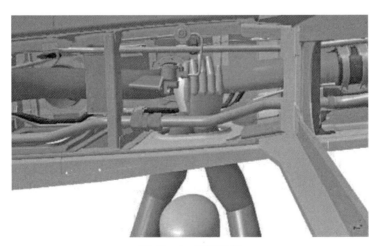

图 13-4 拆装检查

（4）运动协调性检查。利用 CAITA 的 DMU Kinematics 功能，对各运动部件，如起落架、登机门等进行运动模拟，并在运动过程中完成干涉、间隙等空间检查，避免出现运动不协调现象。图 13 - 5 为主起落架收放运动。

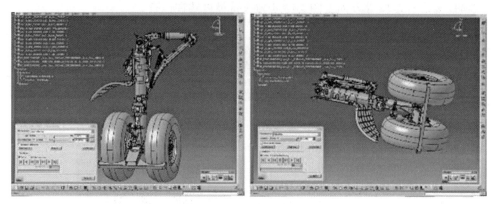

图 13 - 5　主起落架收放运动

2）基于 VPM 进行设计数据管理技术（见图 13 - 6）

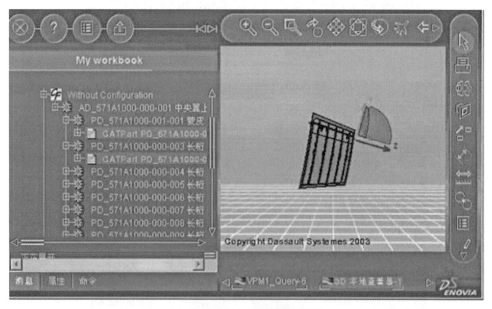

图 13 - 6　VPM 数据管理系统

VPM 是达索公司开发的产品数据设计管理软件，它可以对整个产品生命周期及企业信息传递进行管理，以提高产品质量，缩短研制周期，节省研制经费。该解决方案主要通过管理 3D 产品、流程和资源（PPR）知识以及优化品质、可制造性和盈利能力的关联,从电子样机和设计直至制造和维护。它的特色有:与CATIA紧密集成,提供嵌入式工作桌面;支持上下文设计;关联设计;干涉管理;支持协同设计环境,方便与供应商的数据交换等。

3) 基于Windchill的设计协调以及供应商协同技术

Windchill(见图13-7)是PTC公司推出的一套集成应用软件,用来管理产品和工序的整个生命周期。它充分利用Internet和相关的信息技术,为系统提供了一种应用软件基础,从而保证能快速、高效地部署产品信息应用软件。Windchill建立了一个跨企业的合作环境,用于重要产品和过程信息的共享和可视化,不管这些信息由什么样的源系统创建而成,对于并不熟悉CAD系统的采购人员,可以使用Web浏览器来访问、查看和标记模型,向工程师提供更准确和及时的咨询响应。

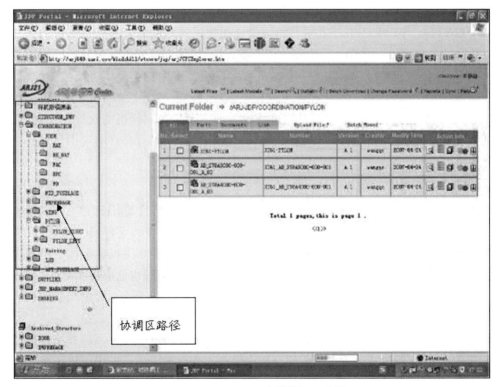

图13-7　Windchill上的协调区设置

4) 原理性框图

ARJ21-700飞机数字样机原理框图如图13-8所示。

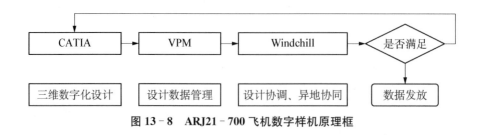

图 13-8　ARJ21-700 飞机数字样机原理框

13.8　应用前景与推广价值

13.8.1　应用前景

ARJ21-700 飞机首飞成功证明了 ARJ21-700 飞机数字样机的研制是成功的、切实有效的,起到了缩短研制周期、降低研制成本和提高研制效率的作用。综合利用 CATIA、VPM、Winchill 进行协同设计和数据管理的方式是合理可行的。其所获得的经验,采用的技术、方法和管理流程,以及相关设计规范在今后的民用飞机研制中可以推广应用。ARJ21-700 飞机数字样机是国内首个民用飞机数字样机。通过 ARJ21-700 飞机的制造和试飞进行了验证,证明 ARJ21-700 数字样机是对 ARJ21 飞机的真实体现,在飞机研制过程中实现了基于数字样机的设计和协调,大幅度减少物理样机的研制,缩短研制周期,降低研制成本,具有良好的应用前景和经济效益。

13.8.2　推广价值

该成果取得了较大的经济和社会效益:使用本成果项目后,ARJ21-700 飞机只需做出机头工程样机供驾驶员评审即可,其他部段都可在数字样机中协调,大大降低了研制成本,缩短了产品的研制周期。同时 ARJ21-700 飞机数字样机是国内首个民用飞机数字样机,所取得的经验和所形成的规范、流程也已应用在 C919 飞机研制中。这些经验也适用于军机的数字样机研制。同时,对于汽车等民用领域也具有借鉴意义。

ARJ21-700 飞机的顺利下线和成功首飞证明了 ARJ21-700 飞机数字样机的研制是成功的,取得的经验是宝贵的。该成果在国内首次应用了民用飞机的数字样机技术,达到国内领先水平。

14 全数字化外形设计技术

14.1 问题背景

随着计算机技术、信息技术以及网络技术的飞速发展，基于 CAD 系统的航空产品数字化设计正在推广应用，尤其体现在各种新型号研制中，都广泛地采用了数字化设计技术。

由于航空制造业市场的竞争日趋激烈，型号研制任务越来越多，研制的周期、质量和成本等因素对飞机设计的影响也愈加重要。在飞机外形的设计过程中需要进行繁杂的草图设计和其他工作。而先进的设计方法、手段以及实施途径是最有力的保证，采用全数字化设计技术可以大大地降低工作时间、提高设计精确度和提高工作效率。CATIA 软件为飞机外形全数字化设计提供了一种有效的支撑平台。

ARJ21-700 飞机研制过程中正值国内全数字化飞机设计全面应用之时，军用飞机领域已经在某些方面开始突破，特别是对传统图纸进行数字化改造方面，中航工业相关厂所已经走到了前面，取得了显著的成果；ARJ21-700 飞机是全新设计的飞机，没有传统图纸的桎梏束缚，所以在进行外形数字化设计方面，更多的是跨过了对传统图纸的数字表示形式，而进入设计的参数化阶段，是数字化设计的更高层面。

14.2 技术难点

1) ARJ21-700 飞机机头外形修型

ARJ21-700 飞机原驾驶舱空间不足和水平视距缩短，驾驶舱的视界也没有达到推荐视界要求。为了满足推荐视界、驾驶舱空间和水平视距的要求，需要将主风挡前移、尺寸加大、横向加宽；但随着主风挡的前移，机头部分机身最大宽度变窄，这与主风挡尺寸加大要求最大宽度变宽的要求矛盾，使平风挡方案的主风挡与通风窗之间的曲面过渡难度增大，曲率变化剧烈，甚至出现硬拐(见图 14-1)。这是机头外形修型的第一个难点。

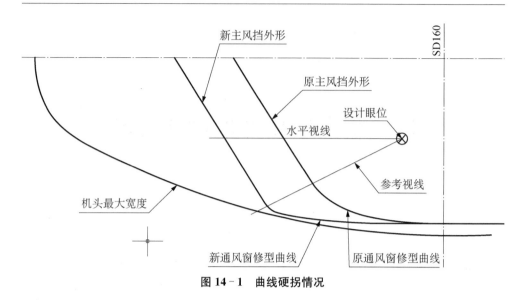

图 14-1 曲线硬拐情况

机头外形修型一般是从机身等值段开始,这样可以使机头外形曲线整体光顺,同时可以有较大的外形调整余地。ARJ21-700 飞机的机身等值段是从 SD229 框开始的,但由于原机头位于 SD160-SD200 框之间的登机门的机构比较复杂,而且已经协调完成,部件已经生产,各方不希望改变登机门的外形,所以设定机头攻关外形的修型后限为 SD160 框。为了使整个机头纵向曲线光顺,机头外形修型不得不忍受 SD160 框以后外形变化带来的影响,而 SD160 框以后参考机的外形截面本身就不是一根曲线,而是由数根曲率不连续的二次曲线和圆弧连接成的组合曲线,由这样的控制曲线生成的曲面来担当其他曲面的约束肯定不会好;同时,由于在 SD160 框机头外形截面已经开始收缩,而且收缩规律已经由于外形曲面光滑拼接的关系不可能有太大的调整,造成了从等值段开始修型所具有的比较大的自由度的极大限制。这是机头外形修型的第二个难点。

要使过渡曲面的品质较高,一般应该保证过渡区间较大,过渡边界跨界切矢不应该有太剧烈的变化,过渡边界的形状也不应该有太大的差异。驾驶舱顶部曲面基本上是一块三边曲面片,主风挡、通风窗和观察窗组成一边,上零纵为第二边,SD160 框截面线是第三边,构造三边曲面片在以四边曲面理论主导的 CAD 软件中是比较困难的。CATIA 软件对三边曲面的构造设置了两个命令,分别是 GSD 模块中的 Fill 命令和 FS 模块中的 Fill 命令。GSD 模块中的 Fill 命令是利用一块四边曲面片覆盖三边曲线,它对三边曲线的要求比较高,它要求三边曲线所在的曲面品质要好,与将要构造的三角面之间的跨界切矢变化不能太剧烈,最忌讳相邻的跨界切矢出现"S"形变化规律,它直接会使构造的三角面出现扭曲,而驾驶舱顶部的三角曲面所面临的就是这样的问题。FS 模块中的 Fill 命令是将三角面通过一个选定的面内点划分为 3 个四边曲面片进行构造（见图 14-2），增加了许多灵活性，但面内点的难以选取和这里三边拼接条件的不良也直接造成了此命令的不用。最后对驾驶舱顶部曲面只能采用分片成型的办法，造成了整块曲面质量的降低。这是机头外形修型的第三个难点。

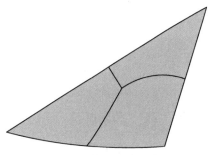

图 14-2　FS 模块中 Fill 命令构造的三角面

空气动力学希望在机头外形的气流流动尽量流畅，从机头雷达罩开始流线尽量均匀，径向切面线最好不出现曲率异常变化的情况。机头外形修型为了满足驾驶员头部空间的要求，必须将驾驶舱眉点（D 点）抬高，外形品质降低，造成气流在眉点附近流动情况异常，而且也造成 CD 柱长度增加，给主风挡结构设计带来困难。如何在这几方面之间做出取舍，构造出相对满意的眉点曲面，是机头外形修型的第四个难点。

飞机外形曲线比较忌讳出现拐点，即曲率的方向发生了变化的情况。ARJ21-700 飞机原机头风挡前比较长，上零纵线相对平坦，甚至从雷达罩断面（SD41 框）向后基本上是一根直线。如果将风挡玻璃水平前移，那么风挡下沿就处在了上零纵线的上方，这时对上零纵线进行修型，修型曲线肯定会出现拐点，如图 14-3 所示。对这种拐点情况的失控还直接会造成通风窗下沿曲面不能成型或出现曲面扭曲情况。如何使风挡前的纵向曲线不出现拐点或使拐点的影响最小是外形修型的第五个难点。

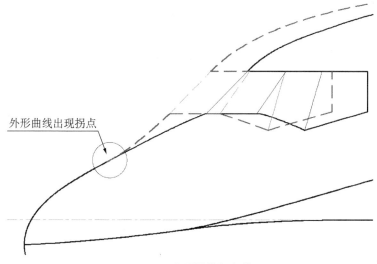

外形曲线出现拐点

图 14-3　上零纵线拐点情况

2）机身类外形设计

机身类外形设计的难点包括前机身外形、中机身外形、中后机身外形和后机身外形的参数化外形定义与建模。

3）机翼翼面类外形设计

机翼翼面类外形设计的难点包括机翼外形、水平尾翼外形和垂直尾翼外形的参数化外形定义与建模。

14.3 国内外现状

波音公司在研制 B777 和 B787 中实现了飞机研制全生命周期的数字化。20 世纪 90 年代初期，波音公司在 B777 的研制中全面应用三维设计技术；2004 年启动的 B787 项目在 B777 基础上应用基于 MBD 技术的全三维设计，同时由于设计手段变化带来的管理模式的变化，PLM 技术也得到广泛和深入的应用。波音公司的设计人员对 B777 的全部零件进行了三维实体造型，并在计算机上对整个 B777 进行全尺寸的预装配。预装配使工程师不必再制造一个物理样机，工程师在预装配的数字样机上即可检查和修改设计中的干涉和不协调，从而有效减少设计更改、错误和返工，使零件易于装配，减少零件间干涉、配合面不协调、孔轴线对不准等现象，大幅度降低了产品成本，缩短研制周期，并在 B777 的研制中取得全面成功。CATIA 的后参数化处理功能在 B777 的设计中也显示了其优越性和强大功能。为满足特殊用户的需求，利用 CATIA 的参数化设计，波音公司不必重新设计和建立物理样机，只需进行参数更改，就可以得到满足用户需要的电子样机，用户可以在计算机上进行预览。波音公司进一步把 PLM 的全球协同环境（GCE）应用于 B787 的研制中，使得 B787 的协同研制工作顺利进行，为波音公司取得了巨大的经济效益。

与波音公司相比，我国三维设计的规模化应用始于 20 世纪末期启动的新飞豹研制，与 B777 研制三维设计技术应用相差 10 年。新飞豹设计全面采用三维设计技术，进行零组件的三维建模、全机电子样机的构建、空间和位置协调、干涉和协调性检查。新飞豹全机电子样机是国内第一架全机电子样机，也是首次用电子样机替代物理样机进行协调设计，用数字量代替模拟量进行设计信息的传递。三维设计技术的规模化应用及其所带来的效果加速了我国航空工业数字化技术推进和应用的步伐。2008 年，在重点型号研制中，一飞院和行业主要飞机制造商，全面深入开展基于 MBD 技术的全三维设计技术应用，同时构建支持跨地域多厂所的重点型号协同研制环境（DCE），有力支持了重点型号的研制，与波音公司相差 4 年的全三维设计及其协同研制技术的应用大大加快了型号研制效率和质量。

14.4 解决方案

飞机外形数模包括机头外形数模、前机身外形数模、中机身外形数模、中后机身外形数模、后机身外形数模、机翼外形数模、水平尾翼外形数模、垂直尾翼外形数模、吊挂外形数模和翼身整流鼓包外形数模。以下说明飞机外形数模设计的原理和方法。

14.4.1　外形曲线设计方法

飞机外形设计所用的曲线设计方法都是操作方法描述简洁、形状调整自由灵活的成熟方法,如三次参数样条曲线、二次曲线、弗格森曲线等,类似贝齐尔曲线、B样条曲线、非均匀有理B样条曲线等只是作为曲线的表示方法在CAD软件中常用,在工程设计中由于其操作性复杂而不用。

对于有多点控制的情况,一般采用三次参数样条曲线进行设计,这样设计出的曲线是二阶几何连续的,即曲率连续。三次参数样条曲线一般用于飞机的纵向线设计上。在飞机的截面线设计和两点切矢曲线设计的时候经常使用二次曲线,二次曲线以它灵活的形状控制特性经常被用来设计对空间要求严格的外形曲线,它可以保证两端点切矢联系,一端点曲率连续。在对两段曲线进行连接的时候,经常采用弗格森曲线,通过对端点张量(tension)的调整弗格森曲线可以构造两端点0阶、1阶、2阶几何连续的任意曲线,是灵活性最大的单段曲线,弗格森曲线的最大缺点就是在对其端点进行约束时,曲线形状不可预测,甚至出现曲线打结。

14.4.2　外形曲面设计方法

外形曲面的设计是飞机外形设计的最终目标。常用的外形曲面设计方法有放样法(lofting)、扫掠法(sweep)、直母线法、张量曲面(覆盖)法。放样法作为一种传统的外形曲面设计方法,要求提供多个形状控制截面线,对于形状比较复杂的外形是不适合的。

ARJ21-700飞机外形采用的是数模设计。

1) 机头外形修型方案

机头方案参数如表14-1所示。

表 14-1　机头方案参数

方案号	2G3-3				
方案说明	保持眼位不变,主风挡前移;主风挡、通风窗为单曲面(直纹面),观察窗为小曲度双曲面;对2G3主风挡下边沿线进行局部修型,使其曲率变化满足曲线光顺要求 以2G3_2的主风挡上边沿线为基准曲线,使主风挡上下成型控制曲线为相似型,以改善主风挡玻璃的光学和几何特性				
水平视距	558.74 mm		眼位距外形最小距离		327 mm
主风挡角度	水平后掠角	25.22°	垂直后掠角	47°	主风挡和通风窗夹角 180°

（续表）

节点坐标		A	B	C	D	E	F
	X	0	0	908.66	670.72	1 279.42	955.86
	Y	1 895.64	2 431.91	2 383.35	2 857.91	2 998.38	3 301.16
	Z	957.33	1 457.41	1 022.30	1 553.24	914.54	1 526.20

风挡边沿长度	AB	AC	CD	BD	CE	EF	DF
	733.25	1 064.02	741.43	785.71	687.74	760.00	540.60
		1 074.98		793.53	691.08		541.39

面积（增加百分比）	主风挡		通风窗		观察窗
	0.66	34.69%	0.47	30.56%	

节点位置变化情况		A	B	C	D	E	F
	ΔX	0	0	60.61	13.16	−32.60	27.48
	ΔY	−179.36	−71.09	−221.57	−55.98	−107.97	16.37
	ΔZ	−122.67	−50.59	−57.7	45.24	4.42	18.20
	站位	SD76.55前 48.73 mm		SD95前 29.65 mm		SD120.05前 50.89 mm	

2G3-3方案压力分布云图如图14-4所示；2G3-3方案驾驶舱视界如图14-5所示。

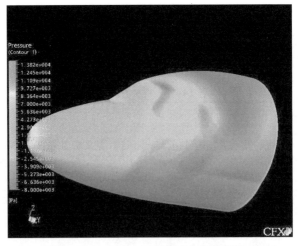

图14-4　2G3-3方案压力分布云图

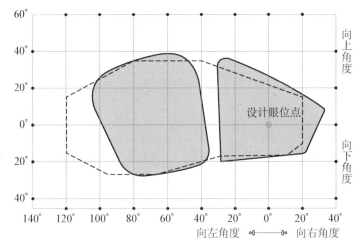

图 14-5　2G3-3 方案驾驶舱视界

2) 前机身外形数模设计

由于 ARJ21 飞机前机身为对称外形,为了保证左右机身外形的数据源的唯一性,在外形设计时只绘制机身左侧外形。根据 111GD001《总体布局定义》和 LL112A3401《机身中段理论图》的定义,ARJ21 飞机前机身为等直段。等直段的剖面由上下两个半圆组成,上部的半径为 1 671.621 2 mm,下部的半径为 1 560.927 1 mm,如图 14-6 所示。

3) 中机身外形数模设计

根据 111GD001《总体布局定义》第二卷和 LL112A3401《机身中段理论图》的定义,ARJ21-700 飞机中机身为等直段。等直段的剖面由上下两个半圆组成,上部的半径为 1 671.621 2 mm,下部的半径为 1 560.927 1 mm,如图 14-6 所示。

根据 111GD001《总体布局定义》第二卷,机翼与机身对接肋定义为机翼 1 号肋,该肋腹板平面平行于机身对称面,距机身对称面的距离为 1 533.58 mm;中央翼前梁平面定义:过外翼前梁腹板平面与机翼 1 号肋平面的交线且垂直于机身对称面的平面;中央翼后梁平面定义:过外翼内段后梁腹板平面与机翼 1 号肋平面的交线且垂直于机身对称面的平面。

4) 中后机身外形数模设计

(1) 中后机身等直段外形设计过程。

中后机身从 $Y = 18\,135.600\,0$ mm 至 $Y = 19\,608.800\,0$ mm 之间的部分为等直段,在平面 $Y = 18\,135.600\,0$ mm 中正确做出草图,利用 CATIA 中的 Extrude 功能沿- Y 方向(逆航向)延伸 58 in① 即可,如图 14-7 所示。

_____

① in(英寸)为非法定长度单位。1 in=2.54 cm。

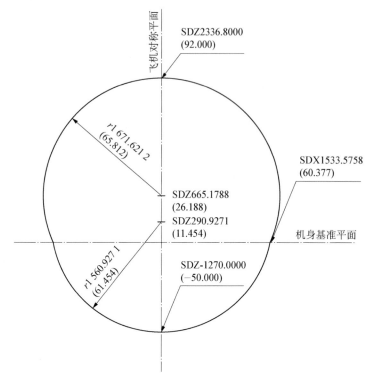

飞机对称平面

SDZ2336.8000
(92.000)

r1 671.621 2
(65.812)

SDX1533.5758
(60.377)

SDZ665.1788
(26.188)

SDZ290.9271
(11.454)

机身基准平面

r1 560.927 1
(61.454)

SDZ-1270.0000
(-50.000)

图 14 - 6　机身等直段剖面

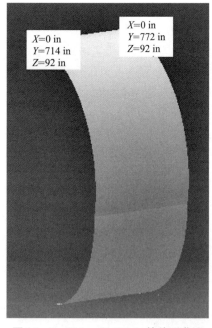

X=0 in
Y=714 in
Z=92 in

X=0 in
Y=772 in
Z=92 in

图 14 - 7　714 in 至 772 in 的外形曲面

（2）中后机身非等直段外形设计过程。

112GD603 中规定：在曲面设计过程中,应用尽可能大的曲面片来构造外形；曲面分片要注意曲面的形态,在设计大曲面时如果难以得到形态较好的曲面,适当进行分割,按几个小曲面分别设计是必要的。在设计的过程中将 $Y = 18\,643.600\,0$ mm 至 $Y = 24\,180.800\,0$ mm 的机身外形分为 4 块,依次为：$Y = 18\,643.600\,0$ mm 至 $Y = 21\,844.000\,0$ mm 之间分别位于机身基准平面（$Z = 0$ mm）上方和下方的曲面；$Y = 21\,844.000\,0$ mm 至 $Y = 24\,180.800\,0$ mm 之间分别位于机身基准平面（$Z = 0$ mm）上方和下方的曲面。依次对这 4 块外形曲面进行修型。

根据"LL112A0051—框距开口理论图",在 $Y = 18\,643.600\,0$ mm 至 $Y = 24\,180.800\,0$ mm 之间的机身框有 SD752、SD771、SD790、SD809、SD828、SD841,共 6 个框。用过机身框 SD752 的平面 $Y = 19\,100.800\,0$ mm（752 in）去截 ACAC 提供的中后机身理论外形,得到一条相交线。用同样的方法分别生成经过机身框 SD771、SD790、SD809、SD828、SD841 的平面与原来的中后机身理论外形的相交线,此外还需做出 $Y = 21\,844.000\,0$ mm 与中后机身外形的相交线。而设计 $Y = 18\,643.600\,0$ mm 至 $Y = 21\,844.000\,0$ mm 之间位于机身基准平面（$Z = 0$ mm）上方的曲面时,我们只需要使用这 7 条交线的位于机身基准平面上方的部分。通过 CATIA 中的 Extracts 功能抽取出图 14-8 中 $Y = 18\,643.600\,0$ mm 处的边界曲线,最后利用 CATIA 中的 Loft 功能生成该段的外形曲面,如图 14-8 所示。

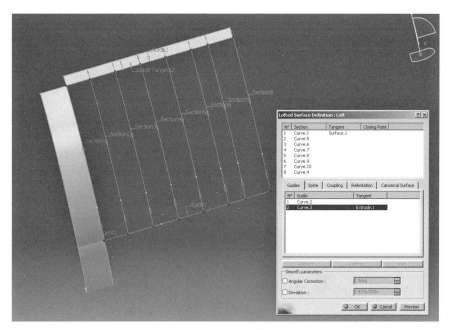

图 14-8　Loft 操作

5) 后机身外形数模设计

ACAC参考同类机种及根据气动专业的要求对机身最后一段的外形(包括尾锥)进行定义。设计时主要由气动专业定出上、下零纵线和最大宽度线,然后用CATIA中的Loft命令生成曲面,该曲面还要与中后机身外形曲面相切,如图14-9所示。

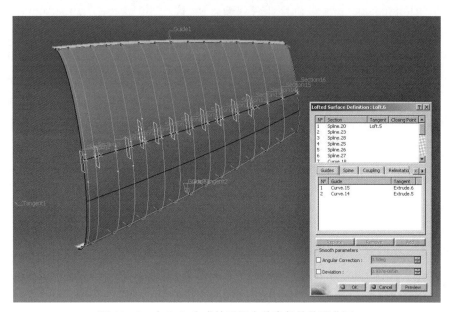

图 14-9 由 Loft 生成的后机身前半部的外形曲面

6) 机翼外形数模设计

(1) 机翼主翼面。

机翼主翼面指机翼上除翼梢小翼、活动面外的部分,主翼面外形数模如图14-10所示。该数模外形主翼面中已定义了翼盒的结构轴线、平面,如梁、肋、长桁

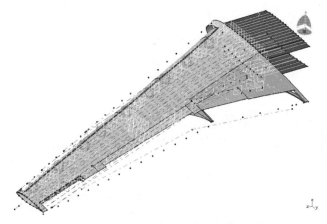

图 14-10 主翼面外形数模

等;该数模还定义了中央翼部分的结构轴线。

（2）前缘缝翼。

前缘缝翼外形数模如图 14-11 所示,该数模外形曲面进行合理分段,定义了间隙大小。该数模中还定义了最新的结构轴线、悬挂支臂轴线等。

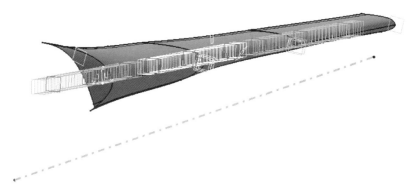

图 14-11 前缘缝翼外形数模

（3）襟翼。

后缘襟翼外形数模如图 14-12 所示,该数模外形曲面包括内外襟翼曲面、已经分段好的子翼曲面,进行旋转间隙分析检查。该数模包含了完整的结构轴线。

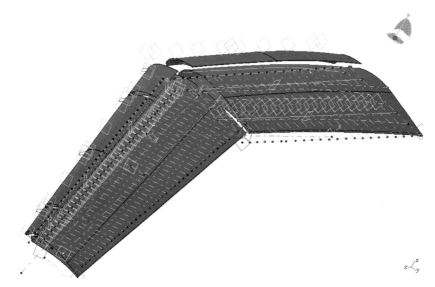

图 14-12 后缘襟翼外形数模

（4）副翼。

副翼外形数模如图 14-13 所示,该数模外形曲面进行旋转间隙分析检查,优化

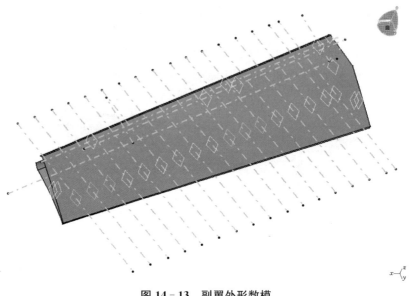

图 14 - 13　副翼外形数模

了前缘圆弧曲面的设计。

（5）扰流板。

扰流板外形数模如图 14 - 14 所示,该数模外形曲面已进行了旋转间隙分析检查,定义了间隙大小,根据气动专业的设计结果减小了三块多功能扰流板的面积。

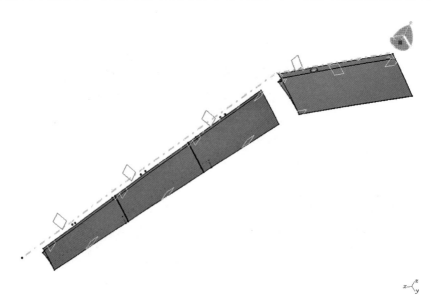

图 14 - 14　扰流板外形数模

（6）翼梢小翼。

翼梢小翼外形数模如图 14 - 15 所示。

图 14 - 15 翼梢小翼外形数模

7）水平尾翼外形数模设计

由于 ARJ21 - 700 飞机水平尾翼外形为左右对称外形，为了保证左右外形的对称性，在外形设计时只设计左侧水平尾翼外形。ARJ21 - 700 飞机水平尾翼外形的成形规律为：根剖面翼形及尖剖面翼形对应等百分线直母线成形，如图 14 - 16 所示。

（1）根据水平尾翼理论图（LL112A5101）上数据，设计出水平尾翼的根部及尖部翼形。

（2）在根剖面翼形及尖剖面翼形对应等百分比处拉直母线。

（3）分别以根部及尖部翼形为 section1、section2，以直母线为 guide 用 Loft 命令生成水平尾翼的上下翼形面。

（4）根据水平尾翼理论图（LL112A5101）的边界条件对翼形进行局部处理（下反、分块、翼尖外形设计）。

8）垂直尾翼外形数模设计

由于 ARJ21 飞机垂直尾翼的翼型采用左右对称的外形，为了保证数据源的唯一性，在外形设计时只设计左侧垂直尾翼外形。ARJ21 飞机垂直尾翼外形的成形规律为根剖面翼形及尖剖面翼形对应等百分线直母线成形。设计过程如下：根据垂直尾翼理论图（LL112A5301）上数据，设计出垂直尾翼的根部及尖部翼形；在根剖面翼形及尖剖面翼形对应等百分比处拉直母线；分别以根部及尖部翼形为 section1、section2，以直母线为 guide 用 Loft 命令生成垂直尾翼的左半个翼形面（见图 14 - 17）。

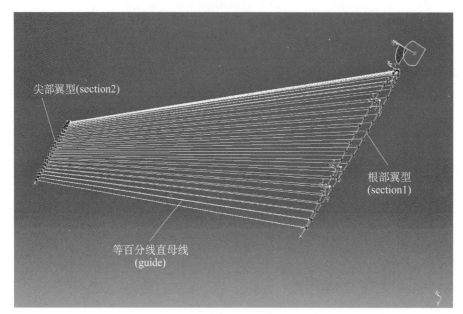

图 14‑16　水平尾翼外形控制线

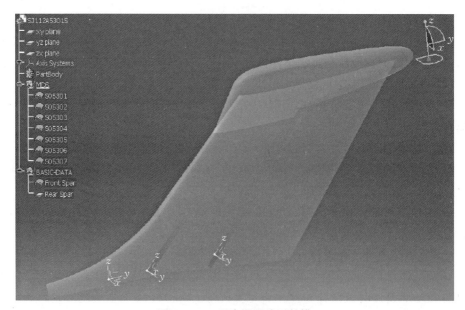

图 14‑17　垂直尾翼外形数模

9) 翼身整流鼓包外形数模设计

由于 ARJ21 飞机翼身整流鼓包曲面外形为对称外形,为了保证左右飞机外形数据源的一致性,在外形设计时只绘制飞机左侧翼身整流鼓包外形。ARJ21 飞机翼身整流鼓包外形设计首先按照飞机的总体布局定义，设计出翼身整流鼓包外形的下零纵线、最大宽度线以及前后边界线。然后依据这些控制线，做出翼身整流鼓包的大致外形曲面；再根据气动、系统及结构的相关要求进行鼓包外形的细化设计、光顺处理。翼身整流鼓包的设计过程均按照《新型涡扇支线飞机外形数字化设计规范》(112GD603)的要求进行。ARJ21－700飞机翼身整流鼓包外形数模如图14－18所示。

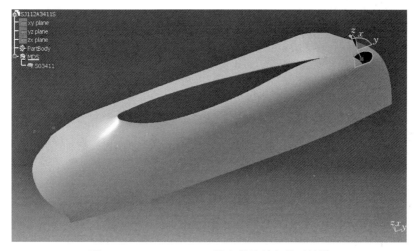

图 14－18　ARJ21－700 翼身整流鼓包外形数模

14.5　创新点

主要创新点是：

(1) 在国内首次全面采用数字化外形设计技术的民用飞机。

(2) ARJ21－700 飞机参数化外形定义。

(3) 三维数字化协调。

(4) 外形曲面质量的规范化检测。

(5) 在国内民用飞机设计中首次以三维外形数模的设计结果作为唯一设计依据。

14.6　解决的关键技术

本项技术创新点的关键技术是参数化民机外形定义、三维数字化协调和外形曲面质量的规范化检测。

14.6.1　参数化民机外形定义

飞机外形主要由翼面(机翼、平尾和垂尾等)、机身、短舱等部件组成。飞机外形参数化建模的基本思路是：首先分别建立各部件的外形模型，然后通过定义部件之间的位置参数，获得全机外形数学模型。

1）翼面几何模型

飞机机翼外形设计的过程如下：

（1）创建机翼参考平面。

机翼参考平面并不是一个平面，而一个平面线型，其外形大体上与飞机机翼在地面投影的轮廓线相一致。

需使用以下参数：展长 B、拐折位置 Bk、尖弦长 Ct、拐折弦长 Ck、1/4 弦后掠翼角，创建步骤如图 14-19 所示，其中"a 角"即为 1/4 弦后掠翼角。

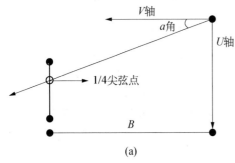

(a)

步骤一：根据1/4弦线和展长B，确定
1/4尖弦点。通过尖弦长Ct,确定尖弦
两端点，即尖弦定位

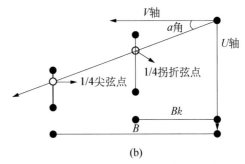

(b)

步骤二：同理，根据拐折弦长Ck及拐
折弦位置Bk，确定拐弦折位置

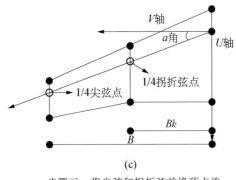

(c)

步骤三：将尖弦和拐折弦前缘顶点连
接并延长至根弦，就得出机翼参考平
面前缘线了；后缘线操作类似

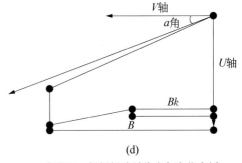

(d)

步骤四：根据根弦前缘点与定位点(坐
标系原点)距离，将整个参考平面沿U
轴平移

图 14-19 机翼参考平面创建步骤

（2）创建翼型曲线。

翼型曲线相当于以平行于飞机机头方向并垂直于地面的平面与飞机机翼进行

相交运算所得的剖面线,一架飞机会有多个翼型曲线。通过其他分析或设计系统,根据一定的业务规则,生成机翼翼型曲线的形状描述。这些形状描述转换到 CATIA 软件中,并根据该翼型曲线定位面与机翼参考平面线的交点距离及旋转角等参数,进行各方向等比缩放,最终生成型曲线,如图 14－20 所示。

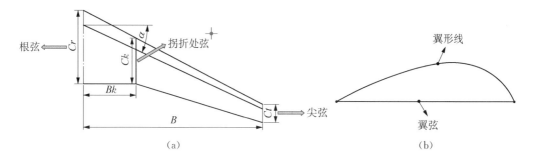

图 14－20　机翼翼弦示意
（a）机翼翼弦示意图　（b）翼弦

机翼翼型是一系列平面曲线,这些曲线沿飞机机翼的展向(航向的垂直方向)排布,对应于机翼曲面与飞机展向上若干垂直平面的交线。这些截面线就是机翼的翼型线、翼弦参考平面结构,如图 14－21 所示。

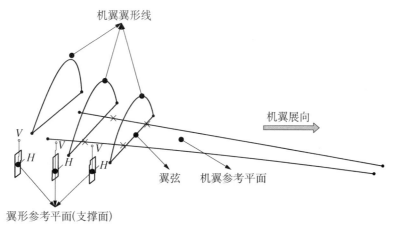

图 14－21　翼型、翼弦参考平面结构

不同的展向位置对应于不同的翼型线。尽管翼型线的定义是以截面的线形进行描述,但实际上,机翼外形的设计却是先有翼型曲线及机翼参考平面,然后根据机翼参考平面的轮廓,以不同位置处对应于不同的机翼翼型线进行多截面曲面的创建而生成。

翼型线的点阵数据以 NURBS 点参数描述方式进行表达。并且翼型点阵数据中关于坐标的描述只有数值而没有单位,翼型点阵数据表达的是该翼型线的形状,而无关大小。实际大小需要根据翼弦长度与翼型的标定长度（100 mm）进行比例换算获得。

一条翼型线中可能有若干个控制点数据，一个数据文件中可能有若干条翼型线点阵信息。

翼型线可能需要进行某种方式的旋转，旋转不改变翼型线的形状并且不脱离其所在平面，而是翼型线整体沿其局部坐标原点在其所在平面内进行旋转。

（3）生成机翼曲面。

翼型曲线沿机翼参考平面进行放样，生成机翼曲面。

翼曲面即机翼曲面，是飞机机翼的整体外形。

翼曲面是一个多截面曲面，由每个翼型沿某一曲线（用户指定，一般会与所有翼型局部原点相交）进行多截面曲面创建操作生成（CATIA 中的命令）。

翼型曲线 NURBS 导入时，给定的是一系列数值，并无量纲，导入的数据描述的是翼型曲线的形状而无关大小。但是，为了进行翼曲面的生成，必须使用真实的翼型大小。因此，需要对导入的翼型线进行一定比例的缩放。绽放的原则是，以翼型 NURBS 曲线数据描述的形状线的弦长为 100 mm 计算，以翼型原点为缩放中心，按照真实弦长进行相应比例的缩放操作，以获得真实的翼型线与翼弦。

根据翼型线和引导线生成翼曲面。

（4）调整机翼曲面。

根据一定的变换法则，对机翼曲面进行几何变换，不断优化机翼曲面。

通过翼型线及机翼参考平面创建的机翼曲面，在设计过程中可能需要根据某种规则进行调整与变换处理。例如，以及前缘线作为不变基础，根据机翼曲面上各点与前缘线的位置关系，按照某种几何变换规则，对机翼上每一个 NURBS 控制点进行坐标变换，从而重新生成一张新的机翼曲面。机翼翼形扭转变换原理如图 14 - 22所示。

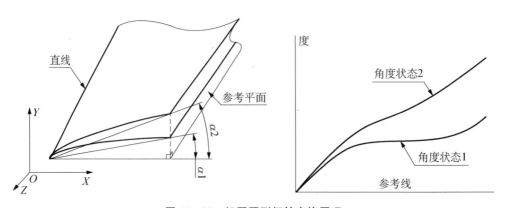

图 14 - 22 机翼翼形扭转变换原理

　　a. 控制点变换法则。

　　根据指定的变形基准线、变形法则线等，以特定的运算式（角度变换线的方式输入），重新计算生成机翼曲面上的 NURBS 控制点坐标。设定原来坐标为($X0$，$Y0$，$Z0$)，控制点变换运算时输入坐标为($X1$，$Y1$，$Z1$)，选定前缘线上 $Z = Z0$ 的点坐标为(XF，YF，ZF)，$ZF = Z0$，其中 $X1 = X0 - XF$，$Y1 = Y0 - YF$，$Z1 = Z0 - ZF = 0$。控制点对应各坐标变换量值为($X2$，$Y2$，$Z2$)，机翼翼形扭转变换计算式如下：

$$
\begin{cases}
x_2 = \dfrac{(1 + \tan\alpha_1 \tan\alpha_2)x_1 + (\tan\alpha_1 - \tan\alpha_2)y_1}{1 + \tan^2\alpha_1} \\[2mm]
\quad = \dfrac{x_1 + \tan(\alpha_1 - \alpha_2)y_1}{(1 + \tan^2\alpha_1)(1 + \tan\alpha_1 \tan\alpha_2)} \\[2mm]
y_2 = \dfrac{(1 + \tan\alpha_1 \tan\alpha_2)y_1 - (\tan\alpha_1 - \tan\alpha_2)x_1}{1 + \tan^2\alpha_1} \\[2mm]
\quad = \dfrac{y_1 - \tan(\alpha_1 - \alpha_2)x_1}{(1 + \tan^2\alpha_1)(1 + \tan\alpha_1 \tan\alpha_2)} \\[2mm]
z_2 = z_1
\end{cases}
\tag{14-1}
$$

　　控制点变换之后的坐标为($X3$，$Y3$，$Z3$)，$X3 = X2 + XF$，$Y3 = Y2 + YF$，$X3 = X2 + ZF$。根据重新计算获得的 NURBS 控制点坐标，调整 NURBS 曲面各控制点坐标，从而获得机翼曲面基于 NURBS 控制点按某种规则的变换曲面。

　　b. Alpha1、Alpha2 获得。

　　Alpha1 及 Alpha2 分别指式(14-1)中 $X2$，$Y2$ 计算式中的角度。这两个角度是通过用户输入的变换法则曲线运算获取的。

　　用户输入的基准线、Alpha1、Alpha2 线在某一 Z 值处的距离值，即对应该点处的 Alpha 角基准值，这个长度值直接以数值相等的方式转换为角度值，同时该角度值乘以输入条件中的变换因子，即获得该点处的 Alpha1 及 Alpha2 角度值。Alpha1、Alpha2 确定规则如图 14-23 所示。

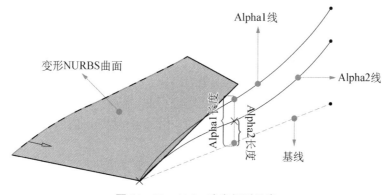

图 14-23　Alpha 确定规则示意

2）机身和短舱参数化模型

机身分为机头、前机身、中机身、中后机身、后机身 5 个部分，中机身一般为等剖面形状。机身外形建模的关键确定机身的剖面形状和纵向轮廓线。

（1）剖面形状：ARJ21-700 飞机机身的横剖面轮廓线为上下两个对接圆弧。

（2）纵向轮廓线：机头为 4 条轮廓特征线（上零纵、下零纵、最大宽度线和理论外形交界线），将前机身纵剖面曲线看作翼型后缘高度比较大的曲线，通过 1、2 来控制曲线起点和终点的切线方向，然后再结合所对应的 Z 向坐标，完成曲线建模。后机身收缩段的纵向轮廓曲线描述类似于前机身。短舱参数化外形模型的过程类似于机身外形建模方法，不再赘述。一旦用参数描述确定机身各控制站位处的剖面形状和前、后机身的纵向轮廓线，应用放样方法即可获得机身三维外形模型。

14.6.2　三维数字化协调

应用 CATIAV5 软件实现从飞机外形数模定义到飞机结构 100％ 的数字化产品定义和 100％ 的数字化预装配。在全三维研制模式下，所有的零部件将以三维模型进行描述，不再有可以通过手工进行工程管理的图纸出现。这就需要建立满足设计、制造过程需求的全生命周期数字化应用及管理平台，以支持零部件数据的管理、版本的控制、更改的控制、设计过程控制、生产过程控制、飞机状态控制等。同时，从设计到制造的数字化应用平台必须从业务逻辑、数据唯一性、流程控制等形成一体化的体系。这就对数字化应用平台提出了前所未有的更高要求，从设计到制造的各类数字化平台（如数字样机设计平台、工艺设计平台、生产制造执行系统、企业资源管理系统等）必须进行一体化应用集成、数据集成和流程集成，保证型号研制各类业务的连续性，并与数字化应用平台中的管理信息保持一致；飞机的全机状态、零部件的三维模型版本、各类更改、各类质量问题控制单、零部件的数控加工指令、成品及相关软件等的状态必须保持一致，状态管理已成为各类信息管理的灵魂。

14.6.3　外形曲面质量的规范化检测

外形曲面质量的规范化检测要求：

（1）构成外形曲面的边界线应保证单一设计曲线能达到一阶几何连续性。

（2）在一些气动力要求严格的区域，曲线需要达到二阶几何连续性。

（3）相连接的组合曲线之间的间隙不大于 0.001 mm。

（4）相连接的组合曲线一般需做切矢检查。

（5）如果组合曲线有曲率连续要求还需进行曲率检查。

（6）在曲面设计时尽量采用低次曲面，应用尽可能大的曲面片来构造外形，减少曲面的缀面（PATCH）。

（7）在设计曲面过程中使用到的导引线（GUIDE）应尽量少。

（8）脊线（SPINE）应能达到二阶几何连续，以确保曲面品质。

（9）设计的曲面还要考虑结构设计的可操作性（能做 offset 操作），以便满足结构设计的要求。

在 ARJ21-700 的外形设计过程中，总体外形设计团队充分运用 CATIA 的曲面设计 GSD 模块的各项功能，总结运用各种成形方法和技巧，对相关曲面进行优化设计，保证了全机各部件绝大多数（>95%）曲面的 G1 连续，部分达到 G2 连续，最终打造出满足各项要求，具有优秀的气动性能、满足布置需求同时美观流畅的全机外形曲面。图 14-24 为 ARJ21-700 全机外形。图 14-25 为 ARJ21-700 飞机外形设计流程。

图 14-24　ARJ21-700 飞机全机外形

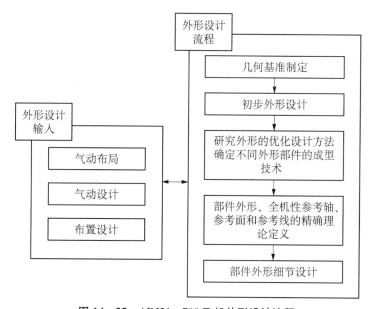

图 14-25　ARJ21-700 飞机外形设计流程

14.7　应用前景与推广价值

14.7.1　应用前景

全三维设计已经成为外形设计的主流方式,全三维设计技术在推动飞机数字化研制技术的全面应用方面起到了非常重要的作用。CATIA 软件是法国 Dassault System 公司推出,集设计、分析、制造为一体的功能强大的计算机辅助绘图软件,凭借其独有的特点以及其稳定性,现在广泛应用于机械、汽车、造船、飞机等行业。CATIA 全面完善的曲面设计功能在 ARJ21 - 700 的外形设计中得到了充分的运用,制造所使用的数模图纸均以外形理论数模作为最初的设计依据,目前,ARJ21 - 700 飞机已进入试飞取证、批生产阶段,全三维设计使得下游制造仿真更加方便快捷,工艺工装设计部门可以直接利用设计模型进行制造和装配工艺仿真,生成指导工人加工装配的三维数字化指令,在设计生产过程中体现了三维数字化设计的高效性、准确性和唯一性。

14.7.2　推广价值

ARJ21 - 700 飞机外形设计中积累的经验和技巧在 C919 飞机的设计研发过程中得到广泛的应用,取得了极佳的效果。

15 民机飞机级/系统级可靠性安全性分析与评估技术

15.1 问题背景

由于导线和管路的可靠性高、寿命长等特点,飞机主制造商对 EWIS 失效影响不重视,没有向供应商提出要求提供 EWIS 可靠性数据的要求;另一方面由于供应商对 EWIS 可靠性数据的统计并不到位,特别是国内供应商,导致 EWIS 可靠性数据的缺失、EWIS 安全性评估和体系缺乏。

15.2 国内外现状

国内该领域的技术完全空白;国际上对 EWIS 的安全性评估目前还没有成熟的工程应用,评估方法和体系研究均停留在学术研究阶段。

15.3 解决方案

从 ARJ21-700 飞机适航审查需求出发,启动攻关团队对应用难题进行攻关。

15.4 创新点

ARJ21-700 是我国首架严格按照国际标准进行可靠性安全性分析和验证的民用飞机。主要创新点有:

(1) 国内首次以 ARP 4761、ARP 4754 等工业标准为基础建立民用飞机系统安全性标准体系。

(2) 编制了 ARJ21-700 飞机的安全性审定基础,为系统安全性评估工作提供评估依据和指南。

(3) 对飞机导线、管路和接插件这些特殊部件进行安全性、可靠性评估时,创新性地采用专家打分法得到 ARJ21-700 飞机导线的可靠性数据计算模型的特性系数,用于 EWIS 的安全性评估工作。

（4）对 ARJ21－700 飞机主最低设备清单建议项目进行安全评估，系统性地提出一套完整而有效的 PMMEL 定性安全性分析方法与流程。

（5）为确保功能、系统或项目安全分析的独立性，ARJ21－700 开展了共因分析工作，包括特定风险分析（PRA）、共模分析（CMA）以及区域安全性分析（ZSA）。这方面的评估工作国内都无前例可循，ARJ21－700 飞机创新性地建立分析方法和分析模型。

（6）为探查飞机的潜在失效，避免潜在失效与其他失效结合造成危险性或灾难性状态的发生，ARJ21－700 飞机进行了 CCMR 分析，建立了 CCMR 的组织架构。

（7）建立了民机故障数据收集、分析、纠正闭环系统，确保飞机在运营过程中安全性和可靠性的要求。

15.5　解决的关键技术

1）ARJ21－700 飞机系统安全性工业标准体系

根据所确定的合格审定基础，建立了比较完善的系统安全性工业标准体系，以指导安全性工作科学有序地开展。第一次以 ARP 4761、ARP 4754 等工业标准为基础建立民用飞机系统安全性标准体系；第一次系统性地建立了安全性评估与工作体系，建立了 ARJ21－700 飞机的安全性评估与工作体系，明晰了各方在安全性标准与规范管理中的职责，管理与监控飞机研制的各方遵循和参考标准的正确性和完整性，将工业标准中推荐的方法和过程转化为切实可行而又科学有效的系统安全性评估和管理程序与流程包括安全性大纲、功能危险性分析要求、故障树分析要求、区域安全性分析工作要求等；第一次系统性地开展安全性评估工作，适时地开展并完成了飞机安全性评估工作，如飞机级 FHA、飞机级 FTA、系统级 FHA、PSSA、SSA、PRA、ZSA、CMA 等。

2）ARJ21－700 飞机系统安全性审定基础

系统安全性审定基础是开展安全性评估工作的前提和基础，是民用飞机系统安全性评估工作的依据和指南。ARJ21－700 飞机是面向 21 世纪的新支线涡扇飞机，是我国首款完全遵循适航规章要求所研制的民用涡扇飞机。在我国民用涡扇飞机领域，在国内第一次将 CCAR－25.1309 条款纳入审定基础，并在此基础上，形成与 25.1309 条款相对应的审定基础——SE010。同时将美国联邦航空局（FAA）发布的 AC－25.1309－1A 等局方材料作为系统安全性工作的实施指南，将 CCAR－25.1309 条款中的要求全面贯彻到飞机设计与研制过程中，以更有效而科学地开展系统安全性评估、确认与验证工作。

ARJ21－700 飞机首次系统地在民机研制中确定系统安全性审定基础，首次在民机研制中系统性地建立安全性目标，首次系统地在民机研制中开展系统安全性合格审定计划与活动,首次输出完整的系统安全性合格审定报告。

3) ARJ21-700 飞机功能危险分析(FHA)

AFHA 是系统、综合地按层次检查飞机级功能的安全性评估方法,以确定在其故障以及正常工作时可能产生或潜在的危险及后果。该评估方法起始于飞机概念设计阶段,并为飞机后续研制提供设计要求和安全性要求的重要依据。分析结果是下一步安全性评估流程(如初步系统安全性评估 PSSA 和系统安全性评估 SSA)的必要输入,也为后续系统、子系统设计架构提出安全性设计需求,帮助确认系统架构的可接受性,发现潜在问题和所需的设计更改,确定所需的进一步分析的要求及范围。

ARJ21-700 飞机是国内首次系统地进行功能危害性评估(FHA)的民机型号,是指导安全性评估非常关键的一步。

4) 国内首次对飞机导线、管路及其接插件进行安全性评估

国内第一次对飞机导线、管路及其接插件进行安全性评估,建立了完整的安全性评估体系。

在 ARJ21-700 飞机的安全性评估工作中,国内首次对 EWIS 和管路以及接插件等进行了安全性分析,并建立了完整的民机安全性评估体系。其中,通过建立民用飞机导线的可靠性数据分析模型,采用专家打分法得到 ARJ21-700 飞机导线的可靠性数据计算模型的特性系数,得到 ARJ21-700 飞机导线的可靠性数据获取模型。并建立了 ARJ21-700 飞机导线可靠性数据计算数据库,通过输入特性系数、导线长度等参数直接得到全机各导线的可靠性数据。该数据可直接用于 EWIS 的安全性评估工作中。

5) ARJ21-700 飞机共模分析(CMA)

共模分析(common mode analysis, CMA)是共因分析的一部分,是民用飞机系统安全性评估的一项重要环节。ARJ21-700 飞机实现了国内首次在民机研制过程中进行了共模分析,分析过程完全依据相关适航要求与国际标准,分析结果作为系统安全性评估的重要部分提交适航审查。

该技术在 ARJ21-700 飞机研制过程中考虑共模分析因素,确保系统的安全性,首次在民机研制中建立共模分析组织架构,首次依据国际标准,制定共模分析流程。首次输出完整的系统共模分析报告。

6) ARJ21-700 飞机区域安全性分析(ZSA)

区域安全性分析(zonal safety analysis, ZSA)是对在飞机上(图纸或样机上)人为划定的区域内,考虑系统或设备安装、维修失误、外部环境变化、系统运行等情况而进行的安全性分析。ZSA 是对飞机各系统之间相容性评估的基本方法之一。

开展区域安全性分析的目的是通过对飞机各区域进行相容性检查,判定各系统

或设备的安装是否符合安全性设计要求,判定位于同一区域内各系统之间相互影响的程度,分析产生维修失误的可能性,尽早发现可能发生的不安全因素,提出改进意见,使新设计能防止或限制不正常事件的发生,保证飞机各系统之间的相容性和完整性。该技术在国内首次系统地开展民机区域安全性分析工作,开发了首个民机安全性分析流程。

7) ARJ21-700 飞机 PRA 安全性评估——轮胎爆破

ARJ21-700 飞机作为国内首次系统地开展轮胎爆破专项工作的民用飞机型号,在相关攻关中安全性专业遇到了大量亟待解决的技术问题和协调困难。确定安全性评估工作的模型和方法输入。

轮胎爆破相关的事故统计数据可以有效地指导设计工作,并能对安全性评估提供数据支持。通过南航提供的数据和查找 NTBS 相关文件,得到轮胎爆破在不同飞行阶段的发生概率及危险严重程度,给不同阶段轮胎爆破的设计防护提供了重点考虑目标。通过依照 ARP 4761 等安全性指导文件,向安全性专家咨询后,结合轮胎爆破的具体特点编制完成了轮胎爆破安全性分析的相关顶层要求文件,满足了ARJ21-700 飞机开展轮胎爆破安全性评估工作的迫切需要,指导了系统开展轮胎爆破安全性评估工作。

8) ARJ21-700 飞机 PRA 安全性评估——鸟撞

ARJ21-700 飞机是国内首次系统地严格按照 CCAR-25 部进行设计的民用客机,根据 CCAR-25 部内容,有 3 个条款(分别为 25.571、25.631、25.775)对鸟撞提出明确的要求。为了满足鸟撞适航要求,在 ARJ21-700 飞机的研制过程中,从总体布置、结构安全性、系统安全性、地面鸟撞试验等方面考虑,完成了 ARJ21-700飞机的抗鸟撞适航取证工作,这也是国内首次系统地开展民机鸟撞工作。

这是国内民机首次系统地开展鸟撞安全性分析,也是国内首次系统地制定了鸟撞安全性分析的工作方法。

9) ARJ21-700 飞机发动机非包容性转子爆破安全性分析与剩余风险计算

由于非包容性转子损坏起因的多样性,难以预料所有可能的失效原因并为所有区域提供保护,FAA 在 1997 年 3 月 25 日发布了咨询通报 AC-20-128A,所述的设计考虑为达到把非包容性转子损坏对飞机的危害减至最小的目标提供了指南。目前 ARJ21-700 飞机发动机转子爆破安全性分析严格按照咨询通告 AC-20-128A 中建议的方法开展工作。

转子爆破安全性分析需要一些适航认可的经验数据开展工作,由于 COMAC 以及国内民机设计、生产单位无此数据,因此采用与航线飞行员共同工作,由大量航线经验来评估经验数据的方法。这在国内属于较为系统的方法,也为后续机型的工作开展积累了大量的经验数据。

10）ARJ21－700 飞机 CCMR 分析

候选审定维修要求（CMR）是用来探查对飞机安全有重要影响的潜在失效的。这种潜在失效与一个或多个其他的失效或事件结合起来，会造成飞机危险性或灾难性失效状态的发生。作为系统安全性分析的一部分，目的就是限制飞机面临某个给定的重要潜在失效的暴露时间。为了制订合理的 CMR 项目，必须根据零、部件失效或故障后结合其他失效或事件可能产生的危害等级，确定可供讨论的 CMR 候选项目（CCMR）。对 CCMR 的每一项都应进行多方面的分析和评估，确定其是否能够成为正式的 CMR 项目，从而保证不产生一个可避免的 CMR 项目。

该技术首次在民机研制中建立 CMCC 组织架构，首次在民机研制中完善 CCMR 分析流程，首次在民机研制中完善 CCMR 推荐星级标准，首次在民机研制中明确 CCMR 任务与 MSG－3 任务项目的比对和合标准。

11）ARJ21－700 飞机主最低设备清单建议项目（PMMEL）安全性评估

AC－121/135－49 中明确提出：如果制造厂家希望让其制造的航空器能在特定设备项目不工作的情况下实施运行，则应当制订主最低设备清单（MMEL）。PMMEL 安全性评估是 PMMEL 工作一部分，是民用飞机 PMMEL 立项、确认过程中一个重要环节和有效手段。

该技术系统性地提出了一套完整而有效的 PMMEL 定性安全性分析方法与流程，首次在民机研制中系统性地开展 PMMEL 试验项目的安全性评估，首次在民机研制中系统性地开展 PMMEL 安全性梳理与分析，首次输出 PMMEL 试验项目的安全性评估报告。

12）首次系统地建立了民机故障数据收集、分析、纠正闭环系统

建立故障数据收集规定、故障分析等程序，初次实现了故障的收集、分析、纠正等闭环系统。

在 ARJ21－700 飞机研制过程中，在国内首次系统地形成了故障数据收集规定、故障分析等程序，初次实现了故障的收集、分析、纠正等闭环系统，并首次系统地建立民机导线管路等可靠性基础数据库系统。图 15－1 为安全性评估体系。

15.6　应用前景

ARJ21－700 飞机的安全性和可靠性过程符合国际工业标准，并创新性地建立适合我国民机设计和研制的安全性可靠性评估体系，完善了民机安全管理制度。解决了多个在民机安全评估领域我国首次出现的具体问题，为其他型号民机的设计和研制过程中安全性评估和适航取证奠定了基础。

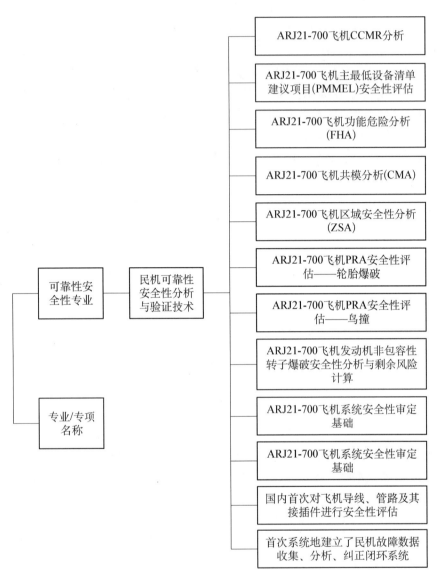

图 15‑1 安全性评估体系

16 建立气动弹性适航符合性设计及验证技术体系

16.1 项目背景

气动弹性设计是飞机设计中公认的最具挑战性的内容,集设计、分析、风洞试验、地面试验和飞行试验验证于一体,具有跨专业、多学科、高难度、风险极大、技术高度密集的特性,是关系到型号设计成败的关键。颤振试飞是整个型号研制中首个CAAC、FAA全程监控目击的项目,是进入 TIA 的基础和前提条件。

开展本项目工作时,国内缺乏可借鉴的民用飞机气动弹性设计和适航验证经验,国外波音公司和空客公司通过型号系列化发展所积累的成熟经验不会与我们分享,甚至花巨资也无法得到其核心内容。在此背景下,项目团队知难而进,突破大量技术难题,项目建立的民机气动弹性适航符合性设计及适航符合性验证技术体系经历了局方的质疑、基本认可、同意到高度评价的过程,这个过程走得极其艰难。与 CAAC 先后进行了几十次的沟通、关闭了 CAAC 提出的 130 多个问题,与 FAA 先后进行了 4 次面对面的沟通协调、关闭了 FAA 提出的 44 个重要问题,最终完成了 ARJ21 飞机的气动弹性设计及适航验证工作,全面证明了 ARJ21 飞机气动弹性设计的适航符合性,并得到中国民用航空局(CAAC)和美国联邦航空管理局(FAA)的认可,为 ARJ21 飞机进入 TIA 奠定了坚实基础,为整个 ARJ21 飞机型号研制做出了突出贡献。

16.2 项目实施情况

本项目由上海飞机设计研究院强度部颤振室实施完成,基于对适航条款的仔细研究理解,颤振室制订了完备的 ARJ21 飞机气动弹性设计适航验证总体方案,完成了从理论分析、颤振模型试验、飞机地面试验到颤振飞行试验的整个气动弹性设计验证工作,攻克解决了多项技术难题。

ARJ21 飞机项目于 2002 年立项开始,2008 年完成首飞前全机地面共振试验,

2011 年完成颤振试飞和 ASE 试飞,2014 年完成 ASE 补充试飞和条款关闭工作,2014 年底顺利取得型号合格证(TC)。

在 2014 年完成条款关闭后,颤振专业实际上就走完了本专业的一个完整的型号研制过程,从适航符合性依据、顶层设计要求、理论分析、模型试验、机上地面试验到最后的颤振/ASE 试飞,一步一个脚印地建立了 ARJ21 飞机气动弹性符合性设计的闭环验证系统,并得到了 CAAC 和 FAA 的认可。

1) 操纵面防颤振设计攻关

ARJ21 - 700 飞机的操纵面防颤振设计是个极为复杂的过程,涉及面广,对型号影响深远。颤振专业在 JDP 初期以旋转频率的形式提出了操纵面防颤振设计的初步要求,同时提出了操纵面间隙控制要求和作动器阻尼刚度要求,作为操纵面设计的控制要求。之后总师系统召集 PDR 专题会议,相关专业和供应商从其实际情况出发对颤振专业的初步要求提出了质疑。面对困境,颤振专业在输入数据极其有限的不利条件下,采用对比和合理预估的方法建立初步颤振分析数学模型,研究了操纵面的转动惯量、摇臂长度、作动器活塞直径和阻尼等众多参数与飞机颤振特性的关系,说明了操纵面防颤振设计的依据和可能的解决途径。经过十多轮的反复协调、沟通和迭代分析,最后规定了各操纵面的质量、惯量、摇臂长度和作动器刚度阻尼等防颤振指标要求,其中方向舵的摇臂长度更是通过移轴的方法,将原来的93 mm 增加到 138 mm,从而解决了 JDP 阶段的操纵面防颤振设计问题。之后又由于复合材料方向舵生产工艺的复杂性导致其实际质量惯量超标,针对该问题又进行了生产工艺优化、灌胶质量控制、防颤振评估和指标优化等系列技术攻关,直至经过颤振试飞的验证后才最终解决该问题。

2) 全机地面共振试验

全机地面共振试验(GVT)是颤振专业一项重要的飞机级验证试验,也是 CAAC 和 FAA 重点关注的试验,要求飞机构型状态必须清楚,否则很难通过制造符合性审查。在 104 架机 GVT 时,FAA 针对试验提出了 14 个问题,要求申请人必须限期答复并关闭 FAA 所有问题才批准试验开试;而在试前制造符合性检查过程中,制造代表认为试验机构型存在状态不清和矛盾的问题,要求全面清理复查试验机构型状态,试验因此被无限期推迟。为使试验尽快被批准开试,颤振专业顶住多方面压力,迅速组织颤振团队开展工作,在吃透 FAA 所提问题的技术依据和主观意图的基础上,对 FAA 问题给出了深入、严谨的答复,并与 CAAC 充分讨论确定最佳答复意见,最终 FAA 完全认可申请人的答复,同意关闭 14 个问题。

3) 颤振试飞

颤振试飞是国际公认的 I 类风险试飞科目,是验证飞机整体颤振技术设计是否满足条款要求的"终极考试",是中国民用航空局(CAAC)和美国联邦航空局(FAA)影子审查组指定重点目击的验证试飞科目,颤振试飞科目要求飞机飞得最快且在

TIA 前必须完成,是试航审查最为严格的科目。

颤振试飞要将飞机飞行包线扩展到最大飞行包线(飞行俯冲速度/马赫数)V_{DF}/M_{DF},为了达到 V_{DF}/M_{DF} 包线边界,不仅需要进行水平飞行,而且还要进行俯冲飞行,全面考验飞机的结构强度、空速校准,综合考验 ARJ21 - 700 飞机整体性能安全水平的关键试飞科目。

2011 年 3 月 7 日颤振试飞主管入驻阎良进行准备工作,3 月下旬开展庞巴迪颤振试飞技术咨询,4 月和 5 月向 CAAC、FAA 申请签审试飞大纲,6 月 1 日进行颤振试飞验证试飞阶段,8 月 3 日颤振试飞圆满完成。其中 FAA 和 CAAC 于 4 月 28 日至 5 月 1 日、7 月 5 日至 7 月 12 日,进行了两次颤振试飞审查。本次颤振试飞从 3 月 7 日至 8 月 3 日历时 5 个月,其中准备工作 2 个月,研发试飞 1 个月,验证试飞 2 个月。总共完成 25 个架次(任务单)试飞任务,其中研发试飞 6 架次,验证试飞 19 架次,较试飞大纲计划的 22 架次减少了 3 个架次。

颤振试飞从试飞开始就遇到了一系列难题,特别是颤振试飞面临的方向舵重量惯量超标、机翼高速颤振模型风洞试验失败和空速校准等问题。面对上述问题,颤振专业坚持以本专业技术工作为主导,提出针对性的技术解决途径和方案,最终解决了颤振试飞攻关道路上的各项难题,取得了颤振试飞攻关的圆满成功。

方向舵重量、惯量超标的问题,一方面不可避免地带来了局方对试飞验证构型有效性的质疑,另一方面也加大了颤振试飞的技术风险。针对该问题,颤振专业在颤振试飞前专门安排试验检查了包括方向舵在内的操纵面的旋转频率,根据试验得到的方向舵最新旋转频率建立细化计算模型,以全面分析评估方向舵不利构型下的全机颤振特性,据此设定颤振试飞时方向舵安全监控的振动过载门限值,并针对不利构型方向舵可能出现的意外情况,在颤振试飞紧急情况处置预案中制定了针对性的安全措施。

颤振专业及时将上述工作和解决思路向适航当局做了大量的解释沟通工作,局方最终认可颤振专业的解决思路,保证了颤振试飞的适航符合性和有效性,从而解决了方向舵构型问题可能导致的技术风险和适航风险。

在 2010 年底颤振试飞准备期间,原有关单位负责的 ARJ21 机翼高速颤振模型风洞试验在俄罗斯 T - 128 风洞进行首次吹风时,模型被吹散破坏,现场审查代表认定试验无法继续进行要求终止试验,试验宣告失败。随后,CAAC 即要求暂停颤振试飞,并要求须重新完成该项试验后才能进行颤振试飞,如果这样,颤振试飞则将至少推迟一年至 2011 年底才能开始。

为使颤振试飞尽早按计划进行,颤振经仔细复查分析,确认试验失败是由于模型的设计和制造存在问题所致,飞机本身的颤振设计是满足要求的。针对该问题,颤振专业有针对性地做了大量的工作:一是制订了试验失败归零计划及重新完成该项试验的后续工作计划;二是用工程预估方法重新预估了机翼的跨声速颤振压缩性修正系数和跨声速颤振特性;三是依据总体专业的测力测压试验结果,评估分析了机翼的跨声速颤振压缩性修正系数和跨声速颤振特性;四是结合之前完成的ARJ21尾翼跨声速颤振风洞试验结果和2006年预研课题所得到的ARJ21机翼跨声速颤振风洞试验结果,以及上述评估分析结果,进一步对机翼的跨声速颤振特性进行综合评估,并针对性地完成了两份机翼跨声速颤振压缩性修正系数分析报告。依据上述工作,颤振专业多次向局方解释说明,目前颤振工作已合理预估了ARJ21-700飞机机翼的跨声速颤振压缩性系数和跨声速颤振特性,此预估方法是偏保守的、可靠的,技术上可确保颤振试飞安全。基于对颤振专业所完成工作的扎实性和充分性的认可,CAAC最终同意颤振试飞按原计划进行。

FAA从一开始就非常关注101架机的空速测量系统是否满足要求,颤振试飞前,ARJ21-700飞机只完成了V_{MO}/M_{MO}包线内的部分高度速度和部分重量重心状态的空速校准,空速校准试验报告也未得到CAAC的最终批准。颤振主审代表认为101架机空速测量系统不满足要求,要求空速校准试飞报告须得到其主审代表的批准,并给出当前空速校准试飞结果能支持颤振试飞的书面审查意见后,才同意批准进行颤振试飞。但经申请人多次协调沟通,性能主审代表和颤振主审代表都未达成一致意见,颤振试飞再一次陷入无限期推迟的风险。经过仔细研究空速校准试飞报告,颤振专业发现空速校准试飞已完成的部分高度速度和重量重心状态基本覆盖了V_{MO}/M_{MO}包线内的颤振试飞状态,根据该情况颤振专业提出了将颤振试飞分为V_{MO}/M_{MO}包线内和包线外两个阶段进行的方案,颤振主审代表和性能主审代表都认可该方案,这样V_{MO}/M_{MO}包线内的颤振试飞得以按计划继续进行。就在V_{MO}/M_{MO}包线内颤振试飞即将顺利完成的同时,如何解决V_{MO}/M_{MO}包线外颤振试飞的空速校准问题,又成了使颤振试飞面临中途终止的难题。经总师系统商议,决定采取加装简易拖锥的方案予以解决,拖锥加装后又出现数据跳变问题,在试飞部的牵头带领下进行紧张排故,才最终赶在2011年7月8日FAA来现场目击审查的当天解决了该问题。颤振试飞最终成为ARJ21-700飞机TIA前唯一完成并获得FAA和CAAC认可批准的验证试飞科目,为整个型号工作顺利进入TIA奠定了坚实基础,多次受到公开表扬。

在全体参试人员的共同努力下,颤振试飞中遇到的各种困难最终都被一一解决。2011年8月3日下午3点50分,ARJ21-700飞机101架机颤振试飞顺利完成最后1个试飞架次的飞行,至此,ARJ21-700飞机101架机按颤振试飞大纲要求完成了全部颤振试飞内容,试飞取得了圆满成功。

颤振试飞成功地将ARJ21-700飞机的飞行包线从V_{MO}/M_{MO}扩展至V_{DF}/M_{DF},飞行包线的全部放开为其他验证试飞科目的开展提供了条件;颤振试飞最终成为ARJ21-700飞机TIA前唯一通过FAA和CAAC审查的验证试飞科目,为整个型号工作顺利进入TIA奠定了坚实基础。图16-1所示为颤振试飞地面试验现场。

图 16‑1　颤振试飞地面试验现场

2011 年 1 月 ARJ21 飞机开展的全机结构模态耦合试验是颤振专业的另一项重要的 MOC5 试验,该项试验与气动伺服弹性理论分析及气动伺服弹性试飞一起,属于 ARJ21‑700 飞机气动弹性设计中的气动伺服弹性设计内容,用以验证飞机的气动伺服弹性稳定性特性满足适航要求。针对该项试验的信号注入、取出问题,颤振专业在 JDP 阶段就预见性地与飞控专业和供应商协调制定了解决方案。同时,通过全机结构模态耦合试验和气动伺服弹性试飞,发现并确认了航电供应商设计的控制律缺陷问题,提出了在航电系统自动驾驶仪俯仰回路加装结构陷幅滤波器的解决方案,该方案得到局方和航电供应商的认可,从而解决了控制律设计缺陷问题。

在两次 FAA 影子审查中,民机颤振设计工作历来都是 FAA 重点关注项目,颤振专业的 104 架全机地面共振试验(MOC5)和 ARJ21‑700 飞机 101 架颤振飞行试验(MOC6)均被 FAA 指定为重点审查项目,分别于 2010 年 5 月和 2011 年 7 月接受并通过了 FAA 的适航影子审查,这在 ARJ21 项目研制中也算是头一次。

2010 年 5 月 17 日至 21 日,美国联邦航空局(FAA)对 ARJ21‑700 飞机重要的 MOC5 试验——104 架机全机地面共振试验(GVT)进行了全面的影子审查工作。FAA 代表全面审查了试验的制造符合性文件、试验大纲、试验传感器布置文件及图纸,现场检查了试验机状态并目击试验 2 次。经过 5 天的详细审查,试验未发现不符合项,FAA 代表对试验表示认可。104 架机全机地面共振试验成为第一个顺利通过 FAA 影子审查的 MOC5 试验项目。

试验大纲及试验测试的符合性是 FAA 影子审查的另一个重点。FAA 对试验大纲提出 14 项试验技术问题,考验 CAAC 的审查能力及申请人的技术水平。强度设计研究部作为 GVT 试验的责任部门,迅速组织力量,积极应对,对 14 项技术问题给出深入严谨、实事求是的回答,向 CAAC 及 FAA 表明中国商飞的技术水平和能力,得到了 FAA 的充分认可。14 项问题中,13 项半问题已关闭,仅余下半项尚未完全关闭,FAA 表示我方提供资料已够详细,无须再做解释说明。

2011 年 7 月 8 日至 7 月 14 日,FAA 审查代表在阎良 ARJ21 飞机颤振试飞现场进行了为期一周的颤振试飞影子审查。FAA 审查代表重点关注了 2011 年 4 月底影子审查时遗留的开口问题、前期颤振试飞结果、试飞大纲及构型评估报告审查情况、制造符合性检查情况、飞机构型状态及疲劳试验问题,并现场目击了 V_{MO}/M_{MO} 包线外 22 号颤振试飞点的试飞过程。FAA 对于申请人的工作没有不满意项,在与 CAAC 签署的会议纪要中未留任何开口问题。

在 2011 年 4 月底至 5 月初,FAA 审查代表曾到试飞现场进行第一次影子审查,上飞院颤振室在副总师的带领下,反复研究 FAA 对试飞大纲提出的 25 个问题,并与 CAAC 进行多次讨论和沟通,最后按 FAA 和 CAAC 意见对大纲做了修改。在颤振试飞第一次影子审查期间,FAA 重点关注了裂纹问题、空速校准、增加小翼襟翼测试传感器、大纲修改及颤振试飞地面试验,由于飞机补充测试改装导致试飞计划有所推迟,颤振试飞未能按原计划正式开飞,FAA 审查代表对于本次影子审查虽无原则性的不满意项,但没有关闭空速校准问题,对于没有目击到颤振试飞过程也表示遗憾。

在 FAA 第一次影子审查后,颤振试飞 IPT 团队集智攻关,力排万难,积极推进颤振试飞进程。截至 2011 年 5 月 31 日,先后完成颤振试飞地面试验、9 个颤振试飞点的研发试飞、主起落架收放作动筒接头疲劳问题评估、试飞大纲及构型评估报告的三次改版和适航审查等颤振试飞前的所有工作。6 月 1 日,CAAC 批准颤振验证试飞开飞,至 6 月 23 日,完成 V_{MO}/M_{MO} 包线内的所有 16 个颤振试飞状态点。6 月 24 日,开始加装拖锥,原计划用 2 天时间完成拖锥加装及检飞后就进行 V_{MO}/M_{MO} 包线外的颤振试飞,但由于拖锥检飞数据出现跳变问题,又先后进行了调整拖锥传感器采样率、激活拖锥滤波器及检飞等排故工作,直至 7 月 8 日 FAA 来现场目击的当天,拖锥检飞数据终于满足要求,这样,影响本次 FAA 影子审查的最后障碍得以扫清,全机地面共振试验和颤振试飞影子审查最终取得圆满成功。图 16-2 所示为全机地面共振试验,图 16-3 所示为 FAA、CAAC 审查共振试验激励设备。

16.3 成绩与突破

本项目在型号设计、技术突破和科技成果申报等方面取得了一系列重要成绩。

1) 主要成绩

本项目成果已成功应用于 ARJ21 飞机的型号设计,有效地推进了型号研制进度,为 ARJ21 飞机顺利进入 TIA 做出了突出贡献。项目所形成的数学模型分析和修正技术、跨声速颤振压缩性修正技术、模型设计和试验技术、机上地面试验技术、飞行试验技术、试飞数据处理技术和试飞监控技术可应用于民用飞机和军用飞机的

图 16‑2　全机地面共振试验

图 16‑3　FAA、CAAC 审查共振试验激励设备

气动弹性设计工作,提高了国内飞行器的气动弹性设计水平。同时,本项目成果也已用于指导 C919 飞机概念设计、初步设计和详细设计阶段的气动弹性设计工作。项目建立的民机气动弹性设计和适航验证体系可为 C919 等后续民机型号研制提供经验参考和技术指导,从而加快项目研制进度。

　　参研人员用 CAAC 和 FAA 认可的方法和途径证明了 ARJ21‑700 飞机在整个飞行包线内不会发生任何气动弹性不稳定现象;通过了 CAAC 适航审查和 FAA 影子审查,标志着我国民机气动弹性设计技术达到了满足 CAAC 和 FAA 适航取证要求的高度,达到了国际先进水平;建立的满足 CCAR‑25 部要求并得到 CAAC 和

FAA 认可的气动弹性适航符合性设计及适航符合性验证技术体系,填补了国内空白。

　　国内同行专家对本项目技术水平的总体评价为:①在国内首次按照运输类飞机适航标准建立了针对喷气运输类飞机的完整的气动弹性适航符合性设计和适航符合性验证的技术体系,填补了国内空白,为国内喷气运输类飞机成功完成气动弹性适航符合性设计和适航符合性验证奠定了基础;②突破了多项关键技术并进行了充分验证,项目成果处于国际先进水平,进入现代民机设计关键技术行列。

　　项目先后申报获得了多项成果和专利,其中所获的上海市科技成果一等奖是整个 ARJ21 型号以及中国商飞成立以来的第一个此级别奖项,所获成果专利如表 16 - 1 所示。本项目申请了两项技术专利,在国内公开杂志发表论文 13 篇。

表 16 - 1　颤振技术成果、专利获取情况

序号	名　　称	获奖等级
1	《ARJ21 飞机气动弹性设计技术研究》	2013 年上海市科技成果一等奖
2	《ARJ21 飞机气动弹性设计技术研究》	2012 年航空学会科技二等奖
3	《ARJ21 飞机气动弹性设计技术研究》	2012 年航空学会科技二等奖
4	《ARJ21 飞机气动伺服弹性设计技术研究》	2012 年中国商飞科技成果三等奖
5	《ARJ21 飞机气动弹性设计技术研究》	2011 年上飞院科技成果一等奖
6	《ARJ21 飞机气动伺服弹性设计技术研究》	2011 年上飞院科技成果二等奖
7	《ARJ21 - 700 飞机低速模型颤振风洞试验技术研究》	2011 年上飞院科技成果三等奖
8	《一种飞机模型颤振抑制装置》	2010 年发明专利
9	《一种飞机跨音速颤振模型的单梁及其设计方法》	2012 年实用新型专利

　　2) 技术突破点

　　本项目在理论分析、模型设计和试验、机上地面试验和飞行试验等综合验证技术方面进行了创新和突破,主要创新点如下:

　　(1) 在国内首次按照运输类飞机适航标准建立了针对喷气运输类飞机的完整的气动弹性适航符合性设计和适航符合性验证技术体系。按此体系完成了 ARJ21 飞机气动弹性适航符合性设计和适航符合性验证,并得到了 CAAC 和 FAA 的认可。

　　全面系统地规定了 ARJ21 飞机气动弹性设计的符合性验证方法、验证内容和验证途径。相关的技术文件得到了 CAAC 的批准,FAA 认可本项目建立的验证体系和验证技术并给予了高度肯定。

　　(2) 突破了理论分析、模型设计、风洞试验、地面试验和飞行试验中的多项关键技术并进行了充分验证。

a. 突破了跨音速颤振分析、气动伺服弹性分析、故障状态颤振分析、舵面防颤振分析等一系列分析技术：

a）成功确定了 ARJ21 飞机的跨声速颤振压缩性修正特性。

b）国内首次建立了符合适航验证要求的民机气动伺服弹性稳定性分析及利用地面试验和飞行试验结果修正分析模型的技术。

c）针对 ARJ21 飞机特点，系统、完整地按照适航规章开展了正常和故障状态下气动弹性分析及参数设计。

d）针对质量不平衡操纵面首次提出了民机操纵面防颤振设计方法。

b. 通过自主创新，开发了一系列气动弹性适航验证颤振模型风洞试验所需的新技术、新手段，如图 16-4～图 16-6 所示：

图 16-4 尾翼低速颤振模型风洞试验

图 16-5 全机低速颤振模型风洞试验

图 16‑6　尾段高速颤振模型风洞试验

a) 模型设计技术取得重大突破。

b) 模型防护技术取得突破。

c) 颤振模型风洞试验技术取得突破。

c. 突破了民机气动伺服弹性设计技术和适航验证技术：

a) 在国内首次建立了民机机上地面试验适航验证技术，该技术已经应用于 ARJ21 飞机的全机地面结构模态耦合试验。

b) 在国内首次提出了采用地面试验结果修正气动伺服弹性分析数学模型技术，提高了分析的精确性和可靠性。

c) 通过地面试验和理论分析发现了国外供应商开发的自动驾驶仪控制律存在重大技术缺陷，并提出了在控制律中增加结构陷幅滤波器的问题解决方案，给出了详细设计参数。

d. 在国内首次完成了适航要求的高风险的民机颤振飞行试验和气动伺服弹性飞行试验，发展了一套完整的、先进的民机颤振飞行试验技术：

a) 解决了颤振试飞前的大量高难度技术难题。

b) 提出了飞机振动过载的安全门限和应急预案，保证了颤振飞行试验的安全和顺利进行。

c) 发展了民机颤振飞行试验方法和数据处理技术。

d) 完成了试飞大纲规定的所有飞行试验内容，结果合理可信，FAA 对颤振试飞报告给予高度评价、未提任何问题，这在适航审查中是非常少见的。

17 第一次创建全尺寸疲劳
试验适航验证技术体系

17.1 项目背景

ARJ21 - 700 飞机是我国民机领域首次严格按照 25 部航空规章要求进行取证的支线客机。根据 25.571(b)条款要求,必须用充分的全尺寸疲劳试验依据来证明在飞机的设计使用目标寿命期内不产生广布疲劳损伤。

全机疲劳试验的作用不仅是满足适航符合性要求,还能暴露机体结构的疲劳薄弱部位,为结构设计和制造工艺改进提供试验依据;验证机体结构主要受力构件的疲劳特性,为确定机体结构的检查门槛值提供试验依据;验证结构裂纹的检测方法和结构修理手册中适用的修理方案,为制订飞机结构的维护大纲提供试验依据;以及验证疲劳分析方法等。

因此,对于国内第一款严格按照 25 部自主研发、取证的民用飞机,ARJ21 - 700 飞机全机疲劳试验必不可少,它既是适航取证的要求,也是型号研制的需要。

波音公司和空客公司历经几十年的型号研制,全尺寸疲劳试验技术已经非常成熟,但核心技术保密。国内支线和大型客机研制刚刚起步,还没有成功的全机疲劳试验经验可以借鉴,在试验的符合性验证的方法和思路、试验件的支持方案、加载技术、WFD 的验证方法以及试验载荷谱的编制和优化等关键技术上都存在相当大的难度。在此情况下,依托型号研制和取证计划,上飞院启动了 ARJ21 - 700 飞机全机疲劳试验试航验证技术攻关项目,对上述关键技术进行研究和突破,为顺利完成试验奠定基础。

17.2 实施情况

全机疲劳和损伤容限试验的目的是:

(1)暴露机体结构的疲劳薄弱部位,为结构设计和制造工艺的改进提供试验依据。

（2）验证机体结构主要受力构件的疲劳特性，为确定机体结构的检修门槛值提供试验依据。

（3）验证飞机结构主要受力结构件的损伤容限特性，为确定飞机结构的检查间隔提供试验依据。

（4）验证结构裂纹的检测方法和结构损伤的修理方案，为制订飞机结构的检修大纲提供试验依据。

（5）验证飞机主要结构是否满足广布疲劳损伤（WFD）的相关要求。

（6）验证疲劳和损伤容限评定方法。

试验启动，2010 年 6 月底，静力试验全部完成，疲劳试验机 02 架机正式交付至中航工业强度研究所阎良基地 456 厂房，ARJ21 - 700 飞机 02 架全机疲劳试验的准备工作有序展开。2010 年 8 月中旬，试验机的构型得到局方的批准，2010 年 11 月 10 日，CAAC 进行现场集中审查，2010 年 12 月 5 日，疲劳试验机进入可以开试状态。2010 年 12 月 6 日，FAA 专家到达阎良，影子审查 CAAC。经过大量准备工作和审查事项，ARJ21 - 700 飞机 02 架全机疲劳试验准备工作进入最后阶段，各种试验设备已经就绪。

12 月 10 日下午，经过美国联邦航空局（FAA）审查代表现场目击、中国民用航空局（CAAC）审查代表一致同意，ARJ21 - 700 飞机全机疲劳试验在中航工业强度所 467 厂房内顺利开试，标志着 ARJ21 新支线飞机项目总指挥令要求"12 月 31 日前全机疲劳试验开试并完成 1 000 循环"的目标实现了第一步，向着试验试飞成功、早日取证交付的攻坚目标又迈出了一大步。

ARJ21 - 700 飞机 02 架全机疲劳试验正式启动，创造了我国民机领域完全满足 CCAR - 25.571 条款符合性要求、顺利通过 CAAC/FAA 审查以及成功开试的历史。

1）试验开展

经过前期承试方和设计方确定的试验调试要求进行试验调试。调试的成功与否决定了后续试验是否能按计划开展，试验状态、试验测量数据是否能够满足要求等。因此，在调试时严格按照要求，确保单点调试时不超过该点最大载荷的 40%，分载荷情况多点调试时，按给定的载荷情况进行调试。同时，进行空载调试，并在疲劳载荷谱实施调试按照载荷由小到大、速度由慢到快的方式进行，最终选定试验实施的加载频率。在调试过程中同时进行应变和位移的测量。

为确保试验顺利进行，各调试阶段和在以后的正式试验中在注意超载保护的同时，注意载荷保护后的所有加载点卸载协调性的控制，避免出现各作动筒载荷突然回零，而产生附加的动载。试验系统应急保护后，系统具有采集回收数据的能力，确保试验数据的及时采集回收，以便对试验故障情况进行研究分析。

在疲劳载荷处理时，综合考虑加载点数量、位置及控制切面内力误差要求，依据结构部位和试验载荷情况,各部件加载采用不同的加载方法。机翼盒段采用卡板方式进行加载,垂尾、平尾载荷用卡板形式进行加载,升降舵及方向舵载荷采用拉压垫-杠杆系统方式进行加载,襟翼采用拉压垫-杠杆系统方式进行加载,缝翼采用胶布带-杠杆方式进行加载,起落架载荷直接在假机轮的各加载点处加载,发动机载荷直接在假发动机的各加载接头处加载,对于机身舱内的压力,采用充气加压的方法加载。

ARJ21-700飞机全机疲劳试验载荷谱为"飞-续-飞"随机载荷谱,每5 000次飞行起落为1个加载循环块,5 000次飞行起落由5类不同飞行类型组成,覆盖短、中、远剖面,每10个循环块,构成1倍目标寿命。试验中施加的载荷谱经过试验载荷优化处理和试验扣重后确定。

整个疲劳试验过程中,每天停机检查一次,如检查发现可疑情况采用无损检测方法进行鉴别和确认。如图17-1所示为ARJ21-700飞机02架全机进行商载加载。

图17-1 ARJ21-700飞机/02架全机进行商载加载

2）试验攻关

2011年5月21日,ARJ21-700飞机/02架机全机疲劳试验进行到2 684次起落时,巡检人员听见试验机发出较大响声,经检查发现左机翼主起落架收放作动筒接头底板断裂,试验中止。

ARJ21-700飞机主起收放作动筒接头裂纹故障是/02架机遇到的第一个主结

构出现裂纹的故障,专题攻关组队员在领导班子的指导和关心下,采用现场集中办公的方式集智攻关,攻关队员精诚团结,从各个方面考虑问题,以团队的力量确保了新接头方案设计的如期完成,为后续类似的试验故障和技术攻关积累了宝贵的经验。

面对技术难关,强度部疲劳强度室牵头成立了风车载荷结构强度评估联合攻关队组,理清评估思路,确定评估方案,并对任务进行了分解和细化,联合攻关组每周召开例会。经过3个多月(从5月21日至9月7日)的攻关,全机疲劳试验得以恢复。

3)试验成果

ARJ21-700飞机全机疲劳试验适航验证技术中"将用经试验验证的分析方法进行适航验证的理念应用于故障处理,形成了一套满足适航要求的试验故障处理流程"这一技术到目前为止已经节省至少5 000万的试验成本。对于2012年12月11日发生的"机翼下壁板6~7号肋间地面扰流板B悬挂接头和翼盒下壁板连接处钉孔裂纹"故障,若不采用该技术,则需要进行新构型的补充试验。由于裂纹位置处结构的特殊性,新构型补充试验需要一个外翼和中央翼。保守估计使用费用:试验件制造费用2 000万元,试验加载设备、台架以及试验费用等3 000万元,共计5 000万元。对于后续试验中可能发生的此类故障可以用同样的方法进行处理,节约的试验成本将会进一步增加。

ARJ21-700飞机全机疲劳试验试航验证技术项目突破了多项关键技术,其积累的管理经验和技术成果对其他部件级疲劳试验及后续型号的研制具有重要参考价值,对提升我国民机全尺寸疲劳试验技术做出了重要贡献。

4)试验进展

截至2014年7月20日,全机疲劳试验完成20 000起落循环,已达到适航取证的要求,申请人编制了阶段性的试验报告,得到局方的批准,为CCAR-25.1529条款中要求的持续适航文件适航限制部分及飞机投入运营提供了试验支持。

17.3 成绩与突破

1)主要成绩

ARJ21-700飞机是我国第一架完全按照25部航空规章自主设计研发的喷气式支线客机,也是我国第一次同时向中国民用航空局(CAAC)和美国联邦航空局(FAA)提出适航申请并得到受理的喷气式支线客机。其全机疲劳试验是目前我国民用飞机领域中第一次严格按照CCAR-25.571条款要求进行的大型地面试验。

全机疲劳试验规模大、技术难度高、周期长、涉及专业多,且在该项目启动前,国内民机尚未有严格按照CCAR-25.571条款要求进行的全尺寸疲劳试验的经验可供借鉴。试验机构型控制、试验机的支持、试验载荷谱的编制和优化、试验加载方案制定、WFD 验证方法的确定等关键技术问题都有相当大的难度。

在国内缺乏经验、国外先进技术很难获取的情况下，项目团队决定进行自主创新。制订了研究条款要求、研究相关资料，向国内外专家进行咨询，与适航审查员积极沟通，在此基础上进行对比论证和迭代分析的技术路线。项目团队通过与其他机型进行对比论证、建模对比分析等技术途径确定了试验机的支持和试验加载方案；通过组织国内权威专家对 TWIST 编谱方法进行研究、编制分析软件、反复试算、修正，并与其他机型载荷谱进行对比，攻克了载荷谱编制核心技术；通过对 WFD 相关条款、咨询通报以及资料的研究，咨询国外专家，制定出了 WFD 的验证方法和思路。

历经 2 年多时间，项目团队攻克了全部关键技术，并在攻关的过程中摸索和总结出一套高效的管理经验和全机疲劳试验的适航符合性验证方法与思路，使 ARJ21 - 700 飞机/02 架全机疲劳试验得到局方的批准。

2）技术突破点

（1）建立一套系统的试验总体任务规划，采取并行、多线程进行的先进工作管理模式。全机疲劳试验是一项庞大而复杂的试验，具有技术复杂、任务量大、周期长、涉及专业多等特点。在试验准备阶段，收集国内外全机疲劳试验的相关资料，仔细研究、分析。召集国内外专家，通过咨询、讨论，听取专家意见，确定条款符合性验证方法和思路，梳理关键技术，确定技术方案，明确计划安排，形成一套系统的试验总体任务规划图，并按照规划图中每一项任务进行详细分解及实施任务部署，以多线程并行的工作模式准确而高效完成各项准备工作。

（2）在国内首次摸索总结出一套系统化的民机全尺寸疲劳试验适航符合性验证方法和思路。ARJ21 - 700 飞机全机疲劳试验是国内第一次严格按照 CCAR - 25.571 条款要求进行的适航符合性验证试验。从试验开始规划到最终完成试验的整个过程适航当局都要进行监控，如何让局方审查人员快速而高效地了解申请人的符合性验证思路和方法，消除分歧，充分沟通，并最终获得批准等对申请人来说都是一次全新的尝试，也是全新的挑战。

全机疲劳试验是一项庞大的系统工程，包含众多关键技术，每项关键技术中又有若干需要与局方沟通的议题，而不同议题的适航验证思路和方法又不尽相同。试验准备前期，由于对适航条款理解不到位、验证思路不清晰以及与局方审查人员沟通不够充分等原因，给审查工作带来了很大困难。通过认真研究前期工作中的不足，梳理关键问题、集智攻关、制订对策，最终根据不同议题的内容总结出相应的符合性验证方法和思路，为后续的适航审查工作的顺利开展提供了强有力的支持。

这套方法不仅大大提高了局方审查效率，保证整个试验按计划顺利开展，更重要的是赢得了局方对申请人的信任，给审查工作开创了良好的局面。由 ARJ21 -

700飞机/02架全机疲劳试验总结出的这套方法为我国后续民机型号适航验证提供了借鉴。

　　(3) 试验加载方案取得重大突破,处于国内领先地位,达到了国际同类飞机先进水平。ARJ21-700飞机02架全机疲劳试验是目前国内民机领域内进行的规模最大、技术最复杂的全尺寸疲劳试验。由于试验规模大,加载精度控制要求高,若继续沿用以往机型的加载思路,则会导致加载作动筒数量过多,增加协调控制难度,无法满足试验加载速率的要求。为此,上飞院强度部认真研究了胶布带、卡板和拉压垫等加载方式的特点以及机体结构形式和传力特性,通过反复论证,最大限度地利用每种加载方式的优点和结构特点,最终确定以下加载原则:对于加载区面积小、曲率变化大且表面载荷梯度大的区域,使用胶布带加载形式,如前缘缝翼;对于拉压载荷均存在的部位采用拉压垫加载形式,如襟翼、副翼和升降舵;对于载荷大、结构传力直接的大部件采用卡板加载形式,如平尾盒段、垂尾盒段以及机翼盒段。在确定加载方式后,选取机身对接站位,机翼加强肋站位等重要剖面作为扭矩、弯矩和剪切载荷的控制面,经过多轮优化分析,在保证控制面加载精度要求下,给出加载作动筒位置最优、数量最少的加载点布置方案,大大减少了作动筒数量,使整个协调加载系统的加载速率达到了要求。商载加载如图17-2所示,全机疲劳试验现场如图17-3所示。

图17-2　商载加载(框胶布带加载)

图 17-3 全机疲劳试验现场照片

（4）载荷谱编制技术取得重大突破，整体技术达到国内领先、国际先进水平。载荷谱编制是全机疲劳试验中最关键的技术之一，也是最复杂的技术之一，对试验结果的正确性起着决定性的作用。如何给出一种既能接近飞机真实飞行、又能满足试验周期要求、同时又满足适航要求以及具有国际先进水平的载荷谱编制方法在国内尚未完全掌握。强度部通过查阅国内外有限的相关资料，组织相关专家，反复论证和调研，最终决定使用国际普遍认可的先进的 TWIST 编谱原理进行 ARJ21-700 飞机全机疲劳试验的载荷谱编制，并得到了局方认可。

ARJ21-700 飞机/02 架全机疲劳试验载荷谱是国内第一次严格按照 TWIST 编谱原理进行编制的。公开发表的 TWIST 编谱原理只提供了原理性准则，就如同适航条例一样，如何实现准则的要求是 TWIST 编谱原理的核心，每个飞机制造商都有自己的方法去实现，并对外严格保密。为攻克该项技术，强度部组织了当时国内最权威、具有几十年载荷谱研究经验的几位专家进行 TWIST 编谱原理和实施方法的研究。经过 3 年多艰辛探索，最终攻克了全部核心技术，并形成了技术文件《飞-续-飞疲劳载荷谱编制方案及其实现方法》以及为实现每个准则编制了优化计算程序和随机程序，为后续的损伤容限评定和全尺寸疲劳试验奠定了坚实基础。

（5）编制了静态测量、动态测量以及位移测量数据的处理软件，大大提高了数据处理精度和速度。根据试验要求，在每次对应的级别检查完成后以及故障修复后准备恢复试验时，需要对全机所有的应变片进行静态测量，位移测量，支反力测量。目的是检查测量值随载荷变化的线性度，并对比每次测量与基准测量值的差异，以此判断加载的正确性、传感器的损坏以及潜在的裂纹。在确认无误后，方可进行试验。在试验进行过程中，对关键部位的应变片需要实时动态跟踪，实时分析处理，以便及时发现异常，避免重大事故发生的隐患。

（6）国内首次提出了满足 FAR－25－132 修正案中针对广布疲劳损伤（WFD）条款要求的适航符合性验证思路。FAR25－132 修正案增加了为预防广布疲劳损伤（WFD）的有效性限制（LOV）要求，要求必须通过全尺寸试验建立一个有效性限制，在有效性限制内，飞机结构不允许发生广布疲劳损伤，并将有效性限制纳入持续适航指令的适航性限制部分中。FAA 针对该修正案分别颁布了 AC－25.571－1D 和 AC－120－104 咨询通报，为制订 LOV 等参数提供技术参考和建议。

ARJ21－700 飞机全机疲劳试验将该修正案中关于 WFD 的要求作为重要的试验目的之一，验证 ARJ21－700 飞机结构在预定的试验周期内不会发生广布疲劳损伤，这在国内全机疲劳试验中还是首次。在没有任何相关经验的情况下，通过对咨询通报 AC－25.571－1D 以及相关资料的研究，向国内外专家咨询、讨论，针对 ARJ21－700 飞机全机疲劳试验的特点，确定合理建立 LOV、ISP、SMP 的方法，制订在试验中发现和监控多裂纹的措施，确定通过预先分析为结构 WFD 的出现进行预判和确定剩余强度试验点的思路，针对试验中某些 WFD 敏感结构一旦提前发生广布损伤的情况制订了措施，形成一套可行的广布疲劳损伤验证流程。

（7）首次将"用经试验验证的分析方法进行适航验证"的理念应用于故障处理，形成了一套满足适航要求的试验故障处理流程。全机疲劳试验能够暴露机体结构的薄弱部位、设计和制造工艺等问题。ARJ21－700 飞机作为一款全新设计的飞机，这些问题不可避免地在试验中大量出现。截至 2012 年 12 月 31 日，ARJ21－700 飞机 02 架全机疲劳试验中大小故障累计发生 81 次。由于故障多种多样，处理方法也不相同，强度部根据前期发生的各种故障，认真研究，根据故障的类型、特点以及处理方式等，总结出一套试验故障处理流程，为后续试验中的故障处理提供了有力依据和指导。

试验中首次提出了"采用经试验验证的分析方法进行适航验证"的理念处理试验故障，该理念的引用不仅大大提高了故障处理效率，更是对那些无法通过试验来表明符合性的新设计构型提供了解决途径，节省了可观的试验费用。

18　疲劳分析及试验载荷谱编制技术

18.1　问题背景

为验证 ARJ21-700 飞机机体结构满足 25.571(b)条款要求,需要对机体结构进行疲劳/损伤容限评定工作。评定工作中,需要编制疲劳载荷谱。

波音公司和空客公司历经几十年的型号研制,民用飞机载荷谱编制技术已经非常成熟,但核心技术保密;国内支线和大型客机研制刚刚起步,可以借鉴的经验有限,尤其是缺乏适航认可的民用飞机载荷谱编制技术。为保证顺利开展 ARJ21-700 飞机机体结构疲劳/损伤容限评定工作,开展了民用飞机载荷谱编制技术攻关。

18.2　技术难点

载荷谱是疲劳/损伤容限评定工作中最重要的输入,技术难度和复杂度高。梳理出的难点主要包括:

(1) 突风极值载荷成对数正态分布准则的实现。

(2) 突风谱形状相似准则的实现。

(3) 机动谱载荷谱循环数近似相等准则的实现。

18.3　国内外现状

国外现状:以波音、空客为代表的国外航空制造公司有过多个型号的研制,在载荷谱编制方面有着丰富的经验,拥有成熟的技术。

国内现状:国内民机尚未有严格按照 TWIST 编谱要求进行载荷谱编制的经验,需要自己去摸索、梳理出关键技术,并逐个解决。

18.4　解决方案

在国内缺乏经验、国外先进编谱技术很难获取的情况下,项目团队决定进行自主创新。通过研究相关资料,向国内外专家进行咨询,与适航审查员积极沟通,在此基础上走对比论证和迭代分析的技术路线。项目团队通过与其他机型的试验载荷谱进行对比论证、建模对比分析等技术途径确定了三大准则实现的方案;通过组织国内权威专家对 TWIST 编谱方法进行研究、编制分析软件、反复试算、修正,并与其他机型载荷谱进行对比,攻克了载荷谱编制核心技术。

18.5 创新点

载荷谱编制是民机设计中最关键的技术之一,也是最复杂的技术之一,对评定结果的正确性起着决定性的作用。如何给出一种既能满足适航要求又具有国际先进水平的载荷谱编制方法非常具有挑战性。强度部通过查阅国内外有限的相关资料,组织相关专家,反复论证和调研,最终决定使用国际普遍认可的先进的 TWIST 编谱原理进行载荷谱编制,并总结出编谱的总流程(见图 18-1)。

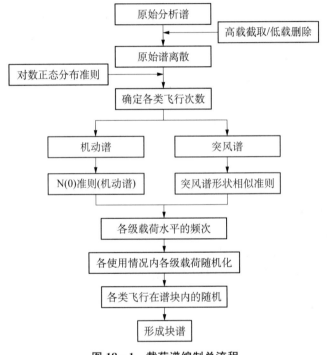

图 18-1 载荷谱编制总流程

编谱主要完成以下 3 个主要创新点:

1) 突风极值载荷成对数正态分布准则的实现

根据 TWIST 编谱原则要求,每类飞行突风载荷增量的最大极值应大致呈对数正态分布。因此,依据概率统计学知识,以突风载荷增量的最大极值的对数为随机变量建立正态分布概率密度函数,根据概率论的知识以及一系列的数学推导,建立相应的求解目标函数,并提出了使用拉网式搜索算法计算均值和方差的方法,最后通过"分配次数的等三角形法",求得了各类飞行的出现概率和一个谱块内的出现次数,其流程如图 18-2 所示,确定各类飞行次数的等三角形法示意如图 18-3 所示,极值载荷满足对数正态分布示意如图 18-4 所示。

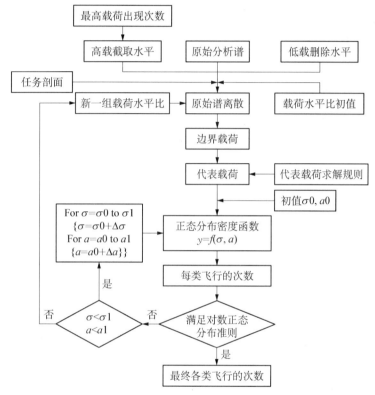

图 18-2　对数正态分布准则实施流程

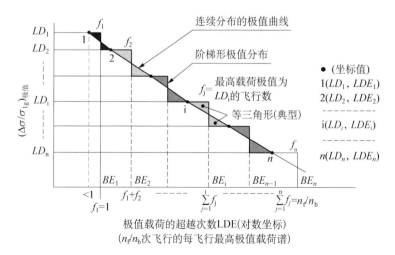

图 18-3　确定各类飞行次数的等三角形法

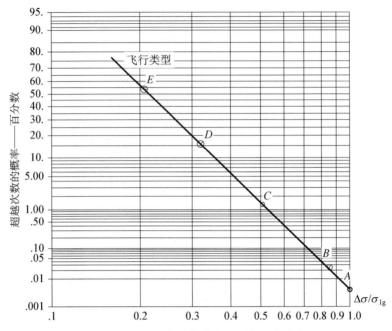

图 18-4　突风极值载荷满足对数正态分布

2）突风谱形状相似准则的实现

根据 TWIST 编谱原则要求，不同飞行类型的突风谱虽然其强度随气候条件而变化，但具有大致形状相似的特点，即不同飞行类型的突风谱曲线形状大致相似。根据这一要求，提出了连续谱与其阶梯形连续谱的外包线或内包线具有相似性的原理，解决了突风谱形状相似要求。通过数学推导建立了一套突风载荷谱形状相似方程，通过相似比例系数法，按照适当的比例系数可方便、快捷地实现突风谱形状相似，进而得到每类飞行每级载荷的频数。其流程如图 18-5 所示，谱包线法示意如图 18-6 所示，谱形状相似示意如图 18-7 所示。

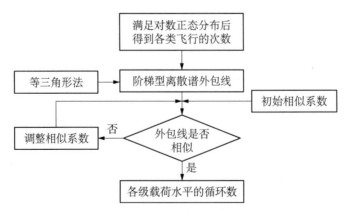

图 18-5　突风谱形状相似准则实施流程

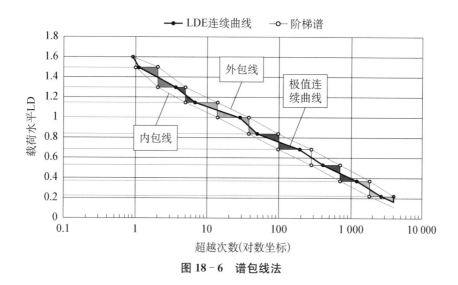

图 18-6　谱包线法

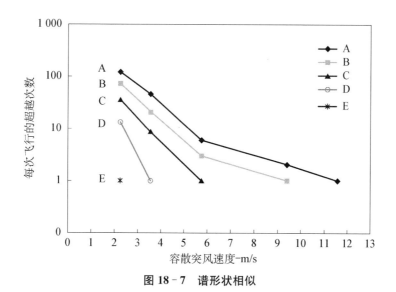

图 18-7　谱形状相似

3）机动谱载荷谱循环数近似相等准则的实现

根据实际编谱特点，一旦根据任务剖面中的某个使用情况确定出各类飞行次数，则该次数直接适用于其他使用情况的机动谱。同时又根据飞机在航线运营时的机动情况，规定了各类飞行每次飞行的机动循环数近似相等准则。即对于地面机动段，各类飞行每次飞行的循环数处于同一量级，对于空中机动段各类飞行每次飞行的循环数在两个数量级之内，从而确定了各类飞行每次飞行机动载荷的频数。

18.6　解决的关键技术

（1）突风极值载荷成对数正态分布准则的实现。

（2）突风谱形状相似准则的实现。

（3）机动谱载荷谱循环数近似相等准则的实现。

（4）各使用情况内各级载荷循环的随机化处理。

（5）各类飞行类型的随机化处理。

18.7　应用前景与推广价值

18.7.1　应用前景

通过本次技术攻关，掌握了满足适航要求的民机疲劳损伤容限评定所需载荷谱的编制方法，使得我国具备了先进民机载荷谱编制核心技术，在后续民机等运输类飞机型号中具有广泛的应用前景。

18.7.2　推广价值

本次攻关取得的民机疲劳损伤容限评定所需载荷谱的编制方法具有通用性，可直接推广到后续民机等运输类飞机型号中。

19 民机技术出版物编制及适航符合性验证体系

19.1 问题背景

随着国内民机事业的发展,民机持续适航文件越来越受到重视,但如何编制符合适航规章并满足用户需求的持续适航文件也面临日益增多的技术难题。对民机而言,在初始阶段满足安全性要求后,如何正确地使用和维护是保持飞机固有设计水平和可靠性的基础,而正确使用和维修则需要通过航空器制造厂家制订准确详尽、便于使用的持续适航文件来保证。持续适航文件的编制贯穿于从飞机研制、生产、运营到退役的整个生命周期。同时对飞机进行高效的维护工作也是民机能否通过适航审查及进入市场并获得市场成功的前提条件。民用飞机属于高度综合的复杂产品,在设计过程中的持续适航文件编制及验证技术是用户掌握飞机特点、各系统原理和指导其有效开展飞机维护工作的有效手段。由于国内在这方面起步较晚,工程经验的积累有限,在编制民机持续适航文件和验证方面一直没有形成一套成熟且完备的可供参考的技术体系。

为了满足 ARJ21-700 飞机型号合格审定关于 CCAR-25.1529 条款的要求,实现条款关闭,同时向客户提供全寿命周期内使用和维护飞机的全套的维护文件,以保持飞机交付后的适航性,开展了规划和构建民用飞机技术出版物编制及适航符合性验证体系的相关工作。

19.2 技术难点

CCAR-25.1529 条款规定了申请人编制持续适航文件的基本要求和内容范围,但对于条款符合性的具体实施要求、思路、方法和程序未给出明确的指导,也无相关的咨询通告、适航管理程序等依据文件。同时,ARJ21-700 飞机作为国内第一个完全按照 CCAR-25 部开展型号合格审定的型号,无论是审查方还是申请方都无成熟的经验可以借鉴,因此在条款符合性方面存在着极大的难度。

另一方面,ATA2200《航空维修信息标准》等工业标准虽然概述了民用飞机研制过程中的持续适航文件和其他技术出版物的编制要求,但对于如何从研制初始阶段开始就将持续适航文件要求落实到设计活动中,并且形成具体完备的编制和验证体系并没有清晰说明,且缺乏对某些编制过程详细的流程指导。

此外,持续适航文件作为指导用户在飞机全寿命周期使用和维护飞机的唯一合法依据,应通过一系列方法保证其内容的完整性、准确性和实际可用性。然而,由于持续适航文件中所包含的维护程序及操作步骤并不直接来源于工程文件,且作为手册编写人员也无飞机操作和维护经验,很难确保程序的实际可用性,特别是与航线维护惯例的一致性。因此,作为主制造商,必须从无到有建立一整套完整严谨的验证体系,制订对应验证要求、计划,确定验证方法及实施细则,以确保文件内容满足航线维护要求。

19.3 国内外现状

在持续适航文件编制与验证体系方面,国际上包括波音公司和空客公司等主流制造商经过型号长期的锻炼,已经积累了相当丰富的经验,形成了较为成熟的体系,并应用在其新的型号设计过程中。在国内,ARJ21－700 飞机是第一个严格按照CCAR 和美国 FAA 适航条例要求,将持续适航文件的编制的理论方法和验证措施融入飞机的整个研制流程中并开展适航符合性验证的型号,条款符合性工作最终得到局方认可,文件获得批准,条款关闭。

19.4 解决方案

在 ARJ21 型号项目中研究飞机持续适航文件需求的捕获、确认和验证,并落实在飞机设计、制订飞机持续适航文件编制和验证程序规范为工作目标,以研究业界标准如 ATA2200、S1000D 和国外民机主制造商经验为工作基础,梳理持续适航文件编制与验证需要解决的问题,攻克技术难关。

图 19－1 为民机持续运航文件编制流程,整个项目研究过程分阶段有序开展,实现理论与实践的动态转化,力求达到项目研究带动型号工作,型号工作促进项目研究的良好效果。在深入学习国内外经验的基础上,对标国际,研究根据型号经验提炼规范化流程,描述如何进行飞机持续适航文件需求的捕获、传递和确认,保证飞机/系统的持续适航文件的编制和验证落实到设计活动当中。同时尽量利用上飞院已有资源对不足之处进行加强,将项目研究成果应用到型号研制当中,推进整个中国商飞型号研制项目的持续适航文件编制和验证工作。

1) 建立持续适航文件符合性验证体系

全面梳理持续适航文件工作的所有技术点,与局方进行充分协调与交流,明确持续适航文件的内涵、范围与局方要求。

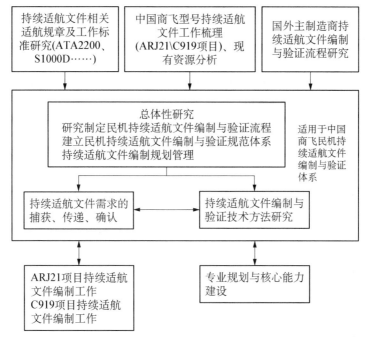

图 19-1 民机持续适航文件编制流程

研究与分析局方持续适航文件指导材料、相关的标准以及型号设计数据和过程中产生的持续适航文件要求,确定持续适航文件审定基础中每一个要求的符合性验证方法,并制订持续适航文件符合性验证计划与程序,为符合性验证活动提供技术、组织与管理上的保证。

2) 针对持续适航文件维护程序实施验证

对国外与国内的民用飞机制造商、供应商的持续适航文件维护程序验证工作组织架构和管理程序与过程进行研究,建立验证团队组织架构、制订验证要求、确定验证方法、制订验证计划、规范验证准备,规划验证执行,提出验证报告编写要求,以规范并指导验证工作的开展,形成适用于型号研制的民机持续适航文件维修类操作程序的验证流程。

3) 基于唯一产品数据源编制持续适航文件

研究持续适航文件构型控制需求,结合上飞院 ARJ21-700 飞机持续适航文件编制过程,确定技术出版物系统同构型信息不同来源之间数据连接的方法。对来自于不同信息源的飞机构型数据,通过与 PDM 等系统的集成、数据导入及录入等方式,建立中间层数据库,根据技术出版物构型管理的要求基于一种公共的方法、统一的平台,进行集中管理。同时,建立飞机构型数据在技术出版物管理系统中的管理机制,实现基于数据源的数据创建及变更管理。

19.5　创新点

（1）国内首次结合实际民机研制项目，遵循国际通用标准建立了一套完整的符合局方要求的 CCAR－25.1529 条款符合性验证体系，在 ARJ21－700 飞机取证过程中的条款性验证工作得到中国民用航空局批准，条款关闭，为 ARJ21－700 飞机合格审定提供技术与体系上的保障。

（2）国内首次开展针对持续适航文件维护程序验证体系研究，形成一整套操作程序验证要求、程序和流程，相关成果在 ARJ21－700 飞机取证过程中实施，完成包括 3 600 余项维护操作程序的书面和实际操作验证，保障了持续适航文件的准确性和实际可操作性。

（3）国内首次结合工程经验，摸索出民用飞机持续适航文件构型控制要求、方法和系统，建立了基于唯一产品数据源的持续适航文件构型管理系统，完成 17 份持续适航文件的编制，填补了国内空白。

19.6　解决的关键技术

（1）建立一套完整的符合局方要求的 CCAR－25.1529 条款符合性验证体系。持续适航文件适航规章条款与局方要求是开展持续适航文件编制活动最重要的依据之一，随着系统综合与复杂程度提高，如何有效地实施与开展持续适航文件符合性验证活动，让局方审查人员快速而高效地了解申请人的符合验证思路和方法，消除分歧，充分沟通，并最终获得批准等对申请人来说都是全新的挑战。

通过研究适航规章，梳理了安全性工作的所有技术点，并与局方进行充分协调与交流，确定以 25.1529 条款、25 部附录 H、26 部 B 分部和 FAA 8110.54A 为主体，涵盖 25.571、25.1309 和 25.981 适航条款在内的持续适航文件审定基础，明确了持续适航文件的内涵、范围与局方要求。随后，通过研究与分析局方持续适航文件指导材料、相关的标准以及型号设计数据和过程中产生的持续适航文件要求，并与局方充分沟通与交流，确定持续适航文件审定基础中每一个要求的符合性验证方法并制订持续适航文件符合性验证计划与程序，为符合性验证活动提供技术、组织与管理上的保证。同时，随着飞机/系统实现与验证过程的推进，持续适航文件符合性验证活动也将按照既定的方法与要求而展开，从而构建起完整的持续适航文件符合性验证体系。

（2）开展针对持续适航文件维护程序验证方法的研究，形成一整套验证要求和程序。根据规章及航线维护要求，确定 TC 前飞机维修手册的验证目标：完成具备验证条件维修实施项目的书面验证和实际操作验证，有效提高飞机维修手册质量，检验手册内容的合理性和正确性，使用能正常开展维修工作，避免手册交付后由于内容不当引发的安全问题，同时为分析 ARJ21－700 飞机的维修性提供数据基础。

规划并成立由上飞公司维修中心、试飞中心、上飞院和客服中心等单位组成的联合工作团队。制订了飞机维修手册验证技术规定，编制了"ARJ21-700飞机维修手册书面验证记录表"和"ARJ21-700飞机维修手册维修实施程序"等一系列表单，为手册验证明确了详细的技术要求。同时，充分利用试飞维护和总装制造以及模拟机等机会和条件，对总计3 206项维护程序进行实际操作验证和模拟操作验证，在国内第一次对维修操作程序实施全面的验证，按计划完成全部具备条件维修实施项目的验证。通过验证及相关问题的更改完善，检验手册内容的合理性和正确性。有效地提高了手册操作程序的质量，避免了由于内容不当引起的安全问题。

所有程序的验证完全依据技术要求实施，在整个周期中包括成都航空监造代表和审查代表参与并监督了验证工作，验证体系和验证过程最终得到了审查代表的认可，为条款的最终关闭打下了坚实的基础。

（3）基于唯一产品数据源，结合工程构型管理要求，完成符合取证构型的持续适航文件主版本的编制。

对标国际并结合型号具体工作，研究了技术出版物构型控制需求的相关过程。从整体上研究阐述了持续适航文件构型管理顶层需求、源数据管理、构型控制和更改要求，并在此基础上重点阐释了构型控制和更改控制体系。

通过构型控制和更改体系，明确了持续适航文件数据源的信息类别、信息来源和信息获取要求。在此基础上，研究并确定了数据收集的要求和渠道、数据存放的方式、数据对比的方案，建立并维持持续适航文件信息与飞机实际状态对比的构型控制体系。

从飞机产品构型衍生并确定技术出版物构型项的原则：与工程构型保持一致；构型项具备完整的独立功能；包含全部与维修有关的项目；按飞机产品及技术出版物复杂程序确定构型项。按此规则，定义了持续适航文件构型项：工程构型系统中含有维修任务的构型项；对于常见组件的系统、分系统或保障设备，每个常见的维修项目[含重要维修项目（MSI）和结构维修项目（SSI）]指定为构型项；为了便于维修保障阶段的管理控制，指定一个具有维修任务的系统组件作为一个构型项；工程构型系统中不包含的，与维修任务相关的特殊任务或描述将其指定为构型项；对于复杂系统的组件，主要具有单独维修任务的组件指定其为构型项；对于系统来说，通常将航线可更换组件（LRU）定义成构型项；需要标识说明和修理的飞机结构件，通常也将其定义为构型项；一个构型项相关所有的数据模块，表示对该构型项不同信息类型的技术描述。

为了标识各个构型项，进一步定义持续适航文件有效性标签，包括架次有效性标签编制针对单架次的技术出版物有效性标签；编制针对生效范围的技术出版物有效性标签。差异类型标签设计更改类型有效性标签；客户选项类有效性标签；用户改装类有效性标签。按架次生成的有效性标签,通常适用于研发制造阶段和飞机运营阶段技术信息的有效性标注,而差异类型生成的有效性标签则通常适用于飞机运营阶段。

(4) 按照适航标准及要求,完成适航限制部分的分析与项目的确定。按照条款要求:"持续适航文件必须包含题为适航性限制的条款,该条应单独编排并与文件的其他部分明显地区分开来,该条必须规定强制性的更换时间,结构检查时间间隔以及按条款 25.571 批准的有关结构检查程序"。对照上述要求,ARJ21 - 700飞机除结构适航限制项目外,对照适航标准,分析并确定了燃油适航限制项目、审定维修要求和系统限制项目,并在国内第一次将上述限制内容编入适航限制部分。

其中,结构适航限制项目提供为了符合 CCAR - 25.571(a)(1)(3)、CCAR - 25.571(b)、CCAR - 25.1529 和 CCAR - 25 部附录 H25.4 章节相关要求对应的安全寿命结构件的强制更换时间和损伤容限结构件的检查要求,并针对每一个结构检查项目提供了详细的检查方法和检查间隔,制订了为预防灾难性破坏所必需的检查工作或其他步骤。同时,还列出 ARJ21 - 700 飞机的安全寿命结构件及其更换时间,包括主要结构件、名称、区域号、适用性和寿命限制值等信息。

燃油适航限制项目提供了 SFAR88 强制要求的保持燃油箱安全性关键设计构型控制限制项目(CDCCL)对应的定期强制维修说明。燃油适航限制项目由维修/检查任务及关键设计构型控制限制项目(CDCCL)组成。尽管 CCAR - 25 部附录 H,25.4 章节并未明确相关要求,但仍将燃油适航限制项目作为 ALS 的组成部分来表明对于 SFAR88 的符合性。

而候选审定维修要求(CMR)是用来探查对飞机安全有重要影响的潜在失效的。这种潜在失效与一个或多个其他的失效或事件结合起来,会造成飞机危险性或灾难性失效状态的发生。作为系统安全性分析的一部分,目的就是限制飞机面临某个给定的重要潜在失效的暴露时间。为了制订合理的 CMR 项目,必须根据零、部件失效或故障后结合其他失效或事件可能产生的危害等级,确定可供讨论的 CMR候选项目(CCMR)。对 CCMR 的每一项都应进行多方面的分析和评估,确定其是否能够成为正式的 CMR 项目,从而保证不产生一个可避免的 CMR 项目。在项目的分析过程中,首次在民机研制中建立 CMCC 组织架构,完善 CCMR 分析流程,同时,首次在民机研制中完善 CCMR 推荐星级标准并明确 CCMR 任务与 MSG - 3 任务项目的比对和符合标准:CMCC 确定 CMCC 由 SSA 过程产生的 CCMR;CMCC要确定在 MSG - 3 所定义的任务是否存在着检查 SSA 所确定的潜在失效的安全任务类别;如果这类的 MSG - 3 任务不存在,则在 CMCC 中询问 ISC 是否可能基于SSA 报告中提供的附加信息对 MSG - 3 分析进行重新评估以包含这样的任务;如果重新评估后,且产生了新的 MSG - 3 任务,则应比较该任务是否满足 CCMR 的任务间隔和范围;如果没有重新进行评估,或者重新评估后没有产生 MSG-3 任务,则该 CCMR 任务独立成为 CMR 任务;MSG-3 任务应该涵盖了没有成为 CMR 任务的所有 CCMR 任务;ISC 可能接受 CMCC 关于减少 MSG-3 以代替 CMR 任务的建议。ISC 应该考虑优缺点,对于范围的改变应该是不可接受的;如果 ISC 不接受 CMCC 提议的更改,那么 CMR 任务项目就应该从 CCMR 任务中独立出来,并和 MSG-3 任务相互独立;如果 ISC 接受了 CMCC 提议的任务,则修订过的 MSG-3 任务就涵盖了 CCMR。

(5) 国内首次按照 CCAR-26 部的要求,编制了 EWIS 持续适航文件主手册。为了符合 CCAR-26 部 26.11 和 CCAR-25 附录 H 中 H25.5(a)(1)和(b)条款的要求,依据 FAA AC-25-27A 编制了 ARJ21-700 电气线路互联系统持续适航文件主手册。文件包含局方批准的必须纳入运营人 EWIS 维修方案的维修任务和操作程序。ARJ21-700 飞机 EWIS 持续适航文件主手册包含以下所列的由 EZAP 分析产生的 EWIS MRMB 任务,以及与之对应的 AMM 任务程序:EWIS 持续适航文件的检查任务包含在 MRBR 第二章(系统/动力装置维修大纲)之 ATA20 章节和第四章(区域维修大纲)中。AMM 任务:最新版本的 AMM 任务对运营人有效。

(6) 按照 25.571 条款的要求,国内首次编制了结构修理手册。结构修理手册给出 ARJ21-700 飞机结构修理的概要数据和具体操作指南。手册除给出飞机概要数据、常用措施和修理材料,还包括飞机结构的材料识别、允许损伤和修理数据。同时,还给出与结构修理一起执行的措施(如飞机在夹持位置的对称性检查或支撑)。手册依据 ATA2200 规范——制造商技术数据规范制定。手册中对飞机结构影响显著的数据已获得中国民用航空局批准。同时,某些可以修理的结构件没有包含在手册中,可能是因为常用的修理方案不适用于这些特定结构而未给出相应的修理方案,也可能是因为外场经验表明这些结构件没有必要修理。对于没有收录到手册中的损伤类型和损伤结构,修理前必须提交中国商飞进行特定分析和批准。

依据适航规章和相关标准中提出的持续适航文件编制通用方法,参考国外先进民机主制造商的工作流程,并结合国内主制造商的组织架构和型号研制特点,形成了适用于型号研制的民机持续适航文件编制流程(见图 19-1)。所建立的持续适航文件验证体系是一个逻辑化的闭环控制过程,在此研究基础上总结出持续适航文件编制与验证技术体系以及相应的规范文件体系,涵盖持续适航文件编制工作规划管理。

a. 民机持续适航文件维修类操作程序的验证流程,如图 19-2 所示。

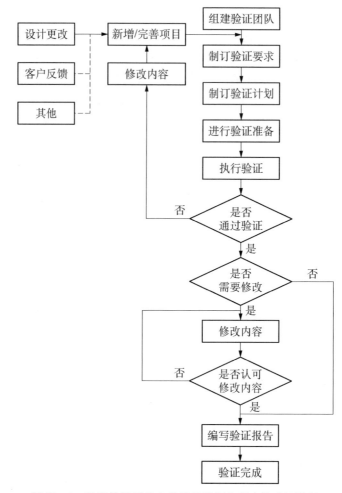

图 19‑2　民机持续适航文件维修类操作程序的验证流程

b. 民机持续适航文件构型管理流程,如图 19‑3 所示。

根据所研究的持续适航文件构型控制需求的传递流程目前已经结合上飞院 ARJ21‑700 飞机持续适航文件编制过程中实现,实现技术出版物系统同构型信息不同来源之间的数据连接。对来自于不同信息源的飞机构型数据,通过与 PDM 等系统的集成、数据导入及录入等方式,建立中间层数据库,根据技术出版物构型管理的要求基于一种公共的方法,统一的平台,进行集中管理。同时,建立飞机构型数据在技术出版物管理系统中的管理机制,实现基于数据源的数据创建及变更管理。

c. 基于唯一产品设计数据源的全寿命周期图解零件目录编制流程,如图 19‑4 所示。

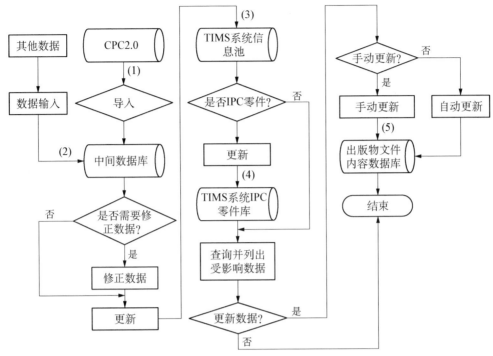

图 19‑3　民机持续适航文件构型管理流程

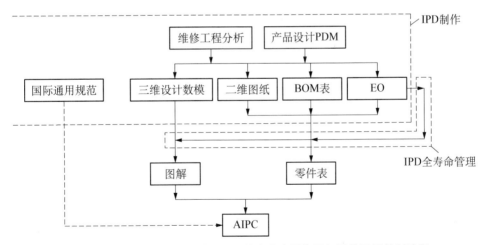

图 19‑4　基于唯一产品设计数据源的全寿命周期图解零件目录编制流程

　　国内第一次根据 CATIAV5 三维建模开展工作的民机型号,飞机三维设计数模经过 MSG‑3 分析,提取手册图解单元内容,经过格式转换、轻量化数模,并根据零组件拆卸的路径图解零件,选取适合的视角,最终三维转化为二维矢量图并加以标准化处理(航向箭头、符号、文字大小、线型、线宽),制作符合国际民航界通用规范的插图。从产品数据管理平台实时提取产品结构树信息,并通过航线可更换件的筛选,存入手册数据库,对应手册中的零件目录表。并通过产品数据管理平台中包含的有效性,组成飞机全构型航线可更换件零件信息,可以定制单机航线可更换件清册,便于客户备件。

20 标准材料和信息化技术

20.1 国产标准件适航

2008 年至 2010 年，上飞院与贵州航天精工开展了新支线飞机国产承力快卸锁的研制及适航取证工作，由局方全程参与，先后通过产品标准的制定、工艺文件的固化、产品的试制、试验大纲审批、制造符合性检查、试验前检查及试验目击等完整的适航审核流程，实现了国产承力快卸锁的成功研制，并顺利装机。本项工作的创新点在于国内首次完全按照适航条例的要求，将笼统的条例要求转化为具体的可操作的工作流程，并且由局方全程参与，完全按照型号取证的方式开展的国产化工作，不同于国内军机普遍采用的设计评审、定型评审、小批量试制评审及批产评审的工作模式，并且该工作的顺利开展，推动国内适航当局首次发布了关于标准件的技术标准指令 CTSO-148，拓宽了国产标准件适航取证的途径，填补了国产标准件除"随机取证"之外适航取证的空白。

主要适航程序如下：

（1）产品标准、关键工艺的审查和预批准：审查国产标准件产品标准，材料规范按国外相应材料规范，所用性能指标与国外标准等同；审查关键工艺规程、生产说明书等生产类文件。审查代表批准并签发《型号资料预审表》。

（2）适航符合性验证试验：编制适航符合性验证试验大纲，提交审查代表审查和审批，批准并签发试验大纲的《型号资料审查表》。试验前，提交试验件制造符合性声明，审查代表进行制造符合性检查，填写制造符合性检查记录，合格后签发试验件的批准放行证书/适航批准标签；提交试验设备制造符合性声明，审查代表到试验现场进行试验前的制造符合性检查，检查结果应符合试验大纲要求，检查合格后填写制造符合性检查记录；审查代表目击全部试验或部分试验过程，观察试验情况，根据检查情况填写试验观察报告。试验完成后，根据试验情况编写承力快卸锁验证试验报告和该项目的符合性验证报告，提交审查代表审查和审批，审查代表批准后，填写《型号资料审查表》。

（3）产品标准、关键工艺的审查和预批准：根据审查和试验情况，审查代表批准产品标准和加工过程中特种工艺规范清单,填写《型号资料审查表》。

（4）装机文件的编制：适航符合性验证试验依据局方审查批准的试验大纲进行,提交的试验件经制造符合性检查,附有适航标签,试验设备经标定计量在有效期内,所有试验在局方审查和质量体系监控下进行,参加试验人员有资质上岗证,提供数据可靠有效。试验结果都在规范允许的范围内,试验过程无偏离,符合试验大纲要求。鉴于以上情况确认该产品满足装机使用要求,编发装机使用规定,审查代表审查后批准,并填写《型号资料审查表》。根据承制厂提供的国产承力快卸锁安装使用说明,编制国产承力快卸锁安装工艺规范,提交审查代表审查,批准后填写《型号资料审查表》。

20.2　飞机无损检测手册编制与试验验证

ARJ21－700 飞机无损检测手册是用于指导飞机用户在飞机持续适航中对飞机机体结构实施无损检测的教科书,是引领国内民航无损检测技术应用发展水平的航向标。通过检测程序的初稿编制和检测程序飞机原位检测可靠性、可达性和经济性试验验证工作,使得在国内首次将飞机损伤容限设计思想与无损检测技术贯穿于飞机全寿命过程。

主要创新点：

1）建立了民用飞机全机关键结构部位疲劳损伤的检测程序

通过强度分析,确定涉及整机关键疲劳薄弱部位作为检测对象。通过收集这些检测对象的材料特性、结构特征、制造工艺和受力情况等信息,制订飞机原位检测方案,编写了具体结构部位的详细检测程序。

2）建立了飞机结构意外损伤的无损检测程序

通过航空维修单位的调研,收集了飞机持续适航过程中各种典型意外损伤案例,并制订了相应的检测程序。

3）建立了 ARJ21－700 飞机无损检测探头库

根据不同检测材料、结构尺寸和损伤特征,通过飞机原位无损检测验证试验,在国内首次基于型号研制建立了国内航空领域首套针对具体飞机不同部位配置不同规格和频率的检测探头库,方便飞机用户选用。

20.3　产品数据管理、协同及工程构型管理平台（CPC）

创新点：

（1）采用先进的设计规范和标准,建立统一的产品数据管理和协同管理软件平台,对各种异构数据进行合理高效的管理,实现工程数据产品结构管理、协同设计、构型管理、单一产品数据源管理。

（2）基于 VPN 网络建立全球协同环境,满足 ARJ21－700 飞机研制周期紧、技术难度大、质量要求高的需求。

（3）公司内部的高效系统集成，实现与设计工具、设计系统、BOM 管理、更改管理、归档、制造管理的业务对接，整合业务流程，提高研制效率。

（4）建立了型号统一的工程构型库。采取集群式架构和分布式应用管理方式对这些数据进行合理的组织和存放，实现 ARJ21 工程数据的单一数据源。

（5）整合设计、制造的更改业务流程，实现中国商飞内部工程更改的统一控制，提高更改效率，提升更改规范性。

（6）先进的 EO 编辑器及 ECP 编辑器工具，实现了 ARJ21 飞机各类 EO 的结构化管理，实时提取工程信息，为构型管理提供规范有效的手段，结构化信息的提取为构型状态纪实提供基础数据，此技术在国内乃至国外航空领域具有领先地位。

（7）先进的、符合现状的有效性管理思想，结合现状，建立了一套行之有效的、以更改执行架次为主线的有效性管理原则，满足 ARJ21 - 700 构型管理的需要；为 SSPL 输出提供了一套有效的计算规则。

（8）先进的数据分析统计工具，为管理者提供清晰的图形化输出报表，针对工程数据，可以根据时间、类型、发起部门等条件实时输出数据统计分析表，也可以进行对数据按月比较，给予管理者一个较直观的数据统计结果，以及时掌握项目进展。

20. 4　产品数据管理技术在 ARJ21 项目中的开发与应用（VPM）

国内民用飞机行业首次使用了基于 DB2 数据库的 Client/Server 架构，实现异地设计、审签协同。ARJ21 VPM 系统通过上海、阎良网络专线连通，为两地设计人员提供统一的设计应用环境：统一管理型号设计数据，统一调用型号设计信息资源，两地设计人员完全共享型号设计过程中的所有信息。

创新点主要体现在如下几点。

（1）物理分散、逻辑统一的产品数据管理模式：基于 DB2 的 Sever-Client 模式，两地共同参与设计，型号数据统一管理。

（2）异地协同设计的统一管理平台：基于产品数据管理系统，两地协同设计，完全共享设计信息。

（3）完成设计结果管理的基础上，全面介入研制过程的控制与设计结果的认证管理：提供在线设计平台，充分利用系统中积累的通用设计信息，提高设计效率。

（4）以成熟度为数据设计状态标志的设计过程控制与管理。

（5）基于 PDM 技术的电子样机管理和应用。

（6）汇总管理设计中的标准化信息，将 PDM 的应用水平从产品管理的层次上升到知识管理的高度，提升设计过程与设计结果的规范性。

20.5 跟产管理控制系统的设计与开发

本项目属于国内领先、国际先进,试制阶段是飞机研制、生产过程中必不可少的重要环节,在试制阶段由于飞机设计状态和工艺状态还没有完全稳定,在零组件的制造、装配现场往往会出现大量的问题需要处理,例如零件制造超差、重量超差、材料代用、设计更改请求等,这些信息一般称为现场跟产信息,通常由制造单位的人员提出,由设计单位的人员进行相应处理并给予答复。据统计,试制阶段每个月发生的零件制造超差、材料代用等现场问题多达数以千计。在 ARJ21 新支线飞机项目全面试制的阶段,如何快速解决现场(工厂)与设计(研究所)之间问题处理的效率、有效加强数据管理是该阶段急需解决的问题。因此,在 ARJ21 飞机研制过程中,结合 ARJ21 的异地协同研制平台(ARJ21 CPC 平台)的实施,基于 PTC 的 Windchill 软件开发了试制现场跟产信息的数字化管控区,实现了基于统一信息系统对上飞、西飞、成飞、沈飞等制造单位在试制现场产生跟产数据的电子化、规范化的有效管理和控制。

主要创新点如下:

(1) 跟产管理控制系统为 ARJ21 飞机设计单位及相关制造厂跟产异地协同以及上海飞机设计研究所科技管理部门进行有效跟踪监控提供了强有力的支持平台。

(2) 通过 J2EE 技术与 Info * Engine Webject 的结合,实现了 ARJ21 飞机跟产管理系统的高速、便捷查询,系统易操作性强。

(3) 通过 jxl 开发包,实现批量导入 Excel 格式数据不依赖客户端、服务器端环境,不但降低了开发周期与开发成本,还有效地提高了用户的工作效率。

(4) portal 设计新颖、规划合理,将 4 个工厂跟产数据分开显示,并加有进度条统计,一目了然,便于管理部门统计。

(5) 对模块的开发既体现了各个模块的整体性,又表现了各个模块的独立性,使模块有较强移植性,为以后该系统与其他系统集成创造了良好的前提条件。

(6) 在系统总体设计中,从整体出发,既考虑了目前的需要,又保证能满足未来发展的需要。为今后顺利完成飞机生产过程中试制阶段任务打下了良好的基础。

20.6 新支线飞机项目的档案管理

首创了数字化档案管理模式,属于国内独创的档案管理工作模式。主要有如下几个创新点:

建立了档案管理系统,在文件分发的同时进行归档。

开发了档案管理系统,实现 ARJ21 - 700 飞机项目档案信息化管理。档案收集实现信息化,CPC2.0 平台审签文件实现分发/发放的同时在线即时归档。大大节约了人工成本,简化了工作流程,同时避免了人工操作所发生的错误,避免了文件遗失和应归档文件未归档现象的发生。此项工作方法的应用,实现了电子文件的前端控制和全程控制,首次在企业档案管理领域采用。

归档后的项目文件只能在终端上进行浏览,不得下载。

防止低版本或作废版本的文件被错误使用一直是文件管理工作中的难题。针对这一难题,档案中心开发了档案系统 B/S 端,实现档案目录在线查询,电子版文件在线浏览,并且不能下载。如果需要下载或者复制使用,需在线提交利用申请,审批通过后方可进行下载。这一管理方式严格控制了文件的使用范围,实现文件受控管理。

建立了档案信息网,可办理、运行档案各项工作流程。

开发了档案信息网,设立了档案动态、法规制度、快速通道等栏目。通过档案信息网实现档案制度、档案动态、各项业务流程在线公布。通过该网站还可以实现档案在线查询、在线浏览,对于没有权限或没有电子版的文件可以实现在线办理利用审批。对于通过档案系统分发到各部门的文件,可以实现各部门资料员在线进行二次分发,设计员在线查阅、浏览。

21 维修审查委员会报告

21.1 问题背景

依据 CCAR-121 部第 121.151 条和 121.367 条、CCAR-135 部第 135.45 条和 135.425 条以及 CCAR-25 部第 25.1529 条和附录 H,新型和衍生型的民用航空器在交付第一架飞机之前或者获颁标准适航证之前,必须由航空器制造人制订初始最低计划维修和检查要求(称为维修审查委员会报告,缩写 MRBR,内容包括了计划维修任务的内容和维修间隔)并由中国民用航空局批准。进一步优化后产生出"维修计划文件"(简称 MPD)作为重要的技术出版物交付给运营商,以满足其持续适航的维修保障需要。中国民用航空局咨询通告 AC-121/135-67 推荐使用 MSG-3 的分析方法来制定型号 MRBR 和 MPD。

在民用飞机研制和型号合格审定过程中,按照 CCAR-21-R3 和咨询通告 AC-21-AA-2008-213《研发试飞和验证试飞特许飞行证颁发程序》均对试飞飞机的检查和维修工作做了严格的要求。该咨询通告要求,试飞航空器在取得特许飞行证前,必须按照 CCAR-91.323 的规定编制维修检查方案,并通过审查组评审。

21.2 技术难点

ARJ21 飞机作为首个完全由我国独立自主研制并取得型号合格证(TC)的民机型号,其 MRBR 和 MPD 的制定是国产民机型号上的首次探索。在此之前,国内从来没有一个飞机型号完整地按照国际通用标准规章进行过完整的 MRBR 和试飞维修检查方案制定工作,技术积累非常薄弱。同时,这些工作的开展还面临着国际上重重的技术封锁。作为型号研制和商业化过程中必须攻克的一道难关,必须白手起家,联合国内各方面的力量开展技术攻关。

21.3 国内外现状

ARJ21 飞机作为首个完全由我国独立自主研制并取得型号合格证(TC)的民机型号,其 MRBR 和 MPD 的制定是国产民机型号上的首次探索。同时,由于 MRBR

的基本依据标准 MSG-3 文件历经多次改版,到 ARJ21 飞机 MRBR 工作全面开展时,全球竟找不到其他任何一个比它采标更新的型号(同时期最先进的 B787、A380 等型号都采用的是比较旧版本的 MSG-3);特别是 ARJ21 所采用的 MSG-3 2007 版,其区域和 L/HIRF 部分的标准程序内容比起之前版本发生了颠覆性的修改。因此,ARJ21 飞机的 MRBR 制订工作不仅是在国内实现了型号 MRBR 的首个突破,更是代表了同期的国际先进水平。

ARJ21 飞机的 MRBR 制订工作从 2004 年 9 月正式开始,至 2014 年底最终取得中国民用航空局(CAAC)和欧洲航空安全局 EASA 的审查批准,历时整整 10 年。10 年间,以中国商飞上海飞机设计研究院为牵头主体,包含中航商飞、中国商飞客服中心、国内各大航空公司、南京航空航天大学、中国民航大学、中国科学院、通用电气公司等在内的一系列科研和技术机构参与了这一工作,并由中国民用航空局(CAAC)和欧洲航空安全局(EASA)全程介入审查。在国际上重重技术封锁的情况下,项目从基础的标准和法规研究开始,将持续适航的工程思路落实到飞机的每一个具体的设备和零部件,在分析制订计划维修任务的同时不断验证、考量和优化飞机设计,在此过程中不断提高技术成熟度和程序成熟度,最终实现了代表世界先进水平、满足飞机商业运营需要的型号 MRBR。通过这一项目的带动,国内在该领域的研究和技术水平整体迈上了一个新的台阶,带动了相关领域和各参与单位的整体技术提升,促进了国内民机制造产业的整体技术升级。

ARJ21 飞机是国内首个完全自主设计并独立走完型号合格审定过程的飞机型号。在此之前,国内没有任何一家飞机制造商完整地按照 AC-21-AA-2008-213 要求制定过商用飞机的型号试飞维修检查方案。试飞维修保障是技术和经验高度融合集中的工作,稍有差池就会导致试飞机严重的事故,给整个型号带来不可估量的损失。适航规章的要求是与国际先进水平完全一致的,但中国商飞作为新兴制造商,型号试飞经验、特别是型号试飞保障经验几乎为零,再加上试飞机本身还有一些潜在的不安全因素存在,这中间的落差和鸿沟必须通过工程技术人员超强的创新才能弥补和实现。中国商飞上海飞机设计研究院产品支援部以区区 20 人不到的技术队伍,迎难而上,在仅从其他制造商技术人员处获得只言片语技术提示的情况下,创造性地以服务型号运营的 MSG-3 分析为基础,独立地制定出详细周全的型号试飞维修检查方案。ARJ21 飞机的试飞工作历时 5 年,创造了世界民机试飞周期长度之最,甚至环绕地球一圈远赴加拿大温莎机场开展结冰试飞。在这么长周期的试飞过程中,飞机经历了各种严酷试飞环境和试飞科目的考验,还经历了诸如黄鼠狼入侵重要舱段这样的意外事件,但是飞机没有出现任何大的事故,试飞维修检查方案的重要作用不可估量。

21.4　解决方案

维修审查委员会报告(MRBR)是经适航管理当局批准的飞机持续适航主要文

件之一,是制造商为运营商使用飞机而准备的基本文件。ARJ21-700 飞机的 MRBR 是根据 MSG-3 REV2007.1 逻辑分析方法制订的系统、动力装置、结构、区域和闪电/高强度辐射场防护系统的初始最低预定维修/检查要求。

商用飞机的 MRBR 工作本质上是对飞机运营安全性与经济性开展的技术权衡,需要在对飞机总体、结构、设备和零部件的设计信息全面掌握的基础上,充分吸收飞机制造、试验、试飞中的维修数据,同时充分吸收其他相似机型航线运营维修中的经验,通过制订尽可能少而简单的计划维修检查工作,来保证飞机正常运营所需的基本可靠性和安全性。制订型号全寿命周期计划维修工作和间隔的目的是:①保持飞机装备的固有安全性和可靠性;②在设备性能恶化时,将其安全性和可靠性恢复到固有水平;③对某些安全性、可靠性差的项目提出重新设计的要求;④保证以最经济的手段完成上述任务。

ARJ21-700 飞机是用作商业航空运输的客运支线飞机,按 CCAR-25 部的相关规定进行合格审定。为了与 CCAR-25.1529 的附录 H 部分保持一致,制造商必须准备持续适航文件,其中 MRBR 是持续适航文件的一部分,它给出了飞机的初始最低预定维修要求。ARJ21-700 的初始维修大纲包括 ARJ21 飞机基本构型的预定维修要求,最终的 MRBR 要依据 ARJ21-700 最终设计构型进行修订。相关的条款有 CCAR-25.571、CCAR-25.1309、CCAR-25.1529、CCAR-25.981 和 CCAR-25 部的附录 H 部分。这些相关部分的具体内容如下:

CCAR-25.981,油箱点火保护部分。

CCAR-25.571,损伤容限和疲劳评估部分,见 2.2.4 部分。

CCAR-25.1309,设备、系统和安装,见 2.2.5 部分。

CCAR-25.1529,持续适航文件,见 2.2.6 部分。

CCAR-25 附录 H,维修指令部分 2.2.7(H25.3[b][1]部分)。

在民用飞机研制和型号合格审定过程中,按照 CCAR-21-R3《民用航空产品和零部件合格审定规定》,需要进行研发试飞和验证试飞。为保证试飞飞机安全,CCAR-21-R3 和咨询通告 AC-21-AA-2008-213《研发试飞和验证试飞特许飞行证颁发程序》均对试飞飞机的检查和维修工作做了严格的要求。该咨询通告要求,试飞航空器在取得特许飞行证前,必须按照 CCAR-91.323 的规定编制维修检查方案,并通过审查组评审。按照这些规定,"试飞用维修检查方案"文件是飞机首飞和试飞所需的基本工程文件,飞机制造商在首飞前就必须编制完成并获得局方批准。

试飞用维修检查方案脱胎于正常运营的飞机的 MSG-3 分析和 MRBR,同时又在以下几个方面存在特殊性:①开展飞行试验工作的飞机,其系统和结构各个方面的性能都还处于"待验证"的状态,各个方面不确定的因素较多,发生意外失效的概率也较高,因此试飞维修检查方案必须相对保守,以充分预防可能的意外失效;②试飞过程改装、加装的测试设备与正常的机载设备之间必然存在相互影响,加/改装设备的可靠性也直接影响飞机的可靠性和安全性,因此试飞维修检查方案必须充分考虑对试飞加/改装设备及受其影响;③试飞飞行科目的任务剖面与飞机正常运营的任务剖面偏离较大,有些科目(如失速、重着陆/超载着陆、中断起飞/硬刹车、溅水试验、大侧风等科目等)的任务条件比实际运营严苛很多、环境更加严酷、飞机系统和结构受到的载荷也远高于正常运营状态,而且这些情况往往在试飞的某个较短时间周期内集中发生,因此试飞维修检查方案必须更加严格以充分考虑这些不利条件对飞机固有可靠性带来的影响;④试飞中的飞机相对于正常运营的飞机来讲,飞行和保障工作对经济性的要求相对较低,而安全性要求则相当甚至更高,同时试飞机的维修保障条件一般要优于航线运营飞机或与之相当,因此在保证试飞机安全可靠、必要的保障条件(地面设备、备件等)能够充分验证的前提下,经济性方面的考虑可以相对放宽;⑤试飞维修方案的实施本身也是试飞验证工作的一部分,它是对飞机运营维修大纲和维修程序的实际验证,因此该方案必须脱胎于为飞机正常运营所制定的维修方案文件(包括维修大纲 MRBR、维修计划文件 MPD),执行与正常运营维护工作一致的维修程序和手册,尽量采用与正常运营维护工作相当的保障条件(地面设备、航材备件);⑥鉴于⑤条,试飞维修方案中应建立对运营维修方案文件(MRBR、MPD)和运营维护程序(AMM、IPC、EMM、SRM 等技术出版物)的验证反馈完善机制,对不合理的维修任务和程序给出改进建议,甚至反馈到设计更改。

21.5　创新点

ARJ21 飞机全寿命周期计划维修检查方案(MRBR)的制订过程以上述 4 个部分的 MSG-3 分析工作为主体,辅之以其他相关的技术工作,实现的主要技术创新点如下。

(1) MSG-3 通用工业标准的型号工程化应用:

a. 对系统/动力装置 MSG-3 分析逻辑方法的工程应用;

b. 对结构 MSG-3 分析逻辑方法的工程应用;

c. "其他结构项目"分析;

d. 对区域 MSG-3 分析逻辑方法的工程应用;

e. 对闪电/高强度辐射场防护系统(L/HIRF)MSG-3 分析逻辑方法的工程应用;

f. 系统/动力装置、结构和 L/HIRF 维修任务向区域维修任务的转移与合并。

(2) 型号试飞维修检查方案的制订与实施。

21.6　解决的关键技术

作为一份通用的工业标准,MSG-3 REV2007.1 文件给出的仅仅是基本的

MSG‑3分析流程和方法,对于这份文件在具体的型号工程中怎么使用,文件中只有少量原则性的说明。因此,必须结合具体型号的实际情况,将通用的工业标准文件进行型号工程化。ARJ21飞机作为首个完全由我国独立自主完成设计制造的民机型号,研发工程团队在各个方面的技术和经验积累都非常欠缺,加之国际上重重的技术壁垒,只能依靠自己的力量不断地尝试和摸索。例如,为普遍适用性考虑,标准中给出的原则性说明往往比较宽泛,具体型号上稍微地理解不同就会导致后面分析结果的重大差异,放宽则带来难以估量的安全隐患,偏严则带来飞机运营成本的大大提高。此时就必须大量地走访调研国内外各大航空公司,从他们运营飞机的历史数据中分析、从民航一线维修工程师的经验中提炼、从与供应商的合同博弈和技术交锋中获取,同时再与局方进行深入的讨论交流,确定合适的准则。再如,MSG‑3逻辑分析过程中需要通过矩阵运算来确定任务的类型和间隔,而运算中所采用的参数、基础维修检查间隔,这些基本的数据参数对于成熟制造商来讲是数十年甚至上百年的设计工程经验积累,是严格保守的商业技术机密,而对于新兴制造商来讲就只能从大量的设计、制造、试验中分析总结得出。用户要求维修工作越简越好、越少越好,而局方和公众则要求安全性的最大化,在这种情况下作为制造商决断的每一步都战战兢兢、举步维艰,每一个参数的选择都必须找到切实的证据支持。通过ARJ21飞机10年的MSG‑3分析工作,充分实现了MSG‑3通用工业标准的型号工程化,这为中国民机制造产业完成了型号MRBR工程化技术数据的第一次"原始积累",实现了重大技术突破,为后续型号的MRBR乃至型号MRBR审定工作开辟了道路。

1) 对系统/动力装置MSG‑3分析逻辑方法的工程应用

MSG‑3中对系统/动力装置的分析应用了一个渐进的逻辑决断图,这个逻辑决断图是应用设计和试验的工程数据来确定和评价每一个重要维修项目(MSI),并通过对每个项目的功能影响和故障原因的分析来确定计划性维修的方式,再通过可靠性分析和试验的数据以及飞机的具体运营环境评价来确定计划维修任务的间隔。在这一过程中,实现了以下的技术创新:

(1) 重要维修项目(MSI)的确定。在具体的MSG‑3分析之前,必须先通过严格的工程判断来确定飞机系统/动力装置的"重要维修项目"。应用工程判断法确定MSI,是以预期的故障后果为基础的保守评定过程,这极大地依赖于对系统/动力装置的设计数据、试验数据和可靠性数据的掌握。ARJ21飞机大量地采购了国外成熟供应商提供的机载系统/设备和动力装置,MSI的确定和批准过程是对国外供应商技术的深度消化和吸收,通过这一过程,使得整个设计团队在分析过程中积累了机载系统设备和动力装置的设计研发经验。

(2) 燃油箱起火防护项目的分析。按照CCAR‑25.981"油箱点火保护部分"的要求,对燃油箱起火防护项目中会直接导致不安全状态的部件要采取强制维修措施；对于不会直接导致不安全状态的部件，则要进行进一步的 MSG-3 分析。这个"进一步的 MSG-3 分析"如何开展，在 MSG-3 标准中并没有给出。这就必须通过创新性的工作，找到切实可行的工程方法，通过局方认可后再给出严谨可靠的工程分析报告。由于 CAAC 的 AEG 团队也是首次开展此类审定工作，因此无论是制造商还是审定方在这个项目上都是"摸着石头过河"。不断调研、不断交锋，经过三年多的艰苦努力，项目圆满完成了 ARJ21 飞机燃油箱起火防护项目的 MSG-3 分析，并通过了 CAAC 和 EASA 联合审查。

（3）应急撤离滑梯抽样检查方案的确定。应急撤离滑梯是民航的重要安全设备，是飞机保持适航状态和正常运行不可或缺的保证。制订合理的应急撤离滑梯抽样检查方案并严格实施，是提高应急撤离滑梯安全性的重要保证。但是 MSG-3 标准文件中没有规定制订抽样方案的方法，同时供应商也不能提供相应帮助。在这种情况下，就必须深入研究相似机型滑梯抽检方案，并结合 ARJ21 飞机的设计特征提出创新性的解决方案。通过走访国内多家航空公司，收集并研究国内典型飞机包括 B737NG 系列、A320 系列、CRJ700、CRJ900、ERJ170、ERJ190 等厂家的应急撤离滑梯抽样检查方案，并结合 ARJ21-700 飞机滑梯系统设计情况和 ARJ21-700 飞机预期使用情况，经过历时两年多的分析、研究、讨论、完善等工作，终于制订了满足用户需求和局方审查要求的抽样检查方案，通过了 CAAC 和 EASA 的审查。

2）对结构 MSG-3 分析逻辑方法的工程应用

对飞机结构开展 MSG-3 分析并制定计划维修大纲 MRBR 的目的是在飞机使用寿命期内，通过最少量计划性的维修检查工作和最低限度的经济消耗，来以探测和预防由疲劳、环境损伤或偶然损伤引起的结构恶化，实现适航当局所要求的结构安全水平，并最大限度地提高结构的安全性。在 ARJ21 飞机结构 MSG-3 分析过程中，实现了以下重要的技术创新。

（1）结构初始检查间隔的确定。一架飞机的所有结构零部件在腐蚀、疲劳、磨损、环境损伤、意外损伤等各种影响因素的作用下，总体上会是一个什么样的可靠性水平，这决定了飞机结构的"初始检查间隔"。初始检查间隔是结构 MSG-3 分析的基础，所有的结构检查任务都应该是这个初始间隔的倍数。这个间隔太保守，就会造成检查太早结构损伤还没有充分暴露，导致维修检查工作白做还留下安全隐患；这个间隔太长了又可能导致检查时间超过结构件的安全寿命期带来安全问题。因此，只有结构初始检查间隔定到非常准确，才能够把飞机机体的安全性维持到一个最优的水平上，也才能够把全寿命周期结构检查的工作量和费用降到最低。结构可靠性设计是深度依赖于工程经验和历史试验数据的工作，但是 ARJ21 飞机作为国内首个完全自主的飞机型号，这方面的积累少之又少，其他相似机型的数据参考意义也不大。面对这样的现实，结构 MSG-3 分析团队通过对型号结构设计准则的深入研究,大量收集了结构强度校核和结构试验的数据,在此基础上运用数理统计的方法开展深入研究,最终制订出 ARJ21 飞机的初始结构检查间隔,并获得了局方的认可。

(2) 结构疲劳分析。损伤容限分析是用来评估每一个结构项目在达到临界损伤之前是否可以被检测到,并最终形成一个检查大纲来确保飞机的持续运行安全。损伤容限分析包含剩余强度计算、裂纹扩展计算。其中临界损伤是使用剩余强度分析程序,并基于限制载荷以及典型材料特征来计算的;裂纹扩展速度是根据典型使用载荷、载荷谱和典型材料特征来预测的。MSG - 3 中的 FD 分析是根据结构裂纹扩展曲线,确定检查间隔和检查方式,这是疲劳和损伤容限评定工作内容中的一部分。在此之前,国内有关结构 MSG - 3 分析中 FD 分析的内容几乎没有开展的先例,相关的研究也很少。结构 MSG - 3 分析团队通过对型号结构设计准则的深入研究,在飞机设计的平均寿命目标值的基础上,深入研究疲劳试验结果、裂纹扩展分析结果,再通过广泛的运营商使用经验数据调研,最终完成了符合适航审查要求的结构疲劳分析。

3) "其他结构项目"分析

在 2007 版 MSG - 3 分析逻辑中,仅针对民用飞机的重要结构项目(SSI)开展 MSG - 3 分析,从安全的角度出发,并结合 ARJ21 - 700 飞机的特点,首次提出在 MSG - 3 分析中增加对其他结构项目(Non-SSI)的分析。其他结构项目即判断为非重要结构项目的结构。该部分结构同样需要进行外部和内部的详细分析,通过对比重要结构项目和相似机型的分析,形成针对其他结构项目的维修任务和检查间隔。经结构工作组的多轮会议,结合重要结构项目的分析方法,逐步形成了针对其他结构项目的分析逻辑和流程,并在 ARJ21 - 700 飞机中得到具体的实践,从而使 ARJ21 - 700 飞机的结构 MSG - 3 分析覆盖全机。圆满完成了全机结构部分的 MSG - 3 分析。其他结构项目的分析逻辑和方法得到了局方和航空公司的认可,并纳入到了最新版的 MSG - 3 分析中。

4) 对区域 MSG - 3 分析逻辑方法的工程应用

增强区域分析(EZAP)是飞机 MRBR 制定过程中区域 MSG - 3 分析的一部分。但是,由于其分析对象是全机的电气线路互联系统(EWIS),是保证飞机 EWIS 持续适航的基础分析工作,因此得到了更多的关注。EZAP 不仅作为飞机区域 MSG - 3 分析的一个重要部分而存在,更是被 FAR/CCAR - 26 部所关注,将其分析报告作为 FAR/CCAR - 26 部 EWIS 持续适航文件审查的重要内容。FAA 还专门为 EZAP 分析制定了咨询通告 AC - 25 - 27,短短 2 年后又修订为 AC - 25 - 27A,而这一切都是在新近几年间的事情。足见 EZAP 这部分内容的重要性、创新性和复杂性。

ARJ21 - 700 飞机的 MSG - 3 分析采用 ATA MSG - 3 REV2007.1 版,这样造

成了 ARJ21 - 700 飞机 EZAP 分析的逻辑决断流程相对世界最先进的机型都发生重大变化,许多原则和方法都需要重新探索和确定。同时,由于各大局方对这部分工作的理解也有所不同,甚至有些内容连经验丰富的国外局方也有些理解不够的地方。这样就造成了区域工作组分析工作尤其是 EZAP 部分工作的大量反复,方法原则一次次推翻,再一次次建立,直至最后完善成形。这不仅是工作量的简单增长,更是包含了大量方法和流程的艰难探索。

由于概念新、方法新、飞机新、团队新,在 EZAP 分析的过程中,我们团队甚至找不到国外类似机型开展相关分析的先例。每一次方法原则的改变都是一次全新的探索。在这整个过程中,维修工程室一直坚持不懈,一方面在国内外航空公司搜集航线运营维护信息,通过大量维修案例数据的搜集和整理,听取汇总来自运营商的经验和意见;另一方面积极争取各种与国内外局方、运营商接触的机会,尽可能多收集有关任务接受合并方面的原则性、逻辑性的信息。最终我们提出了大量独到的理解,并做出了相应分析的实例,得到了几大局方的高度认可。

5) 对闪电/高强度辐射场防护系统(L/HIRF)MSG - 3 分析逻辑方法的工程应用

目前飞机设计中多种新技术的采用和发展大大增加了 L/HIRF 防护的重要程度,对飞机的 L/HIRF 防护提出了更高的要求,随着 MSG - 3 文件中 L/HIRF 分析程序的增加和发展,新研机型需要开展对重要闪电/高强度辐射场项目(L/HIRF Significant Item, L/HSI)的分析和 L/HIRF 维修大纲的制订工作。MSG - 3 文件中 L/HIRF 分析程序从 2003 版到 2005 版,再到 2007 版在 L/HIRF 分析逻辑和流程上发生了很大的变化,对分析工作产生很大影响。L/HIRF 的分析工作覆盖全机,涉及专业多,范围广,分析工作难度非常大。在近 10 年的分析过程中,通过不断研究讨论,与拥有丰富使用维护经验的专家交流,逐渐将 MSG - 3 分析方法贯彻到飞机维修大纲的制定过程中。在这一过程中,实现了如下的技术创新:

(1) L/HSI 的选择分析和确定。

基于系统和结构 L/HIRF 防护设计要求与设计措施,梳理确定全机各系统和结构所有 L/HIRF 防护部件,并对每个防护部件进行安全性分析,从防护措施失效的角度,考虑防护部件功能退化,同时遭遇 L/HIRF 事件,判断防护对象功能失效情况,以及对飞机的安全性影响情况,确定 ARJ21 - 700 飞机的 L/HIRF 重要项目(L/HSI)。

(2) 形成 L/HIRF 分析程序。

国内此前没有对制订 L/HIRF 维修大纲等工作进行关注研究,国外对此部分的内容研究和应用也是处于不断探索的过程,因此对 MSG - 3 文件中 L/HIRF 分析程序的理解是公认的难点,如何贯彻应用到 ARJ21 - 700 飞机 L/HIRF 维修大纲制定过程又是一个全新的挑战。L/HIRF 分析团队充分解读和理解了 MSG - 3 文件的分析逻辑，通过不断与局方和航空公司维修人员的探讨，根据指导原则制订了适合 ARJ21‒700 飞机的符合 MSG‒3 文件的分析程序。

（3）全球第一个应用 MSG‒3(REV 2007.1)逻辑进行 L/HIRF 维修大纲制订。

国内对制订 L/HIRF 维修大纲工作的关注研究极少，国际上也是处于探索和研究阶段。飞机维修大纲制订过程中需要重点研究如何准确全面地理解 MSG‒3 文件。ARJ21‒700 飞机是国内第一次全面采用了基于 MSG‒3 的逻辑方法进行 L/HIRF 维修大纲制订。作为一个新研机型，已将 MSG‒3 中 L/HIRF 分析方法贯彻到 ARJ21‒700 飞机维修大纲的制订过程中。首先按照 2003 版的 MSG‒3 文件完成了 L/HIRF 的分析，在 MSG‒3 文件中 L/HIRF 分析程序发生非常大的变化后，2010 年开始又根据 2007 版 MSG‒3 文件制订 ARJ21‒700 飞机维修大纲，使 ARJ21‒700 飞机成为全球第一个应用 MSG‒3(REV 2007.1)逻辑进行 L/HIRF 维修大纲制订的机型。

6）系统/动力装置、结构和 L/HIRF 维修任务向区域维修任务的转移与合并

把通过 MSG‒3 分析方法分析得到的部分系统、结构和 L/HIRF 的一般目视检查任务与区域任务合并，从而避免飞机实际运营中无谓的重复性维修工作，是在保证安全性和持续适航的基础上，提高飞机运营经济性的一项重要工作。但是，由于 MSG‒3 方法中系统、结构、L/HIRF 和区域这几个部分的分析逻辑彼此之间大相径庭，任务制订的方法流程、考虑的侧重点都有所不同。一条系统、结构或 L/HIRF 维修任务被区域检查合并，这就意味着这条任务将在实际的维修工作中完全被区域检查所替代，这就对合并工作的严谨性、准确性和科学性提出了很高的要求：既不能合并尺度过大造成该独立做的任务被"消灭"，也不能尺度过小造成维修任务重复带来维修成本的上升。

因此，要较好地完成各工作组转区域任务与区域本身任务的合并，需要制订出一整套完整、严密、科学的方法和流程。然而，现有的 MSG‒3 文件对于转区域候选任务的接收/合并过程并没有详细的操作流程和方法说明，而国内外类似机型的相关信息也难以获得（我们最多只能看到人家合并后的结果，却看不到人家合并前的样子，如何完成合并的更是无从知晓）。鉴于这样的现状，通过深入分析研究现有机型的维修大纲和 MRBRP 等文件，发现其中在任务合并方面存在的规律性的东西，探究其实质；广泛调研，在国内外航空公司搜集航线运营维护信息，通过大量维修案例数据的搜集和整理，听取汇总来自运营商的经验和意见；积极争取各种与国内外局方、运营商接触的机会，尽可能多收集有关任务接受合并方面的原则性、逻辑性的信息；对现有的维修任务，尤其是转区域候选任务进行深入的分析评估，结合维修对象的设计方案/原理等，深入分析任务工作内容、工作流程、任务资源消耗等信息，逐渐明确将一个维修任务合并到区域任务所需要考虑的细节，最终形成一套标准化、执行度高的任务转移/合并逻辑。

经过几轮工作组会议和 ISC 会议的讨论,这套任务转移/合并逻辑得到了几大局方的一致认可。利用这套逻辑,我们圆满完成了电子电气、燃油动力、液压机械、环控内饰、结构、L/HIRF 工作组转区域任务的转移合并。合并后的结论得到 CAAC、EASA 和中国香港地区民航处等国内外局方的一致批准,同时也得到了国内各航空器运营商的认可。

21.7 应用前景与推广价值

21.7.1 应用前景

目前,项目成果已经在 ARJ21 飞机试飞过程中获得了全面应用,所制订的试飞维修方案科学严谨、经济高效,获得了局方的批准,并保证了飞机历时 5 年的试飞工作,取得圆满成功。

本项目为 ARJ21 飞机制定了全寿命周期的计划维修大纲,包括通过局方严格适航审批的计划维修任务、维修间隔、试飞维修要求等重要内容。在国内第一次完整地建立起型号 MRBR 和试飞维修要求制定的工作体系,开辟了前所未有的技术道路。项目的成果为 ARJ21 飞机的商业运营提供了重要的持续适航安全保证,将大大提高运营保障的效率,降低 ARJ21 飞机全寿命周期的运营和维修成本,随着 ARJ21 飞机的批生产和产业化,项目成果将产生巨大的经济效益,并随着飞机产品的持续推广销售而逐渐显现。

21.7.2 推广价值

ARJ21 飞机作为首个完全由我国独立自主研制并取得型号合格证(TC)的民机型号,其 MRBR 和 MPD 的制订不仅是在国内实现了型号 MRBR 的首个突破,更是代表了同期的国际先进水平。

22 备份仪表系统重大技术风险

22.1 问题背景

集成式备用仪表系统(ISI)是 ARJ21-700 飞机上一套综合了空速/马赫数、高度、姿态、导航信息等计算和/或显示的仪表系统,该系统是驾驶舱显示系统的重要组成部分。同时,它还向失速保护计算机、数据集中装置、飞行控制系统等飞机关键系统提供数据输入;在空速校准试飞和失速试飞等局方关注的重大试飞科目中,集成式备用仪表系统构型始终在试飞构型控制范围内。2011 年年初,在前期的试飞中 ISI 多次出现了姿态显示异常的情况,同期由于日本发生地震,集成式备用仪表的二级供应商受到直接影响导致短期内无法恢复对项目的支持。此时正处在空速校准试飞的关键时期,该问题也由此被列为中国商飞 2011 年度重点关注的高风险项目之一。

22.2 技术难点

民机系统设计的特点之一是高集成度,在项目进入验证阶段出现供应商或者设备的更换,对民机研制进度、民机技术风险来说非常高。系统需求的提出及项目进度的管理难度较大。

ARJ21-700 飞机集成式备用仪表在进入试飞阶段后,发现设备在飞机上经常出现天地倒转现象,该现象影响了试飞的安全和部分试飞的有效性,同时,后续一系列重大的全机性试飞均需要集成式备用仪表达到正常工作的构型,外加日本发生了突然的大地震,导致集成式备用仪表的供应商发生严重的损失,无法恢复研发和生产工作。

为了不影响后续的重大试飞任务,项目决策对设备供应商进行更换,换为技术更为成熟的供应商产品。但是由于集成式备用仪表与多个系统交联,且其物理特性以及电气特性均设计冻结,为了不影响近在眼前的重大试飞任务,如何快速完成设备供应商的更换且不出现重大技术风险便成为该项工作的技术难点。

22.3 国内外现状

2011年,ARJ21-700飞机处于试飞初期,中国商飞对于民机流程中出现的重大技术风险还尚未有成熟经验,且由于民机的研制过程控制非常严格,与国内民机或者类似机型的技术风险处理方式完全不同,在国内也属于摸索阶段。所以对于出现如此技术风险,并没有成熟的体系来支持该更改工作,极易出现技术风险评估不准确,处理方案不完整的问题,从而再次对试飞进度造成二度伤害。

波音公司的供应商风险管理较为成熟,通过加强优势互补,强强联合,构建高效供应链;构建学习型供应链,促进知识交流与共享;实行成员企业一定范围内的自主管理;加强供应链企业信息沟通和信息共享;建立供应链企业间密切合作、互荣共存的关系;用信息化平台整合全球业务。这些策略确保供应商风险能够得到很好的识别,并及时有效传递信息,真正实现风险共担。

空客公司具备完善的供应商风险管理机制,且其技术能力较强,通过对系统需求的严格控制以及核心技术内容的掌握,使其供应商作为设备供应商存在,故在出现技术风险后,能够以较少的经济和事件损失,完成系统的设备更换工作。

22.4 解决方案

1) 集成式备用仪表出现的问题

当前,在101至104架机上ISI主要存在如下的问题:

(1) 101至104架机上所有的ISI设备均未加载SSEC数据,其指示的高度和空速/马赫数未进行SSE修正。

(2) 101、102和104架机上的ISI设备在飞行中曾经出现"天地倒转"等姿态显示故障。在前期试飞中,ISI设备多次出现姿态显示故障,经过航电专业和供应商的共同努力,判定该故障出现的原因为设备硬件电磁防护设计和软件存在缺陷。随后,供应商对ISI软硬件进行了更改,目前,103架机上的ISI设备为纠正了姿态显示故障的设备;101、102和104架机上的ISI设备还未升级,上述姿态显示故障仍存在。

(3) 104架机上的ISI设备姿态显示存在偏差。由于101至103架机仪表板的倾角为12°,104架机仪表板的倾角为17°,而目前的ISI设备软件均按12°进行补偿。因此,104架机上ISI显示的姿态与飞机真实的姿态存在一定的偏差。考虑到ISI自身带有的±3°用户设置功能,104架机上ISI显示的俯仰姿态与飞机真实的俯仰姿态之间存在−2°左右的偏差。

(4) 2011年3月底,RC/TKK曾交付过一个纠正了姿态显示故障、执行17°仪表板安装角度补偿并加载了104架机SSEC数据的ISI,但在2011年4月26日将该设备在104架机上装机并进行OATP和SSEC加载专项测试时,发现设备存在故障。

（5）ARJ21-700 飞机集成式备用仪表（ISI）原由航电主供应商 RC 的子供应商日本 TKK 公司负责研制。2011 年 5 月 9 日，RC 通过 ECM 提出当前 ISI 供应商 TKK 的研制工作存在很大的技术和进度风险，并且其经常不能遵守许诺的计划进度，因此建议更换 ISI 的供应商。目前，ACAC 已经批准更换 ISI 供应商，同意采用美国 L3 公司的 ISI 产品来替换 TKK 公司的 ISI。

在确定设备供应商作为一个备选方案后，技术人员通过系统功能、物理参数、机械接口、电气接口、全静压接口、功能接口、工作量、技术风险等几个方面对更改工作进行了详细的评估，并对更改方案进行了多轮的三方评审，明确了更改的进度，按照进度严格实施更改工作。

2）对比分析的情况

从表 22-1 SFIS-3900 和 SFIS-20 分别满足的 TSO 类别中可以看出，SFIS-3900 所满足的 TSO 类别较 SFIS-20 更多，所提供的功能也更多。据 RC 介绍，SFIS-3900 产品已获得过 TSO 批准，为成熟产品。但为满足 ARJ21-700 飞机的需求，还需对部分软件进行更改，然后重新申请 TSO 批准；而 SFIS-20 为新研产品，从未获得过 TSO 批准。

表 22-1　SFIS-3900 和 SFIS-20 满足的 TSO 类别对比

基本 TSO 类别	功　　能	SFIS-3900	SFIS-20	备注
C2d	空速仪表	√	√	
C3e	转弯和侧滑仪表	√	C3d	
C4c	俯仰和滚转仪表	√	√	
C10b	高度表，压力作动敏感型	√	√	
C34e	ILS 下滑道接收设备	√	√	
C35d	机载无线电信标接收设备	√	√	
C36e	机载 ILS 航向信标接收设备	√	√	
C40c	VOR 接收设备	√	√	
C46a	最大允许空速仪表	√	√	
C95a	马赫表	√	C95	
C106	大气数据计算机	√	X	
C113	机载多功能电子显示器	√	√	
可选 TSO 类别	功能	SFIS-3900	SFIS-20	备注
C6e	定向仪表，磁性（陀螺稳定）	√	X	
C8e	垂直速度表（爬升速率）	√	X	
C66c	测距器	√	X	

注："√"表示满足，"X"表示不满足。

表 22 - 2 为 SFIS - 3900 和 SFIS - 20 的软硬件对比分析,从中可以看出,两者的软硬件级别相同,但 SFIS - 3900 设备的软件为现场可加载软件,而 SFIS - 20 的软件不可现场加载。

表 22 - 2　SFIS - 3900 和 SFIS - 20 的软硬件对比分析

产品	软件		硬件	备注
	DO - 178B 等级	是否现场可加载	DO - 254 等级	
SFIS - 3900	Level B	是	Level B	
SFIS - 20	Level B	否	Level B	

表 22 - 3 为 SFIS - 3900 和 SFIS - 20 的液晶显示器性能参数对比分析,从中可以看出,两者的 LCD 显示器分辨率相同,但 SFIS - 3900 的有效显示面积较 SFIS - 20 稍小一些。SFIS - 3900 在别的机型上已经用过,此有效显示面积对驾驶员来说应该是可接受的。

表 22 - 3　SFIS - 3900 和 SFIS - 20 的液晶显示器性能参数对比分析

项目	SFIS - 3900	SFIS - 20	备注
有效显示面积	2.2×2.2 in	2.4×2.4 in	
分辨率	384×384	384×384	

SFIS - 3900 仪表壳上的按键及旋钮带有 LED 背光照明,而 SFIS - 20 仪表壳上的按键及旋钮没有 LED 背光照明。

表 22 - 4 为 SFIS - 3900 和 SFIS - 20 的姿态、速率和加速度性能参数对比分析,从中可以看出,两者大部分性能参数精度相同,SFIS - 3900 只在滚转角和俯仰角动态精度上比 SFIS - 20 稍低;滚转、俯仰和偏航速率范围也比 SFIS - 20 小,但精度却比 SFIS - 20 高。

表 22 - 4　SFIS - 3900 和 SFIS - 20 的姿态、速率和加速度性能参数对比分析

项目	SFIS - 3900	SFIS - 20	备注
滚转角范围	±180°	±180°	相同
俯仰角范围	±90°	±90°	相同
滚转角精度	静态:±0.5° 动态:±3.0°	静态:±0.5° 动态:±2.0°	有差别
俯仰角精度	静态:±0.5° 动态:±3.0°	静态:±0.5° 动态:±2.0°	有差别
滚转速率范围	±100°/s	±190°/s	有差别

（续表）

项目	SFIS - 3900	SFIS - 20	备注
俯仰速率范围	$\pm100°/s$	$\pm190°/s$	有差别
偏航速率范围	$\pm100°/s$	$\pm190°/s$	有差别
滚转速率精度	$\pm0.1°/s$	$\pm0.2°/s$	有差别
俯仰速率精度	$\pm0.1°/s$	$\pm0.2°/s$	有差别
偏航速率精度	$\pm0.1°/s$	$\pm0.2°/s$	有差别
纵轴加速度范围	$\pm1.9g$	$\pm1.9g$	相同
横轴加速度范围	$\pm1.9g$	$\pm1.9g$	相同
垂轴加速度范围	$\pm1.9g$	$\pm1.9g$	相同
纵轴加速度精度	$0.015g$	$0.015g$	相同
横轴加速度精度	$0.015g$	$0.015g$	相同
垂轴加速度精度	$0.015g$	$0.015g$	相同

　　SFIS - 3900 和 SFIS - 20 的空速和马赫数计算性能参数基本接近，但在高度计算性能方面，SFIS - 3900 较 SFIS - 20 稍差一些，具体差别如表 22 - 5 所示。在电话会议上，RC 澄清表 22 - 5 中标明的 SFIS - 3900 精度为 TSO 要求的最低标准，实际设备性能要好于此最低标准。

表 22 - 5　SFIS - 3900 和 SFIS - 20 的高度计算性能参数对比分析

高度(ft)	高度精度($\pm$ft)		备注
	SFIS - 3900	SFIS - 20	
$-2\,000$	20	N/A	
$-1\,000$	20	15	
0	20	15	
1 000	20	15	
1 500	25	15	
2 000	25	20	
3 000	25	20	
4 000	25	20	
6 000	26.7	20	
8 000	30	20	
10 000	33.3	25	
12 000	36.7	25	
14 000	40	25	
16 000	43.3	25	
18 000	46.7	25	
20 000	50	30	

（续表）

高度（ft）	高度精度（±ft）		备注
	SFIS - 3900	SFIS - 20	
22 000	55	30	
25 000	62.5	30	
30 000	75	40	
35 000	87.5	40	
40 000	100	50	
45 000	112.5	65	
50 000	125	80	
55 000	137	80	

SFIS - 3900 和 SFIS - 20 都具有±3.0°的仪表板安装角度精细调节功能，RC 此前提供的介绍资料中 SFIS - 3900 的调节范围能扩大到±5.0°。

（1）物理参数。

表 22 - 6 中所示为 SFIS - 3900 和 SFIS - 20 的物理参数对比分析，从中可以看出，SFIS - 3900 和 SFIS - 20 的功耗和冷却方式均相同，外形尺寸、重量相当，而 SFIS - 3900 所做的环境测试更严格一些。但 SFIS - 3900 比 SFIS - 20 增加了一个选项控制模块（OCM）。

表 22 - 6　SFIS - 3900 和 SFIS - 20 的物理参数对比分析

物理参数	SFIS - 3900	SFIS - 20	备注
外形尺寸	3.26×3.26×10 in	3.26×3.26×8 in	均为不包括仪表前面板、旋钮及连接器的长度
重量	不超过 1.82 kg（4.0 lb）（包括控制模块在内）	不超过 1.95 kg（4.29 lb）	
功耗	不超过 22 W	不超过 22 W	
冷却方式	被动冷却	被动冷却	
环境等级	DO - 160F	DO - 160E	

（2）接口。

a. 机械接口。

SFIS - 3900 和 SFIS - 20 均为 3ATI 标准尺寸产品，均通过卡箍在仪表板上进行安装。SFIS - 20 的安装卡箍与设备配套一起交付，SFIS - 3900 的安装卡箍 L3 公司不提供，但 RC 在交付设备时会一并提供，且确认 101 至 104 架机上原用于安装 SFIS - 20 的卡箍仍适用于 SFIS - 3900。从机械接口和外形尺寸方面来看，在

ARJ21-700 飞机原安装 SFIS-20 的位置上安装 SFIS-3900 应不会对仪表板现有开孔有影响。

b. 电气接口。

两者设备的匹配电连接器均为 38999 系列连接器。但 SFIS-3900 的电连接器型号为 MS27484T22F55S，SFIS-20 的电连接器型号为 MS3126F20-41S。SFIS-3900 电连接器的管脚更多，且管脚分配与 SFIS-20 不同。

c. 全静压接口。

SFIS-3900 的全静压连接器型号分别为 MS33949-04 和 MS33949-06，而 SFIS-20 的全静压连接器型号分别为 MS33656E4 和 MS33656E6。两者是否通用还需 RC 和 L3 公司进一步确认，但 RC 认为应不会影响机上现有全静压气源管路的有效性。两者如果确实有差别，则采用转接接头，不影响飞机上现有管路。

d. 功能接口。

SFIS-20 的输入接口有正驾驶甚高频导航接收机(VHF NAV)、综合处理机柜(IPC)、左失速保护计算机(SPC)及起落架位置作动与控制装置(PACU)；输出接口有 SPC、IPC 和 DCU。SFIS-3900 除了具有 SFIS-20 的接口外，还增加了与数据加载开关的输入/输出接口，因此需增加与数据加载开关之间的线路。

RC 初步确认，选用 SFIS-3900 替换原 SFIS-20 设备，除需要更改 ISI 自身(SFIS-3900)的软硬件之外，不会造成对其他系统的软硬件更改，也不会影响与飞控系统的接口(ISI 是飞控系统的第三套数据源)。

e. 其他。

表 22-7 为 SFIS-3900 和 SFIS-20 的可靠性及自测试能力对比分析，从中可以看出，SFIS-3900 的 MTBF 较 SFIS-20 稍差。

表 22-7　SFIS-3900 和 SFIS-20 的可靠性及自测试能力对比分析

参数		SFIS-3900	SFIS-20	备注
可靠性		MTBF>10 000 飞行小时	MTBF>11 600 飞行小时 MTBF>14 800 工作小时	
维护性	P-BIT	√	√	SFIS-3900 不提供
	C-BIT	√	√	人工自测试能力
	I-BIT	x	√	(I-BIT)

(3) 工作量评估。

若确定选用 SFIS-3900 替换原 SFIS-20 设备，则如表 22-8 中所示的图纸、文件以及若干试验试飞工作会受到影响(由于 SFIS-20 一直有故障，适航验证试验 MOC5/6 都还未进行)。从表 22-8 中可以看出，ISI 自身的所有研制阶段的工作需要重做；由于 ISI 适航方面的文件还未获得过局方批准，ISI 供应商更换后，航电专业需更新所有的适航文件。同时，指示/记录、导航和照明系统几项已经完成的适航试验(检查)需要部分重做或进行更改影响评估。

表 22 - 8　受 SFIS - 3900 影响的图纸、文件和试验试飞项目清单

序号	受 影 响 项 目	备注
1	仪表板安装图	
2	ISI 原理图、线路图及线束图	
3	IPC 原理图、线路图及线束图	
4	SPC 原理图、线路图及线束图	
5	甚高频导航系统原理图、线路图及线束图	
6	照明系统原理图、线路图及线束图	
7	CMS 原理图、线路图及线束图	
8	指示/记录系统 WIT	
9	自动飞行系统 WIT	
10	导航系统 WIT	
11	失速保护系统 WIT	
12	照明系统 WIT	
13	中央维护系统 WIT	
14	ISI OATP	
15	备用仪表系统 CP	
16	ISI MOC1 - 9 相关文件	
17	所有涉及 ISI 功能描述的文件(如 MSG - 3 分析、FCOM、FIM、AMM、空地勤培训手册等)	
18	已完成的指示/记录系统 MOC7	
19	已完成的甚高频导航 MOC5 试验	
20	已完成的照明系统 MOC5 试验	
21	在 RC 试验室完成的航电系统级 Lightning/HIRF 试验	
22	ARJ21 - 700 飞机备用空速校准验证试飞	

（4）风险评估。

为加快研制进程，现决定采用现场加载方式对 SFIS - 3900 软件进行升级，但仍需要 RC 及 L3 公司压缩时间计划，RC 在电话会议中也同意继续与 L3 公司一起努力加快进度。RC 最快能在 7 月初向 ACAC 交付装机的新 ISI 设备(软件将按 ARJ21 飞机要求改好，且加载好 SSEC)。TKK 公司的进度方面，据 RC 说 TKK 公司可能到明年 2 月才能完成 TSO 批准申请，且据 RC 以往与 TKK 的合作经验，TKK 公司经常不能遵守许诺的计划进度。

经过评估得到了如下的评估结论：

"从以上分析可以看出,在功能方面,SFIS-3900稍好于SFIS-20,能够满足ARJ21飞机的需求;在性能方面,SFIS-3900的姿态性能与SFIS-20相当、空速/马赫数性能强于SFIS-20、高度性能稍逊于SFIS-20。为适应ARJ21飞机的要求,需对SFIS-3900现有的接口和软件进行更改。SFIS-3900的软件是现场可加载的,相比SFIS-20,软件升级周期大大缩短,且在机上加载能够节省一些工作量。综合来看,采用SFIS-3900替换SFIS-20在技术上是可行的,且在现场对SFIS-3900进行软件升级有利于加快进度。TKK公司的进度不能满足ARJ21-700飞机后续适航取证要求,且当前提供的设备还有故障,并存在技术缺陷。综上所述,从技术和进度方面考虑,航电指示/记录专业同意采用SFIS-3900替换SFIS-20,建议总师系统同意并批准RC提出的ISI供应商更改方案。"

通过实施集成式备用仪表系统设备供应商更换工作,摸清了民机研制过程中设备供应商更换较为合理且适合国内民机研制方法的技术方法,有效降低了项目风险。针对此问题,航电部指示/记录专业与航电主供应商进行了大量的协调和权衡研究并提出了具体的建议更改方案,总师系统进行了快速、有效的决策,决定立即更换备用仪表系统的二级供应商。指示/记录专业设计人员对新更换的设备与原设备,特别是存在的功能、性能差异进行了仔细的评估,克服了时间紧、工作量大的问题,仅用两个半月就完成了新设备的装机工作。此次更改发出的图纸、文件共200余份,更改工作得到局方认可。

22.5　技术解决方案流程

根据集成式备用仪表系统设备更换方案,总结形成民机系统设备供应商更换项目技术管理流程,并通过流程图的形式得以展示。

图22-1展示了当民机系统出现重大技术风险时,需要通过何种技术途径和评估途径对当前风险进行有效的技术评估,为后续的技术决策做准备和依据。

图22-2决定了当做出更换供应商决策后,用何种方法来尽快完成技术实施和机上实施工作,尽可能减少对飞机其他系统的影响。该步骤基于集成式备用仪表系统设备供应商更换工作,具体落实可基于此进行丰富和完善。此技术处理步骤经过集成式备用仪表设备供应商更换过程的验证后表明当前方法是一种较为快速并且有效的风险处理方法。

22.6　创新点

该工作的创新点主要包括:

(1)在国内民机的试飞取证阶段,对关键系统/设备的供应商进行紧急更换尚无先例可循,没有具体的工作方案和流程可供参考。本问题的成功处理提供了一种在系统/设备出现重大技术风险时可行的处理方式和手段。

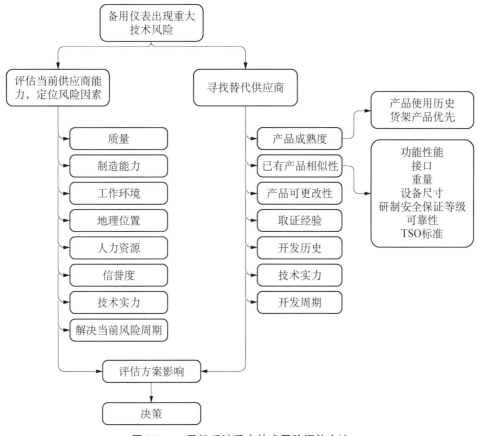

图 22 - 1　民机系统重大技术风险评估方法

（2）系统/设备硬件更换过程中，通过接口/线路适应性更改，加快了硬件构型到位进度。

（3）系统/设备软件更换过程中，对软件的内部更改测试和外部测试采用了同步并行的方法，极大地缩短了软件交付周期。

（4）归纳整理了更改文件/图纸的构型控制流程，确保与更改系统相关图纸/文件的构型一致性，并且能够得到局方认可。

22.7　解决的关键技术

支持上述创新点的关键在于形成了一套标准可行的管理方法，在型号研发中期发生重大技术风险时，通过合理的供应商监管控制方式，配合快速安全有效的工作方法，规范并明确更改过程中需要处理的程序，可在尽可能不耽误项目进度的情况下，完成平稳的设备更换。

集成式备用仪表设备在出现重大技术风险后，按照此创新点提出的技术方法进

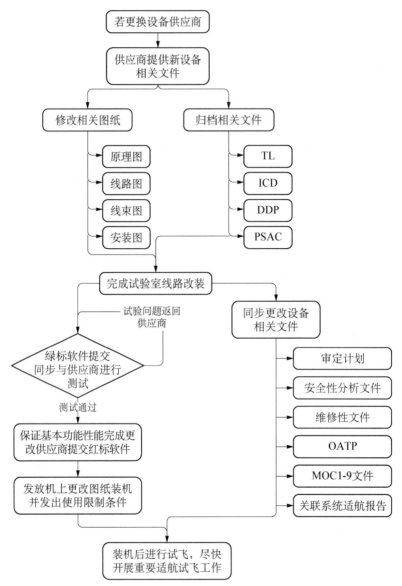

图 22 - 2　设备供应商更换后技术处理过程

行相关工作,实践证明,这种工作方法可以有效地避免重大更改对项目研制计划的影响,在符合各种设计要求和安全规定的情况,成功、快速地完成了设备供应商的更换,为后期顺利开展重要的适航试验(如空速校准试飞、失速试飞)奠定了良好的基础。

在当前机上设备出现重大技术风险时,通过技术风险评估过程和设备供应商更换后技术处理过程两个步骤完成相关工作。

22.8 应用前景与推广价值

22.8.1 应用前景

当其他系统在适航取证阶段出现此类技术风险时,可参考本工作方法快速有效地解决系统/设备供应商更换所带来的技术难题,因此对其他系统/设备具有较大的指导意义。在后续型号的研制过程中,本措施提供了一个风险管理的思路,对项目中类似风险起到提前预警和指导的作用。

同时,此次系统/设备供应商更换工作,为国内民用飞机在取证阶段发生重大技术风险时,如何与国外系统供应商、各交联飞机专业、总装制造单位、试飞单位及适航当局等相关方面共同加快问题解决,提供了一套有效的实施方案、提供了一种适航审查当局能够接受的、在适航取证阶段更换系统供应商的工作方法和表明符合性的流程,对相关问题得到局方认可方面具有较强的指导意义。对后续民用飞机型号适航取证工作的开展有探索性意义。

22.8.2 推广价值

对于技术项目进度风险,建立了有效的项目进度风险管理预案,规范化供应商更改流程,明确项目管理及技术方案的重点,有效降低了项目技术风险。该成果可协助编制相关风险管理方案,对后续型号相关工作进行有效支持。

23 ARJ21–700 飞机中央 维护系统 TAR file 技术

23.1 问题背景

随着航空电子的不断发展以及飞机各系统复杂性的不断提高,飞机系统的启动自测试的形式也在不断地发生变化,早期的简单形式是在机载设备上设置测试按钮,随后出现采用外部便携式设备对机载设备进行测试,然而,不同的机载设备通常需要不同的外部设备,这也增加了飞机地面支持设备的数量。为尽量减少地面支持设备数量以及满足交互式地面维护的需求,为开发不同的飞机机载设备提供集中的、统一的地面维护接口的机载软件成为机载维护系统设计的一项关键技术。

23.2 技术难点

机载维护系统及其软件、数据库是现代民用飞机航电系统的有机组成部分,整个系统及其软件数据库的设计、架构分析、集成、验证等核心技术需要丰富的航空产业经验,整个开发流程需要与适航条款紧密结合。机载维护系统及其软件的技术研究复杂程度高、管理流程复杂,是民用飞机研制机载软件发展中关键的技术难点。

23.3 国内外现状

机载维护系统数据库软件的开发与适航紧密相关,开发难度大与管理流程复杂,目前而言,该类软件的研制开发、集成与管理等核心关键技术均被 Honeywell、RC、GE 等国际一流的航空电子系统制造商以及波音公司和空客公司等一流主制造商掌握。同时,这些核心关键技术跨国企业对我国在技术上进行了一定的封锁限制。

在国内方面,独立从事机载维护系统以及数据库软件的开发与管理的研究比较晚,目前还处在起步阶段,还未取得具有实质性的成果。

ARJ21–700 飞机中央维护系统 TAR file 技术的研究严格按照 DO–178B 设

计流程为指导，积极探索了机载软件的构型管理方法，增强了航电总体系统集成能力和对供应商的管理能力，提高了分析和解决工程技术问题的能力，能够加快民用飞机研制进度，提高自主知识产权和集成创新能力，最为重要的是，该项技术研究填补了国内机载软件开发与管理等技术领域的空白。

23.4 解决方案

ARJ21-700 飞机中央维护系统 TAR file 技术是以航电部机载维护科室为主要承担方和使用方，该技术旨在研制一套为民用飞机机载设备实现集中式地面维护功能的数据库软件，此数据库软件是现代民用飞机电子系统的组成部分。该数据库软件能够为飞机不同机载设备提供集中的、统一的地面维护接口，包括对机载设备进行交互式测试、对机械系统进行调整校准，以及为运行中的机载设备进行上电测试等。基于该数据库的功能，称该数据库为测试调整数据库（Test and Rigging file，TAR file）。TAR file 为机载数据库，极大地减少了飞机地面维护设备的数量，降低了航空公司运营成本。

ARJ21-700 飞机中央维护系统 TAR file 技术研究严格按照民用航空机载软件的开发流程进行设计，以 DO-178B 作为设计指导，从 TAR file 软件需求捕获与分析，数据库软件架构分析与确定、数据库软件研制开发、数据库软件构型管理等 4 个方面进行研究。

TAR file 软件研制流程的建立与实施，RJ21-700 飞机中央维护系统 TAR file 技术依据 DO-178B 对一般机载软件研制流程的规定，建立 TAR file 软件的研制流程，该研制流程对 TAR file 软件生命周期进行了规定，包括系统级需求分解、软件需求捕获、软件编码、软件集成、软件验证、软件构型管理、软件质量控制等内容。图 23-1 展示了 TAR file 的软件研制流程。

1) TAR file 软件数据库系统级/软件级需求捕获与分析

（1）系统级需求捕获与分析。

TAR file 软件数据库是为机载设备提供交互式维护功能，是机载设备维护手段的关键组成部分。本技术研究以机载设备的设计目标与要求为基础，研究了航电系统、其他具有维护需求的飞机系统（如飞行控制系统、高升力系统、起落架前轮转弯系统等）的系统级需求。测试调整功能系统级需求体现为航电系统系统级需求文件，其中定义了航电系统测试调整的系统需求，以及航电系统与各相关系统的接口控制文件（Interface Control Document，ICD），其中定义了各系统测试和/或调整功能的接口需求，该接口需求将成为测试调整数据库软件需求的输入。

（2）软件级需求捕获与分析。

以作为系统级需求的接口控制文件为输入，将其分解得到测试调整数据库的软件需求。该软件需求以 XML 文件的形式呈现，其中包含了相关系统执行测试和/

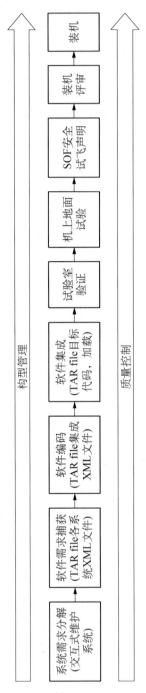

图 23 - 1 TAR file 软件研制流程

或调整功能的必需接口信息。图 23-2 所示为测试与调整数据库需求捕获示意。

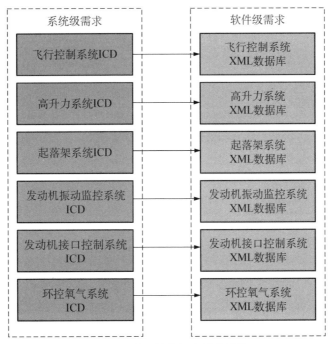

图 23-2　测试调整数据库需求捕获示意

2）TAR file 数据库软件架构分析与确定

本技术研究开发的 TAR file 数据库中存储的信息用于支持机载设备、航线可更换单元（Line Replaceable Unit，LRU）执行交互式启动自测试（Initiated Built in Test，I-BIT）以及调整校准等测试功能。

I-BIT，一种用于机载 LRU 的自测试，顾名思义，需要由外部激励进行触发启动，用于对机载设备进行相比上电自测试更深层次的测试。这种测试形式通常用于维护人员的排故中，一般需对飞机状态进行判断（是否地面状态、相关机载设备的工作模式等），以确保这种深层次测试在安全状态下进行。

I-BIT 的形式随着航空电子的发展也在不断变化。早期的简单形式是在机载设备上设置测试按钮。随后出现了采用外部便携式维护设备对机载设备进行测试，这种手段为人机交互提供了可能。由于不同设备通常有不同的外部设备，这种形式同时也增加了飞机地面支持设备的数量。

为满足交互式地面维护的需求，同时解决大量地面支持设备的问题，本技术提出一种机载维护系统（Onboard Maintenance System，OMS）架构，用以为不同机载设备提供交互式 I-BIT、调整校准功能。该架构中包含一个交互式维护应用软件（Interactive Maintenance Application，OMS-IMA），一个测试调整数据库（Test and Rigging file，

TAR file)以及各机载 LRU 的自测试/调整功能。本技术重点研究测试调整数据库的研制开发。图 23-3 对这一机载 TAR file 数据库软件系统架构进行了说明。

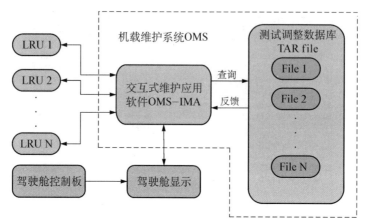

图 23-3　TAR file 数据库软件系统架构示意

以下对图 23-3 所示架构的工作原理进行简述。

飞机维护人员通过驾驶舱内的控制板,选择并点选驾驶舱显示器的按钮,显示系统将按钮的命令发送至 OMS-IMA,由 OMS-IMA 响应命令(如进入交互式维护页面)。

维护人员进入交互式维护页面后,OM-IMA 根据 TAR file 中可用的数据文件情况,在其交互式维护页面列出可供执行测试调整的 LRU 列表。假设维护人员选择为 LRU 1 执行启动自测试 I-BIT,在交互式维护页面选择相应按钮,OMS-IMA 接收到相应命令后从 TAR file 中调用 File 1,OMS-IMA 向驾驶舱显示器提供 File1 的维护页面进行显示,维护人员根据维护页面显示的内容与 LRU 1 进行交互,完成 I-BIT 过程。

在以上架构下,I-BIT 功能的执行主体是机载 LRU,机载维护系统的功能是为多种机载 LRU 提供集中式 I-BIT 交互接口。I-BIT 功能依然在 LRU 内部实现。TAR file 中相应 file 中的内容用于提供机载 LRU I-BIT 过程中维护人员与 LRU 进行必要交互的接口。如,file 1 中列出 LRU 1 执行 I-BIT 前需要满足的条件,并给出测试所列条件是否满足的按钮,维护人员选中并点击测试按钮后,由 LRU 1 执行测试,以确定 I-BIT 条件是否满足,待条件满足后提示维护人员可执行下一步操作,或将不满足的条件显示给维护人员,供其决策。

3) TAR file 数据库软件的研制与开发

本技术研究中测试调整数据库用于为多个不同机载设备测试调整功能提供接口信息,故其中包含多个机载 LRU 的测试调整数据。图 23-4 给出测试调整数据库的软件架构,其中包含该数据库在不同的软件生命周期阶段的机构组成。

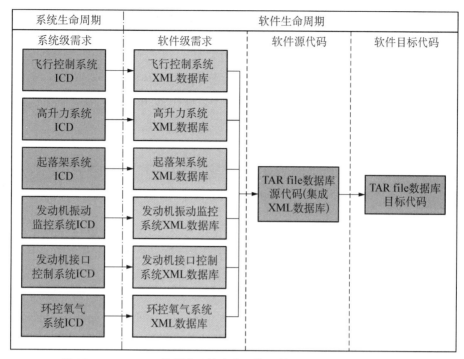

图 23-4 TAR file 数据库系统生命周期和软件生命周期的架构组成

图 23-4 给出了测试调整数据库系统生命周期和软件生命周期的架构组成,软件生命周期包含软件级需求、软件源代码和软件目标代码 3 个阶段。机载 LRU 的 BIT 功能的系统级接口需求定义在相关飞机系统与航电系统的 ICD 文件中,这一系统级接口需求经分解为测试调整数据库软件级需求后以 XML 语言形式进行定义。

XML 语言,全称为可扩展标记语言(eXtensible Markup Language),是一种标记语言,该语言定义了一系列规则对文档进行编码,编码格式对人和机器都是可读的。文档之外,XML 语言还提供了统一的方法来描述和交换独立于应用程序的结构化数据。测试调整数据库即利用 XML 语言的这一特性来记录机载设备测试调整接口信息。该语言的基本元素为"内容"和"标记",不同于一般"所见即所得"式文档和数据,XML 语言中记录了文档和数据的"内容",同时利用"标记"对"内容"的呈现形式进行描述,如文本及数据的颜色、位置等。

在图 23-4 中的软件级需求阶段,测试调整数据库 TAR file 由多个机载 LRU 的 XML 形式的数据库文件组成。在软件源代码阶段,测试调整数据库 TAR file 将多个机载 LRU 的 XML 数据库文件集成为统一的数据库,该数据库以多套维护页面的形式呈现。每个机载 LRU 的 File,如图 23-3 中所示,为一套维护页面(至少包含一个页面),多个 file 共同组成 TAR file。每个维护页面中,由 XML 语言的基本要素——"内容"和"标记"构成。在软件目标代码阶段,源代码阶段的集成 XML

数据库经编译生成为可运行于飞机目标机（如综合模块化航电平台）的目标代码。在每个 TAR file 维护页面中，包括以下"内容"元素：

（1）按钮。

维护人员利用按钮向机载 LRU 发出预定义的命令代码，LRU 根据命令代码执行特定 I-BIT 或 rigging 操作，或者返回一个页面代码，由 OMS-IMA 根据返回的页面代码向驾驶舱显示器提供 TAR file 中特定页面以供显示。

（2）静态文本框。

静态文本框用于向维护人员提示固定信息，如页面的标题、页面的说明、其他页面元素的说明等，静态文本框的内容在 TAR file 设计时确定，测试调整过程中不可更改。

（3）参数框。

参数框用于周期性动态显示 LRU 的特定参数，显示的参数在相关 LRU 的 TAR file 设计时明确，在执行 I-BIT 过程中，LRU 周期性自动更新参数，用以向维护人员提示 LRU 的状态。

（4）动态文本框。

动态文本框用于在测试调整过程中显示 LRU 反馈的信息，如测试通过或失败的信息，以用提示维护人员；动态文本框在设计时不明确内容，其内容在 I-BIT 过程中由 LRU 提供给 OMS-IMA 后进行显示。

在 TAR file 的维护页面中，以上页面"内容"元素可按需使用，同时可对以上内容的呈现形式编写"标记信息"，如文本框的位置、按钮的颜色等，以达到为 LRU I-BIT 提供接口的目的。图 23-5 为 TAR file 维护页面设计示例。图 23-6 为本项

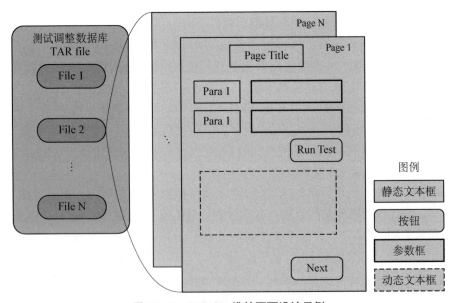

图 23-5　TAR file 维护页面设计示例

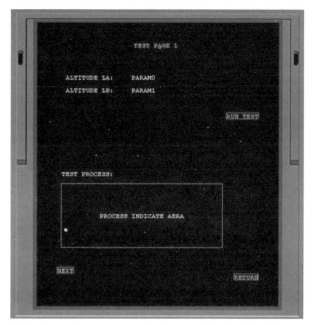

图 23-6 TAR file 数据库某设计页面

目设计实现的测试调整数据库的某测试页面。

在图 23-6 中的内容元素中,按钮包括:"RUN TEST""NEXT"和"RETURN";静态文本框包括:"TEST PAGE 1""ALTITUDE LA:""ALTITUDE LB:""TEST PROCESS:";参数框包括:"PARAM0"和"PARAM1";动态文本框包括:"PROCESS INDICATE AERA"。其中参数框和动态文本框在机载 LRU 实施测试调整过程中实时更新。

4) TAR file 数据库软件构型管理

现代民用飞机使用了大量机载数据库,包括传统的航空数据库及其他类型的机载数据库,如地形提示和警告数据库、航空发动机数据库、航线可修改信息数据库等。

航空数据库一般通过符合 RTCA DO-200A 来表明其适航性。而其他数据库/数据结构通常被视为机载软件的组成部分,或者是类机载软件,因此,其适航性一般通过符合 RTCA DO-178B 来表明。本项目的测试调整数据库即通过符合 RTCA DO-178B 来表明其适航性。TAR file 的构型管理活动按照 DO-178B 设计保证等级 Level D 的目标要求进行构型管理。这一软件级别是基于系统级安全性分析确立的。

测试调整数据库为不同机载设备的地面维护服务,其功能实现涉及机载 LRU 的 BIT 和/或 rigging 等核心技术。其软件及需求的开发只有相应 LRU 的开发者

（机载 LRU 供应商）有足够的能力开发。而由于 TAR file 涉及多个不同飞机系统，其集成工作只有飞机主制造商能够完成。即在 TAR file 软件生命周期中，软件级需求由各机载 LRU 供应商负责，而软件代码及集成工作则由主制造商负责。这不同于一般机载软件的开发、集成由供应商完成，主制造商负责系统级集成的工作模式。

本技术研究对这一新型机载软件工作模式的构型管理进行研究。TAR file 的构型管理工作由机载 LRU 供应商和主制造商共同完成。作为 TAR file 集成、取证责任实体，主制造商应对机载 LRU 供应商提出 TAR file 的构型控制要求，并建立其所负责的生命周期阶段软件构型控制体系。同时，两者都应符合 DO‐178B 对 D 级别软件的构型控制要求。TAR file 的构型管理由以下几个方面组成：

（1）机载 LRU 供应商的构型管理要求。

在向主制造商交付 TAR file 软件级需求之前，TAR file 的构型管理由相应机载 LRU 供应商负责。

在向主制造商交付 TAR file 时，成员系统/成员系统供应商应提交能充分描述所交付 TAR file 构型的数据，以下是在所提交的构型描述文档的内容中应包括的最小清单：

a. 应当为 TAR file 建立一个唯一的构型标识，如件号和版本号；

b. 应当说明与所提交 TAR file 相匹配的 LRU 的构型信息，包括 LRU 的硬件和软件的构型信息；

c. 应当说明所提交 TAR file 的系统级需求文件的构型信息；

d. 应当为其建立基线，以便后续的引用、控制与追溯；

e. 在交付新版本 TAR file 时应清晰描述新版本相对前版所做的更改，并确保更改可追溯至之前版本/基线；

f. 应记录、追踪其所产生的问题报告（PR），每次交付时更新问题报告状态；

g. TAR file 的软件环境控制，如 XML 开发工具的版本。

（2）主制造商的构型管理体系。

a. 构型基线。

TAR file 的构型基线由构型标识和构型纪实组成。本项目中 TAR file 的构型标识由软件部件号和版本号构成。TAR file 的构型标识规则如图 23‐7 所示。

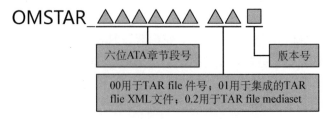

图 23‐7 TAR file 的构型标识规则

　　TAR file 的构型纪实采用版本描述文档（Version Description Document，VDD）的形式。TAR file VDD 应说明当前版本的构型标识、针对上一版本所做更改（明确陈述实施更改的飞机系统、更改所解决的机载 LRU 供应商 PR 及与更改相关的主制造商的试验故障报告表和软件故障报告表），同时，如存在使用限制，应清晰说明。

　　b. 更改控制。

　　本技术研究中 TAR file 的更改控制流程如图 23‑8～图 23‑10 所示。

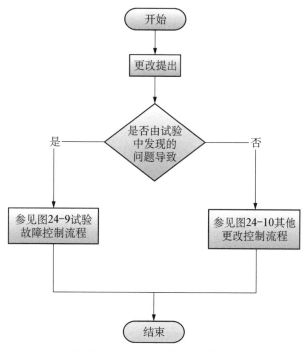

图 23‑8　TAR file 更改控制流程

　　TAR file 研制期间由试验故障导致的更改控制流程如图 23‑9 TAR file 试验故障控制流程所示，其中 ECP 指工程更改建议（engineering change proposal）。TAR file 研制期间由除试验故障以外的其他原因导致的更改控制流程如图 23‑10 其他更改控制流程所示。

　　c. 问题报告。

　　主制造商 TAR file 的问题报告机制采用试验故障报告表和软件问题报告表进行管理。两者的控制流程如图 23‑9 和图 23‑10 所示。

　　d. 加载控制。

　　作为 TAR file 的集成责任主体，主制造商应为 TAR file 加载至飞机建立控制

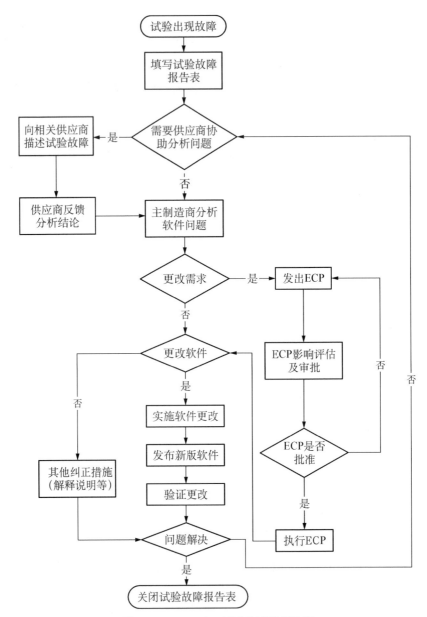

图 23‑9　TAR file 试验故障控制流程

流程。本项目为 TAR file 加载建立了控制体系，该控制体系以 DO‑178B 对现场可加载软件的目标要求为基础，主要包括研制期试验室加载控制、研制期机上加载控制、批产期机上加载控制 3 个方面。主要包括加载申请流程、加载实施程序、加载后检查程序、加载过程记录以及加载质量审查。

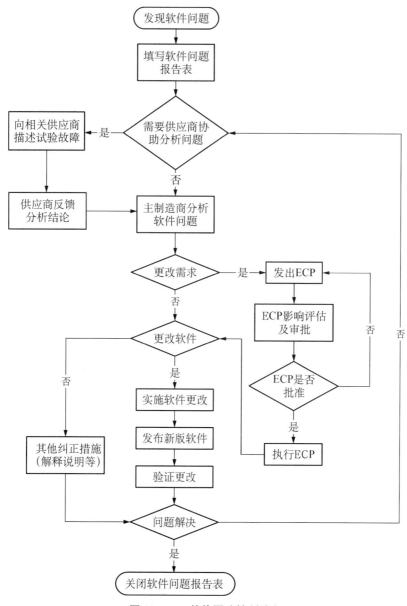

图 23‐10　其他更改控制流程

23.5　创新点

本技术研究依托于 ARJ21‐700 型号任务,通过对 DO‐178B 的深入研究,结合 ARJ21‐700 飞机型号机载维护系统的研制特点,建立了民机机载数据库软件研制

流程,并依据该流程开发了 TAR file 数据库软件,其主要创新点如下:

(1) 建立了 TAR file 数据库软件研制、管理及适航取证流程,符合 DO-178B 的相应目标,满足民机适航要求,得到了中国民用航空局的认可,对民机机载软件适航取证方法进行了有益尝试。

(2) 建立了 TAR file 数据库软件的构型管理体系,对多方(主制造商、供应商)参与项目的构型管理提出了完整的解决方案,为国内民机机载软件的构型管理提供了参考。

(3) 该成果研究并实现了为多个不同机载设备实行集中式维护的测试调整数据库软件 TAR file,提高了飞机地面维护的效率,有助于减少地面维护设备数量。

本技术研究建立的民用机载数据库软件管理流程是国内按照 DO-178B 要求进行机载数据库软件研制的首次实践,对国内进行满足适航要求的民机机载软件的自主研制具有重要意义;基于该流程研制的机载数据库软件已经应用于 ARJ21-700 飞机,并进行了适航验证试验;项目研究原创性突出,关键技术具有自主知识产权,成果总体处于国内领先水平。

23.6 解决的关键技术

通过本技术研究,一方面增强了主制造商对供应商的管理能力,另一方面提高了主制造商的分析与解决工程技术问题的能力,攻克的关键技术如下:

1) TAR file 数据库的系统级和软件级的需求捕获与分析

本项目在国内首次以 ARP 4754 的需求捕获、分析流程为参考,定义了机载测试调整数据库的系统级需求;并依据 DO-178B 的软件开发流程,捕获了测试调整数据库的软件级需求。

2) TAR file 数据库软件结构分析与确定

综合考虑 ARJ21-700 机载设备集中式交互式测试调整需求的基础上,定义了机载维护系统的系统级架构和测试调整数据库的软件架构。

3) TAR file 数据库软件的研制与开发

测试调整数据库的软件研制创新性的采用以 XML 语言为基础的开发模式,并严格遵循航空软件的开发设计流程,满足 DO-178B 的相应目标,对民机机载软件的研制提供了有益的尝试。

4) TAR file 数据库软件的构型管理

基于测试调整数据库的研制涉及多方(主制造商、供应商)参与的特性,本项目对其构型管理进行了研究,得出创新的解决方案。同时,所建立的测试调整数据库的构型管理流程,为国内机载软件的构型管理提供了有益的参考。

23.7 应用前景与推广价值

23.7.1 应用前景

ARJ21－700 飞机中央维护系统 TAR file 技术研究在国内为首次研究并实现了集中式、交互式地面维护系统。自该数据库投入运营以来，为 ARJ21－700 飞机飞行控制系统、高升力系统、发动机振动监控系统、起落架系统、环控系统等多个系统实现了集中式、交互式地面测试和维护，并有效地促进主制造商型号试验试飞工作的推进。

TAR file 数据库涉及机载软件的研制与集成、构型管理等核心技术，国外供应商对国内进行了技术限制。目前，国际上实现集中式、交互式机载测试调整数据库的研制费用约为 1 000 万人民币，而本项技术研究以 ARJ21－700 飞机的实际系统需求和架构为基础，提出了基于 XML 语言的机载测试调整数据库完整的解决方案，为国家节省型号研制经费近 700 万元人民币；除此之外，本项技术的研制成功大大降低了主制造商及航空公司购置地面测试设备的费用，并能够降低航空公司维护时间，降低运营成本。总之，本项技术的研究，为提升我国民用飞机科研技术做出了贡献，具有极大的应用前景。

23.7.2 推广价值

ARJ21－700 飞机中央维护系统 TAR file 技术研究的内容和成果对民用飞机系统/系统软件设计产生了极大的积极作用，能够极大地提高主制造商在机载维护系统领域的设计与研发能力，具有极大的推广价值，具体的体现为如下几方面：

（1）本技术研究的整个设计过程严格按照 DO－178B 设计流程为指导，有效提高了主制造商对于机载软件的需求捕获、架构设计、集成验证、软件构型管理等能力。

（2）通过本技术研究，对机载维护系统测试调整功能与机载其他系统的交联架构进行了深入研究。研究成果作为测试调整数据库软件开发设计的重要输入文件，已经应用于 ARJ21－700 飞机机载维护系统设计开发，对 C919 飞机以及远程宽体客机的机载维护系统设计有借鉴作用。

（3）通过本技术研究，对比分析市场上成熟机型的相关材料，对机载维护系统测试调整数据库的构架与功能分工进行深入研究。结合国产 ARJ21－700 飞机的实际设计情况，提供了最佳机载维护系统架构方案及测试调整数据库的软件架构方案。

（4）通过本技术研究，通过基于 XML 语言的测试调整数据库的研制开发，为主制造商提高机载软件的研制能力进行有益的尝试，研制过程的生命周期数据将为后续型号的研制提供重要的参考。

（5）通过本技术研究，探索了一条机载软件的构型管理方法，建立了一套行之有效的构型管理流程，并已经在 ARJ21 - 700 飞机的型号研制中得到了实践的检验，进一步提高了主制造商自主研制机载软件中的软件构型管理能力。

24 驾驶舱视界设计平台技术

24.1 问题背景

2006 年初,驾驶舱适航评审会审查组和航线飞行员咨询审查会指出 ARJ21 - 700 飞机原机头驾驶舱设计存在问题。具体表现在:通风窗之间窗框离飞行员头部距离太近;驾驶舱前部空间压抑、狭小。为此,中航商用飞机有限公司(ACAC)下达了中航商字[2006]181 号文,提出对 ARJ21 - 700 飞机机头进行改进的研制要求。上海飞机设计研究院(时中航一飞院上海分院)从 2006 年 7 月底就开始了进行机头改进的准备工作;至 2006 年 9 月上旬末,总体外形专业共完成了 7 个机头外形修型方案,2006 年 9 月 13 日成立了机头攻关组,并实施攻关组集中办公,以机头改进攻关为第一重要工作的策略;到 2006 年 10 月 13 日机头攻关选型设计结束时,共完成了 27 个机头外形修型方案,并最终确定曲面风挡方案机头外形修型方案,解决驾驶员头部空间、通风窗尺寸和驾驶员视界等问题,而且基本保证新修机头外形的气动阻力不高于原机头的要求。在机头改进攻关过程中,由于受制于驾驶舱视界设计的技术瓶颈,总体外形专业产生了研究民用飞机驾驶舱视界设计平台的想法。

中国民用航空规章第 25 部"运输类飞机适航标准"之 773(a)条款对民用飞机驾驶舱视界有如下规定:

"第 25.773 条   驾驶舱视界

(a) 无降水情况   对于无降水情况,采用下列规定:

(1) 驾驶舱的布局必须给驾驶员以足够宽阔、清晰和不失真的视界,使其能在飞机使用限制内安全地完成任何机动动作,包括滑行、起飞、进场和着陆。

(2) 驾驶舱不得有影响(按第 25.1523 条规定的)最小飞行机组完成正常职责的眩光和反射,必须在无降水情况下通过昼和夜间飞行试验表明满足上述要求。"

对于条款中如何判定视界是否"足够宽阔"的问题,可供参考的标准是国内 HB 7496 - 1997《民用飞机驾驶舱视野要求》。

分析对比相关资料,发现对驾驶舱视界要求的主要内容基本一致,而且都为最低要求,在进行驾驶舱风挡透明区设计时,视界设计目标不小于该要求。该视界要求已经在当前的运输类飞机设计与审查得到认可和应用。

在民用飞机的总体设计中,特别是机头驾驶舱设计,基本是围绕驾驶员眼位进行展开的,驾驶舱风挡则是为处于驾驶员眼位处的观察点提供良好视界的部件。按照相关驾驶舱内驾驶员视界标准对驾驶舱风挡进行设计,是保证舱内驾驶员拥有良好视界的前提。在相关的标准中,驾驶舱视界要求是以二维图形的形式给出(见图 24-1),同时飞机驾驶舱的设计视界图是飞机展示给审查方和使用方以表明该机型视界设计的符合性和先进性的一个途径,图 24-2 为空客公司 A320 客机设计视界图。在进行民用飞机驾驶舱风挡设计时,一般是先进行二维图纸设计或三维立体设计再计算或测量驾驶舱设计眼位与驾驶舱风挡边界关系数据,将测量的数据经过分析再绘制成近似的二维设计视界草图,然后将设计视界草图与要求的最小视界进行比较,针对比较结果再修改驾驶舱设计,再绘制新的设计视界草图,再比较,一直迭代,直到满足要求;传统方法的弊病是在驾驶舱风挡的设计时,对视界要求的执行不直接,存在盲目性,需要一次次的设计迭代,费时费力,同时通过测量风挡数据再绘制设计视界图,为近似绘制,精度不高,而且效率也不高。为了方便民用飞机机头总体设计,急需要提高驾驶员视界设计的目标性,减少盲目性,做到驾驶舱设计约束的直观性,同时提高驾驶舱设计视界图绘制工作的精确性和高效性,以避免在进行民用飞机机头驾驶舱方案设计工作中动辄几十个方案同时进行而驾驶舱视界图迟迟不能展示造成工作的不便。

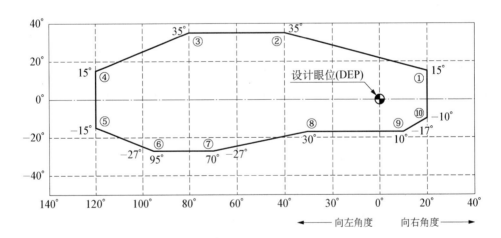

图 24-1　驾驶舱视界图[①]

---

①　图 24-1 引自 HB7496-1997《民用飞机驾驶舱视野要求》。

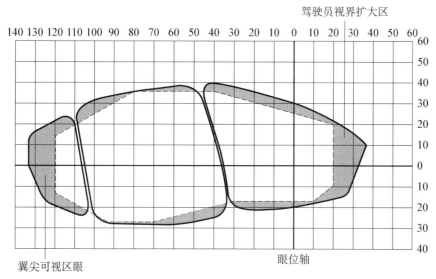

图 24‑2　空客公司 A320 飞机驾驶员视界图

　　本技术创新点是在 ARJ21‑700 飞机机头改进攻关工作中形成的。当时飞机总体设计人员受困于驾驶舱视界设计和展示,飞机外形设计人员创造性地发明,后经过不断完善和应用形成的一套专门应用于民用飞机机头驾驶舱视界设计的数字化设计平台。该方法在 C919 飞机中得到成功应用,通过全国参与的 C919 飞机联合工作,该方法也被国内其他运输机设计人员掌握并借鉴运用,现在该驾驶舱视界设计平台已经集成到飞机设计常用软件 CATIA 系统中。

24.2　技术难点

　　为了将上面描述的视界要求转变为在民用飞机机头驾驶舱设计中直观的东西,指导飞机设计,同时将设计结果以可度量的形式展示给审查方和用户,在民用飞机机头驾驶舱的设计中存在如下一些技术难点:

　　(1)分析理解驾驶舱视界要求的人机状态,即对驾驶员的位置和视觉特点进行分析,给出数字度量化的描述,这个是驾驶舱视界设计方法优化的基础分析难点。

　　(2)在当前主流的民用飞机三维协调设计状态下将驾驶舱视界要求以形象的、真实的、精确的形式展现给飞机设计人员,同时可以使飞机设计人员利用该驾驶舱视界形式进行相关分析和快速模拟真实视线,这个是驾驶舱视界设计优化的理念更新难点。

　　(3)在完成飞机机头驾驶舱设计时能快速精确地生成机型驾驶舱设计视界图,以展示给设计评估人员和更高层设计主管,最终来向用户进行宣传展示,这个是驾驶舱视界设计优化的效率提升难点。

（4）将生成驾驶舱设计视界的方法集成到设计工具系统中，使得该方法变成设计工具系统中一个成熟的、不可或缺的功能，更避免设计结果受到人为因素的影响，这个是驾驶舱视界设计优化的成熟应用难点。

24.3 国内外现状

民用飞机适航理念国内国外是一致的，都是以飞行安全为牵引的，为了保证飞机从滑行、起飞、巡航、着陆、进近等各阶段涉及影响驾驶员视界的安全，包括美国波音公司、欧洲空客公司、加拿大庞巴迪公司、巴西恩博威公司等都对己方公司设计生产的民用客机的驾驶舱视界给予足够的重视，它们提供给客户和公众的驾驶舱内驾驶员视界图都足够精细，经过对这些公司部分机型提供的设计视界图分析发现，基本上所有的视界图都是精确生成的，特别从空客公司提供的 A350 飞机的驾驶舱设计视界图可以看出，其自动生成的迹象最明显。

国内飞机中对驾驶舱视界的标准要求是要晚于欧美，而且在飞机设计中考虑驾驶舱视界要求都是设计后检查然后迭代，一直没有按先制定规范后主动设计的思路进行驾驶舱视界的设计，以至于驾驶舱内驾驶员视界的设计技术一直落后于欧美，直到本驾驶舱视界数字化设计平台的出现，才从根本上改变了技术落后现状。

24.4 技术解决方案

驾驶舱内驾驶员视界数字化设计平台的研发解决方案涉及对民用飞机驾驶舱特点和分析，舱内驾驶员特征的分析，舱内驾驶员眼位运动特点分析，相关适航条款、标准和咨询通报的解读，用计算机辅助几何设计（CAGD）技术进行运输机驾驶舱内驾驶员视界喇叭面的三维分析设计，推算舱内驾驶员视觉坐标系和机体坐标系的转换关系，用参数化精确拓扑变形技术构造三维真实视界到平面视界图的转换算法，对飞机设计软件系统的二次开发以集成驾驶舱视界设计平台，以及飞机型号的设计实践验证。

事实上，形成驾驶舱视界设计平台这个技术创新点的解决方案涉及对存在问题的实际调研和经验总结、驾驶舱内驾驶员视界形成的理论分析、驾驶舱视界设计平台相关算法和参数的推导和计算以及对相关飞机设计软件功能扩展的可行性论证。

民用飞机驾驶舱影响视界设计的特点是为了驾驶员操作舒适，驾驶员头部附近的外形空间要求能包围以设计眼位为中心以 320 mm 为半径的球体；设计眼位点与风挡外形的航向水平距离一般应落在 500～600 mm 之间，这样就意味着驾驶员附近的舱内空间是没有太大的设计裕量可供视界设计借用，该空间不能太大也不能过小，这样只能将驾驶舱视界设计的努力方向集中到风挡的大小和角度方向，而驾驶舱风挡大小和角度只能由舱内驾驶员的视界决定。

设计眼位（DEP）是驾驶员处于正常驾驶状态，两眼之间连线的中点所在的位置,是飞机承制方用于确定驾驶舱内部仪表板控制板和外部视界以及驾驶舱几何尺寸而选择的一个设计基准点,整个机头驾驶舱设计基本上是围绕该点展开的。

对适航条款 25.773(a)(1)的解读,直接影响民用飞机机头驾驶舱设计中如何进行风挡位置形状和风挡立柱等机体结构形式的设计。对于条款中如何判定视界是否"足够宽阔"的问题,可供参考的标准是国内 HB 7496 - 1997《民用飞机驾驶舱视野要求》和美国 FAA 于 1993 年颁布的 AC - 25.773 - 1《驾驶舱视界设计》,这些材料对驾驶员视界要求的描述是:

(1) 从垂直基准面左 40°、水平基准面前上方 35°,线性递减到右 20°、上 15°。

(2) 垂直基准面左 30°到右 10°之间的水平基准面前下方 17°,线性递减到右 20°、下 10°。

(3) 垂直基准面左 40°到 80°之间的水平基准面前上方 35°,线性递减到左 12°、上 15°。

(4) 从垂直基准面左 3°、水平基准面前下方 17°,线性递增到左 70°、下 27°。

(5) 垂直基准面左 70°到 95°之间的水平基准面前下方 27°,线性递减到左 120°、下 15°。

上述是在机头驾驶舱设计中的最低视界要求,在实际设计工作中应该尽可能超出该要求;而且,在规定的视界要求中,相对而言,驾驶员正前方的视界要求更为严格,所以很多型号设计中的风挡视界都超出了规定的要求。

因为有风挡立柱等结构的存在,不可避免会导致一些视界障碍,为此,在驾驶舱视界设计时还需满足这样一些具体要求:一是在视界极线图上左右 20°之间不允许有视界障碍物;二是在此 40°以外的区域视界障碍也应保持最少,理想状态不超过 3 处(如中间位置,前方和侧边位置);三是当一名驾驶员在设计眼位左右 80°范围内的任一给定方位视野被阻碍时,另一名驾驶员用双目视界对该方位应仍有清楚的视野;四是当通过 64 mm 平均眼距的双目视界来排除结构障碍时,要求障碍物的投影宽度小于眼距尺寸;五是驾驶员应可用双目视界向左、右移动头部 13 mm 来消除障碍。

在对驾驶舱特点、驾驶员眼位运动特点和驾驶舱视界要求条款等进行分析和解读后,进入具体的驾驶舱视界设计平台的构建过程中。

首先按照前面对驾驶员眼位运动特点和适航条款的分析和解读结果,建立视界喇叭面和视界穹庐面。视界喇叭面和视界穹庐面事实上是两个复杂空间曲面,需要用到计算机辅助几何设计(CAGD)技术中的曲面设计理论,视界喇叭面采用多块变角度扫掠直纹曲面方法进行构造,视界穹庐面采用类环形 NURBS 弧线扫掠曲面方法进行构造,具体构造步骤以 CATIA 系统为支撑软件进行实现。

首先设计图(见图 24 - 1)中水平线表示的视界面,即从②点到③点、⑥点到⑦点、⑧点到⑨点的视界面。这里以②点到③点的视界面为例,描述设计过程。图

24－3 显示，在 CATIA 中选取 Surfaces 工具栏的 Sweep 命令，出现 Swept Surface Difinition 对话框，Profile type 取"Line"，Subtype 选"With reference surface"，Guide curve 1 选圆 M，Reference surface 选眼位运动平面，Angle 取②点和③点的垂直角度，为 35°，考虑视界面应该延伸到足够长，可以与驾驶舱部分的外形相交，这里取 Length1 为 1 000 mm，Length2 就取为 0，Spine 继续选圆 M，Relimiter 1 取②点在圆 M 上的角度点，Relimiter 2 取③点在圆 M 上的角度点，其他参数默认，按 Ok 按钮确认成型，这样就可以设计出从②点到③点的视界面。⑥点到⑦点、⑧点到⑨点的视界面可以类似设计，注意对于⑧点到⑨点的视界面，考虑驾驶员下视界可能会与机头外形发生干涉，为检验这种情况，需要使视界面加长，这里取 Length1 为 2 400 mm。事实上，从②点到③点、⑥点到⑦点、⑧点到⑨点的视界面都是严格的圆锥面。

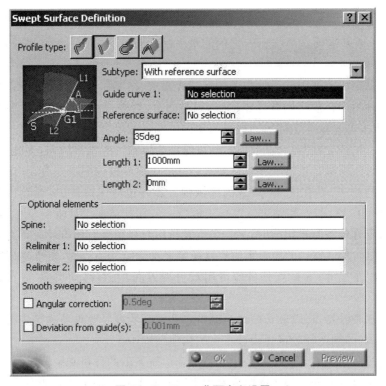

图 24－3　Sweep 曲面定义设置

其次，设计从④点到⑤点、①点到⑩点的视界面。这两块视界面都是垂直于眼位运动平面的扇面，扇面圆心在各自的角度点，半径取 1 000 mm，④点到⑤点扇面角度从－15°到15°，①点到⑩点扇面角度从－10°到15°。

最后，设计视界图中从①点到②点、③点到④点、⑤到⑥点、⑦点到⑧点、⑨点到

⑩点的斜直线所表示的视界面。以①点到②点的视界面为例,如图 24-3 所示,在 CATIA 中选取 Surface 工具栏的 Sweep 命令,Profile type 取"Line",Subtype 选 "With reference surface",Guide curve 1 选圆 M,Reference surface 选眼位运动平面,Angle 选 Law...,进入 Law Definition 对话框(见图 24-4),在对话框中选择 Law type 为 Linear,将 Start value 设定为①点的垂直方向角度即 15°,End value 设定为②点的垂直方向角度即 35°,然后按 Close 按钮退出,回到 Sweep 曲面定义对话框,取 Length1 为 1 000 mm,Length2 为 0,Spine 继续选圆 M,Relimiter 1 取①点在圆 M 上的角度点,Relimiter 2 取②点在圆 M 上的角度点,其他参数默认,按 Ok 按钮确认成型,这样就可以设计出从①点到②点的视界面。注意从①点到②点的角度变化是线性的,所以在 Law Definition 对话框中一定要选择 Law type 为 Linear。③点到④点、⑤到⑥点、⑦点到⑧点、⑨点到⑩点的视界面可以类似设计,考虑到 9 点所在视线眼位与风挡距离最远,可以将⑨点到⑩点的视界面的 Length1 取为 2 400 mm。

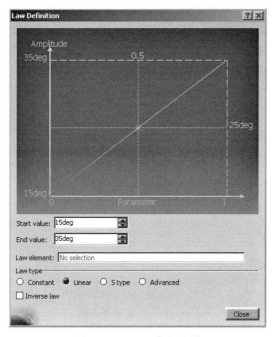

图 24-4　Law 定义设置

至此,视界面的各块曲面都已设计完成,为方便设计使用,用 Operations 工具栏中的 Join 命令将各块曲面拼合到一起,成为完整的满足 HB 7496-1997《民用飞机驾驶舱视野要求》的视界曲面,定义为视界喇叭面(见图 24-5)。

借助视界喇叭面,在民用飞机机头驾驶舱设计时就可以主动满足适航的视界要求,减少设计的盲目性,图 24-6 是 ARJ21 飞机原机头与视界喇叭面的工作协调图。

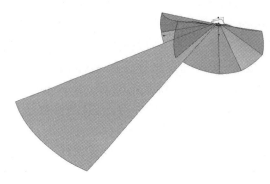

图 24-5　视界喇叭面

图24-6　ARJ21 飞机原机头与视界喇叭面

在垂直基准面上以 C 点为圆心,作一段圆心角为 105°的圆弧,设定半径为 100 mm,起始角为−45°,终止角为 60°(MC 方向为 0°方向);然后将该圆弧以中心轴为转轴,旋转 200°,旋转起始角为−50°(向右),终止角为 150°(向左),生成一个旋转面,然后将视界喇叭面与该旋转面求交,将交线留在旋转面上,这样生成的旋转面和曲面上曲线定义为视界穹庐面(见图 24-7)。

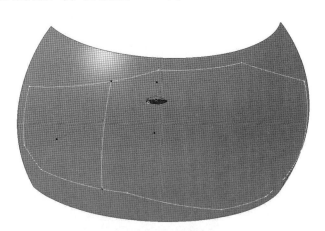

图 24-7　视界穹庐面

绘制驾驶舱设计视界图的传统方法是离散取点计算法。即在风挡透明区的边界依次取点,计算各自的水平视角和垂直视角,将水平视角和垂直视角确定的点反映到视界图上,然后依次连接各点生成折线或样条线,就是所考察飞机的驾驶舱设计眼位的设计视界。设风挡透明区的边界点为(x, y, z),经过推导后视角的具体计算式为

$$水平视角 \; \alpha = \arctan \frac{z - z_M}{x - x_M},$$

$$垂直视角 \; \beta = \arctan \frac{y - y_C}{\sqrt{(x - x_M)^2 + (z - z_M)^2} - 84}$$

传统驾驶员视界图绘制方法的缺点是效率低、精度差,只是一种近似作法。用视界穹庐面和视界标度面在 CATIA 系统上可以自动生成驾驶舱的精确设计视界。具体生成步骤如下。

第 1 步:将驾驶舱风挡透明区的边界用 Operations 工具栏中的 Join 命令连接为数个封闭的组合曲线(一块风挡一个组合曲线);

第 2 步:用 Wireframe 工具栏中的 Projection 命令将组合曲线依次投影到视界穹庐面上,Projection Definition 对话框中的参数与图 24 - 8 保持一致;

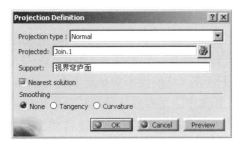

图 24 - 8 Projection 定义设置

第 3 步:用投影到视界穹庐面上的组合曲线将穹庐面裁剪成数个曲面块;

第 4 步:用 Advanced Surfaces 工具栏中的 WrapSurface 命令将从视界穹庐面上裁剪下的曲面块从视界穹庐面拓扑变形到视界标度面,WrapSurface Deformation Definition 对话框中的参数与图 24 - 9 保持一致;

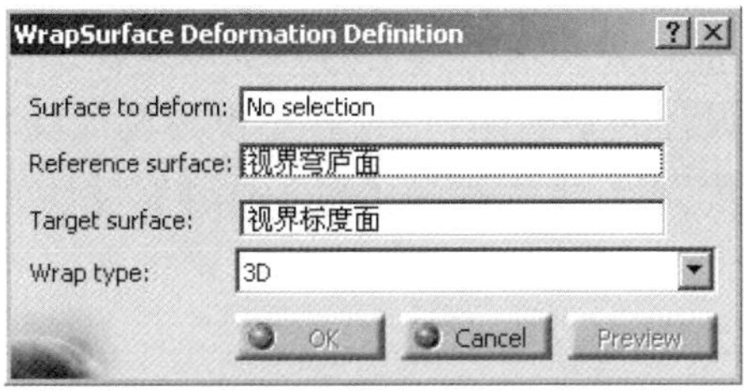

图 24 - 9 曲面变形定义设置

第 5 步:视界标度面上的曲面块就是在视界图中驾驶员的清晰视界区,提取这些曲面块的边界线,就是驾驶舱视界图的设计视界线。

图 24 - 10 为用上述视界图生成方法生成的 ARJ21 飞机原机头驾驶舱视界图。

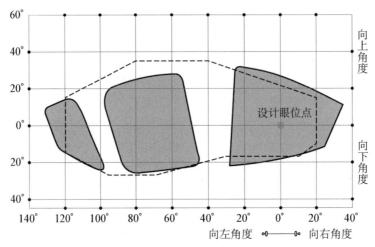

图 24-10 ARJ21 飞机驾驶舱原设计视界图

由于上述视界图生成步骤复杂,需要借助的几何元素较多,总体外形专业在其开发的民用飞机外形设计软件包(aircraft geometric design,AGD)中利用 CAGD 的 NURBS 理论和 CATIA 的 CAA 技术集成此功能。在对 CATIA 系统进行驾驶舱视界设计平台的二次开发中应用参数化精确拓扑变形技术,通过修改系统数据结构的 NURBS 曲面的控制节点,精确实现了快速自动生成驾驶舱设计视界图的目标。图 24-11、图 24-12 为该 AGD 软件包中驾驶舱视界设计平台的部分开发流程图、功能界面和显示效果。

至此,驾驶舱视界设计平台设计完成,该平台的开发形成了一套设计资料和使用手册,可供飞机总体设计人员在复杂的机头驾驶舱设计过程中简单实用。

24.5 创新点

在驾驶舱视界设计平台的研发中,主要的技术创新点有:

(1)国内首次将适航视界要求用真实的三维形式表达出来,并首次命名设计喇叭面,提出驾驶舱视界设计的新思路,将驾驶舱视界设计技术从盲目迭代型提升为精确约束型,减少了迭代次数,大大提高了机头驾驶舱设计的工作效率。

(2)国内首次系统研究驾驶舱视界的自动精确生成技术,首次提出了在驾驶舱视界生成中采用数字化精确拓扑变形技术。

(3)国内首次在飞机设计软件系统中完整集成驾驶舱视界设计功能。

24.6 解决的关键技术

本技术创新点解决的关键技术有:

(1)民用飞机机头驾驶舱设计中快速视界设计技术。

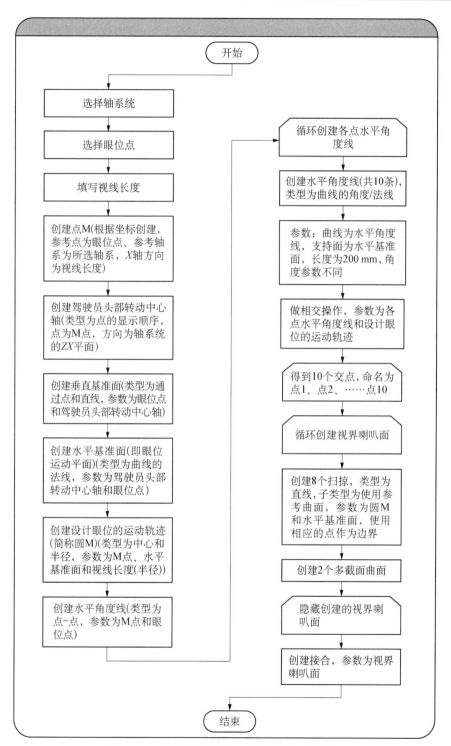

图 24-11   驾驶舱视界设计平台程序开发流程

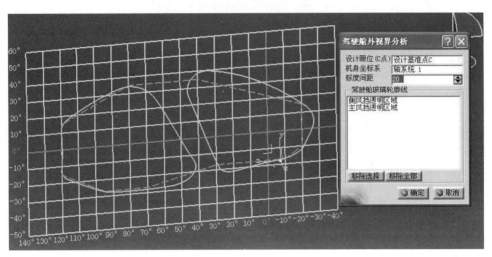

图 24‑12　驾驶舱视界设计平台应用界面

（2）民用飞机驾驶舱视界图的自动精确生成技术。

（3）CATIA 系统精确拓扑变形的实现技术。

24.7　应用前景与推广价值

24.7.1　应用前景

本驾驶舱视界设计平台有比较广泛的应用前景，在未来将其可以应用于中国商飞后续飞机型号的研制中，而且可以满足不同级别飞机的驾驶舱设计工作，将对中国商飞飞机总体设计工作有较大的帮助，可以大大地节省中国商飞在相关专业研究工作中人力和物力的投入。

24.7.2　推广价值

民用飞机驾驶舱视界设计平台研发中应用的技术和思路有很大的推广价值。首先，该驾驶舱视界设计平台在包括通用飞机、军用运输机、战斗机、直升机等所有航空器的设计中，都可以得到应用，能有效地促进国内航空器驾驶舱设计技术的提升，这方面已经在国内相关飞机设计单位得到了应用；其次，该平台稍加修改就可推广到包括汽车、轮船等交通工具的设计研发中，以提升相关交通工具的人机工效设计技术水平；最后，需要指出的是，该平台研发中的数字化精确拓扑变形技术也可以推广到民用飞机设计的其他设计领域，ARJ21‑700 飞机和 C919 飞机机翼外形设计中就应用该技术成功实现了型架状态和巡航状态快速设计。

25   曲面风挡设计技术

25.1   问题背景

在各类军民用飞机的设计中,一般驾驶舱都采用平面风挡或圆弧风挡进行透明区设计,以保证飞机有良好的视野和舱内防眩光特性;在 ARJ21 - 700 飞机机头改进攻关中,经过多轮次近百个方案的筛选,兼顾良好舱内视界、气动性能和防眩光特性,首次在国内的大型客机的设计中采用了曲面风挡,本技术创新点就是对该项技术进行总结提炼而成的。

25.2   技术难点

ARJ21 - 700 飞机机头改进攻关的目的是改善驾驶舱主风挡视界,改进驾驶舱的设计,具体是改进驾驶舱主风挡视界的符合性、驾驶舱空间的舒适性,驾驶舱操作界面的宜人性;民用飞机的驾驶舱设计一般都是基于驾驶员设计眼位开展的,所以这次机头外形修型也是围绕着 ARJ21 - 700 飞机的设计眼位进行的。

参考 ARJ21 - 700 飞机机头理论图(LL112A3101),对风挡节点进行如下定义,与理论图不一样的是节点定义为外形曲面的角点,而不是结构的边界点。风挡节点共 8 个,分别是 A、B、C⋯⋯H,其中 A、C、E、G 在风挡的下缘,而 B、D、F、H 在风挡的上缘,如图 25 - 1。通过对 8 个节点范围的调整及重新设计改进主风挡及形状。

ARJ21 - 700 飞机原机头外形是在参考机机头外形的基础上修改而来,它在外形基本不动的基础上对参考机的设计眼位进行了调整,将设计眼位在机身坐标系从原来的(482.6 mm, 3 074 mm, 1 302 mm)移到了(495.3 mm, 3 015 mm, 1 326 mm),即向外、向前、向上移动了参考机的设计眼位(似乎是为了满足 CCAR 推荐视界要求),这直接造成了驾驶员空间的不足和水平视距的缩短,同时驾驶舱的视界也没有达到推荐视界要求。

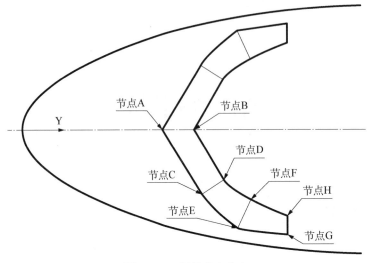

图 25‑1　风挡节点定义

25.3　国内外现状

ARJ21‑700 飞机风挡与国内外现行主流型号的风挡数量一致,为左右各 3 块,分别是主风挡、通风窗和观察窗,通风窗和观察窗的外形曲面一般是主风挡与风挡后机身曲面的过渡曲面。

目前 B737、B747、B757、B767、B777、A320、A330、A340、A380 均为左右各3 块风挡,B787 为左右各两块风挡,MD‑82 系列飞机为左右各 3 块、居中一块共7 块的风挡形式。但是民用大中型客机的主风挡一般都是平面,或者圆弧面,在已知的国内外机型中,尚未有机型采用图 25‑2(c)形式驾驶舱主风挡。

对于 ARJ21‑700 机头改进,主风挡可以选择的形式有如图 25‑2 所示的 3 种形式,原机头的主风挡形式采用了(a)形式,主风挡为平面,经过论证,改进机头的风挡形式采用了(c)形式,而且取主风挡的垂直后掠角(主风挡在飞机对称面处与竖直线的夹角)为 46.766°,水平后掠角(主风挡在过设计眼位的水平基准面处与垂直于对称面的水平线的夹角)为 15.7°。

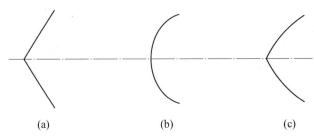

(a)　　　　　　　　　(b)　　　　　　　　　(c)

图 25‑2　主风挡的不同形式

25.4　技术解决方案

首先,根据 ARJ21-700 飞机改动的时间、进度影响,合理划定外形曲面的更改范围,在更改范围内创造性地发明了一种新型的曲面主风挡形式,并且,根据适航规章对驾驶舱风挡视界的要求,发明了检验驾驶舱视界的驾驶舱喇叭面,保证风挡设计的适航符合性,最终通过不同方案的 CFD 计算分析,选出气动特性最优的方案。

本次机头改进对风挡的选型有平面主风挡和曲面主风挡两种,并由此将机头外形修型方案划分为设计眼位不动的 1、2 方案。1 方案主风挡为平面,不同方案的编号为 1A、1B、1C……;2 方案主风挡为曲面,不同方案的编号为 2A、2B、2C……将设计眼位移动的方案全部定义为 3 方案,不同方案的编号为 3A、3B、3C……

机头攻关组成立前,机头外形修型产生了 1A、1B、2A、2B、2D、2E 和 2F 方案,主要是以解决驾驶员头部空间为目标。其中 2 方案的主风挡水平截曲线都是圆弧曲线,经过初步的 CFD 分析计算基本确定平风挡和曲风挡方案的修型方案,并初步认定曲风挡比平风挡气动效果好,但不排除通过调整参数和外形成型质量将平风挡方案修好的可能;认定风挡上沿零纵线附近、D 点附近和 CD 柱附近的外形设计是修型的重点,这些地方一般会表现出巡航状态出现声速的情况,怀疑会产生激波,其压力云图分布很不合理。这一阶段基本确定了机头改进驾驶舱主风挡的 3 种截面形式,如图 25-2 所示。

在机头攻关组成立前夕,产生了视界喇叭面,使机头改进对驾驶员视界的设计有了直观的参考。

机头攻关组成立后,首先生成了 4 个平风挡方案,即 1C、1D、1E 和 1F 方案,经过气动力 CFD 模拟分析,认为主风挡垂直后掠角为 47.5°的 1C 方案较好,最重要的是解决了风挡上沿零纵线附近的压力云图分布不合理的问题;分析原因是 1C 方案风挡上沿零纵线附近曲面采用了形因子为 0.42 的二次曲线扫掠面的方法,才改善了此处的压力分布,但 1C 方案对视界和水平方向左右 20°的要求符合性较差。1C1、1C2 方案分别对 1C 方案的曲面品质和视界符合性进行了修改,CFD 分析结果与 1C 方案相当。

随后进行平风挡和曲风挡并行的机头外形改进模式。在风挡上沿零纵线附近均采用了二次曲线扫掠面的方法,并控制二次曲线形因子在 0.4~0.45 之间,选取不同的扫掠脊线(spine);曲风挡方案首次突破圆弧风挡的限制,主风挡采用了一般直线扫掠面即单曲面。在 1C 方案的基础上保持角点不动,将主风挡变为曲面风挡进行外形修型,产生了 2G、2H 方案,其气动性能已超过原 ARJ21-700 飞机机头的气动性能,其中 2G 更好。分析其原因,得益于 2G 方案的主风挡的变曲率设计,其曲率从对称面向外逐渐增大,曲率半径逐渐缩小、最小曲率半径大于 800 mm,而且通风窗与主风挡是一块曲面成型,达到了曲率连续。平风挡方案在 1C 的基础上衍生了 1H、1I、1J 等方案,其中 1I 方案的气动分析结果与原机头相当。

在 1I、2G、2H 方案基础上,修型产生了 1I1、2G2、2G3、2H2、2H3 方案,经过气动力 CFD 模拟计算,各方案已全面超过原 ARJ21-700 飞机机头的气动性能,其中 2G2 方案的性能最佳,1I1、2G3、2H3 方案稍逊,机头攻关取得了相当大的进展,机头改进外形修型方案出现了目标性的收敛趋势。

考虑 2 方案主风挡上下控制曲线均存在曲率变化规律不一致的问题,2G2 方案的风挡面积过大,而 2G3 与 2G2 性能相当,随后 2 方案在 2G3 方案的基础上进行修改,统一主风挡上下控制曲线的曲率变化率,产生了 2G3-2、2G3-3 方案两方案,分析结果显示 2G3-2 的性能又有提高;平风挡在 1I1 方案的基础上还产生了完全满足 CCAR 推荐视界的 1I1-1 方案,但由于其性能已出现变差趋势,遂结束平风挡外形选型。

在攻关期间,还产生了 1F1、1F4、1G、1G1、1K、1I1-2 等众多特性不同的机头外形修型方案。

经过比较全面的气动力模拟分析,机头攻关外形选型最终选定 2G3-2 方案为首选方案、2H3 和 1I1 方案为备选方案,作为机头改进外形选型的结果。

1) 视界约束面设计

如图 25-3,选定 ARJ21-700 飞机设计眼位("设计眼位是驾驶员处于正常驾驶状态,两眼之间连线的中点所在位置,是飞机承制方用于确定驾驶舱内部和外部视野以及几何尺寸而选择的一个设计基准点")C 点,这里暂且定坐标为(495.3 mm, 3 015 mm, 1 326 mm);然后顺航向向后 84 mm 取 M 点(495.3 mm, 3 099 mm, 1 326 mm),过该点作垂直于水平面的直线为驾驶员头部转动中心轴;过设计眼位与中心轴作垂直基准面;过设计眼位并垂直于中心轴作水平基准面,即眼位运动平面;以 M 点为圆心,在水平基准面上作半径为 84 mm 的圆,作为设计眼位的运动轨迹(以下简称圆 M)。

在眼位运动平面上,以 M 点为中心,MC 为 0°角度线,然后以 M 为原点,在圆 M 上取角度点,依次做出①,②……⑩各点水平角的角度线;对于视界的垂直角度,角度原点落在圆 M 上,眼位运动平面为 0°角度线,向上为正角度,向下为负角度。

利用 CATIA 的直线扫掠曲面功能,依次生成各个视界面,因其围成状似喇叭的形状,俗称为视界喇叭面。视界喇叭面给出的就是驾驶舱推荐外视界的边界,CCAR 希望民用飞机的驾驶舱风挡透明区最好能包含视界喇叭面围成的视界区域。

2) 修型范围划定

尽管雷达罩外形对机头气动力影响比较大,但是考虑雷达罩是由协作方承制,所以还是决定对雷达罩外形不做修改,将机头修型的前边界定在雷达罩安装区之后的 SD41 框。

修型区的后边界起初定义在观察窗后的 SD160 框,在修型过程中发现沿着观察窗后窗框(SD148.55)修型也可以取得不错的修型效果,对外形光顺的满足性与 SD160 框相当,因此,将机头外形修型的后边界定在了 SD148.55 框。

机头外形修型的下边界起初定义在地板平面处,希望不要修改地板以下的外形。修型过程中发现修型区下边界还可以在地板平面以上,而不会影响外形修型的结果,最终将修型区的下边界定在了地板平面上原机头外形曲面的一条纵向等参线上,该等参线在 SD148.55 框处距地板平面 808.51 mm。

如图 25 - 3 所示,阴影区域包围的就是 ARJ21 - 700 改进机头对原机头的修型区域。

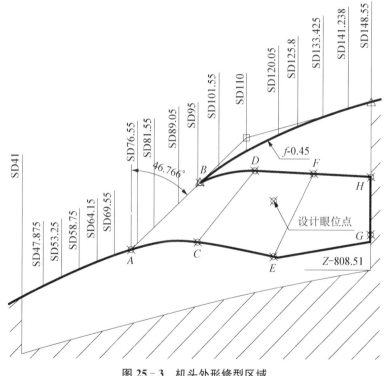

图 25 - 3　机头外形修型区域

3) 风挡曲面的确定

ARJ21 - 700 风挡分 3 块,分别是主风挡、通风窗和观察窗,通风窗和观察窗的外形曲面一般是主风挡与风挡后机身曲面的过渡曲面。民用大中型客机的主风挡一般都是直纹面,或者干脆是平面。对于 ARJ21 - 700 机头改进,主风挡可以选择的形式有如图 25 - 2 所示的 3 种形式,原机头的主风挡形式采用了图 25 - 2(a)形式,主风挡为平面,经过方案论证(详见 112JB030),改进机头的风挡形式采用了图 25 - 2(c)形式,而且取主风挡的垂直后掠角(主风挡在飞机对称面处与竖直线的夹角)为 46.766°,水平后掠角(主风挡在过设计眼位的水平基准面处与垂直于对称面的水平线的夹角)为 15.7°。

改进机头主风挡曲面的导引线是一条比较复杂的曲线,它在靠近飞机对称面附近的曲率基本为零,而在靠近 CD 立柱(见图 25-3)附近却有着基本恒定的曲率值,该处的曲率半径一般在 810~850 mm 之间,经过气动力分析,有如此大曲率半径的风挡曲面不会在 CD 立柱处产生明显的激波区。该曲线的曲率分析,如图 25-4 所示。

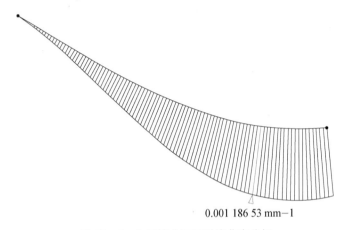

0.001 186 53 mm−1

图 25‑4 主风挡曲面导引线曲率分析

三维建模时以主风挡上缘曲线为导引线,该曲线的方程为

$$\begin{cases} 0.285\,01x - 0.239\,969y - 0.928z + 1\,936.055\,662\,06 = 0 \\ 0.450\,045x - 0.539\,875y - 0.711\,333z + 2\,349.627\,992\,27 = 0 \end{cases}$$

将该导引线平移缩放到主风挡下缘位置,构成另一根导引线,创建双导引线的直纹面,进行修剪,得到主风挡曲面。

对于通风窗和观察窗曲面,它们是一张曲面,是以主风挡曲面和 SD148.55 框后曲面为支撑曲面,利用二次曲线的扫掠面构造的过渡曲面。在曲面构造时,精心选取了二次曲线的形因子,利用变形因子的办法构造了制造可用的保凸曲面。

4) 驾驶舱上部曲面设计

驾驶舱上部曲面是从主风挡曲面到 SD148.55 框的过渡和填角曲面。原机头在主风挡上缘附近的曲面品质很不好,出现比较严重的拐点现象,这是没有很好控制纵向线所致。机头在这部分曲面的设计中经过多次改进,最终采用径向截面的方法,以过雷达罩顶点的水平直线为轴,沿径向构造二次曲线截面线,创建脊线为圆弧的旋转扫掠曲面。为了使曲面与 SD148.55 后曲面有较好的曲率连续性,取截面二次曲线的形因子 $f = 0.45$。对于扫掠曲面与通风窗和观察窗曲面之间的缺口,采用了 CAD 系统自动计算的填补曲面法,计算结果的可视化显示相当不错,经过品质分析,内在品质也达到了连续和光顺的要求。

5) 风挡下部曲面设计

SD41 框后,风挡下部曲面设计是改进机头外形设计的扫尾工作也是复杂的曲面设计工作,它的复杂表现在它与风挡曲面、机身曲面是既有相交又有相切的关系,而且边界约束过多,类型复杂,这在飞机外形设计中是最不愿意见到的情况,对这种曲面的不当处理会造成曲面使用的极大不便。

对于 C 点以外的曲面,采用构造纵向线和横向线并重的策略,对于与通风窗和观察窗的过渡,考虑窗的下缘为纵向,而且是窗框结构部分,设计中没有约束切矢连续,只考虑位置连续,对于 SD41 框和 SD148.55 框,以及修型区下部边界的跨界连续问题则严格保证至少切矢连续。

对于 C 点以内 E‑E 舱上的曲面,为了保证可制造性,曲面保凸,没有满足在 SD41 框的跨界切矢连续,出现了沿纵向近 2°的切矢偏差(见图 25‑5),但整张修型曲面的品质相当好。

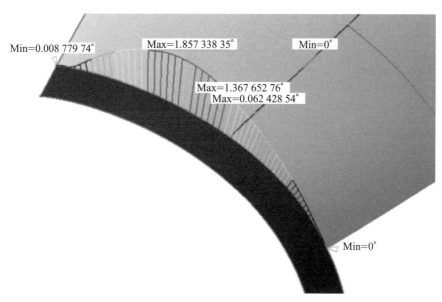

图 25‑5 SD41 框跨界切矢分析

6) 改进后机头及风挡外形

改进后的通风窗和观察窗曲面,它们是一张曲面,是以主风挡曲面和 SD148.55 框后曲面为支撑曲面,利用二次曲线的扫掠面构造的过渡曲面。在曲面构造时,精心选取了二次曲线的变形因子,利用变形因子的办法构造了制造可用的保凸曲面。设计完成的风挡外形如图 25‑6 和图 25‑7 所示。

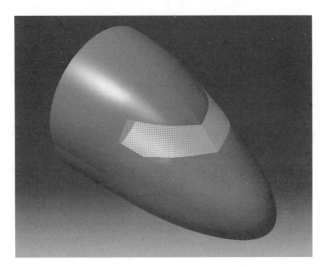

图 25 - 6　ARJ21 - 700 飞机机头外形

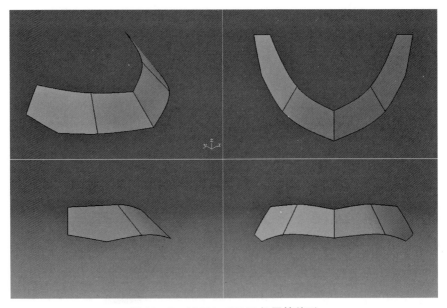

图 25 - 7　ARJ21 - 700 飞机风挡外形

25.5　创新点

　　形成了一套基于设计眼位与视界的驾驶舱风挡外形设计方法；通过糅合传统平风挡和圆弧风挡的特点，创新了一种新型曲面风挡(见图 25 - 8)。

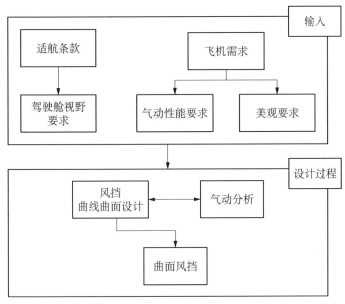

图 25‑8 原理框图

25.6 解决的关键技术

改善了驾驶舱风挡视界,改进了驾驶员头部空间,增加了舒适性,并且解决了增加驾驶舱空间与改善气动特性之间相互冲突甚至相互矛盾的问题;将更改范围限制在可接受范围内,最大限度地降低工装、型架和在制品的报废量,有效地节省了研制成本;在近两个月时间里,完成了多轮共计 27 套机头改进外形的设计,确保后续生产数模的发放,有效地保证了取证构型的投产、试制,保证了整个 ARJ21 型号的研制节点。

25.7 应用前景与推广价值

25.7.1 应用前景

ARJ21‑700 飞机的曲面主风挡是一次成功的尝试,是世界民机领域的先例,该型风挡既能满足适航条款中的驾驶舱视野要求,而且美观漂亮,在设计过程中所形成的方法和经验可直接应用于其他型号。

25.7.2 推广价值

民机外形设计过程中,常用曲线难以保证复杂的外形构建要求时,通过合理、恰当的采用高阶次曲线进行曲面的架构有效地解决问题;基于设计眼位与视界的驾驶舱风挡外形设计方法可以作为民机风挡研制的推荐方法,在后续的民进型号中得到广泛应用。

26 主风挡组合件及其安装方式

26.1 问题背景

由于驾驶舱透明件位于驾驶员正前方,要求高。风挡和周围的窗框结构,以及连接方式对机头乃至整个飞机的安全至关重要。风挡和周围的窗框结构属于大开口设计,同时还需具有抗鸟撞性能。

26.2 技术难点

为了给驾驶员提供较好的视界和驾驶舱空间,同时为了使飞机具有更好的气动特性,主风挡采用了单曲率曲面形状,并且单个主风挡的透明区域面积超过 0.5 m²。主风挡位于飞机正前方,同时要求具有较好的抗鸟撞性能。因此不仅要求风挡具有良好的光学、电学等性能,更要具有优越的力学性能。

由于大开口,窗框不但需要考虑自身加强,更重要的是与风挡的安装和配合,同时还需兼顾工艺性能。

26.3 国内外现状

在国内,ARJ21飞机是最早采用曲面主风挡组合件和安装形式的。

国外飞机平面形式的风挡有相似的组合形式,后续也出现了曲面风挡采用类似的组合形式,但其安装固定有所不同。

26.4 解决方案

曲面风挡组合件及其安装方式,风挡与周围窗框骨架采用协调一体化的设计,选用压板的安装形式,风挡采用多层组合,与周围结构不直接连接,风挡受力形式单纯,只承受作用在其上的气密载荷。由于风挡不参与整体结构传力,可靠性高,风挡寿命长。

26.5　创新点

ARJ21-700飞机是首次在国内民机上采用曲面风挡和压板式安装方式的飞机。曲面主风挡组合件为驾驶员提供较好的视界、驾驶舱空间和气动特性,使得驾驶员应急撤离通道更开敞;良好的气动特性带来较好的抗鸟撞性能;相对于承载式风挡,压板式风挡的疲劳寿命大大提高,具有良好的维护性,可快速进行主风挡的装配和维修。

26.6　解决的关键技术

大开口加强,主风挡和窗框骨架防鸟撞设计。

主风挡组合件主要包括风挡、压板、天窗骨架和连接件,如图26-1所示。其中风挡通过连接件固定在压板和天窗骨架之间,风挡采用曲面结构形式。优选为单曲率曲面形状。单个主风挡的透明区域面积大约为 0.5 m^2,厚度与平面风挡相当,相对于平面风挡面积增大 46.73%,从而可以提供较好的视界、驾驶舱空间和气动特性,以及较好的抗鸟撞性能,驾驶员应急撤离通道更开敞。如图26-2所示。

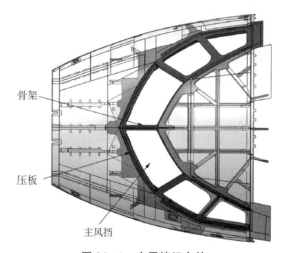

骨架

压板

主风挡

图 26-1　主风挡组合件

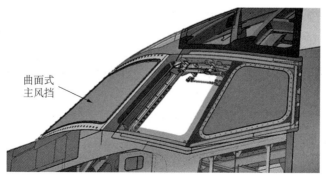

曲面式
主风挡

图 26-2　曲面式主风挡结构形式

　　风挡通过连接件固定在压板和天窗骨架之间,采用三方压板、一方插入的压板式安装方式,可以快速从飞机外部拆装和维修,方便快捷,维护成本低。由于压板式安装方式的风挡不参与结构受力,风挡的疲劳寿命大大提高。另外,主风挡采用压板式安装以方便外部拆装和维修,方便快捷。且压板式安装方式的主风挡不参与结构受力,相对于螺栓连接的承载式风挡,其疲劳寿命大大提高。

　　曲面风挡的压板式安装使得风挡周边的结构——天窗骨架的设计更具有挑战性。主风挡透明件底部均有骨架进行较好的支撑,因此主风挡在承受鸟撞冲击载荷时,透明件能将载荷迅速传递到骨架上,从而提高透明件的抗鸟撞能力。如图26-3所示。

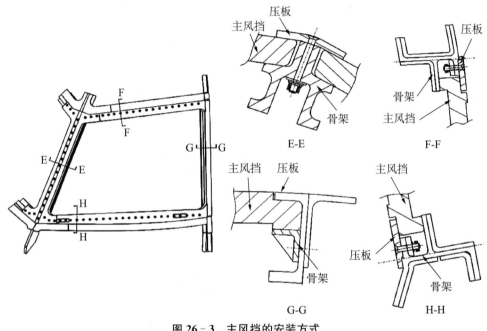

图26-3　主风挡的安装方式

　　天窗骨架本身也需要考虑鸟撞因素,天窗骨架各横截面均具有较高的抗弯高度和较宽的内缘条,能较好地承受鸟撞时瞬间很大的弯矩。

　　天窗骨架与座舱盖顶部板、侧壁板、各相关框等结构的连接采用分散交汇,避免过多筋条集中汇交,以改善各零件受力情况。天窗骨架的上部建立由玻璃窗框上边缘抗扭弯梁加放射型骨架为主的主要结构形式,下部通过窗框下边缘梁多支点铰接支持在各密框上,形成以密框为主的多支点支承结构,向下、向后传递增压载荷。

　　天窗骨架区域布置了较多的加强垫板与周围蒙皮进行连接,能更好地传载,大大改善整个区域结构的受载情况。

　　天窗骨架零件本身的材料、内部的连接件以及与压板的连接件均采用无磁性材料,因此,保证备用磁罗盘等设备的工作性能。

26.7　应用前景与推广价值

26.7.1　应用前景

此风挡组合件及安装方式在 ARJ21‐700 飞机成功应用,并经受了鸟撞试验、压力试验等适航试验的严格考核,此种设计和安装形式完全符合适航条款的相关要求。可以在其他民用支线或干线飞机上使用。

26.7.2　推广价值

此种风挡组合件及其安装方式由于安装方便,可靠性高,运营成本低,值得推广。

下篇 验证试验与试飞

27 ARJ21－700飞机全机静力试验技术

27.1 问题背景

民用飞机被誉为"世界工业之花",是一个国家战略基础工业的集中体现,民用航空工业及其研制水平代表着一个国家综合科技能力和综合实力的高低。取得适航证是民机研制成功的重要标志,全机静力试验是民用飞机研制过程中必不可少的全机试验,也是适航取证必须要完成的全机试验。ARJ21－700飞机研制是我国第一次严格按CAAC/FAA的要求进行适航认证,因此ARJ21－700飞机的全机静力试验不但要得到中国民用航空局(CAAC)的认可,同时还要得到美国联邦航空管理局(FAA)的认可。稳定俯仰2.5g全机静力试验(简称2.5g试验)是ARJ21－700飞机全机静力试验项目中最严酷的一项试验,是机体主承载结构最临界情况。虽然中国航空工业几十年来完成了大量型号的全机静力试验,但是严格按FAA的要求进行还是第一次。没有前人的经验,CAAC/FAA的条款只是非常原则性的要求,要通过适航认证,大量关键技术只由波音公司和空客公司等少量航空企业所掌握。为了完成ARJ21－700飞机全机静力适航验证试验,本着自主研发的原则,广泛咨询国内外专家,最终使ARJ21－700飞机全机静力适航验证试验得到CAAC/FAA的认可,通过适航审查。

2009年12月1日进行了第一次稳定俯仰2.5g全机极限载荷静力试验。由于ARJ21－700飞机龙骨梁后延伸段结构设计不合理,试验进行到87%极限载荷时,龙骨梁后延伸段结构失稳,试验中止。试验中止后,FAA和CAAC在详细了解试验情况后,除了要求对结构失稳给出详细分析及改进措施外,对于试验方法,就机翼载荷施加、结构扣重、应变测量、高载后结构符合性说明等方面提出大量质疑。通过历时7个月的技术攻关,本技术成果在机翼载荷施加、结构扣重、应变测量、高载修理后试验机结构符合性等方面突破了多项关键技术,建立了一套完善的大型飞机全机静力试验管理程序。

27.2　技术难点

（1）全机静力适航验证试验的组织管理。大型飞机全机静力试验涉及设计、制造和试验多专业协同工作且试验周期长。从试验规划、试验准备、适航制造符合性和现场目击、试验意外中止调查、故障复现及设计更改、试验恢复、试验完成后适航审查等工作均需按程序进行。ARJ21－700 飞机全机静力试验是首次有 FAA 参与影子审查的适航验证项目，更加需要一套高效试验验证组织管理程序来对试验过程进行管理。

（2）机翼垂直弦平面加载（斜加载），国内以往不管是军机还是民机，机翼加载均采用垂直于地面加载方式。机翼主要的载荷是气动升力，升力始终垂直于机翼弦平面。对于大展弦比的飞机，机翼受载后变形很大，如果采用垂直于地面的加载方式，造成最终的机翼载荷施加不能模拟机翼的真实受载情况，对机翼结构的考核不充分，而国外公司均采用垂直于机翼弦平面加载的方式。就此问题，在 FAA 的影子审查过程中，多次对此提出质疑。虽然各科研院所曾进行过此方面的研究，但由于国外试验细节在公开文献中很少提及，因此到 ARJ21－700 飞机静力试验前依然无章可循。面对 FAA 的质疑，如何确定机翼斜加载方案，完成 ARJ21－700 飞机全机静力试验适航验证工作，成为一个技术难题。

（3）静力试验中机体扣重。国内以往全机静力试验扣重均采用调整加载载荷的方法进行，这种扣重方法扣重和加载同时进行，对于试验件最终载荷考核是准确的，但是在低载阶段载荷施加是不准确的，会导致试验测量存在一个扣重阶段，这个扣重阶段中的应变和位移测量结果无法用于试验数据分析，且造成测量结果均需要通过线性化处理消除扣重阶段的影响。

而适航验证工作中最重要的一个内容便是通过试验验证分析方法，采用原国内通行的扣重方法，无法对分析方法进行验证。如何将试验机试前状态调整为同分析状态一致，也成为一个需要解决的技术难题。

（4）高载试验和结构非正常破坏修理后试验机如何代表构型，试验机加载到高载时一旦发生事故，试验中止对结构进行修复后，如何表明修复后的结构能够代表取证构型。在国内无论是申请人还是局方，均无经验。ARJ21－700 飞机全机 2.5g 极限载荷试验中止修复后，确定修复后试验机符合性验证方案，是一个技术难题。

（5）如何保证试验机出现高应力部位时试验能够一次通过。飞机结构复杂，特别对于一些传力关系复杂的部位，应变变化梯度很大，在全机静力试验过程中，对于这些部位可能会发现局部应力非常高的部位，甚至可能超出分析的预期造成结构提前破坏。在全机静力试验过程中遇到这种情况，摆在工程人员面前无法回避的问题是需要回答试验是往下做还是停下来加强结构，如何确保试验能够一次成功也是一个技术上的难题。

27.3　国内外现状

全机静力试验是飞机设计过程中必须完成的全机结构强度验证试验,也是民用飞机通过适航认证过程中必须完成的试验。

国内以往对于全机静力试验验证飞机结构强度的主要观念是通过对试验机施加极限载荷,验证飞机结构能够承受极限载荷不破坏,达到结构强度设计目标。然而随着试验手段和分析手段的进步,国外对全机静力试验验证飞机结构强度的理念发生了改变,认为应该通过尽量多的限制载荷试验对分析模型和分析方法进行充分验证,再通过极少量的极限载荷试验以及大量的极限载荷分析来表明结构具有承受极限载荷的能力。国内以往采用的方法存在的问题是,采用极限载荷试验验证结构强度只能对结构典型部位进行,无法覆盖所有结构部位。如果在一架试验机上进行多项极限载荷试验,试验机结构有可能受到损伤,影响结构传力导致试验机传力不能代表取证构型;如果采用多架试验机进行极限载荷试验,则带来巨大的制造成本和周期的压力。目前,国外普遍采用经试验验证的分析方法进行适航验证的理念,是欧美等发达国家适航当局(EASA/FAA)所普遍认可的验证思路。采用这种思路进行适航验证,可以保证飞机结构得到全面的验证,而且可以节约飞机研制成本,加快飞机研制进度。ARJ21-700飞机研制过程中,在国内首次采用这种思路完成了ARJ21-700飞机结构强度适航验证工作,得到了CAAC/FAA的认可。

国内以往不管是军机还是民机,机翼加载均采用垂直于地面加载方式。机翼主要的载荷是气动升力,升力始终垂直于机翼弦平面。对于大展弦比的飞机,机翼受载后变形很大,如采用垂直于地面的加载方式,造成最终的机翼载荷施加不能模拟机翼的真实受载情况,对机翼结构的考核不充分。国内以往全机试验中结构扣重采用在加载点上将结构重量与施加载荷叠加的方法进行结构扣重。这种扣重方式进行试验,在低载时由于扣重的影响,载荷施加不准确。由于民机过载相对军机较小,扣重影响范围较大,有些可影响到40%极限载荷,造成试验测量40%以前不可用。对于一些薄壁结构,往往在40%极限载荷前测量数据由于失稳发生拐折,这种扣重方式将无法确定薄壁结构失稳状态。ARJ21-700飞机稳定俯仰2.5g全机静力试验在国内首次采用垂直于机翼弦平面加载技术和采用反配重扣重方法完成适航验证试验。空客公司最新的A380飞机和波音公司最新的B777和B787飞机全机静力试验均采用垂直于机翼弦平面加载的方案,波音公司B777和B787飞机均采用反配重的方法在试验加载开始前完成飞机结构扣重。

全机静力试验在进行过高载试验后,飞机结构局部可能发生永久变形,结构传力路线有可能发生改变。如何通过分析表明飞机结构在经过高载试验后仍然能够代表飞机的取证构型继续进行试验呢?国内对于这方面的经验,没有技术积累。国外据了解有通过检查试验应变测量结果,证明飞机结构不存在残余应变的方法,表明飞机结构在高载后能够代表飞机的取证构型进行后续试验的例子。然而ARJ21-700飞机 2.5g 静力试验由于原试验方案的缺陷,无法从试验应变测量结果中直接判断结构是否存在残余应变。最终,ARJ21-700 飞机 2.5g 静力试验首次提出采用对比试验应变测量的方法表明飞机结构在高载后仍然能够代表取证构型进行后续试验,得到 CAAC 和 FAA 适航当局的认可,避免了重新生产一架静力试验机造成的进度和成本的损失。

ARJ21-700 飞机 2.5g 全机静力试验在 CAAC 和 FAA 适航当局现场目击情况下顺利完成,是我国第一次得到 FAA 认可的民机全机静力试验。由于以往我国没有大型民机项目取得欧美等发达国家适航证的经验,全机静力试验对于如何通过FAA 的审查,国内没有经验。ARJ21-700 飞机 2.5g 全机静力试验的完成,突破多项关键技术,创建一套满足国际适航验证要求的大型飞机全机静力试验组织管理程序,填补了国内在民机静力适航验证试验领域试验规划和组织管理的空白。

27.4 解决方案

采用自主研发与积极开展对外咨询的方式对上述问题进行探索,获得解决方案。

1) 全机静力适航验证试验的组织管理

与审查方和各参试单位积极沟通,通过 ARJ21-700 飞机全机静力试验 2.5g 极限载荷试验从试验发生结构破坏、中止试验、分析原因、验证原因、更改设计、验证更改、修复试验机、验证试验机的构型代表性直到恢复试验、获得试验成功全过程的适航审查程序,并最终通过适航审查。

2) 机翼垂直弦平面加载(斜加载)

从理解条款出发,通过各种渠道开展国外技术咨询,通过团队的努力,从载荷处理到载荷施加,解决机翼变形确定、加载方向改变后全机平衡问题、气动载荷和惯性载荷组合等关键技术难点,采用载荷分区解决加载点加载方向大量不一致的问题,最终完成机翼垂直弦平面加载。

3) 静力试验中机体反配重扣重

将扣重和加载两个过程彻底分开,试验前,通过滑轮将配重块与机体机构连接,在试验前将飞机机体吊平达到零重状态,与强度分析状态一致。

4) 高载修理后试验机结构符合性验证

采用对比试验结合应变分析的方法,证明高载后的结构未产生塑性变形。同时,通过破坏前试验数据进行对比,表明修复后结构未改变原设计传力路径,应变对比结构具有良好的重复性,修复后的试验机可代表取证构型。

5) 试验机高应变区强度验证

首先确认高应变区的合理性,特别是对于受压结构,高应变并不代表结构失去承载能力。如果可以通过分析确认结构可承受极限载荷,则继续试验,反之,如果不能确认,则快速补充研发试验,通过试验确认高应变区结构的承载能力。

27.5　解决的关键技术

1) 创建了一套大型飞机全机静力适航验证试验组织管理程序

大型飞机全机静力试验涉及设计、制造和试验多专业协同工作且试验周期长。通过 $2.5g$ 试验研制,创建了一套大型飞机全机静力适航验证试验的组织管理程序,贯穿于全机静力试验全过程,从试验规划、试验准备、适航制造符合性和现场目击、试验意外中止调查、故障复现及设计更改、试验恢复、试验完成后适航审查等工作。特别需要指出的是,由于 $2.5g$ 试验第一次极限载荷试验在进行到87%时由于结构设计问题中止,在整个适航验证过程中,本成果探索和成功实践了从试验发生结构破坏、中止试验、分析原因、验证原因、更改设计、验证更改、修复试验机、验证试验机的构型代表性直到恢复试验、试验成功全过程的适航审查程序,获得 CAAC/FAA 的认可,最终通过适航审查。

$2.5g$ 试验是我国首次按 CAAC/FAA 的要求进行的适航验证试验,试验的成功完成,在试验的组织管理程序上获得的经验,非常值得我国后续民用飞机研制静力试验适航验证借鉴。所积累的试验组织管理程序主要包括如下内容:

(1) 试验方案及实施。

在飞机型号初步设计阶段,就应该着手进行全机静力试验的规划工作。根据飞机型号的结构布置方案,以满足适航条款及相关适航文件为目标,制订完善的适航验证试验规划,将全机静力试验初步方案内容作为结构强度适航符合性验证计划的重要组成部分。试验规划完成后,应及时要求试验单位介入,了解试验方案,论证试验方案的可行性,对不合理的试验方案进行改进,对需要进一步研发的试验技术提早进行研制。

在飞机型号详细设计阶段,根据结构各部位临界载荷情况,初步确定试验项目及载荷工况。在详细设计阶段后期,完成所有试验大纲编制,要求试验单位进行初期的试验准备工作。

详细设计完成后(飞机型号研制发图完成),载荷部门将根据发图完成的结构给出用于试验的第四轮载荷。根据第四轮载荷数据,确定最终的试验载荷工况,将载荷处理为试验载荷,最终更改完成试验大纲,提交适航审查。

试验开始前,试验大纲必须得到适航当局的批准。试验过程中对试验大纲的修改必须得到适航当局的批准方可实施。

(2) 静力试验机的制造和改装。

在试验方案规划阶段,根据试验方案的需要,必须提出初步的试验件更改要求,包括特殊的过渡段,加载假件,增压舱密封,试验件特殊标记,静力试验机系统设备不安装部位机体连接件的特殊连接要求等。

在飞机详细设计阶段,需要按静力试验机的具体要求,将对静力试验机制造的特殊要求落实到静力试验机图纸中。当飞机生产图纸发出时,静力试验机相应的特殊制造要求同时发往工厂,使静力试验机交付时满足试验要求。

(3) 静力试验机构型控制及适航制造符合性检查。

在试验方案阶段,必须通过完善的技术论证,表明试验方案中静力试验机构型可以代表飞机的取证构型。

在飞机详细设计阶段,建立全面持续的静力试验机构型控制计划,使静力试验机构型控制贯穿从试验机制造到试验完成的全过程。

在向适航当局提交试验大纲时,必须向适航当局表明试验方案中静力试验机构型可以代表飞机的取证构型(可附带一系列分析报告作为支持)并得到适航当局的批准。

在试验过程中,静力试验机结构发生改变,必须向适航当局提交报告,表明静力试验机结构的改变仍然可以代表飞机取证构型进行试验,包括对已完成试验的影响和后续试验的影响。报告必须得到适航当局的批准。

在试验开始前以及每次静力试验机结构发生改变后,适航当局将对生产完毕的静力试验机进行制造符合性检查,检查静力试验机以及相关设计和制造过程文件,确认静力试验机构型与申请人所申明的一致。完成试验机制造符合性检查后方可进行试验。

(4) 试验预案制订。

在正式试验前制订完善的试验预案,明确所有参试人员的岗位和岗位责任。

根据预先试验分析的情况,对试验件可能发生的局部失稳等显现确定处置方案落实到人。

对于试验可能发生的响声进行归类,对于不同的响声情况预先确定处置方案落实到人。

(5) 试验中止后工作。

试验意外中止后,首先应保护现场,保护足够多的原始信息有利于试验故障分析。其次试验机进行全面详细的检查和测量,摸清试验机损伤和变形情况,为故障分析和试验机的修复提供依据。还要对试验方案、试验大纲、试验过程中的文件均要进行细致的检查。对已生产飞机进行评估。

(6) 试验故障分析及故障复现。

试验出现故障后,需要对试验故障进行彻底的分析,确定故障发生的原因。为了进一步定位故障原因,必要时应该进行故障复现试验。

(7) 试验机更改设计及验证。

一旦确定试验机设计存在缺陷,需要对试验机结构进行更改设计。必要时应安排局部结构试验进行验证,确保全机试验一次通过。

(8)试验机修理方案及构型符合性说明。

完成试验机更改设计后,首先需要制订试验机结构修理方案,同时需要制订已生产飞机的结构更改方案。然后向适航当局报告试验机的修理方案,并且提交报告表明修理后的试验机结构仍然能够代表飞机的取证构型进行后续试验,已生产飞机的结构更改后结构强度等效于或强于试验机结构。报告在得到适航当局批准后方可进行试验机及已生产飞机的结构修理和改装工作。

(9)试验件修复和已生产飞机改装。

按试验机修理方案严格按工艺流程进行修复,同时对已生产飞机进行改装。

(10)恢复试验。

结构更改设计,试验机经过修理后,试验大纲需要重新提交适航当局,得到批准后方可重新进行试验。

(11)试验分析及适航审查。

试验完成后,需要及时完成试验报告,试验测量结果与分析结果的对比,表明分析模型和分析方法能够满足结构强度验证要求。

2)国内首次采用机翼垂直弦平面加载技术完成民用飞机适航验证试验

国内以往不管是军机还是民机,机翼加载均采用垂直于地面加载方式。机翼主要的载荷是气动升力,升力始终垂直于机翼弦平面。对于大展弦比的飞机,机翼受载后变形很大,如果采用垂直于地面的加载方式,造成最终的机翼载荷施加不能模拟机翼的真实受载情况,对机翼结构的考核不充分。就 ARJ21-700 飞机而言,采用垂直于地面的加载方式,由于机翼变形减轻了机翼上壁板受压的情况,造成机翼根部弯矩降低 4%。

就此问题,在 FAA 的影子审查过程中,多次对此问题提出质疑。通过广泛的国外咨询和资料收集发现,国外空客公司和波音公司全机静力试验均采用垂直于机翼弦平面加载的方式,只有采用垂直于机翼弦平面加载才可能得到 FAA 的认可,才可能通过 FAA 的影子审查。

国内没有成熟经验,国外对于试验技术,特别是试验细节在公开文献中很少提及。本着独立自主的原则,从理解条款出发,通过各种渠道开展国外技术咨询,通过团队的努力,从载荷处理到载荷施加,解决了机翼变形确定,加载方向改变后全机平衡问题,气动载荷和惯性载荷组合等关键技术难点,首次提出了采用载荷分区解决加载点加载方向大量不一致的问题,最终完成了机翼垂直弦平面加载技术。其中的主要技术细节包括:

(1)确定机翼变形。

采用垂直于机翼弦平面加载方案,首先必须得到机翼的变形情况。在没有试验的情况下,采用迭代分析的方法,通过有限元分析的手段得到机翼的变形。在完成限制载荷试验后,采用试验测量结果与分析结果相结合对比,修正初期通过分析得到的机翼变形曲线,最终用于极限载荷试验。

(2)气动力垂直于机翼弦平面。

机翼载荷分为气动载荷和惯性载荷。按实际情况,气动载荷始终垂直于机翼弦平面,而惯性载荷始终垂直于地面,将试验用机翼载荷作用点上气动力垂直于变形后机翼弦平面,得到新的机翼总升力载荷。

(3)全机载荷重新平衡。

飞行载荷主要包括气动载荷和惯性载荷,气动载荷的方向改变后,全机平衡需要重新计算。由于惯性载荷始终垂直于地面,将改变方向后的气动载荷和垂直于地面的惯性载荷重新进行平衡计算,得到试验用全机平衡载荷。

(4)机翼载荷组合。

气动载荷垂直于机翼弦平面,惯性载荷垂直于地面。将机翼上每一载荷作用点的载荷中气动力垂直于变形后的机翼弦平面与垂直于地面的惯性载荷合成,得到机翼上每一载荷作用点的合力大小和方向。

(5)机翼载荷分区。

机翼载荷通过气动力和惯性力的组合后,每一载荷作用点上的载荷方向均存在一定差异,在试验中无法按各载荷作用点合成计算出的载荷方向进行载荷施加,需要进行工程处理。解决的方法是根据机翼变形扰曲线的实际情况,将相邻肋站位附近的加载点的载荷方向进行平均,得到一个一致的加载方向,这样,单边机翼上最终组合成若干不同加载方向的加载点。对于 ARJ21 - 700 飞机,将单边机翼按平均 4 个肋作为一组,组合为一个加载方向,最终组合成 6 个加载分区,每个分区采用同一个加载方向。

每个加载区域由于采用同一加载方向,加载方向同一化处理后,每个加载区域的载荷将会有微小的变化,导致单边机翼总载荷与试验载荷不一致,需要进行合理的修正,保证单边机翼总载荷与试验载荷一致。

至此,机翼载荷处理完成,按处理后的载荷布置机翼加载点进行试验。

(6)加载固定点位置确定。

从零载荷到极限载荷,机翼的变形逐渐增大,按机翼气动载荷垂直于机翼弦平面的要求,在每一级载荷情况下,气动载荷都在发生变化。然而,要设计制造一套在极限载荷下能够随动的加载系统非常困难。考虑可接受的工程简化,提出保证最终载荷垂直于机翼弦平面的方案进行试验,即限制载荷试验时,试验加载机翼载荷在限制载荷下垂直于每个加载点当地弦平面,极限载荷试验时,试验加载机翼载荷在极限载荷下垂直于每个加载点当地弦平面。因此,加载点在试验装置安装时既安装到最终状态,保证在最终载荷状态下加载方向垂直于机翼弦平面。

按此方案,将在最终载荷状态下各加载点方向延长,与加载支架顶部平面的交点即为加载固定点位置。

3) 国内首次完成了采用反配重扣重方法的民用飞机适航验证试验

国内以往全机静力试验扣重均采用调整加载载荷的方法进行,这种扣重方法扣重和加载同时进行,对于试验件最终载荷考核是准确的,但是在低载阶段载荷施加是不准确的,会导致试验测量存在一个扣重阶段,这个扣重阶段中的应变和位移测量结果无法用于试验数据分析,且造成测量结果均需要通过线性化处理消除扣重阶段的影响。

对于民用飞机,大量采用薄壁结构设计,有些结构局部在30％左右开始失稳,而一些静力试验扣重工况在40％才完成扣重,40％载荷以前的测量数据均不可用,无法通过应变测量监测失稳过程。

就此问题,在FAA的影子审查过程中,FAA的审查代表对我们的扣重方法提出异议。经过仔细的分析,充分对比了两种扣重方法的优劣,认为对于民机全机静力试验,越来越重视分析与试验的对比,从而对试验测量要求越来越高,需要在试验方法上尽量精细,才能使试验结果更可信。

最终ARJ21－700飞机采用了反配重扣重方法,在加载前,飞机通过预先设置的支架和滑轮装置,采用配重使飞机处于零重状态,然后开始施加载荷,这与分析状态吻合。试验完成后测量数据线性度明显好于原扣重方案的试验测量结果。试验测量数据不需要做线性化处理,可直接用于试验分析。

2.5g试验在国内首次采用反配重扣重方法,将扣重和加载两个过程彻底分开,互不影响,试验测量结果线性度好,为后续分析验证工作提供准确的试验依据。

4) 首次采用对比试验结合应变分析的方法完成高载修理后试验机结构符合性说明

2009年12月1日进行了第一次稳定俯仰2.5g全机极限载荷静力试验。由于ARJ21－700飞机龙骨梁后延伸段结构设计不合理,试验进行到87％极限载荷时,龙骨梁后延伸段结构失稳,试验中止。

在经过工程技术人员的努力后,确定了故障产生的原因,更改结构方案,并且经过修理和修理后对试验机外形的测量,都表明试验机状态恢复可以重新进行试验验证。但是,适航当局要求申请人要证明飞机结构经受高载后,飞机结构仍然能够代表飞机的取证构型进行验证试验。因为飞机结构设计时,在飞机结构承受超过限制载荷后是允许发生永久变形(塑性变形)的。产生了永久变形的结构再进行试验,结构传力路线可能发生改变,无法达到试验验证目的。

只有完成结构符合性分析表明01架静力试验机结构能够代表飞机取证构型,才能重新进行2.5g试验。不能恢复试验,将严重推迟ARJ21飞机项目的进度,如果不能表明修复后的01架试验机仍然能够代表飞机取证构型进行试验,有可能需要再制造一架静力试验机进行后续的适航验证试验,由此带来的成本和进度上的损失是巨大的。

如果可以证明飞机主传力结构没有残余变形,就可以证明飞机结构的传力没有改变。国外曾经有过类似事例,通过应变测量结果分析不存在残余应变来表明结构没有残余变形。但是由于第一次 2.5g 极限载荷试验中止后没有及时测量卸载后的数据,且采用调整加载点载荷的扣重方式,无法通过简单的分析应变测量结果得出结构没有残余变形的结论。

通过反复的分析讨论,最终,2.5g 试验首次采用对比试验结合应变分析的方法完成了高载修理后试验机结构符合性说明,有力地证明了 01 架静力试验机在高载修理后,结构传力仍然符合飞机取证构型,可用于静力试验验证。避免了重新生产一架静力试验机造成的进度和成本的损失。

主要实现途径如下:

(1)应变水平分析。

ARJ21 - 700 飞机机体主传力结构均采用 2000 系列和 7000 系列铝合金材料。通过对机体主传力结构上应变测量结果的分析统计,然后与材料手册对应材料的应力应变曲线比较,所有的应变测量结果表明,机体主传力结构上应变均处于材料应力应变曲线的线性范围内,由此推论,在结构卸载后结构将不存在残余变形。

(2)对比试验应变位移重复性比较。

现有的应变测量数据只有在传统的扣重方式下进行的 2.5g 极限载荷试验的数据,如果按第一次的试验加载和测量方案,对修复后的试验机再进行一次完全一样的试验加载,除结构更改和修复的区域以外部位的应变和位移测量能够与第一次试验测量数据相吻合,就可以表明结构的传力没有发生改变,01 架机结构仍然能够代表取证构型进行后续适航验证试验。

按以上思路,对修复后的 01 架试验机进行一次与第一次 2.5g 试验完全相同的加载测量,对比应变和位移结果,主传力结构上的 96% 的应变差异小于 10%,其中 86% 的应变差异小于 5%,仅有 4% 的应变片由于测量原因差异大于 10%。位移的差异在 2% 以内。

(3)材料极限强度不会发生改变。

ARJ21 - 700 飞机机体主传力结构均采用 2000 系列和 7000 系列铝合金材料。铝合金等金属材料在高载后可能发生材料硬化的现象(材料线性点提高),但是不会影响材料的极限强度。虽然 01 架机结构承受了高载,但是不管材料有没有超过比例极限,均不会影响材料的极限强度,结构的极限承载能力不会改变。

(4)采用强度裕度对比分析的方法表明结构符合性。

对于结构经过修理的部位,一般都会存在连接补强的区域,这些区域在修复后无法代表飞机取证构型进行验证试验。在制订修理方案时需要注意这方面的问题,遵循原则是切割断开处不要选择强度裕度小的部位,尽量选择强度裕度较大的部位。在通过强度裕度对比分析的方法表明,只要结构和受载类似的,强度裕度低的部位得到试验验证,则可以推断相对强度裕度高的部位可以被覆盖。

ARJ21-700飞机2.5g试验过程中,由于龙骨梁后延伸段发生破坏,在修理的过程中需要将龙骨梁悬空段切割。通过充分的分析论证,最终决定选择第4格部位进行切断修理,采用强度裕度对比的分析方法,向适航当局表明只要龙骨梁其他部位通过试验验证,则第4格部位可以被覆盖,修理后的01架试验机能够代表取证构型进行后续试验验证,得到了CAAC/FAA批准。

5) 首次将"采用经试验验证的分析进行适航验证"的理念应用于国内民机适航取证

由于早期试验手段和分析手段比较弱,分析结果与试验结果误差较大,通常采用比较保守的分析方法保证飞机结构强度,然后通过极限载荷试验保证飞机结构满足设计要求。国内以往的飞机型号设计过程中一直沿用这套思路进行结构强度试验验证。强度试验最关注的是结构能够承受极限载荷,试验应变测量主要为了监测结构的应力水平,保证结构不会在极限载荷前破坏。

原来的结构强度验证思路,由于结构不能反复承受极限载荷,因此极限载荷试验仅能考虑少数典型载荷情况,对结构的验证是不完全的。随着试验手段和分析手段的进步,国外逐渐转变为重视限制载荷试验和分析的对比,通过试验和分析的对比,充分证明分析方法可靠性,然后再通过分析的方法对结构进行全面的验证,表明结构符合强度设计要求,这种对结构强度的验证理念就是采用经试验验证的分析进行结构强度适航验证。采用这套结构强度验证思路,在一架静力试验机上可以进行10种以上的限制载荷试验情况用于验证分析方法,最后再进行1~2个极限载荷试验对结构进行极限载荷强度验证,所有的结构将通过分析报告的形式得到全面的验证。

这种验证理念能够使结构得到全面验证,可加快飞机型号研制进度并且减低飞机研制成本。分析方法证明为可靠的,为飞机批量生产偏离问题处理提供分析基础,同时对于飞机型号后续的改性,只需要少量试验或者完全通过分析完成验证。

ARJ21-700飞机通过2.5g试验,在国内首次探索和实践了将"采用经试验验证的分析进行适航验证"的理念应用于民机结构强度适航验证工作中,得到了CAAC/FAA的认可。

6) 成功创建通过快速补充研发试验保证全机静力极限试验一次通过的方法流程

飞机结构复杂,特别对于一些传力关系复杂的部位,应变变化梯度很大,在全机静力试验过程中,对于这些部位可能会发现局部应力非常高的部位,甚至可能超出分析的预期造成结构提前破坏。在全机静力试验过程中遇到这种情况,摆在工程人员面前无法回避的问题是需要回答试验是往下做还是停下来加强结构。

传统的金属材料是在屈服后应力应变变现为非线性,为了减轻飞机的重量,在航空结构设计中当结构受载接近极限载荷时需要进入这段非线性。但非线性在分析上一直是比较难把握的,在飞机型号全机验证试验时,对于工程人员是很大的挑战,是冒险往下做试验,还是停下来加强结构。冒险往下做试验,万一结构提前破坏,对型号验证进度、研制成本都将带来很到的损失;停下来加强结构,可能是无谓地让结构背上多余的重量,将来批产的所有飞机都将背上这些多余的重量。

在 ARJ21－700 飞机 2.5g 试验过程中,同样遇到这样的问题,通过探索和实践,成功创建通过快速补充研发试验,根据试验结果确认全机静力极限载荷试验一次通过的方法流程。主要流程包括如下内容。

(1) 发现问题。

在全机静力试验过程中,对结构关键部位、重要部位和高应力部位需要特别关注,预试完成后,限制载荷试验完成后,对应变测量结果全面细致地分析,特别注意应变超过预期的部位。

ARJ21－700 飞机 2.5g 试验过程中,就发现 SD648 框与机翼后梁连接处框外缘局部应变超过预期,应变按现行外推将超过材料的许用值。

(2) 确认结构高应变合理性。

发现应变超出预期有可能造结构破坏的部位,应首先进行应力评估分析,结合细化有限元模型进行高应变确认,确认高应变额合理性。如可以采用可靠的强度分析方法确认结构可以承受极限载荷,则可以继续试验,如无法肯定结构是否能够承受极限载荷,则可以考虑立即启动局部结构承载能力试验,确认结构的极限承载能力。

ARJ21－700 飞机 2.5g 试验过程中,由于 SD648 框是机翼机身重要传力部位,一旦框缘破坏,将造成飞机整体失去承载能力。经过局部细化有限元模型分析,证实局部高应变的存在,虽然分析表明高应变仅存在局部区域,但慎重起见,决定立即启动局部结构承载能力试验。

(3) 制订试验方案。

将局部结构从一个整体结构中分离出来进行试验,最困难的就是如何模拟边界条件,边界条件模拟不准确会造成试验最终无法代表结构真实受载情况。

由于全机静力试验需要通过这个试验来决策,因此试验进度是非常重要。制订试验方案,最终要是试验结论的有效性,其次是抓住主要矛盾,试验方案尽量简单,缩短试验件生产和试验准备周期。通常的方法是通过细化有限元分析,模拟试验考核部位局部的应变分布,然后根据分析模拟的边界条件,选择一种简单便于实施的试验边界支持和加载。

ARJ21－700 飞机 2.5g 试验过程中,为了完成 SD648 框局部承载能力试验,采用两端铰支,偏心受压的约束和加载方案,较准确地模拟了 SD648 框局部从外框缘到内框缘的应变分布。

（4）试验实施。

试验实施过程中，需要通过应变测量，确认试验方案设计的有效性。只有通过试验模拟的局部的应变分布，才能准确地给出结构在这种应变分布下的极限承载能力，为全机静力试验决策提供准确有效的支持。

经过试验测量结果的分析对比表明，SD648框局部试验的应变分布与真实结构上的分布一致，得到的框缘极限承载能力超过全机静力试验极限载荷的20%。

（5）试验分析决策全机静力试验。

根据承载能力试验结果与全机静力试验极限载荷下结构的受载情况，综合多方面因素决策是否进行全机极限载荷试验。

ARJ21-700飞机2.5g试验过程中，根据SD648框局部框缘承载能力试验结果，综合周边结构实际受载情况，最终决策结构不进行加强，直接进行极限载荷试验，最终证明结构不经过加强完成可以承受全机极限载荷。

a. 机翼垂直弦平面加载（斜加载）如图27-1所示。

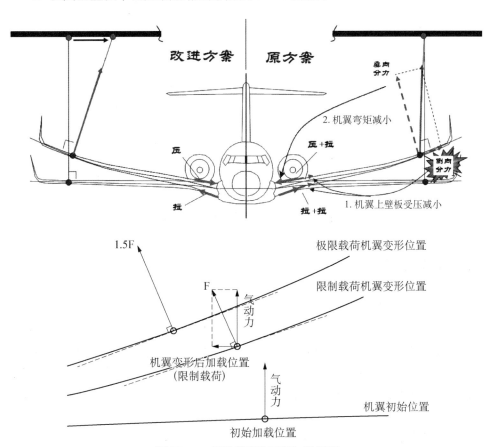

图27-1 机翼垂直弦平面加载示意

b. 静力试验中机体反配重扣重如图 27-2 所示。

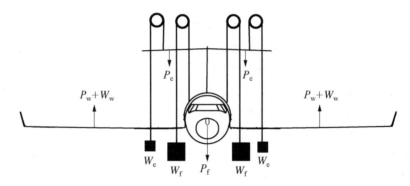

图 27-2　反配重扣重示意

c. 试验机高应变区强度验证流程如图 27-3 所示。

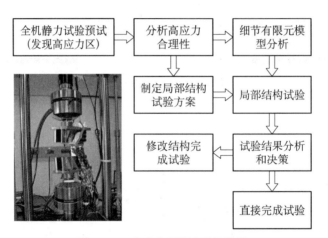

图 27-3　高应变区强度验证流程

27.6　应用前景与推广价值

27.6.1　应用前景

本技术成果已应用于 C919 飞机全机静力试验规划。C919 飞机是最新研制的大型客机项目,目前正处于详细设计阶段。本技术成果创建的一套满足国际适航验证要求的大型飞机全机静力试验组织管理程序直接应用于 C919 飞机全机静力试验规划中。本技术成果突破的关键技术将运用于 C919 飞机后续的所全机静力试验项目中。

本技术成果取得的垂直于弦平面机翼加载技术和反配重扣重技术还运用于国

内其他型号(如大型运输机、未来远程宽体客机项目等)的全机和部件静力试验。

27.6.2　推广价值

ARJ21-700飞机稳定俯仰 2.5g 全机静力试验我国第一次严格按 CAAC/FAA 的要求进行适航验证试验,是我国全机静力试验发展史上具有里程碑意义的一次试验。在试验管理、试验方法和试验理念上都有质的改变。结合我国技术分工的实际情况,创建了一套适应我国国情又满足国际通行的适航要求的试验管理程序。

全机静力试验技术是飞机制造商的核心技术,国外先进飞机制造商对这些技术细节严格保密。通过本项目的研究和实践,掌握了满足国际适航要求的试验技术,达到了国际先进飞机制造商水平,使我国民机静力试验技术达到世界先进水平。

本项目采用的垂直机翼弦平面加载,反配重扣重方法等多项技术为国内首次采用,项目成果已应用于 C919 飞机全机静力试验设计中。本项目成果还对国内在研的大型飞机的静力试验起到指导作用。

28 民机气动弹性适航符合性设计和验证技术

28.1 问题背景

ARJ21飞机是中国首架自主研制、具有独立知识产权的喷气式支线飞机,严格按照运输类飞机适航标准(CCAR - 25 - R3)进行设计,同时还要接受FAA的影子审查,技术难度和适航要求都非常高,而气动弹性设计则是关系到整个ARJ21飞机型号研制成败、技术难度和风险最大的内容之一。

开展本项目工作时,国内缺乏可借鉴的民用飞机气动弹性设计和适航验证经验,国外波音公司和空客公司通过型号系列化发展所积累的成熟经验不会与我们分享,甚至花巨资也无法得到其核心内容。在此背景下,项目团队知难而进,按计划完成了从理论分析、模型试验、机上地面试验到飞行试验的整个气动弹性设计和验证工作,保证了ARJ21飞机气动弹性设计全面满足适航要求。项目建立了CAAC和FAA高度评价的气动弹性适航符合性设计及适航符合性验证技术体系,并在气动弹性分析、模型设计及试验、机上地面试验和颤振飞行试验等综合验证技术方面进行创新和突破,标志着我国民机气动弹性设计技术达到CAAC和FAA适航取证要求的高度,达到了国际先进水平。

项目所建立的民机气动弹性适航符合性设计及适航符合性验证技术体系经历了局方的质疑、基本认可、同意到高度评价的过程,这个过程走得极其艰难。与CAAC先后进行了几十次的沟通、关闭了CAAC提出的130多个问题,与FAA先后进行了4次面对面的沟通协调、关闭了FAA提出的44个重要问题,最终完成了ARJ21飞机的气动弹性设计及适航验证工作,全面证明了ARJ21飞机气动弹性设计的适航符合性,得到中国民用航空局(CAAC)和美国联邦航空管理局(FAA)的认可,为ARJ21飞机进入TIA奠定了坚实基础,为整个ARJ21飞机型号研制做出突出贡献。

28.2 技术难点

ARJ21 飞机气动弹性设计主要存在如下技术难点。

（1）在缺乏可以借鉴的民机气动弹性符合性设计和验证经验的情况下，必须研究和发展民机适航验证技术来确保工作方法和内容的条款符合性，建立符合 CAAC 和 FAA 标准的气动弹性适航认证体系，以满足 CAAC 审查和 FAA 影子审查的需要。

（2）颤振飞行试验风险大、技术要求高，既要严格按照条款要求飞出飞机的颤振边界表明飞机的适航符合性，又要保证飞机和飞行员的安全，而国内没有大型民机的颤振试飞经验，其技术风险和适航验证风险都非常大。

（3）超临界机翼和 T 型尾翼构型的颤振符合性验证极其复杂，必须考虑到民用飞机安全性和经济性的特点，通过全面细致的分析、高低速颤振模型试验等多种手段研究超临界机翼和 T 型尾翼的气动弹性特性，在确保气动弹性稳定性保证安全的条件下，设计适当的稳定裕度去兼顾经济性的特点。

（4）根据不平衡操纵面的特点，在设计之初就需要确定合理的设计参数，进行防颤振设计，并通过分析、试验等相应手段表明适航符合性。

（5）在没有技术储备的条件下，针对 ARJ21 飞机简单电传构成闭环控制系统的特点，开展 ASE 分析、机上地面试验和飞行试验等工作确定 ASE 稳定性，表明条款符合性。

28.3 国内外现状

近年来，国内气动弹性设计技术取得了一些进步，主要体现在多个军机型号的设计定型，而对于 ARJ21 飞机而言，国内气动弹性设计技术还存在一些不足：

（1）因国家不同阶段对军用和民用飞机产业的定位不同，致使国内气动弹性设计技术主要针对军机（尤其体现在战斗机方面）开展，对民用运输类飞机的气动弹性设计技术缺乏系统的研究。

（2）在气动弹性设计技术方面，开展了许多工作，有效地解决了许多工程问题，但在实际工作中，系统地按照规章开展工作的较少。对于 ARJ21 飞机而言，必须严格按照规章制度进行气动弹性设计。

（3）民用飞机气动弹性设计技术具有其自身的特点，国外在民用飞机设计方面已有多个规章对其进行了明确要求，国内民用飞机方面的规章制度多来源国外成熟规章制度。但是，规章制度的产生具有其科学性和严谨性，国内对其知之甚少，研究也不多，因此不能准确把握相关规章的来源与关键点。

国外民机的气动弹性设计以波音公司和空客公司为代表，他们通过型号的系列化发展，建立了具有各自特点的、完整的气动弹性设计分析技术和适航取证体系，这个体系是他们在型号研制过程中经历几十年的时间、通过多个型号的工程实践逐步积累和完善起来的。

相对于国内气动弹性设计技术,国外的技术比较成熟,主要体现在国外民用飞机规章制度的健全、型号研制能力完备和一大批民用飞机定型并投入航线使用:

(1) 很多国外机型均采用超临界机翼或/和翼梢小翼,如 B737、ERJ－190/195 等。

(2) 许多国外支线飞机和公务机均采用了 T 型尾翼布局。

(3) 许多国外成熟机型应用了不平衡质量操纵面,如 B777、B787、A320、A330、A340 等。

(4) 在民用飞机方面,电传操纵系统于 1980 年被 A320 飞机第一个采用以来,已被许多机型采用。

此外,国外依据现实中出现的问题对相应规章进行了及时修订。

国外民机的气动弹性设计也不全是顺利的,比如波音公司的 747 早期型号曾为发动机小阻尼颤振问题所累,是靠先增加配重、后更改机翼结构设计才得以解决,花费的人力、物力非常巨大。空客公司的 A380 在颤振试飞过程中也发生过起落架挡板脱落、在大马赫数飞行时振动剧烈等问题。

28.4　解决方案

在深入研究、理解 ARJ21 飞机气动弹性适航条款的基础上,制订 ARJ21 飞机气动弹性符合性设计和验证的方法、内容,综合采用理论分析、模型试验、机上地面试验和飞行试验的手段,严格按照适航程序和质量控制程序完成所有工作,从而全面表明 ARJ21 飞机气动弹性设计的适航符合性。

1) 理论分析(MOC2)

从条款符合性要求出发,系统、全面地对 ARJ21 飞机开展正常和故障状态下的气动弹性分析及参数设计,获得 ARJ21 飞机的亚跨声速颤振特性,表明对条款的符合性;发展了用地面试验结果和试飞结果修正气动伺服弹性分析数学模型技术;针对 ARJ21 飞机采用质量不平衡操纵面,提出操纵面参数防颤振设计方法,保证了操纵面防颤振设计满足适航要求。

2) 模型试验(MOC4)

通过系列低高速颤振模型风洞试验,在模型设计、防护及试验技术上进行突破,获得 ARJ21 飞机的亚跨声速颤振特性及关键参数的影响规律,有效地验证了理论分析,表明了对条款的符合性。

3) 机上地面试验(MOC5)

通过完成全机地面共振试验和全机地面结构模态耦合试验,获得 ARJ21 飞机的全机固有特性和伺服弹性稳定性特性,发展了基于地面试验结果修正理论分析的技术,提高理论分析的准确性和可靠性,从而大大降低后续飞行试验的技术及适航风险。

4)气动弹性飞行试验

包括颤振飞行试验和气动伺服弹性飞行试验,按照适航要求和理论分析、模型试验结果,制订合理的气动弹性飞行试验内容和试飞紧急情况处置预案,发展先进的试飞方法和试飞数据处理方法,保证试飞安全并获得有效数据,验证 ARJ21 飞机气动弹性设计的适航符合性,并获得局方认可批准。

28.5 获得的专利和申报的技术成果

项目获得的科技奖项、专利及技术成果等情况如表 28-1 所示。

表 28-1 颤振技术成果、专利获取情况

序号	名 称	获 奖 等 级
1	《ARJ21 飞机气动弹性设计技术研究》	2013 年上海市科技成果一等奖
2	《ARJ21 飞机气动弹性设计技术研究》	2012 年航空学会科技二等奖
3	《ARJ21 飞机气动弹性设计技术研究》	2012 年航空学会科技二等奖
4	《ARJ21 飞机气动伺服弹性设计技术研究》	2012 年中国商飞科技成果三等奖
5	《ARJ21 飞机气动弹性设计技术研究》	2011 年上飞院科技成果一等奖
6	《ARJ21 飞机气动伺服弹性设计技术研究》	2011 年上飞院科技成果二等奖
7	《ARJ21-700 飞机低速模型颤振风洞试验技术研究》	2011 年上飞院科技成果三等奖
8	《一种飞机模型颤振抑制装置》	2010 年发明专利
9	《一种飞机跨声速颤振模型的单梁及其设计方法》	2012 年实用新型专利

28.6 创新点

主要创新点:

(1)在国内首次建立了一套完整的、先进的、CAAC 和 FAA 认可并给予高度评价的气动弹性适航验证体系和验证技术,确定了运输类飞机的气动弹性设计符合性方法。

(2)在深入理解适航条款的基础上,针对 ARJ21 飞机特点,首次系统、完整地按照适航规章开展正常和故障状态下气动弹性分析及参数设计,国内首次建立了符合适航验证要求的民机气动伺服弹性稳定性分析技术,以及利用地面试验和飞行试验结果修正分析模型的技术,针对质量不平衡操纵面首次提出了操纵面防颤振设计方法。

(3)国内首次完成了超临界机翼和 T 尾构型的颤振模型风洞试验,结合跨声速颤振分析结果,成功获得了跨声速颤振压缩性修正系数;模型设计上取得进展,国内首次提出平尾主梁整体设计方案、T 尾复合材料颤振模型设计技术、复合材料颤振模型设计中泡沫和蒙皮的附加刚度的分析方法等;在模型防护方面,改进了模型复式悬挂技术,发明了颤振模型风洞试验防护装置,并获得专利。

(4) 国内首次建立民机气动弹性机上地面试验方法和适航验证技术,完成了 ARJ21 飞机全机地面共振试验和全机地面结构模态耦合试验。

(5) 国内首次建立民机颤振/ASE 飞行试验适航验证方法和体系,完成了高风险的颤振飞行试验,对 ARJ21 飞机其他验证试飞和后续机型试飞项目具有很高的指导意义。发展了民机颤振飞行试验方法和数据处理技术,提出飞行试验结果,一是表明颤振裕度满足要求;二是验证计算分析的合理性。国内首次进行民机 ASE 飞行试验,且发展了利用试飞结果修正 ASE 分析模型的技术;发现 ARJ21 飞机自动驾驶仪控制律设计不完善的问题,提出在自动驾驶仪控制律中增加结构陷幅滤波器的解决方案,该方案克服了控制律设计的缺陷,有效地提高了飞机的气动伺服弹性稳定性裕度,对于保证飞机安全和顺利取证具有重大意义。

28.7 解决的关键技术

项目解决的主要关键技术包括如下几项。

1) 理论分析验证技术

ARJ21 飞机采用超临界机翼、尾吊发动机、T 型尾翼布局,这在气动弹性设计理论分析方面引出 2 个难题:

(1) 超临界机翼的跨声速颤振特性和跨声速颤振压缩性修正系数的确定是公认的难题,难度在于跨声速非定常气动力不易算准。

(2) 复杂 T 型尾翼布局的颤振特性计算,T 型交叉的结构导致结构弹性与气动力的耦合和跨声速范围内相交升力面之间的干扰;平尾受垂尾牵连运动影响,面内振动形态与法向形态对颤振的贡献具有同等重要地位,平尾静气动力(或平尾迎角)对颤振特性也有较大的影响。因此现有的非定常气动弹性分析方法不能准确用于超临界机翼和 T 尾布局形式的颤振特性以及其他气动弹性特性的分析,需创新的准确的颤振分析方法。

针对颤振理论分析技术难点,突破跨声速颤振分析、气动伺服弹性分析、故障状态颤振分析、操纵面防颤振分析等系列理论分析技术,包括:

(1) 成功确定了 ARJ21 - 700 飞机的跨声速颤振特性。国内首次采用基于 N - S 方程、能计及飞机机翼翼型形状、跨声速激波、飞行迎角、静变形的先进气动弹性数值模拟方法计算超临界机翼的非定常气动特性以及颤振特性;采用附加非定常气动力方法计及 T 型尾翼牵连运动和静气动力对颤振特性的影响;采用工程修正的方法确定超临界机翼的跨声速颤振特性和跨声速颤振压缩性修正系数,该方法基于跨声速定常力(或非定常力)(来自风洞试验或 CFD),对亚声速线性理论非定常力结果进行修正,以计及跨声速流动特征的影响,首次通过理论分析获得 ARJ21 - 700 飞机的跨声速颤振压缩性修正系数。最终成功地确定了 ARJ21 - 700 飞机的颤振跨声速颤振特性。

(2)国内首次建立了符合适航验证要求的民机气动伺服弹性稳定性分析及利用地面试验和飞行试验结果修正分析模型的技术。

(3)针对 ARJ21 - 700 飞机特点,系统、完整地按照适航规章开展了正常和故障状态下气动弹性分析及参数设计,制定了理论分析内容及方案。

(4)针对质量不平衡操纵面首次提出操纵面防颤振设计方法,制订了操纵面防颤振设计方案。

理论分析内容和结果如表 28 - 2,图 28 - 1～图 28 - 4 所示。

表 28 - 2　ARJ21 - 700 飞机气动弹性理论分析重点关注参数

序号	关注参数	应　用	说　明
1	燃油装载、商载、高度、马赫数组合	部件、全机颤振分析	正常状态下,须考虑跨声速颤振压缩性修正
2	机翼、垂尾、平尾、机身等主要部件刚度,包括垂向弯曲刚度、面内弯曲刚度、扭转刚度	机翼、T 尾、全机颤振分析	考虑设计制造分散性,考虑疲劳失效、鸟撞等引起的等效刚度损失的影响
3	机身-机翼、垂尾-平尾、垂尾-机身等主要部件间连接刚度(即框弹性)	机翼、T 尾、全机颤振分析	可使用弹性广义元或者单梁(模拟 3 个刚度)进行变参模拟
4	副翼、升降舵、方向舵等操纵面刚度,包括垂向弯曲刚度、面内弯曲刚度、扭转刚度	操纵面防颤振设计分析	研究操纵面颤振规律
5	主翼面质量变参	部件及全机颤振分析	一般与刚度变参分析结合进行,可用于减重评估等
6	操纵面的摇臂长度、操纵间隙、绕轴转动惯量	操纵面旋转频率设计和颤振分析	研究操纵面颤振规律
7	操纵面操纵刚度和阻尼	操纵面旋转频率设计和操纵面颤振分析	作动器刚度和阻尼设计定参,研究系统失效情况下的颤振规律
8	发动机单一支持部件失效、操纵面与主翼面的单个铰链连接失效等	全机失效颤振分析	考虑结构单一失效影响;
9	极不可能的临界燃油装载情况	机翼及全机颤振分析	考虑失效、故障和不利条件

（续表）

序号	关注参数	应　用	说　明
10	飞机部件疲劳裂纹	颤振分析	考虑失效、故障,刚度等效折减
11	机翼鸟撞部位	颤振分析	考虑失效、故障
12	结冰	颤振分析	考虑不利条件
13	组合失效情况,包括系统组合失效情况、结构单个失效和系统失效组合情况	颤振分析	考虑失效、故障
14	翼梢小翼脱落、发动机脱落	颤振分析	考虑失效、故障
15	油载、商载、高度、马赫数	气动伺服弹性分析	

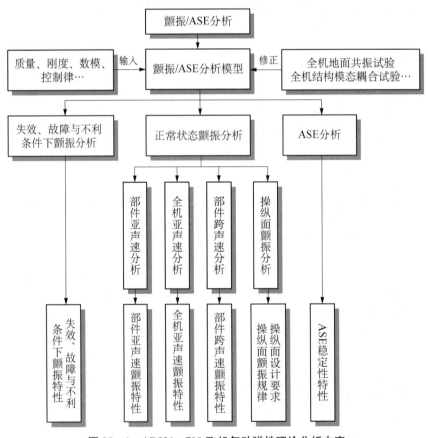

图 28-1　ARJ21-700 飞机气动弹性理论分析内容

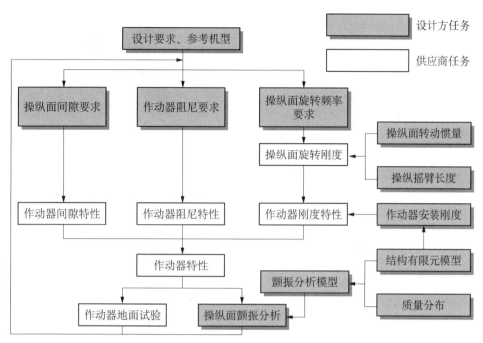

图 28 - 2 ARJ21 - 700 飞机操纵面防颤振设计流程

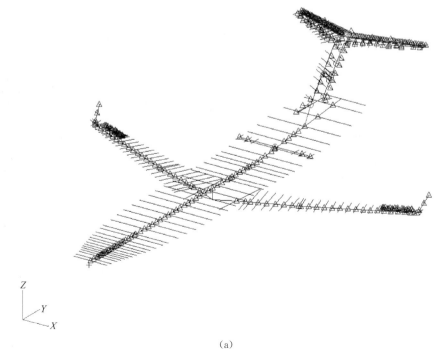

(a)

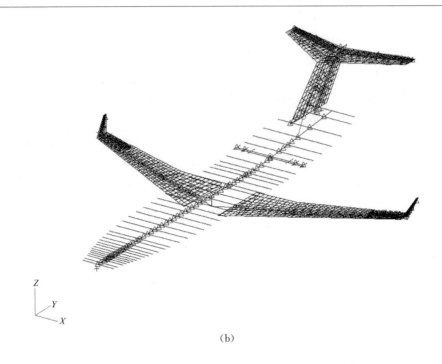

（b）

图 28‑3　计算模型

（a）全机固有振动特性计算模型；（b）全机颤振计算模型

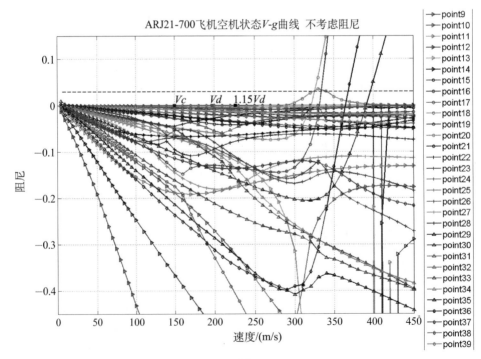

（a）

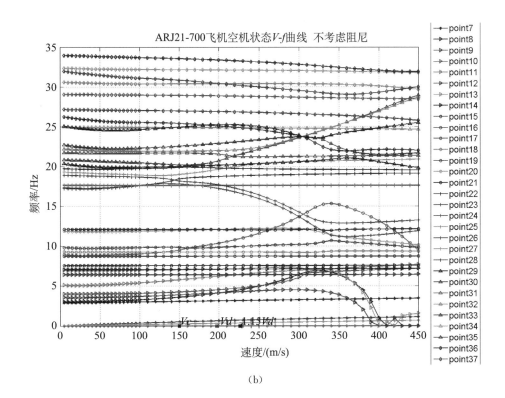

（b）

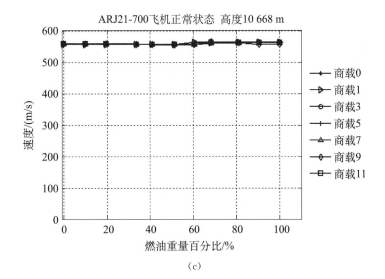

（c）

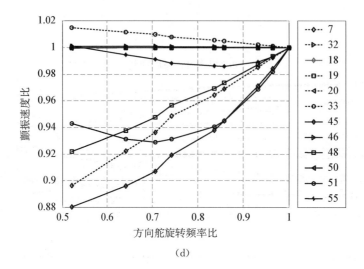

（d）

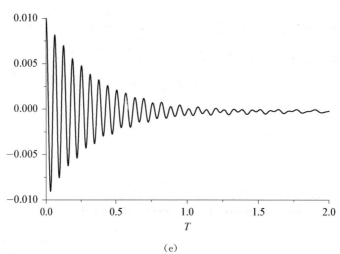

（e）

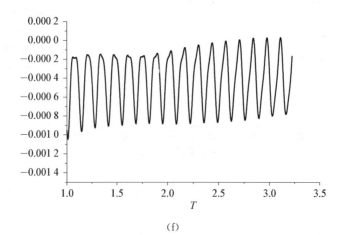

（f）

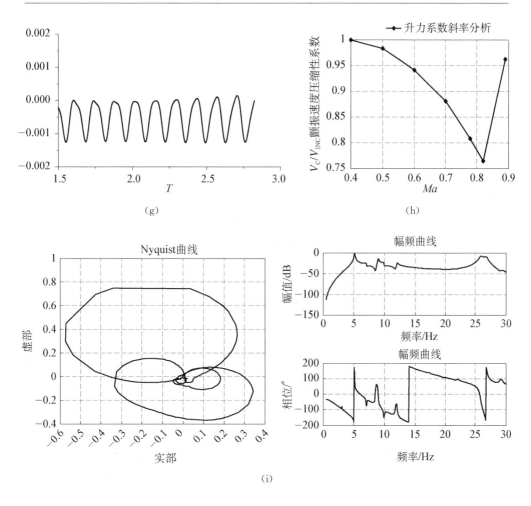

图 28 - 4　颤振计算、分析结果

（a）典型颤振计算结果速度-阻尼（$v-g$）；（b）典型颤振计算结果速度-频率（$v-f$）；（c）典型的变参颤振分析结果（燃油和商载重量对颤振特性影响）；（d）典型的变参颤振分析结果（方向舵旋转频率对颤振特性影响）；（e）典型的超临界机翼跨声速时域颤振计算结果（$Ma=0.95\ V=200\ \text{m/s}$）；（f）典型的超临界机翼跨声速时域颤振计算结果（$Ma=0.95\ V=270\ \text{m/s}$）；（g）典型的超临界机翼跨声速时域颤振计算结果（$Ma=0.95\ V=300\ \text{m/s}$）；（h）典型的跨声速颤振压缩性修正系数计算结果；（i）典型的 ASE 特性计算结果

2）模型试验验证技术

颤振模型风洞试验是飞机研制阶段最主要的试验验证方法。由于国内高速风洞试验段截面较小、速压高，而高速颤振模型必须准确模拟飞机的质量分布、刚度分布、动力学特性和颤振特性，同时又要保证有足够的强度，难度极大。国内缺乏设计、制造符合适航要求的高标准的高速颤振模型的经验，尤其是 T 尾布局高速模型，更是没有先例。所以必须采用先进的、创造性的模型设计技术、制造工艺和试验方法。对于全机低速模型风洞试验来说，由于模型尺寸较大，相应的气动力也很大,刚体发散是很容易发生的,如果发生这种情况,模型会在极短的时间内解体。

通过自主创新,开发了颤振模型风洞试验适航验证方案和一系列技术手段,包括:

(1) 模型设计技术取得重大突破,国内首次提出平尾主梁整体设计方案和十字交叉翼面复材模型设计,开发了 T 尾复合材料颤振模型设计技术、复合材料颤振模型设计中泡沫和蒙皮的附加刚度的分析技术等。

(2) 模型防护技术取得突破,发明了自动气压高速颤振模型风洞试验防护装置,应用于验证试验;在低速模型防护方面,改进模型复式悬挂技术、发明了遥控自动低速颤振模型风洞试验防护装置,并获得专利。

(3) 颤振模型风洞试验技术取得突破,在国内首次完成超临界机翼和 T 型尾翼构型的颤振模型高速风洞试验,结合跨声速颤振分析结果,成功确定了 ARJ21 - 700 飞机的跨声速颤振压缩性修正系数。

颤振模型风洞试验相关内容如图 28 - 5、图 28 - 6 所示。

在模型防护设计方面,发展了改进的模型复式悬挂技术。该悬挂技术的特点是模型在风洞里可以自由运动,既能模拟飞机空中飞行情况,又能够防止刚体运动发散,具有抗干扰能力强而不增加附加刚度的特点。发明的自动气压颤振模型高速风洞试验防护装置,实现了模型风洞试验技术的重大突破。发明了一种飞机模型颤振抑制装置专利,该颤振抑制装置用于在颤振模型风洞试验中抑制飞机模型的颤振,其原理为通过改变模型质量特性,提高模型颤振速度,达到保护颤振模型的目的。该颤振抑制装置主要包括:空心壳体和滑块,该滑块可移动地设置在所述壳体中;驱动组件,该组件设置在所述壳体中,其驱动所述滑块在所述壳体中移动;控制组件,其控制所述驱动组件的工作。该装置可以直接安装在飞机颤振模型的机翼和尾翼上,所以无须在风洞中再设置滑轮和防护绳,这样不影响试验风洞的流场品质。并且,由于该颤振抑制装置是直接装在飞机颤振模型中,因此其不受飞机颤振模型尺寸和风洞尺寸的影响。

通过颤振模型风洞试验,获得 ARJ21 - 700 飞机的颤振特性,验证了理论分析,表明 ARJ21 - 700 飞机的颤振特性满足适航条款要求。

3) 机上地面试验验证技术

ARJ21 - 700 飞机机上地面试验验证包括全机地面共振试验和全机地面结构模态耦合试验。此前国内没有 ARJ21 - 700 飞机级别的民机机上地面试验经验,成熟的军机试验经验不能满足适航取证的要求。ARJ21 - 700 飞机采用半硬壳式结构、T 型尾翼布局,具有重量大、结构柔软的特点,使得机上地面试验存在诸多难点。

难点一是高平尾离地面很高,激励困难;

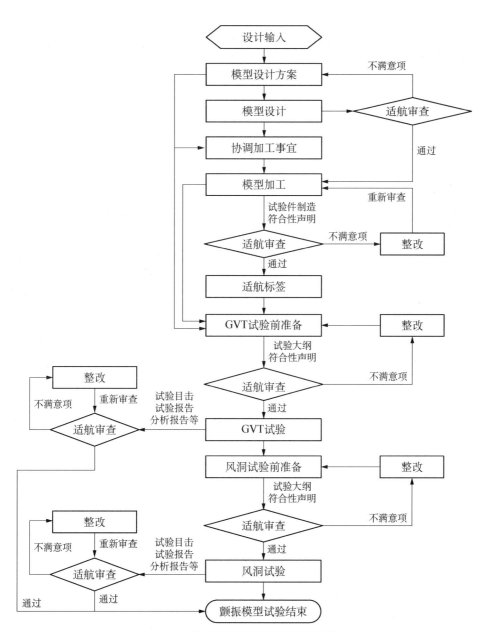

图 28-5　颤振模型风洞试验适航验证流程

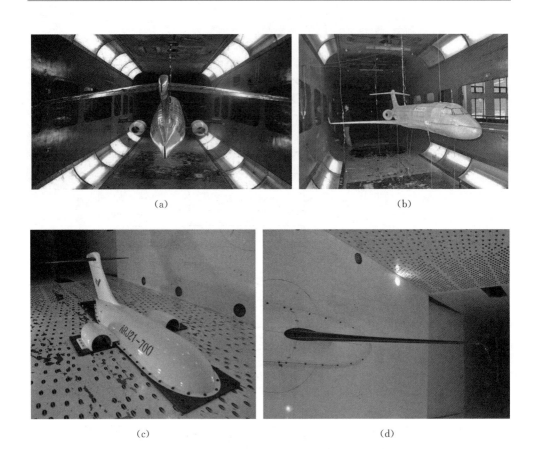

图 28 - 6　颤动模型风洞试验

（a）尾翼低速颤振模型风洞试验；（b）全机低速颤振模型风洞试验；（c）尾段高速颤振模型；（d）机翼高速颤振模型

难点二是飞机结构没有可以安排保护的位置；

难点三是低阶弹性模态密集且与支持系统的刚体频率接近、舵面模态非线性严重，试验技术要求高；

难点四是消除起落架支持时的非线性影响；

难点五是适航当局高度关注机上地面试验项目，而申请人没有这方面的经验；

难点六是国内没有民机全机地面结构模态耦合试验技术，供应商在试验飞机上没有预先留下必要的信号注入、取出接口，试验困难极大。

通过自主创新，突破了民机机上地面试验验证技术，包括：

（1）在国内首次建立了民机机上地面试验适航验证技术，并在国内首次提出用地面试验结果修正气动伺服弹性分析数学模型技术，提高了分析的精确性和可靠性，为颤振试飞和 ASE 试飞提供技术依据和安全保障。

（2）采取对起落架缓冲支柱油腔注油至溢出的方案消除了起落架支持时非线性的影响，综合采用加力、仿真分析和附加质量的方法，消除飞机结构非线性的影响，并实现了对高度密集耦合弹性模态的有效分离和识别。

（3）通过地面试验和理论分析发现国外供应商开发的自动驾驶仪控制律存在重大技术缺陷，表现为气动伺服弹性稳定裕度偏小，本项目提出在控制律中增加结构陷幅滤波器的解决方案，给出了滤波器的设计参数、指标及具体形式，供应商认可并认为这是解决问题的唯一合理方法。该方案克服了控制律设计的缺陷，对于飞机的安全飞行、顺利适航取证具有重大意义。

（4）通过深入研究 ARJ21‐700 飞机控制系统设计特点，提出在飞控系统回路的 PCU 之前注入激励信号，并在同一位置取出控制信号获取气动伺服弹性系统开环传递函数的民机全机地面结构模态耦合试验总体方案，针对这一总体方案研制出模态耦合试验用接口装置和试飞装置，解决了供应商在试验飞机上没有预先留下必要的信号注入取出接口的问题，最终完成了 ARJ21‐700 飞机的地面伺服弹性试验和气动伺服弹性试飞。

（5）一次关闭了适航当局（CAAC、FAA）提出的有关试验技术、试验内容、飞机构型、适航条款理解和试验组织管理等方面的所有问题，取得了适航当局的信任。完成试验大纲规定的 ARJ21‐700 飞机全机地面共振试验和全机地面结构模态耦合试验。适航当局多次现场检查目击试验并给予高度评价，所有试验文件都得到了适航当局的批准。

4）飞行试验验证技术

颤振飞行试验属Ⅰ类风险试飞科目，风险大、技术要求高，颤振飞行试验能否顺利完成，将直接决定飞机所有气动弹性设计工作是否满足适航要求，并最终影响民机型号的取证进度。CAAC、FAA 高度关注颤振飞行试验，多次现场目击、严格检查飞行试验过程。

颤振专业通过技术攻关，突破了民机颤振飞行试验和适航验证技术，包括：

（1）在国内首次严格按照适航要求完成高风险的民机颤振飞行试验和气动伺服弹性飞行试验，发展了一套完整的、先进的民机气动弹性飞行试验和适航验证技术。

（2）发展了民机颤振飞行试验方法和数据处理技术，提出保证飞机安全的振动过载的安全门限和应急情况处置预案，保证了颤振飞行试验的安全和顺利进行。

（3）解决了颤振试飞前的大量高难度技术难题，积累了民机颤振飞行试验适航审查和验证经验。CAAC、FAA 十分关注颤振飞行试验，CAAC 提出 130 多个问题、FAA 提出 25 个问题作为批准试飞大纲的前提条件，要求项目组限期回答，内容涵盖非常广泛。项目组以 ARJ21‐700 飞机气动弹性适航验证体系为依据，通过严谨的工作、高效的沟通取得了 FAA 对国内颤振飞行试验技术的信任，关闭了全部问题。

（4）国内首次进行民机 ASE 飞行试验，发展了利用试飞结果修正 ASE 分析模型的技术，发现了 ARJ21 - 700 飞机自动驾驶仪控制律设计缺陷，提出在自动驾驶仪控制律中增加结构陷幅滤波器的解决方案，该方案克服了控制律设计的缺陷，有效地提高了飞机的气动伺服弹性稳定性裕度，对于飞机的安全飞行和顺利适航取证具有重大意义，最大限度地降低了该问题对于 ARJ21 - 700 飞机研制进度的不利影响。

气动弹性适航取证是民机进入 TIA 的前提条件，本项目在深入理解 CCAR - 25 部 629 条款的基础上，在国内首次建立民机气动弹性适航符合性设计和验证技术体系，该技术体系按照中国国情，明确了通过理论分析、模型试验、机上地面试验和飞行试验相结合的技术方案来表明气动弹性的适航符合性（方案框图见图 28 - 7），首次确定了运输类飞机的气动弹性设计适航符合性方法（见表 28 - 3），全面验证了 ARJ21 - 700 飞机的适航符合性。

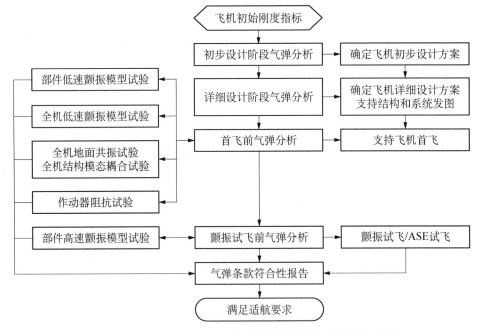

图 28 - 7　ARJ21 - 700 飞机气动弹性设计适航验证技术方案

表 28 - 3　气动弹性符合性验证方法表

MOC0—简述	MOC4—实验室试验	MOC7—检查
MOC1—设计说明	MOC5—飞机地面试验	MOC8—模拟器试验
MOC2—分析和计算	MOC6—飞行试验	MOC9—设备鉴定

（续表）

MOC3—安全性评估						
适航条款	条款内容	符合性证明方法				
25.629(a)	总则	MOC1	MOC2	MOC4	MOC5	MOC6
25.629(b)(1)	无故障情况颤振包线		MOC2	MOC4	MOC5	MOC6
25.629(b)(2)	故障、不利情况颤振包线		MOC2	MOC4		
25.629(c)	配重					
25.629(d)	失效、故障与不利条件		MOC2	MOC4		
25.629(e)	颤振飞行试验		MOC2			MOC6

28.8　应用前景与推广价值

28.8.1　应用前景

项目研究成果是在完成 ARJ21 – 700 飞机研制及气动弹性适航取证过程中形成的，已成功应用于 ARJ21 – 700 飞机型号设计。在国内首次建立了一套完整的、先进的气动弹性适航验证体系和验证技术，解决了重大工程技术难题，为 ARJ21 飞机全面通过适航验证扫清障碍，保证了 ARJ21 飞机的适航验证工作顺利开展。

项目为国内喷气运输类飞机成功完成气动弹性适航符合性设计和验证奠定了基础，并可指导 C919 飞机和宽体客机的概念设计、初步设计和详细设计，以及 C919 飞机气动弹性设计的理论分析、模型试验、机上地面试验和飞行试验等适航取证工作。

28.8.2　推广价值

本项目建立的一套完整的、先进的、CAAC 和 FAA 认可并给予高度评价的气动弹性适航验证体系和验证技术，是在型号适航取证过程中形成的核心技术之一，其积累下来的经验为将来的大型客机研制，尤其是气动弹性设计和适航验证等方面打下了坚实的基础，可以缩短项目研制进度，更加合理地控制重量，节约成本。

29 高安全性等级的液压能源系统设计和试验技术

29.1 冗余备份

全机液压能源系统采用三套相互独立的液压能源分系统架构为液压用户提供液压能源,这三套分系统分别简称为1♯液压系统、2♯液压系统和3♯液压系统,通过3套液压分系统之间的合理搭配,开发最合适的控制方案,采用高可靠性元件,最大限度地避免共模故障,使单套液压系统失效率低于1×10^{-4}每飞行小时,全套液压系统失效率低于10^{-9}每飞行小时。

1♯液压系统采用两台液压泵提供液压能源,其中一台为主泵,另一台为备用泵。主泵为由左发动机驱动的 EDP 1A,备用泵为电动泵 ACMP 1B。在主泵 EDP 1A 不能正常输出压力(左发动机故障或 EDP 1A 自身故障)情况下,备用泵 ACMP 1B 启动工作。1♯液压系统用户有主飞控(部分)、内侧刹车及左侧反推力。

2♯液压系统采用两台液压泵提供液压能源,其中一台为主泵,另一台为备用泵。主泵为由右发动机驱动的 EDP 2A,备用泵为电动泵 ACMP 2B。在主泵 EDP 2A 不能正常输出压力(右发动机故障或 EDP 2A 自身故障)情况下,备用泵 ACMP 2B 启动工作。2♯液压系统用户有主飞控(部分)、起落架收放、前轮转弯、外侧刹车及右侧反推力。

3♯液压系统采用两台液压泵提供液压能源,两台液压泵均为电动泵,分别为 ACMP 3A 和 ACMP 3B。单日 ACMP 3A 为主泵,ACMP 3B 为备用泵;而双日 ACMP 3B 为主泵,ACMP 3A 为备用泵。在主泵不能正常输出压力时,备用泵启动工作。

29.2 提高飞机越障性能

为了保证飞机越障性能,在1♯液压系统与2♯液压系统之间还设置有单向能源转换装置(PTU),PTU用于由1♯液压系统向2♯液压系统传输液压能源。在右发失效或 EDP 2A 故障情况下 PTU 会启动以满足起飞爬升阶段收起落架的大流量需求。

29.3 交叉配电

为避免共模故障,1♯液压系统电动泵 ACMP 1B 和 2♯液压系统电动泵 ACMP 2B 采用交叉配电的架构,即 1♯液压系统电动泵 ACMP 1B 的用电是来自右发驱动的右发电机(通过右交流汇流条),而 2♯液压系统电动泵 ACMP 2B 的用电是来自左发驱动的左发电机(通过左交流汇流条)。

29.4 双发失效情况下保证飞机操纵

3♯液压系统两台电动泵 ACMP 3A 和 ACMP 3B 的用电均来自重要交流汇流条。正常情况下重要交流汇流条由左或右交流汇流条供电,但在左右发电机故障或双发失效情况下,重要交流汇流条还可以由 RAT 发电机供电,因此在双发失效的情况下,3♯系统仍然能够为主飞控提供应急液压能源,支持飞机安全降落。当出现双发失效时,先接通 ACMP 3A 或 3B 的卸荷阀,在 RAT 启动正常供电后,卸荷阀关闭,ACMP 3A 或 3B 启动供压,其间对液压源的需求由 3♯液压系统蓄压器提供。

29.5 最低可接受控制

3 套液压分系统的舵面配置方案保证每套液压分系统所接主飞控用户满足飞机最低可接受控制要求,这样可以保证无论是剩两套液压系统还是剩一套液压系统均能保证飞机安全飞行和降落。

无论是 1♯液压系统带动的内侧刹车还是 2♯液压系统带动的外侧刹车均能够保证飞机的正常刹停,前轮转弯功能失效后通过差动刹车可以控制地面方向,这样可以保证飞机地面控制功能安全。

29.6 防火设计

为了限制液压油温度,在 1♯液压系统和 2♯液压系统还设置燃油—液压油热交换器,当温度超过 60℃时热交换器旁通阀会自动打开,泵壳体回油经过燃油箱与燃油进行热交换。

为了防止火灾,1♯液压系统和 2♯液压系统吸油回路均设置了防火切断阀,当短舱着火或液压系统过热能够切断 EDP 的吸油。液压介质选用阻燃的磷酸酯基液压油。液压回路设置温度传感器和温度开关监控系统温度。

29.7 刹车效率计算和验证

刹车系统试飞中,刹车效率是需要验证的重要技术指标,但从试飞数据中计算得到刹车效率是有难度的,尤其在湿跑道情况下,由于通常存在打滑现象,计算难度更大。刹车效率试验验证程序与计算方法研究这一项目立足于民机适航验证,研究确定了合理的试验程序,采用符合适航要求的计算方法得到意义明确、结果清晰的数值,准确而令人信服地评估了防滑刹车系统性能,在 ARJ21－700 飞机的适航验证中成功实践,取得较好的效果,属国内首次应用。

29.8　液压系统耐久性试验

液压系统设计研究部成功搭建了民用飞机液压系统耐久性试验的自动控制系统,实现了液压系统适航验证试验过程的自动控制。

ARJ21－700 飞机液压系统耐久性试验自动控制系统通过多网组合方式实现复杂系统的监视控制,试验过程规范可控,数据稳定可靠。液压系统地面模拟试验中涉及液压能源系统、转弯控制系统、刹车控制系统、起落架收放系统、反推力控制系统、前起落架顶起装置控制器和液压泵控制计算机等众多分系统。ARJ21－700 飞机液压系统耐久性试验自动控制系统提出采用电缆直连及切换、以太网、反射内存网对中央控制计算机和多个设备之间进行通信连接,由中央控制计算机统一管理的设计方案,解决了众多分系统独立操控方式人力耗费大、效率低的难题。

通过自研 RVDT/LVDT 动作模拟器实现差动变压式传感器信号的模拟,大幅度提高了液压系统适航符合性试验的效率,降低了试验成本,对 ARJ21－700 新支线飞机的顺利取证具有重要意义。RVDT/LVDT 动作模拟器用来模拟 SCU 转向控制装置中的 1 路 RVDT 和 BCU 刹车控制组件中的 8 路 LVDT 的动作信号,配合相应软件实现对系统中 RVDT/LVDT(转向控制装置和刹车控制组件)仿真。设计方案基于数字处理芯片和运放电路。通信控制器完成以太网信息交换,将远程控制计算机发来指令通过 422 总线传给 RVDT/LVDT 仿真模块。本地控制芯片对激励信号调制后,经过两路数字电位器进行比例输出,得到两路比例关系符合要求的预模拟信号,预模拟信号经比例放大和缓冲器,再由输出隔离,得到幅值、比例满足要求的模拟信号。

30 电磁环境效应适航符合性设计和验证

30.1 项目背景

ARJ21-700 飞机是国内首次按照 CCAR/FAR-25 部要求进行电磁环境效应适航符合性设计和验证的机型,尚未有相关型号经验和技术基础,适航相关的符合性方法和流程尚属空白。为此提出本项目,旨在建立一套适用民机研制特点的符合性方法和流程,突破国内在民用飞机电磁环境防护设计和验证领域的技术瓶颈。

ARJ21-700 飞机电磁环境防护设计与验证工作从 2002 年开始制订设计需求、规划飞机电磁环境效应适航验证试验方案,至 2014 年全面完成全机电磁环境效应适航验证试验和试飞,历经了 12 年的时间。在整个设计验证过程中,不断对设计验证流程进行优化,对发现的问题进行归纳,对经验教训进行总结,形成了一套适用、可靠的创新方法和对应的流程,经 ARJ21-700 飞机项目的实际检验,这些方法具有条理清晰、简单实用、符合民用飞机产业规律和适航验证要求的特点。

本项目首次将系统工程的方法引入飞机的电磁环境效应防护设计和验证中,结合 SAE ARP 4754 的流程和方法,形成了电磁环境效应防护设计和验证的专用的流程。与传统方法相比,增加了系统级的电磁环境效应设计与验证,引入系统安全性的概念,对基于仿真计算分配的电磁特性指标进行修正,形成基于飞机电磁环境预测和系统安全性的电磁特性设计指标分解方法;根据闪电间接效应、高强度辐射场(HIRF)和电磁兼容性(EMC)的特点,结合飞机的安全性分析结果,形成了一套科学严谨的整机电磁环境效应适航符合性设计和验证方法。

30.2 项目实施情况

民用飞机电磁环境效应(E3)防护设计和验证的技术领域涉及的学科有物理学、微波电磁场、天线和电磁兼容。民用飞机 E3 防护主要包括闪电间接效应防护、高强度辐射场(HIRF)防护和电磁兼容性(EMC)3 个部分。

ARJ21-700 飞机项目中创新地将系统工程的最新研究成果应用于民用飞机电磁环境效应防护设计与验证领域。在 ARJ21-700 项目研制中以电磁环境效应相关的适航条款要求为基础，深入地研究条款技术背景，将飞机、系统、子系统和设备作为需求的利益相关者，通过逻辑分解确定各个需求的电磁参数。使得原本非常复杂的飞机及其系统/设备电磁环境效应需求得到识别和分解。在设计实现后依照产品、产品集成、产品验证、产品确认的系统流程对确定的需求进行验证，最终表明飞机电磁环境效应防护的适航符合性。

在 ARJ21 - 700 飞机研制过程中，围绕着电磁环境效应防护设计和验证，主要开展如下工作。

1）确定电磁环境效应防护设计和验证流程

在传统的民用飞机电磁环境效应防护设计和验证中基本上遵循着"设备电磁环境效应要求→产品设计→飞机集成→验证→设备环境效应要求"的流程，循环直到飞机满足电磁环境效应防护要求，在传统的设计流程中没有系统功能的电磁环境效应防护设计和验证。在 ARJ21 - 700 飞机研制初期，E3 设计与验证团队开始探索飞机的电磁环境效应防护设计和验证流程。在飞机研制过程中，参考 SAE ARP 4754 的流程和方法，不断地修改完善，最终形成电磁环境效应防护设计和验证的专用的流程。与传统方法相比，特别增加了系统级的电磁环境效应设计与验证（系统级包括闪电间接效应和高强度辐射场，电磁兼容性不涉及系统层级），具备更全面的适航符合性，流程如图 30 - 1 所示。

2）确定飞机电磁环境效应防护设计和验证需求

基于飞机电磁环境效应设计和验证流程，在飞机研制初期首先应根据飞机整体需求分解，进行对 E3 需求的定义，确定飞机的 E3 需求。以整机 E3 需求为基础，采取自顶向下的方法对需求进行层层分解，并最终将 E3 设计和验证需求落实到各个机载设备上，形成设备的设计和验证要求。在分解过程中，飞机功能、系统功能应确保能够独立验证，且下一级需求必须确保上一级的需求得到满足。待设备完成后又采用自下往上的方法逐级进行验证，验证应该涵盖所有层级的需求。以闪电间接效应防护为例，整个设计与验证的技术路线如图 30 - 2 所示。

飞机电磁环境效应防护设计需求是基于对飞机电磁环境效应的预测来制订的，电磁环境预测分析是基于电磁数值方法发展而来的一项新技术，在民用飞机设计领域得到广泛的应用。ARJ21 - 700 飞机项目的电磁环境预测分析包括闪电仿真计算、高强度辐射场仿真计算和电磁兼容性仿真计算。由于设计初期，飞机结构、设备和线缆的设计信息还未明确，用于预测分析的仿真计算模型较粗略，因此，基于仿真计算开展设备和系统的电磁特性设计指标存在一定的偏差。为此，E3 设计与验证团队引入了系统安全性的概念对基于仿真计算分配的电磁特性指标进行修正，获得了较为满意的指标分配。

（1）闪电防护指标分配。

闪电仿真计算包括通过闪电分区和机内闪电环境的仿真计算两个部分，E3 设

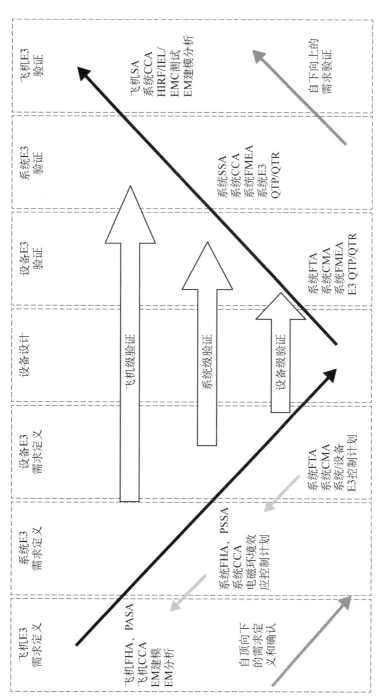

图 30-1 飞机电磁环境效应防护设计和验证流程

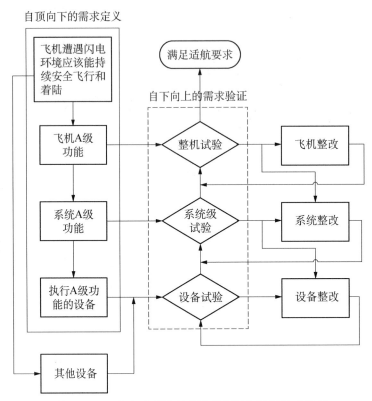

图 30 - 2　飞机闪电间接效应防护设计与验证技术路线

计与验证团队根据闪电波形的特点选择基于 FDTD(有限时域差分方法)的专用软件开展仿真计算。

　　图 30 - 3 是通过飞机闪电分区仿真计算获得的闪电附着点;图 30 - 4 是根据附着点开展的飞机内部闪电环境仿真示意图;图 30 - 5 是飞机内部线束上感应电流的仿真计算结果;图 30 - 6 是典型位置处设备端口的开路电压计算结果。从仿真预测的结果可以确定系统级和设备级闪电间接效应防护的指标分配。仿真计算获得的是设备或系统的实际瞬态电平(ATL),设备的瞬态设计电平(ETDL)需增加必要的裕度,根据咨询通告 AC - 20 - 136A 的建议,裕度选为 6 dB(见图 30 - 7)。但是对于功能等级较低(B 级及以下)的设备,如采用该裕度则必然造成过设计,为此通过对算法的误差分析,最终确定了设备的闪电瞬态设计电平。

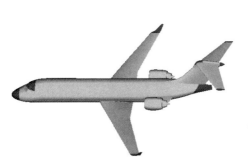

图 30‑3　飞机闪电分区仿真计算结果

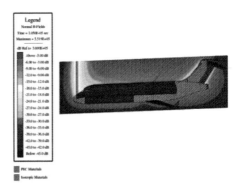

图 30‑4　闪电电流通道仿真

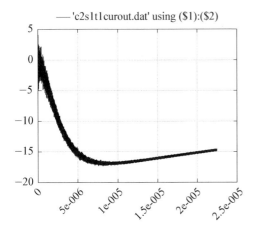

图 30‑5　线束电流计算结果

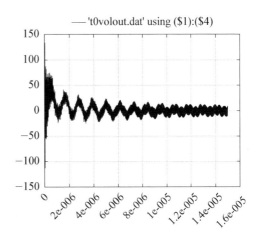

图 30‑6　设备端口开路电压计算结果

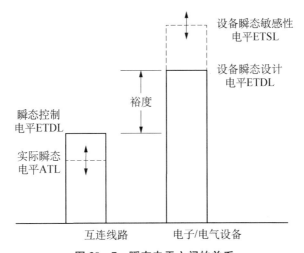

图 30‑7　瞬态电平之间的关系

（2）高强度辐射场指标分配。

高强度辐射场（HIRF）仿真以 ARJ21－700 飞机的三维数据模型为研究对象，对飞机内部各个区域的 HIRF 环境进行预测分析，是对飞机内部 HIRF 环境进行定义的基础。

结合 HIRF 环境的要求，在低频段（10 KHz～400 MHz）采用有限时域差分进行计算，求出飞机内部关键电缆的电磁感应的传输函数；在高频段（100 MHz～18 GHz）采用快速多极子算法结合高频方法进行计算，求出关键舱室的电场强度。图 30－8 是在仿真过程中对机体内外的场强分布的计算分析示例。

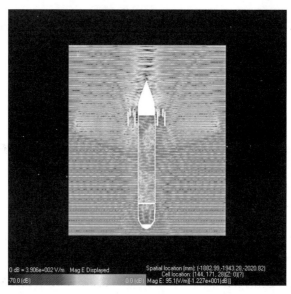

图 30－8　频率为 300 MHz 时舱内外场强分布

根据仿真计算结果，结合系统安全性分析，并参考 RTCA/DO－160D 的测试电平要求，最终确定的高强度辐射场（HIRF）防护指标如表 30－1 所示。

表 30－1　HIRF 防护指标分配结果

安全性等级	等　级	指标分配结果
灾难性的	控制功能 显示和自动着陆	审定环境
危险的/严重的	B	CS/RS：R 类
较大的	C	CS/RS：T 类

（3）电磁兼容性指标分配。

根据电磁兼容性的基本理论，一个最基本的电磁兼容性问题包含三个必要的要素,即干扰源、敏感设备和耦合路径,三者缺一不可。通过检测三者之一即能发现潜在的电磁兼容性问题。由于机载设备安装布置、电缆敷设、天线布局均已确定,因此机上试验中主要检测干扰源和敏感设备,如果能确保最敏感设备不被干扰,且最强干扰源不会干扰到其他设备,则表明系统电磁特性指标分配合理。

首先分析最可能的干扰形式,并确定其干扰源和敏感设备。无线电收发设备在其工作频段内发射时,其有意辐射的电磁场强度在机体内部很可能超过其他电子设备的敏感度;同样机载无线电设备在接收模式工作时,其天线接收灵敏度非常高,远远小于设备和电缆的辐射敏感度要求,极易引起电磁兼容性问题。因此仿真计算主要针对天线和无线电收发机开展。

电磁兼容性仿真分析建模采用自顶向下的方法,建模顺序为:系统→子系统→设备或线缆→端口→频谱或敏感度,如图 30-9 所示。

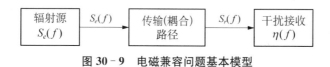

图 30-9 电磁兼容问题基本模型

如在飞机上安装了多个发射机和接收机,则整个飞机的电磁兼容模型如图 30-10 所示。

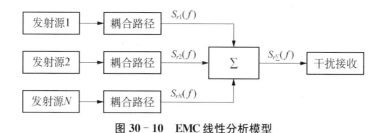

图 30-10 EMC 线性分析模型

具体的结果可以由综合干扰裕度(IIM)和总综合干扰裕度(TIIM)来判断。综合干扰裕度(Integrated Interference Margin,IIM)涵盖了整个频率段的综合干扰,其公式如下:

$$IM(f_i) = \frac{P(f_i)}{\eta(f_i)} \tag{30-1}$$

$$IIM = \sum_{i=0}^{N-1} IM(f_i) \tag{30-2}$$

式中:$P(f_i)$ 为接收机输入端的发射频谱;$\eta(f_i)$ 为接收机的灵敏度特性;N 为频率采样点数。

如果 IIM＞1，则发射机对接收机有干扰；反之，则发射机对接收机无干扰。

总综合干扰余度（Total Integrated Interference Margin，TIIM）是指来自所有干扰源和耦合路径的干扰总和，公式表示如下：

$$TIIM = \sum_{j=1}^{K} IIM_j \qquad (30-3)$$

式中：K 为电磁耦合路径的个数。

如果 TIIM＞1，则接收机有被干扰，系统不兼容；反之，则无干扰，系统兼容。

3）整机电磁环境效应适航条款的符合性验证方法。

民用飞机的适航符合性验证的目的是向局方表明目标飞机的适航性，选择合适的符合性方法是非常关键的一环。为此，E3 设计与验证团队结合 ARJ21-700 飞机的安全性分析结果，根据闪电间接效应、高强度辐射场和电磁兼容性的特点制订了一套符合性验证方法，并编写了 E3 专业专项合格审定计划（CP）。在 E3 专业专项符合性验证过程中，综合运用了 MOC1、MOC2、MOC4、MOC5、MOC6 和 MOC9 的验证方法。

（1）MOC1 验证方法。

E3 专业的 MOC1 文件如下所示。

a. 闪电间接效应适航符合性说明：该文件以闪电间接效应 CP 为主线，对飞机闪电间接效应防护适航符合性验证工作及其结论进行全面的梳理和确认。

b. 高强度辐射场（HIRF）适航符合性说明：该文件以 HIRF CP 为主线，对飞机 HIRF 防护适航符合性验证工作及其结论进行全面的梳理和确认。

c. 电磁兼容性（EMC）适航符合性说明：该文件以 EMC CP 为主线，对飞机 EMC 防护适航符合性验证工作及其结论进行全面的梳理和确认。

（2）MOC2 验证方法。

E3 专业所做的计算分析主要包括如下内容。

a. 飞机闪电间接效应仿真分析：根据外部闪电环境，结合 ARJ21-700 飞机材料应用以及电磁开口分布确定各区域的内部闪电环境。采用软件仿真分析的方法，结合国外同类飞机的内部环境要求，建立了 ARJ21-700 飞机的内部闪电环境，并确定了瞬态控制电平（TCL）的设计要求。

b. 飞机高强度辐射场（HIRF）仿真分析：根据外部 HIRF 环境，进行了比较全面的仿真分析，计算了驾驶舱到 E/E 舱、客舱、前附件舱和前货舱内部连接电缆的感应电流以及各个舱室的电磁场强度，建立了 ARJ21-700 飞机的内部 HIRF 环境，并确定了设备需满足的电平要求。

（3）MOC4 验证方法。

E3 专业专项的 MOC4 试验包括闪电分区缩比模型试验和执行关键功能系统的

系统闪电间接效应/HIRF 试验。

a. 闪电分区缩比模型试验。

根据 SAE ARP 5416 中所述的闪电分区试验方法,采用 1∶20 的全金属缩比模型,进行了闪电分区试验的试验验证。

b. 执行关键功能系统的系统闪电间接效应/HIRF 试验。

根据 AC‐20‐158 和 AC‐20‐136A 的要求,对于执行 A 级功能的电子/电气系统,需进行系统级 HIRF 闪电间接效应试验。按照 RTCA/DO‐160D 第 20 章和 22 章的要求进行了系统级 HIRF/闪电间接效应试验,试验的通过/失败的标准为设备/系统的设备敏感电平大于验证需求文件规定的设备设计电平。试验结果表明,系统在指定的闪电间接效应和 HIRF 环境下,系统关键功能正常,满足 25.1316(a)和 SC SE001 条款的要求。

(4) MOC5 验证方法。

E3 专业专项的机上地面试验项目包括如下内容。

a. 全机闪电间接效应试验:试验采用的试验方法为 SAE ARP 5416 中所述的低电平脉冲注入试验,试验波形为 SAE ARP 5412 中规定的电流 A 波和 H 波,测量数据为 87 根导线的开路电压和短路电流和 48 根电缆束的线束电流,测试点覆盖所有机载关键/重要系统和设备。根据 AC‐20‐136A,制订了试验通过/失败的标准。飞机级试验通过/失败的标准为全机试验所得的实际瞬态电平(ATL)小于设备瞬态设计电平(ETDL)至少 6 dB。试验结果表明,试验测得的实际瞬态电平满足判据要求,可满足 25.1316(a)条款的要求。

b. 全机高强度辐射场(HIRF)试验:试验依据 CAAC 专用条件 SC SE001 的要求,参考 AC‐21‐1317 和 SAE ARP 5583 的内容。试验包括低电平扫掠电流(LLSC)试验和低电平扫掠场(LLSF)试验。通过对 LLSC 和 LLSF 试验所得的测试数据与设备级/系统级试验数据进行对比分析,确定了试验项目的通过/失败状态。试验结果表明所有被测 A 级设备均通过了全机 HIRF 试验,满足 SC SE001 的要求。

c. 电磁兼容性机上地面试验:整机电磁兼容性试验有定量测试和定性检查两部分试验;定量测试包括无线电接收机天线端口噪声测量、耳机噪声输出测量、无线电设备工作时舱室场强和电缆感应电流测量;定性检查试验是指建立干扰源与敏感设备矩阵,在机上系统设备正常供电模式下,操作干扰源系统进入最强工作状态,检查敏感设备的工作情况。试验结果表明 ARJ21‐700 飞机机载电子/电气系统工作正常,未发现电磁干扰现象,满足电磁兼容性的适航要求。

(5) MOC6 验证方法。

电磁兼容性(EMC)飞行试验是考察飞机在飞行的各个阶段,机载电子、电气、机电及无线电系统/设备间是否能够在各种飞行状态下满足电磁兼容性要求的试验。试验方法是在试飞过程中，由试飞员按照电磁兼容性试飞大纲的要求设置干扰源和敏感设备按照指定的方式工作，通过观察敏感设备的工作情况，来评估机载电子/电气系统/设备间是否存在干扰现象。试验结果表明 ARJ21－700 飞机机载电子/电气系统工作正常，未发现电磁干扰现象，满足电磁兼容性的适航要求。

（6）MOC9 验证方法。

根据 200GD002《ARJ21 机载设备和系统电磁环境效应接口文件》，ARJ21－700飞机上安装的机载电子电气设备按 RTCA/DO－160D 所要求的电磁环境试验条件进行测试。设备级试验由各系统供应商负责完成，供应商提交试验文件，包括试验大纲（试验程序）和试验报告或者相似性分析报告等。对于设备级试验，供应商按要求完成了设备合格鉴定试验（试验项目包括 RTCA/DO－160D 第 15,17,18,19,20,21,22,23,25 章的内容），支持各系统的合格鉴定，验证了机载电子/电气设备满足电磁环境效应（E3）设计需求。

30.3　主要成绩与突破点

随着民用飞机电子电气设备和新型复合材料的广泛应用，电磁环境对飞机的影响越来越被关注，因此飞机电磁环境效应防护设计和验证的研究受到业界的重视，其研究重点主要在设计之初如何通过合理的防护设计、飞机验证阶段如何验证这些防护设计以表明飞机的适航符合性两个部分。为了提高 ARJ21－700 飞机电磁环境效应防护设计的合理性和验证的有效性，开展了相关的技术研究。

30.3.1　主要成绩

本项目的技术研究是基于 ARJ21－700 飞机电磁环境效应防护设计和验证工作开展的。所形成的方法和流程经 ARJ21－700 飞机项目验证，具有条理清晰、简单实用、符合民用飞机产业规律和适航验证要求的特点。在 ARJ21－700 飞机型号的电磁环境效应的设计与验证中，取得的主要成绩如下。

（1）在飞机设计阶段，E3 设计与验证团队采用仿真预测分析机身电磁环境，结合系统/设备的安全性等级要求、设备安装环境和电缆敷设特点开展电磁特性指标的分配工作。工程实践表明本方法考虑相关因素全面，因此在设计中制订的电磁特性指标合理，减少设计中的指标分配偏差，大幅降低了设计反复。

（2）在飞机验证阶段，选择合适的符合性方法是重要的研究内容，适航当局所认可的符合性方法涉及设备、系统和整机，针对不同的电磁相关条款，E3 设计与验证团队结合飞机验证需求确定适合的验证方法，并合理安排验证计划，在充分表明飞机适航性的前提下以最小的试验成本、时间成本和人力成本圆满完成了飞机整机电磁环境效应相关条款的符合性验证。

30.3.2　技术突破点

在以往的民用飞机电磁环境效应研究中，国内的研究基本上围绕着飞机电磁兼容性展开,与闪电间接效应和高强副辐射场鲜有涉及,因此是基于设备和整机两个层面上开展的研究,对于系统安全性的影响没有涉足,这使得飞机在遭遇闪电或高强度辐射场可能会产生功能紊乱,从而影响飞行安全。同时不考虑安全性影响对于系统/设备的电磁特性指标分配仅依据设备安装位置和方法会导致核心/重要功能电磁参数分配偏低,而低等级的系统/设备电磁参数分配过于严格。在验证阶段,国内以往的民用飞机项目中未开展整机的闪电间接效应和高强度辐射场试验,电磁兼容性试验验证亦不完善,在表明适航符合性上存在一定的差距。本项目的技术研究,引入了系统工程的理念,在原有飞机电磁环境效应防护设计和验证的基础上考虑了系统功能的影响,较好地克服了上述不足,同时减少了大量的设计偏差和试验验证,相比国内现有技术具有极大的进步。

围绕着 ARJ21‐700 飞机整机电磁环境效应的设计与验证,形成主要的技术突破点。

（1）基于系统工程的电磁环境效应防护设计与验证。

（2）基于飞机电磁环境预测和系统安全性的电磁特性设计指标分解方法。

（3）整机电磁环境效应适航条款的符合性验证方法。

31 转子爆破适航符合性验证方法

31.1 问题背景

尽管涡轮发动机和 APU 制造商正竭力减小非包容性转子损坏的可能性,但是服役经历表明非包容性压气机和涡轮转子损坏仍不断发生。涡轮发动机损坏产生的高速碎片会穿透邻近结构、燃油箱、机身、系统元器件和飞机上的其他发动机,给飞机的安全飞行带来极大影响,甚至可能造成机毁人亡的灾难性后果。

由于要完全消除非包容性转子损坏看来是不大可能的事,因此 CAAC、FAA、EASA 等都要求飞机设计采取措施把此类事件造成的危害减至最小。对应的适航条款是 25.903(d)(1)"必须采取设计预防措施,能在一旦发动机转子损坏或发动机内起火烧穿发动机机匣时,对飞机的危害减至最小"。

现行 25 部对转子爆破的防护要求是在 1970 年 5 月 5 日生效的 25 - 23 号修正案中提出的。在该修正提案的讨论中有人认为包容防护和发动机完整性应是发动机制造商的责任(写在 33 部内)。FAA 未接受,其意见是:使用经验表明,必须要有 33 部规定以外的并比它要求更高的关于发动机安装方面的安全防护措施。

尽管第 33.75 条已规定:"……任何可能的发动机故障……不会引起发动机……(b)破裂(危险碎片穿透发动机机匣飞出)……"。同时,第 33.94 条也有叶片包容性试验的相应要求;但服役经历显示转子爆裂事件仍然以相当可观的概率在发生着(从以下数据可得:$676/1\,089.6 \times 10^{-6} = 0.62 \times 10^{-6}$)。

据 SAE(汽车工程师协会)统计资料,1962 年至 1989 年这 28 年间发生过的固定翼飞机燃气涡轮发动机非包容性转子损坏事件如表 31 - 1 所示。

总共 676 起非包容性事件包括 93 起 3 类事故和 15 起 4 类(灾难级)事故。

相对于商用运输机在此 28 年间的 $1\,089.6 \times 10^{6}$ 发动机运行小时,4 类(灾难级)事故发生率为 15 次/$1\,089.6 \times 10^{-6}$ 发动机运行小时,约 1.38×10^{-8},大于 1×10^{-9}。

表 31 - 1　固定翼飞机燃气涡轮发动机非包容性转子损坏事件

报告编号	时　间	总　计	3 类事故	4 类(灾难级)事故
AIR 1537	1962—1975	275	44	5
AIR 4003	1976—1983	237	27	3
AIR 4770(草案)	1984—1989	164	22	7
总计		676	93	15

如上所述,发动机转子爆破对飞机的安全飞行影响巨大,其适航符合性验证也是审查方的审查重点。

31.2　技术难点

ARJ21 - 700 飞机发动机转子爆破适航符合性验证是我国首次严格按照 CCAR - 25 部要求开展的转子爆破适航符合性验证。从验证思路到验证方法均缺乏相关经验可供参考借鉴。其技术难点主要体现如下。

1) 关键系统设备及对应的全机 FHA 的确认

发动机转子爆破能量大、影响范围大、受影响系统多,而系统与系统、设备与设备之间存在千丝万缕的联系,互相影响。常规的分析确认方法是罗列受影响设备,并进行最小割集分析,确认这些设备所会促使或导致的灾难性事件(FHA)。由于受影响设备多,进行最小割集分析时所产生的排列组合数量巨大,无法通过安全性分析工具、软件完成分析。因此如何在众多系统设备中,筛选出影响飞机飞行安全的关键设备,并确认其对应的全机级 FHA,以作为安全性分析和剩余风险计算的对象,同时向审查方表明完整性与正确性并获得审查方认可和批准,是一大难点。

2) 管线路失效的综合分析

管线路连接各系统设备,并为各设备提供液压能源、电源、控制信号等,但其本身并不直接具备系统功能。另一方面,管线路数量多、分布广、走向复杂。因此如何将管线路受转子爆破碎片打击失效,与系统设备失效相关联,纳入 FHA 和 FTA 分析,是一大难点。

3) 碎片碰撞角度的测算

转子碎片碰撞角度测算是剩余风险计算的基础,咨询通告 AC - 20 - 128A 中提出通过绘制剖面图进行角度测算。但由于设备、管线路布置的复杂性,剖面图只能代表某一特定剖面的布置情况,无法地真实反映在影响范围内的全部布置情况。审查方明确要求申请人提供更为准确的测算结果。因此如何准确、快速地在整个三维空间测算出碰撞角度,是一大难点。

4) 转子爆破对结构的损伤影响分析

发动机转子碎片能量巨大,影响范围大,受影响的结构部件众多。在现有的技术条件下,对结构的损伤无法通过计算或试验得出。如何验证机体结构受到转子爆破碎片损伤后,仍能保持结构完整性,并保证飞行安全,是一大难点。

31.3　国内外现状

ARJ21-700 飞机发动机转子爆破适航符合性验证是我国首次严格按照 CCAR-25 部要求开展的转子爆破适航符合性验证。国内从验证思路到验证方法均缺乏相关经验可供参考借鉴。

尽管咨询通告 AC20-128A《Design Considerations for Minimizing Hazards caused by Uncontained Turbine Engine and Auxiliary Power Unit Rotor Failure》对转子爆破适航验证工作提供了指导,但在关键系统设备及对应的全机 FHA 的确认、管线路失效的分析、碰撞角度的测算以及转子爆破对结构的损伤影响分析等方面描述较为简单,或者过于理论化,可操作性较差。

1) 关键系统设备及对应的全机 FHA 的确认

AC-20-128A 中仅定义了关键设备失效会促使或导致飞机无法安全飞行和着陆的设备。并要求同时考虑单个设备失效和由同一碎片或同一次转子爆破的不同碎片导致的多个设备失效。但对于如何确认关键设备以及其对应的全机级 FHA 没有描述。

2) 管线路失效的综合分析

AC-20-128A 中要求作图表明关键系统元器件的精确位置,包括燃油和液压管路、飞行操纵钢索、电气线束和接线盒、气源和环境系统导管,并测算碎片碰撞角度。但对如何将其纳入安全性分析和剩余风险计算没有描述。

3) 碰撞角度测算

AC-20-128A 中指出应当绘制飞机系统在转子爆破撞击区范围内的剖面图与平面布置图。应表明关键系统元器件的精确位置,包括燃油和液压管路、飞行操纵钢索、电气线束和接线盒、气源和环境系统导管、灭火元器件、关键结构等。然后生成代表各个发动机转子级及其前/后差异情况的模型或图样。但该方法绘制的剖面图只能代表某一特定剖面的布置情况,无法真实反映在影响范围内的全部布置情况。如果要反映不同位置的布置情况,就必须尽可能多地绘制剖面图,不仅会导致巨大的工作量,同时仍然不能保证完全真实地反映布置情况。

4) 转子爆破对结构的损伤影响分析

AC-20-128A 中仅提到应在非包容性风扇叶片和发动机转子碎片撞击区内安装止裂带和抗剪条以防止灾难性的结构损坏。但未对如何表明其适航符合性进行说明。

国外飞机制造商的验证经验无法直接获取。在 C919 飞机项目初期与美国 APAC 公司的咨询活动中,曾向 APAC 公司咨询发动机转子爆破的相关问题,对方也仅提供了 AC-20-128A 中的部分内容。

31.4 技术解决方案

经过总体布置深入研究适航条款与咨询通告,并与四性、结构、强度、各系统反复协调,以及与审查方的多次沟通讨论,最终形成完整的转子爆破适航符合性验证思路。

1) 确定转子碎片抛射范围和相关数据

发动机供应商按照转子级提供不同转子级、不同飞散角的发动机碎片相对于危险区域的抛射轨迹 CATIA 模型,同时提供 CF34-10A 发动机转子爆破相关数据包括各碎片尺寸和能量等。为减小工作量,可以按照转子类型进行分组。按照分组情况,利用发动机供应商提供的各转子级抛射轨迹模型制作转子组的抛射轨迹模型。按照 AC-20-128A 要求,每组取其中最大的转子直径。

2) 确定区域内设备及对应的系统级和整机级功能危险

确定区域内安装的所有设备(含管线、电缆、继电器、断路器)以 LRU 级别列出清单,并确定各个设备相关的系统级功能危险,按相同的系统级功能危险事件进行列表,由此确定由于转子爆破引发的所有可能的系统级功能危险项目,进而对应相关的整机级功能危险项目,最后针对每个系统级危险项目建立导致其发生的各个设备可靠性简化模型(只含串联、并联)。

按相同的整机级功能危险事件将提供的设备清单进行再次列表,确定可能由于转子爆破引发的所有整机级功能危险项目,进而针对每个整机级危险项目建立包含系统功能危险的简化模型(只含串联、并联)。

整理所有可能因转子爆破影响产生的系统级与整机级功能危险事件,如表 31-2 所示。

表 31-2 可能因转子爆破影响产生的系统级与整机级功能危险事件

系统 ATA 章节和名称	区域内的设备名称	区域内的设备标识	对应的系统级功能危险编号	对应的系统级功能危险描述	对应的整机级功能危险编号	对应的整机级功能危险描述

确定导致受转子爆破影响的系统级功能危险事件的模型(含所有区域内和区域外设备),并将区域内设备进行标注。确定区域外设备的目的在于保证每个系统级功能危险模型的完整性,以确定清单中的系统级功能危险是否可能由于转子爆破引发:如果某些导致系统功能危险的必要的设备位于转子影响区域外则该功能危险不会发生,反之就需要考虑给出相应的安装防范与改进措施(见表 31-3)。

表 31 - 3　导致受转子爆破影响的系统级功能危险事件模型及相关设备

系统级功能危险描述	系统级功能危险编号	功能危险相关的设备名称（区域内和区域外）	设备标识	功能危险相关的设备的可靠性模型说明（按区域内外分别说明）

3）对数字样机的检查

使用每一级（组）转子的碎片抛射路径模型，对输出的设备级清单（可简化为信号、液压和控制等，以飞控和电源为例需进行系统分析界面划分，以一级汇流条为界，再做简化处理）进行碰撞起始角和终止角进行分析，输出扫掠角度表，并按照FHA事件检查系统或设备布置的相对位置是否满足安装原则。说明为减小转子爆破危害而采取的设计考虑和设计措施。

4）安全性分析

利用扫掠角度表和FHA事件列表，基于已实施的设计措施逐条检查由于转子爆破导致的FHA事件，输出需要进行剩余风险计算的灾难性事件清单。

5）计算剩余风险

利用扫掠角度表和灾难性事件清单，计算每级转子爆破导致灾难性事件发生的风险概率，考虑飞行阶段、风险因子并按照转子级（组）和发动机数量计算平均风险值。并检查是否满足 AC - 20 - 128A 中的指标。如果不满足，取消转子分组（并考虑飞散角），重复 3）～5）的工作，给出结果。

6）结构损伤分析

罗列转子碎片影响范围内的结构件，给出转子爆破碎片撞击最严重的情况汇总。在 ARJ21 - 700 飞机全机有限元模型的基础上，修改并筛选出供发动机转子非包容性损坏后机体结构剩余强度分析的有限元模型。模型修改思路：对于每种损伤情形，在 ARJ21 - 700 飞机全机有限元模型中删除被碎片路径扫略过的所有单元，剩余单元形成该情形下的强度计算有限元模型。

为了简化计算，按照以下方法和原则对转子爆破损伤情形下的有限元模型进行筛选。

（1）各损伤情形若有包含关系，选择损伤范围大的有限元模型。

（2）损伤范围相当时，选择连续打断机体结构多（即损伤程度大）的有限元模型。

（3）损伤范围及程度均相当时，选择受力关键部位受损的有限元模型。

采用有限元方法，进行静强度计算，分析转子爆破碎片对结构的损伤影响，检查各处结构安全裕度是否均大于 0。对于安全裕度小于 0 的部位，采取必要的和可行的设计措施加以改进。对于无法改进的部位，计算扫掠角度，纳入剩余风险计算。

31.5　创新点

主要创新点：

1) 关键系统设备及对应的全机 FHA 的确认方法

对于 31.2 中技术难点 1)，经总体布置与安全性、飞控、液压等专业反复研究，创造性地提出在罗列影响区域内的设备后，先以 SFHA 事件自上而下建立系统内的设备可靠性模型，并根据可靠性模型和模型中设备的安装方案或位置确定转子爆破可能引发的 SFHA 事件。再按照 SFHA 事件确定关联的 AFHA 事件，并以 AFHA 事件自上而下建立所有相关设备的可靠性模型。最终根据可靠性模型和模型中设备的安装方案或位置确定转子爆破可能引发的 AFHA 事件的方法。

该方法将安全性分析划分为系统级分析与全机级分析两个层级，并通过建立可靠性模型和故障树，将两个层级的安全性分析有机地融合在一起。从而有效地减少了 FHA 分析和 FTA 分析的工作量，避免了直接进行最小割集分析时，分析量巨大导致无法完成的问题。经过与审查方的沟通与讨论，该方法可以确保筛选出的关键设备及其对应的全机级 FHA 的完整性与正确性，获得审查方的认可预批准。

2) 管线路失效的综合分析

对于 31.2 中技术难点 1)，经总体布置与安全性、飞控、EWIS 和液压等专业反复研究，创造性地提出：先确定受影响区域的管线路，并测算出各自的转子碎片扫掠角度范围。然后通过查阅原理图，逐个导线、管路确定其连接的设备。最后由相关联的设备与系统按照 FHA 将管线路失效纳入安全性分析，并将管线路的转子碎片扫掠角度范围纳入该 FHA 的触发角度范围一并进行分析。

该方法利用原理图将管线路失效转化为系统功能失效，有效地解决了管线路本身不直接具备系统功能，因而无法直接参与安全性分析和剩余风险计算的问题。经与审查方多次沟通，该分析方法和分析结果获得审查方认可与批准。

3) 碎片碰撞角度测算

对于 31.2 中技术难点 3)，总体布置专业结合自身在数字样机(DMU)技术方面的经验积累，创造性地提出利用数字样机，在全三维环境下进行碰撞角度测算的方法。

随着数字样机(DMU)技术的不断发展成熟，已经可以在三维环境下真实反映飞机的布置情况，并且可以很容易地进行运动仿真和干涉/间隙检查，这也使得利用数字样机对布置结果进行检查成为可能。本方法以 CATIA 运动模拟作为工具，在三维数字样机环境下对布置结果进行检查的方法，代替咨询通告 AC-20-128A 中所提供的方法，解决咨询通告中提供的方法存在的问题，同时用于适航取证时计算剩余风险。

　　该方法首先按照 AC‐20‐128A 中的碎片扫掠路径定义,在三维设计软件中建立碎片扫掠路径模型,并以发动机旋转轴线为转轴,建立旋转运动模拟,如图 31‐1 所示。

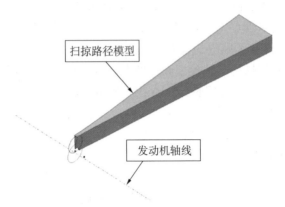

图 31‐1　转子碎片扫掠路径模型

　　然后将需要检查的系统/部件插入该运动模型,打开干涉检查功能,运行运动模拟,即可在扫掠路径模型与待检查的系统/部件发生干涉时,测得碰撞角度(见图 31‐2)。

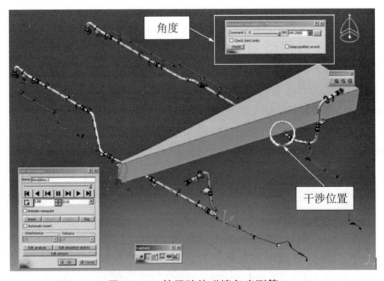

图 31‐2　转子碎片碰撞角度测算

　　相对于在平面图中计算碰撞起始角/退出角,此方法利用 CATIA 的运动模拟功能,在数字样机环境下可以自动得出起始角/退出角,可以大大减少工作量,避免人工作图产生的错误。如果结合 CATIA 的宏录制等功能，可以实现批量自动计算碰撞起始角/退出角。

如前所述，绘制二维剖面图无法真实反映影响范围内的全部布置情况。而利用运动仿真方法，可以清楚地显示转子碎片何时切入待检查系统/部件，何时退出。整个过程均在三维数字样机环境下进行，可以直观、真实地反映影响范围内的所有布置情况，易于被适航当局接受。

如上所述，该方法操作简单、过程直观，在成功解决 31.2 中技术难点 3)的问题的同时，有效减少工作量、提高准确性。因此一经提出，便获得了审查方的认可和批准。

4) 转子爆破对结构的损伤影响分析

对于 31.2 中技术难点 4)，总体布置专业通过研究咨询通告和国外文献，并与强度专业协商后，创造性地将咨询通告 AC-20-128A 中关于大转子碎片"具有无限能量，可摧毁其扫掠路径上的所有管路、电缆、钢索和未加保护的结构，并且不会从其原始轨迹变向，除非碰到折转挡板"的假设应用于强度分析中。提出通过在有限元计算时，删除转子大碎片穿透处的网格单位，来模拟被转子大碎片击中的损伤，如图 31-3 所示。

该方法避免进行类似鸟撞的碰撞试验和计算分析，节省了大量的试验经费、工作量和时间。经过强度计算分析，中后机身和吊挂结构的安全裕度均大于 0，ARJ21-700 飞机发动机转子非包容性损坏后的中后机身和吊挂结构满足剩余强度要求。并获得了审查方的认可和批准。

31.6 解决的关键技术

ARJ21-700 飞机转子爆破适航符合性验证工作中解决的关键技术包括如下。

1) 具体的、具有可操作性的转子爆破适航符合性验证思路和方法

将咨询通告 AC-20-128A 中简单的分析逻辑转化成包括安全性分析、剩余风险计算、结构损伤分析在内的，具体的并具有可操作性的验证思路和方法。

2) 转子爆破安全性分析技术罗列出影响区域内的设备

(1) 以 SFHA 事件自上而下建立系统内的设备可靠性模型(故障树)，并根据可靠性模型和模型中设备的安装方案或位置确定转子爆破可能引发的 SFHA 事件，即系统级功能危险是否可能由于转子爆破引发：如果某些导致系统功能危险的必要的设备位于转子影响区域外则该功能危险不会发生，反之就需要考虑给出相应的安装防范与改进措施。

(2) 按照 SFHA 事件确定关联的 AFHA 事件，并以 AFHA 事件自上而下建立所有相关设备的可靠性模型(故障树)。

(3) 根据可靠性模型(故障树)和模型中设备的安装方案或位置确定转子爆破

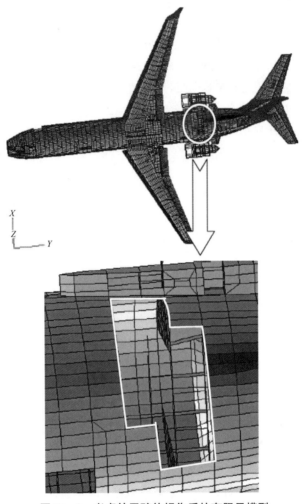

图 31-3　考虑转子碎片损伤后的有限元模型

可能引发的 AFHA 事件,即全机级功能危险是否可能由于转子爆破引发:如果某些导致全机级功能危险的必要的设备位于转子影响区域外则该功能危险不会发生,反之就需要考虑给出相应的安装防范与改进措施。

(4) 确认这些转子爆破可能引发的 AFHA 事件所对应的系统设备。

(5) 确认已对这些系统设备采取必要的和足够的设计措施,以避免或减小转子爆破对飞机造成的危害。

3) 转子爆破剩余风险计算技术

在完成了转子爆破安全性分析,即确定了转子爆破可能引发的 AFHA 事件及其对应的系统设备后,需针对各项灾难级 AFHA 事件进行剩余风险计算:

（1）测算每个引发灾难级 AFHA 的设备的扫掠角度范围。

（2）将角度范围画在一张图上，并根据可靠性模型（故障树）确定可能导致组合危险的角度范围，如图 31-4 所示。

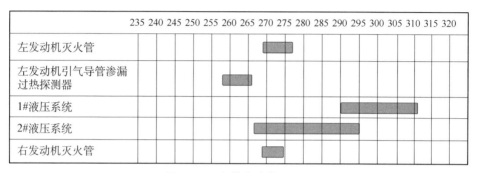

图 31-4　扫掠角度范围汇总

（3）考虑这些危害性的风险因子（如飞行阶段或其他因素），并计算每一级转子的每一种危害的风险。

（4）列表，总括并且取所有情况的平均值。

（5）检查剩余风险计算结果是否满足咨询通告 AC-20-128A 中所述参考指标：

　　a. 单个 1/3 轮盘碎片甩出而造成灾难性事件的可能性不大于 1/20；

　　b. 中碎片甩出而造成灾难性事件的可能性不大于 1/40；

　　c. 多块轮盘碎片（仅适用于这样的双重或多重系统，该系统对其功能起作用的所有通道有某一部分到发动机中心线的距离等于或小于最大的带有叶片的转子的直径。）3 块 1/3 轮盘碎片在 3 个随机方向上甩出，每一碎片在 360°方向上具有相同的抛射概率（假设相对于轮盘平面的飞散角为±3°），所引起的双重或多重系统同时损伤而造成灾难性事件的可能性不大于 1/10。

4）转子碎片对结构的损伤分析技术

将咨询通告 AC-20-128A 中关于大转子碎片"具有无限能量，可摧毁其扫掠路径上的所有管路、电缆、钢索和未加保护的结构，并且不会从其原始轨迹变向，除非碰到折转挡板"的假设应用于强度分析中。通过在有限元计算时，删除转子大碎片穿透处的网格单位，来模拟被转子大碎片击中的损伤。

（1）罗列转子碎片影响范围内的结构件，给出转子爆破碎片撞击最严重的情况汇总。

（2）在 ARJ21-700 飞机全机有限元模型的基础上，修改并筛选出供发动机转子非包容性损坏后机体结构剩余强度分析的有限元模型。模型修改思路：对于每种损伤情形，在 ARJ21-700 飞机全机有限元模型中删除被碎片路径扫略过的所有单元,剩余单元形成该情形下的强度计算有限元模型。

（3）为了简化计算,按照以下方法和原则对转子爆破损伤情形下的有限元模型进行筛选：

　　a. 各损伤情形若有包含关系,选择损伤范围大的有限元模型；

　　b. 损伤范围相当时,选择连续打断机体结构多(即损伤程度大)的有限元模型；

　　c. 损伤范围及程度均相当时,选择受力关键部位受损的有限元模型。

（4）采用有限元方法,进行静强度计算,分析转子爆破碎片对结构的损伤影响,检查各处结构安全裕度是否均大于 0。

（5）对于安全裕度小于 0 的部位,采取必要的和可行的设计措施加以改进。

（6）对于无法改进的部位,计算扫掠角度,纳入剩余风险计算。

31.7　级功能危险确定流程

图 31 - 5 为爆破适航验证流程；图 31 - 6 为转子爆破适航方案。

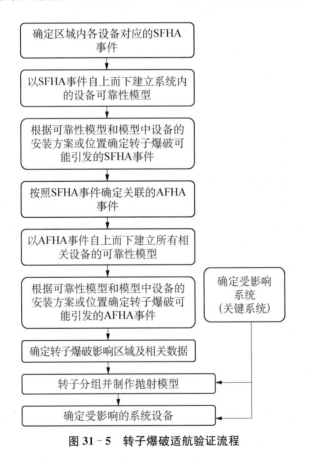

图 31 - 5　转子爆破适航验证流程

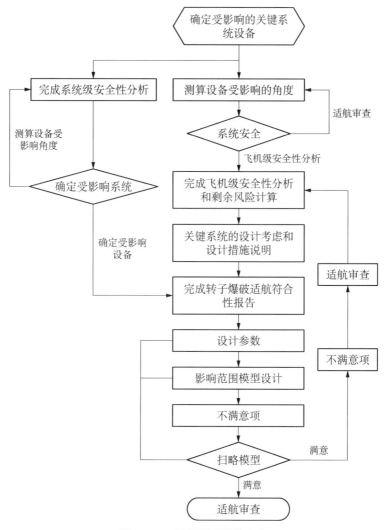

图 31‑6 转子爆破适航方案

31.8 应用前景与推广价值

31.8.1 应用前景

民用飞机发动机转子爆破适航符合性验证方法在国内首个喷气式客机ARJ21‑700转子爆破适航验证中使用,其验证思路和方法得到审查方认可,并最终完成ARJ21‑700飞机转子爆破适航验证,证明了转子爆破适航符合性验证方法是正确的、合理的、可行的。也表明该方法可以有效确保飞机安全性,可以应用于后续民用飞机适航符合性验证工作,对于其他飞机研制也有重大参考与借鉴意义。

此外,转子爆破适航符合性验证方法中所采用的验证思路对于其他特定风险的适航符合性验证亦有重要的参考意义。目前,所取得的成果已经应用到 C919 大型客机研制中。

31.8.2 推广价值

民用飞机发动机转子爆破适航符合性验证方法所包含的创新方法具有良好经济效益的推广价值:关键系统设备及对应的全机 FHA 的确认方法可以以较小的工作量,完整、准确地完成关键系统设备及对应的 FHA 的确认,解决了现有软硬件无法完成分析的问题。转子爆破碰撞角度的三维测算方法解决了原二维作图无法准确反映飞机三维布置情况的问题,有利于提高飞机的安全性。同时可以节约大量的工作时间,缩短验证周期。通过推广,民用飞机发动机转子爆破适航符合性验证方法可以在以后每个型号的转子爆破适航验证中带来持续的利润。

32 轮胎爆破适航符合性验证方法

32.1 问题背景

ARJ21-700飞机轮胎爆破的适航条款为CCAR-25.729(f),轮舱内设备的保护,位于轮舱内且对于飞机安全运行必不可少的设备必须加以保护,使之不会因下列情况而损伤。

(1)轮胎爆破(除非表明轮胎不会因过热而爆破)。

(2)轮胎胎面松弛(除非表明由此不会引起损伤)。

FAA的修正案25-78描述,第25.729(f)条定义的轮胎爆破是突然的,有时是猛烈的,压力来自轮胎内部,通常与胎内裂缝、外来物体损坏或轮胎过热/过载有关。FAA认为,轮胎爆破是在飞机轮胎处于恶劣运行环境下偶然发生的,而实际上某些轮胎损伤可能在轮胎破坏前一直未被发现,有鉴于此,安装在轮舱内的设备在合格审定时应评定其承受轮胎爆破影响的能力。要通过分析和实验室试验来确定关键区域,而且经常要进行设计更改以保证单个轮胎爆破不会使关键功能丧失。

32.2 技术难点

在ARJ21-700飞机轮胎爆破适航验证工作中,主起落架舱轮胎爆破试验存在定点定压引爆困难、爆破影响范围难以观测、爆破机理无法确定、爆破载荷和流场压力分散性大等问题,国外在轮胎爆破方面的研究进行核心技术封锁,因此国内轮胎爆破的试验研究在此之前处于空白,起落架舱防护设计长期处于缺乏相关设计依据的状态,轮胎安全性的适航取证存在较大困难。

ARJ21-700飞机轮胎爆破适航符合性验证方法需要解决的两大关键技术是:一是用于轮胎爆破试验的引爆装置,该装置可实现航空轮胎的定压定点引爆,且爆破模式符要求。二是轮胎爆破压力的数据处理方法。轮胎爆破的影响范围很大,而且是高速瞬态问题,轮胎爆破形成的气流压力场难以描述。

32.3　国内外现状

飞机轮胎爆破是一种复杂现象,在开展 ARJ21-700 飞机轮胎爆破适航验证工作之时还没有相关的适航条款明确轮胎和机轮失效的危害模式。直到 2013 年底 AMC 25.734《Protection against Wheel and Tyre Failures》发布之前,JAA TGM/25/8《JAA Temporary Guidance Material,TGM/25/8(issue 2)Wheel and Tire Failure Model》是轮胎爆破适航验证的唯一指导材料,该指导材料是 2002 年发布的,距今已 11 年之久。

实际上,大多数飞机主制造商并没有按照 JAA TGM/25/8 对轮胎和机轮失效模式进行适航验证,原因是各飞机主制造商对于轮胎爆破的认识不同,认定的轮胎爆破模型不同,从而导致适航验证的方法各不相同。

在开展 ARJ21-700 飞机轮胎爆破适航验证工作之前国内是空白。舱内轮胎爆破试验更是没有可参考的经验和资料。

ARJ21-700 飞机舱内轮胎爆破试验需要考虑的爆破模式为爆胎空气喷流压力效应模式。对于爆胎空气喷流压力效应模式 AMC 25.734 的定义如下。

在正常飞行过程中,起落架收起后仍然可能出现爆胎,其原因是之前的轮胎损伤产生的,在轮胎外露表面的任何地方都有可能发生。空气喷流模式不考虑轮胎爆破抛射出的碎片,而仅仅关注空气喷流的压力效应。

根据已知的事故调查显示,这种爆胎情况仅发生在带有刹车的主起落架收起过程中。因此这种空气喷流模式只适用于安装有刹车装置的轮胎。有证据表明,空气喷流压力效应在子午胎和斜交轮胎造成的影响是不同的。发生爆胎时的轮胎压力一般为轮胎最大无负荷操作压力的 130%,最大无负荷操作压力为无负荷额定充气压力的 1/1.07。

图 32-1　一架 B757-200 飞机轮胎爆破事故后的轮胎"X"形破口

按照 EASA 2013 年 2 月的征询意见文件 NPA 2013-02《Protection from Debris Impact》的描述以及事故统计,对于 ARJ21-700 飞机使用的斜交胎会出现"X"形破口的能量瞬间释放(井喷)和孔状破口的空气喷流。图 32-1 为一架 B757-200 飞机轮胎爆破事故后的轮胎"X"形破口。斜交胎破口形状的不同决定了空气冲击压力效应的截然不同:轮胎损伤大小是影响破口形状的主要因素。当出现"X"形破口时,由于胎内压力瞬间释放,空气冲击压力表现为冲击波,危害极大。1984 年 DC-10 在空中发生的一起"X"形破口空气井喷爆胎事故,导致液压管路及龙骨梁隔板受损。尽管 DC-10 这起事故飞机安全返航着陆,但空气冲击压力效应对结构的影响需引起重视,所以,AMC 25.734 提出在适航验证时需要评估空气冲击压力效应对结构和系统防护的影响。当出现孔状破口时,胎内压力释放较为缓慢,会形成圆锥状空气喷流,1976 年空客公司在 A300 飞机轮胎爆破试验时验证了圆锥状空气喷流模型。

JAA TGM/25/8 的空气喷流模型是基于 1976 年空客公司的 A300 轮胎爆破试验,试验结果是破口为 100 mm 的孔,经推算空气喷流圆锥的顶点在 0.7^{D_G} 上,圆锥的角度应为 18°,TGM 描述的 36°实际上是个笔误。

EASA 认为空客公司 1976 年建立的斜交胎空气喷流模型已经过去了 37 年,尽管技术已不断更新,但还没有更好的斜交胎空气喷流模型提出来,所以斜交胎空气喷流仍保留圆锥模型。

因此,AMC 25.734 给出的模型仅可用于舱内轮胎爆破影响范围的确定,只是在理论上指导舱内轮胎爆破的安全性分析。对于最终的舱内轮胎爆破验证试验只能按照真实轮胎的实际爆破进行试验。

32.4　解决方案

ARJ21-700 飞机轮胎爆破及防护设计缺乏依据,造成轮胎爆破适航取证困难,解决方案如下。

首先开发一套轮胎定压定点引爆试验装置,轮胎爆破试验的轮胎爆破模式为起落架收上状态的轮胎爆破模式,根据空中爆胎事故统计和原因调查的结果,空中爆胎是由于飞机在起飞滑跑过程中因刹车而磨损掉胎面,至空中飞行时因轮胎内外压差和温度变化而发生爆破。因此为了实现规定压力下空中爆胎空气喷流爆破模式,先将轮胎磨损;其次是引爆,因为轮胎是高分子复合材料,选择加热电阻丝将轮胎帘线熔断类似利器将帘线层割断,可以达到便于控制快速引爆的目的。

然后研究轮胎爆破空气喷流机理,确定轮胎爆破的影响范围,测试轮胎爆破的压力场,为起落架舱内关键系统设备及防护设计提供依据。空中爆胎轮胎爆破的危害主要是冲击波和气压效应,统计数据表明斜交胎的剖口形态为"X 形"大破口,胎内压力瞬间释放。所以轮胎爆破压力场的测试传感器应有极高的灵敏度和精确度,同样测试数据的处理难度也很大,需要应用科学的手段和先进的方法。

在此基础上,从结构强度刚度性能出发优化设计起落架舱内防护罩,然后进行主起落架舱内轮胎爆破试验,对引爆方式和防护板设计进行验证。空中爆胎空气喷流爆破模式是一种危害很大的爆破形态,主起落架舱轮胎爆破适航验证试验选择舱内与轮胎最近的安全裕度相对较小的防护罩作为爆破冲击临界情况,最后根据试验结果并结合分析最终完成轮胎爆破适航符合性报告、完成轮胎爆破适航验证并关闭条款。

32.5 技术解决方案

ARJ21-700飞机轮胎爆破研究和适航符合性验证方法的技术方案如图 32-2 所示。

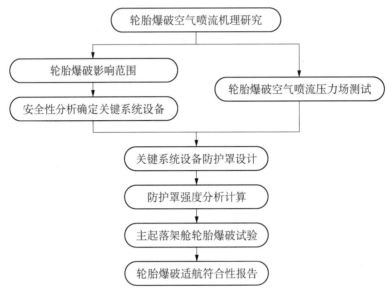

图 32-2 轮胎爆破研究和适航验证技术方案

ARJ21-700飞机轮胎爆破适航符合性验证方法的具体步骤和关键技术如下。

1) 轮胎爆破模式和试验研究

按照轮胎爆破适航条款的要求,研究轮胎爆破模式和试验验证技术,模拟飞机在滑跑过程中因刹车而磨损胎皮,最后因内外压差变化导致轮胎爆破,即空中爆胎空气喷流爆破模式。AMC 25.734《Protection against Wheel and Tyre Failures》规定轮胎爆破压力为轮胎最大无负荷操作压力的 130%,最大无负荷操作压力为无负荷额定充气压力的 1/1.07。

通过对轮胎爆破机理的研究和反复试验,开发出一套基于电阻丝加热的引爆装置,具体操作方法是:首先将轮胎在指定爆破点进行削磨,模拟轮胎使用过程中的磨损;然后通过加热电阻丝将轮胎帘线熔断,达到便于控制快速引爆的目的。轮胎削磨层数及削磨面积和电阻丝形状尺寸的确定是难点问题。削磨层数和削磨面积决定了轮胎承受爆破压力是否在临界状态,承载过大轮胎很难爆破,承载过小轮胎达不到规定压力就爆破;电阻丝形状尺寸决定了轮胎的爆破形态是否符合要求,尺寸不当或难以控制或爆破形态异常(如小孔喷流)。加热电阻丝可以通过电路控制形成一套完整的引爆控制装置,操作人员可以远离轮胎爆破现场,对轮胎充气进行远程监控,这样能够在保证人员安全的前提下,开展轮胎爆破试验。通过确定正确的轮胎削磨层数和削磨面积,以及合理地引爆加热控制装置,就可以形成一套完整的系统化的轮胎爆破引爆方法,为科学地开展轮胎爆破试验奠定基础。

　　ARJ21-700飞机主轮胎削磨层数的确定方法是:轮胎的规格为 H40×14.0－19,有1层缓冲层、10层帘布层。其额定压力为 1 140 kPa,设计承受的爆破压力为额定压力的4倍即 4 560 kPa,单层帘布层所承受的压力为 4 560 kPa/10 层＝456 kPa/层。H40×14.0－19 轮胎的无负荷额定充气压力为 1 140 kPa,所以最大无负荷操作压力为 1 140/1.07＝1 065 kPa,即 1 166 kPa 的绝对压力,因此轮胎爆破试验的爆破压力为 1 166×1.3＝1 516 kPa,再换算成相对压力(表压)为 1 415 kPa。承受 1 415 kPa 爆破压力所需的帘布层数 1 415 kPa/456 kPa/层＝3.1 层取4层,轮胎需要削磨掉6层帘布层。削磨轮胎时将胎面削平以模拟飞机因刹车而磨损掉胎皮的情况,轮胎的削磨后情况如图 32－3 所示。

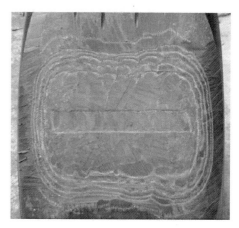

图 32－3　轮胎的削磨后情况

　　在引爆之前,用弹性胶带将加热装置垂直固定在轮胎的预磨损中心,弹性胶带固定位置为第6层面积 30 mm×180 mm 的边缘,与加热装置接触部位用高温绝缘胶布缠绕。U形加热装置的安装固定情况如图 32－4 所示。加热装置的电源线用胶带固定在轮胎胎面中心,将电源线连接在引爆装置控制箱上。U形加热装置和引爆装置控制箱如图 32－5 所示。

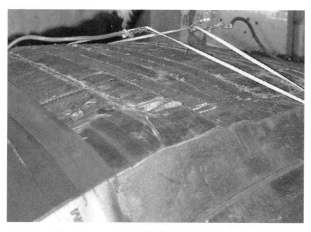

图 32－4　U形加热装置的安装固定情况

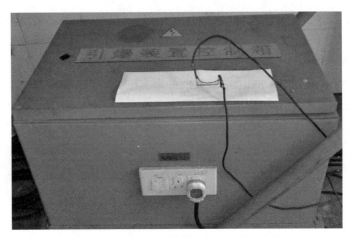

图 32 - 5　U 形加热装置和引爆装置控制箱

当轮胎充气稳定至规定值时,合上引爆装置控制箱电源,U 形加热装置开始升温,直至轮胎爆破。

2) 轮胎爆破机理及影响范围研究

根据轮胎爆破试验进行爆破机理性分析,确定轮胎爆破气流场影响范围,在起落架收起状态建立轮胎爆破影响范围模型。图 32 - 6 为 ARJ21 - 700 数字样机上主起落架舱起落架收起状态轮胎爆破影响范围。

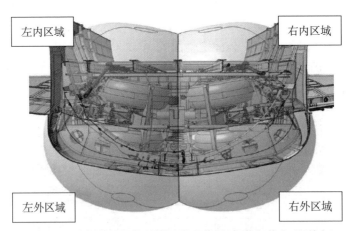

左内区域　　　　　右内区域

左外区域　　　　　右外区域

图 32 - 6　主起落架舱轮胎爆破影响范围(起落架收上-顺航向)

3) 轮胎爆破压力场分布测试

通过轮胎爆破空气喷流压力场分布测试,给出轮胎爆破压力场分布模型。

由于轮胎爆破的危险性和空气喷流的瞬间触发,给压力测试带来很大难度。测试时模拟真实飞机轮胎与防护板的相对位置及安装结构,传感器采用国际上先进的压电式高频动压传感器。

轮胎爆破压力场测试,将 ARJ21 - 700 飞机主轮胎通过机轮支撑架轮轴固定在试验台架上,防护板安装在模拟舱板上,轮胎与防护板的相对位置代表飞机起落架舱实际安装情况试验。防护板与飞机零件相同;模拟舱板的结构型式与飞机相同,其强度和刚度略大于飞机的真实情况。在防护板上安装所需要的压力传感器、加速度传感器、应变片,传感器的位置根据需要确定,条件许可情况下多布一些传感器。

传感器通过测试信号线与数据采集系统相连。轮胎爆破后,测试防护板关键点处的流场压力和应变值。然后根据各点的压力值,通过指数函数初步确定防护板上的压力场。

将试验得到的压力场,加载到防护板上进行强度分析,所得结果与试验得到的应变值进行对比,根据仿真的应变结果和试验得到关键点处的压力值重新调整压力场的拟合函数中各系数,直到计算应变和测量应变吻合,由此可确定最终的拟合函数。

压力场的拟合函数可用指数函数 $P(r)$ 表示,如式(32 - 1)所示。其中 A、B、C 为拟合系数,r 为变量,表示各点与中心点的距离,P_0 为初始胎压即轮胎爆破时胎内压力,当 $r = 0$ 时,表示该点为爆破中心点。

$$P(r) = P_0 - A + Be^{\left(-\frac{r}{C}\right)} \qquad (32 - 1)$$

斜交胎的压力场分布拟合函数,如式(32 - 2)所示。

$$P(r) = P_0 - 1\,375.5 + 1\,367e^{\left(-\frac{r}{1142}\right)} \qquad (32 - 2)$$

其中:$P(r)$ 是气流场中各点距离爆破中心点距离为 r 处的压强值,单位为 kPa,r 的单位为 mm。爆破压力场模型的适用范围为 $100\text{ mm} < r < 800\text{ mm}$。

最后,将数据处理结果即轮胎爆破空气喷流压力场分布通过计算机以曲线的形式显示出来。图 32 - 7 为斜交胎的空气喷流压力场分布曲线。

4) 关键系统设备安全性分析

根据轮胎爆破影响范围,进行安全性分析确定 ARJ21 - 700 飞机主起落架舱内飞行安全必不可少的关键设备,起落架应急放收放机构和左、右油泵压力信号器。

5) 防护设计

为确保 ARJ21 - 700 飞机飞行安全,对左、右油泵组压力信号器和起落架应急放收放机构的扇形轮、两个滑轮组件安装轮胎爆破防护罩。依据轮胎爆破空气喷流压力场分布模型,对主起落架舱轮胎爆破防护设计进行强度分析计算。

6) 适航验证

主起落架舱内的关键设备作为考核对象,进行主起落架舱轮胎爆破试验,以验证 ARJ21 - 700 飞机对 CCAR - 25.729 (f)适航条款的符合性。

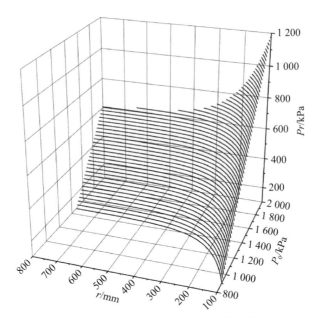

图 32‑7 斜交胎空气喷流压力场分布曲线

7）适航符合性报告

最后综合分析和试验的结果完成 ARJ21‑700 飞机轮胎爆破适航符合性报告，关闭条款。

32.6 获得的专利和申报的技术成果

ARJ21‑700 飞机轮胎爆破适航符合性验证方法获得的专利和申报的技术成果如下。

（1）《用于轮胎爆破试验的引爆加热装置》已申请中国专利，为实用新型专利并已授权，专利号为 201520124924.2。

（2）《一种轮胎爆破压力的数据处理方法》已申请中国专利，为发明专利，申请号为 201510096214.8。

（3）《ARJ21‑700 飞机轮胎爆破引爆方法》获上海飞机设计研究院科学技术成果二等奖。

32.7 创新点

ARJ21‑700 飞机轮胎爆破适航符合性验证方法主要创新点有两项。

1）用于轮胎爆破试验的引爆加热装置

用于轮胎爆破试验的引爆加热装置采用了加热体熔断轮胎帘线，类似飞机轮胎在实际使用中被意外"割断"帘线的情况，具有与实际相似、易于爆破、操作简单的特点。该轮胎爆破引爆加热装置在大量的轮胎爆破试验中得到了验证,其爆破形态符合适航要求。

图 32-8 为飞机轮胎爆破试验引爆流程。操作过程如下。

(1) 削磨轮胎:在削磨轮胎之前首先确定削磨的层数,削磨层数的确定原则是削磨后的轮胎在引爆之前既具有承受试验爆破压力的能力、开启引爆装置又能快速爆破。

(2) 安装轮胎:将削磨后的轮胎装在试验配套轮毂上,按规定扭矩紧固机轮螺栓;然后将轮胎预充气至 300 kPa 压力后固定在试验台架上,机轮与支架不应发生转动。

(3) 安装加热装置:用弹性皮筋将加热装置垂直固定在轮胎的预磨损中心。

(4) 充气:安装自动充气系统。将气源、轮胎自动充气机与机轮气门嘴连接。打开气源,并顶开轮毂气门芯,合上自动充气机电源,设定自动充气机的充气压力值试验要求的轮胎爆破压力值,对轮胎进行充气。

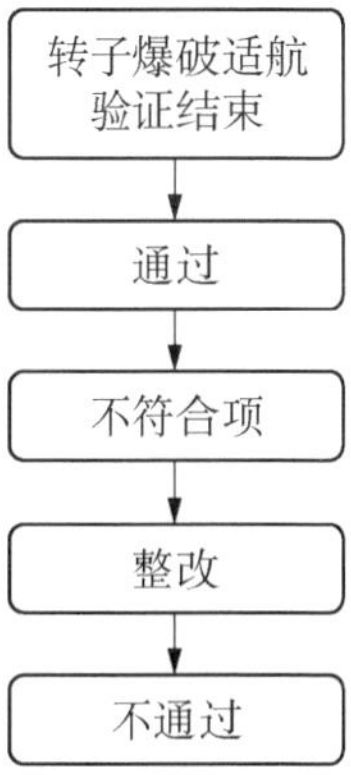

(5) 引爆轮胎:当轮胎充气稳定至轮胎爆破压力时,合上引爆装置控制箱电源,加热装置开始升温,直至轮胎爆破。

引爆加热装置在轮胎上的安装固定如图 32-9 所示。在进行飞机轮胎爆破试验时,将引爆加热的加热体通过弹力皮筋固定在轮胎上。

```
┌──────────────┐
│ 转子爆破适航  │
│ 验证结束      │
└──────────────┘
       │
┌──────────────┐
│    通过        │
└──────────────┘
       │
┌──────────────┐
│   不符合项     │
└──────────────┘
       │
┌──────────────┐
│    整改        │
└──────────────┘
       │
┌──────────────┐
│   不通过       │
└──────────────┘
```

图 32-8 轮胎爆破试验引爆流程

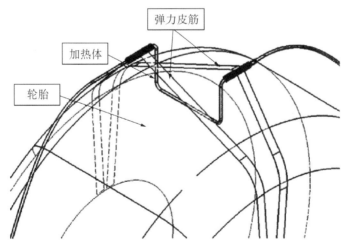

图 32-9 引爆加热装置在轮胎上的安装固定示意图

2) 轮胎爆破压力的数据处理方法

轮胎爆破空气喷流压力场的数据处理及显示方法,包括以下步骤:

安装飞机轮胎和防护板,按照起落架舱内轮胎与防护板的布置方式安装轮胎和防护板,其中轮胎通过轮轴和三角支架固定在地面上,尽量增加轮胎的支持刚度。而防护板的安装支架要尽量与实际飞机起落架舱保持一致,以便能较为准确地模拟真实情况。飞机轮胎和模拟起落架舱防护板安装如图 32-10 所示。

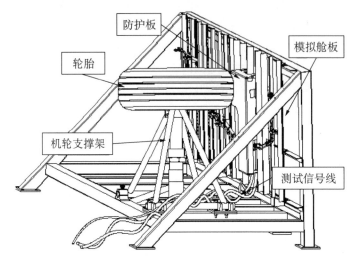

图 32-10　飞机轮胎和模拟起落架舱防护板安装示意图

（1）防护板平面的压力测试与拟合。在防护板上安装高频动压传感器和应变片,测试防护板关键点处的流场压力和应变值。传感器布置如图 32-11 所示。

然后根据各点的压力值,通过指数函数初步确定防护板上的压力场。在条件允许的情况下,可适量增加压力测量点。压力场的拟合函数可用指数函数 $P(r)$ 表示,如式(32-3)所示。其中 A、B、C 为拟合系数,r 为变量,表示各点与中心点的距离,P_0 为初始胎压即轮胎爆破时胎内压力,当 $r=0$ 时,表示该点为爆破中心点。

$$P(r) = P_0 - A + Be^{\left(-\frac{r}{C}\right)} \tag{32-3}$$

（2）数据处理。

将试验得到的压力场,加载到防护板上进行强度分析,所得结果与试验得到的应变值进行对比,根据仿真的应变结果和试验得到关键点处的压力值重新调整压力场的拟合函数中各系数,直到计算应变和测量应变吻合,由此可确定最终的拟合函数。

斜交胎的压力场分布拟合函数,如式(32-4)所示。

$$P(r) = P_0 - 1\,375.5 + 1\,367e^{\left(-\frac{r}{114.2}\right)} \tag{32-4}$$

其中 $P(r)$ 是气流场中各点距离爆破中心点距离为 r 处的压强值,单位为 kPa,r 的单位为 mm。爆破压力场模型的适用范围为 $100\ \text{mm} < r < 800\ \text{mm}$。

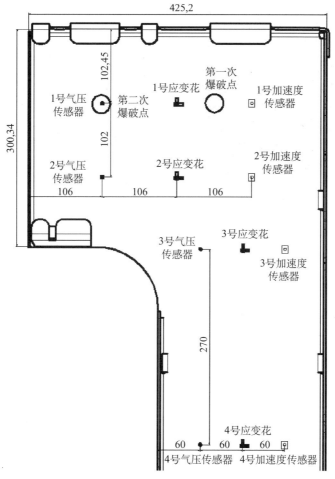

图 32 - 11　传感器布置

（3）压力分布显示。

将拟合函数通过计算机显示出气压值随各点与爆破中心点距离的变化曲线。

32.8　解决的关键技术

ARJ21 - 700 飞机轮胎爆破适航验证方法解决的 3 项关键技术如下。

（1）解决了轮胎爆破试验引爆后的爆破形态与飞机实际事故爆破形态一致的技术难点问题。通过轮胎爆破机理研究和大量试验表明，使用研制的轮胎爆破引爆装置进行试验引爆，ARJ21 - 700 飞机轮胎爆破试验的爆破形态符合适航要求，与轮胎爆破事故统计一致。图 32 - 12 为试验时轮胎爆破瞬间，图 32 - 13 为试验后轮胎爆破的 X 形破口。

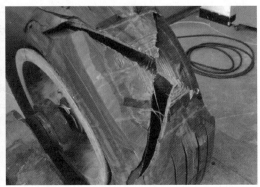

图 32 - 12　试验时轮胎爆破瞬间　　　　图 32 - 13　试验后轮胎爆破的 X 形破口

（2）解决了轮胎爆破空气喷流压力场分布测试数据与实际相符的技术难点问题。在国际上,仅美国空军基地实验室做过多种型号轮胎的能量测试。但美国空军基地实验室在距轮胎 500 mm 以内是不布传感器的,500 mm 以内的压力场数据是按照数学插值方法得出。而实际上飞机轮舱内设备与轮胎的距离均在 500 mm 以内。美国空军基地实验室给出的压力场数据可信度较低。而 ARJ21 - 700 飞机轮胎爆破空气喷流压力测试时充分考虑飞机轮胎与设备的最近距离布设传感器,最近为 100 mm。压力场测试数据与实际相符,更贴合实际,数据可信度高。

（3）解决了 ARJ21 - 700 飞机主起落架舱轮胎爆破试验方法的技术难点问题。主起落架舱轮胎爆破试验的关键步骤是轮胎引爆,经爆破试验验证和 CAAC 审查方批准的引爆工艺流程为:削磨轮胎—安装轮胎—安装引爆加热装置—充气至规定的爆破压力值—通电,引爆轮胎。

32.9　应用前景与推广价值

32.9.1　应用前景

ARJ21 - 700 飞机轮胎爆破适航符合性验证方法已应用至 ARJ21 - 700 飞机轮胎爆破防护设计、ARJ21 - 700 飞机主起落架舱轮胎爆破研发试验和 ARJ21 - 700 飞机主起落架舱轮胎爆破适航验证试验。

2014 年 2 月至 2014 年 3 月,ARJ21 - 700 飞试机主起落架舱轮胎爆破研发试验使用本方法研发的技术进行多次轮胎引爆,获取了由于轮胎爆破作用在起落架应急扇形轮防护罩上的空气冲击压力值,为飞机防护罩及其支撑结构的强度计算提供了可靠依据,同时为主起落架舱轮胎爆破适航验证提供了保障。

2014 年 5 月,ARJ21 - 700 飞机主起落架舱 X 形轮胎爆破适航验证试验使用本方法进行主起落架舱内轮胎爆破试验,试验结果表明考核对象完好无损、舱体结构完好无损,达到试验目的,表明了 ARJ21 - 700 飞机轮胎爆破防护措施是有效的。

试验得到了 CAAC 的认可,同时试验结果也得到 FAA 的肯定。

ARJ21‐700 飞机轮胎爆破适航符合性验证方法已贯彻于 ARJ21‐700 飞机研制和适航取证全过程,并圆满完成了轮胎爆破条款关闭和适航取证。

轮胎爆破试验引爆装置和轮胎爆破压力的数据处理方法还将应用于 C919 飞机、宽体等后续机型的轮胎爆破试验和空气喷流压力场测试。

国产大型军用运输机已在考虑轮胎爆破试验,随着人们对轮胎爆破安全意识的增强,ARJ21 飞机轮胎爆破适航符合性验证方法将会在军民机项目上广泛应用。

32.9.2　推广价值

ARJ21 飞机轮胎爆破适航符合性验证方法在国内属首创,轮胎爆破 X 形爆破在起落架舱内实施爆破试验在国际上属首例,ARJ21 飞机轮胎爆破适航符合性验证方法已达到国际领先水平。为我国民用飞机的轮胎爆破研究和适航取证奠定了坚实的基础。

在 ARJ21‐700 飞机轮胎爆破取证工作中,使用 ARJ21 飞机轮胎爆破适航符合性验证方法,无须请外协提供轮胎爆破防护和适航取证技术支持,节约了大量的成本。

ARJ21 飞机轮胎爆破适航符合性验证方法适用于后续机型的轮胎爆破防护和适航取证,可节约后续机型研制的成本。

33 运输类飞机抗鸟撞设计分析与适航验证技术

33.1 问题背景

民用航空工业及其研制水平代表着一个国家综合科技能力和综合实力。而适航取证是商用飞机成功的一个先决条件。ARJ21-700飞机的整体设计研制过程要求严格按照中国民用航空规章第25部进行(即CCAR-25部),能否顺利通过适航验证是其研制是否成功的标志,也是ARJ21-700飞机投入市场运营的通行证。根据CCAR-25部内容,有3个条款(分别为25.571、25.631、25.775)对鸟撞提出了明确的要求。因此,ARJ21-700飞机在研制过程中必须开展相应工作以表明其鸟撞适航符合性。但是,由于国内在该技术领域的基础相对比较薄弱,且ARJ21-700飞机是国内首次严格按照CCAR-25部进行设计的民用客机,由于缺乏工程经验因而造成了包括机头、平尾、垂尾在内的几大部位在原设计构型状态下均不能满足鸟撞适航要求的严重问题。因此民用飞机抗鸟撞设计分析与适航验证技术成为ARJ21-700飞机研制过程中为数不多的几大技术难题之一,如果不能及时攻克将会直接影响ARJ21-700飞机的取证步伐。

33.2 技术难点

在ARJ21-700飞机研制初期虽然开展过一定量的鸟撞分析工作,但由于缺少技术储备,对其分析及验证的复杂性也缺乏充分认识。在2009年年底机头部位开展的第一次鸟撞研发试验中,发生结构严重破坏的现象,这大大出乎预料,结构设计不能满足适航要求。其后陆续开展的垂尾前缘、平尾前缘几大部位的多次研发试验,结果结构均发生严重破坏,如图33-1所示。

由图33-1所示的试验结果可以看出,机头上部鸟体全部进入驾驶舱,不但会对驾驶舱设备造成影响,也有可能引起飞行员受伤。平尾垂尾因为前梁之后布置了重要设备,如果鸟体撞击该设备会产生二级以上故障,不满足安全着陆的适航条款

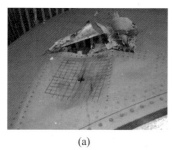 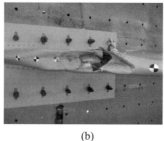 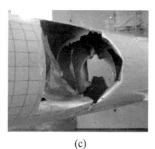

|　(a)　|　(b)　|　(c)　|

图 33-1　原构型状态下机头(a)、平尾(b)、垂尾(c)鸟撞后情况

要求。概括起来讲,ARJ21-700 飞机抗鸟撞适航验证初期面临如下几大技术难点:

(1) CCAR-25 部对民用飞机的抗鸟撞设计仅给出原则性的要求:飞机在遭遇鸟体撞击后能够继续安全飞行和着陆。如何将这样一个原则性要求转化落实成具体的设计要求就成为民用飞机抗鸟撞适航取证的首要技术难点。且整体飞机缺乏一套系统的鸟撞适航验证体系和流程,没有系统化的工作思路和方法。

(2) 试验结果与初期鸟撞计算结果相差甚远,说明在初期进行的鸟撞仿真分析中存在着参数不合理、建模有缺陷等问题,还不能作为适航验证的有力工具。也充分说明当时国内鸟撞动力学仿真分析方法尚不能保证大型复杂结构系统鸟撞分析结果的合理性和可靠性,急需一套可以准确预计鸟撞结果的有效方法。

(3) 几次部件级研发试验均以失败告终,说明原设计构型状态下机头、平尾、垂尾几大部件均不能满足鸟撞适航要求,必须开展结构抗鸟撞适应性更改设计和完善。

33.3　国内外现状

国外,波音公司和空客公司都建立了自己的抗鸟撞适航技术体系,该体系是在型号研制过程中,通过系统的元件级试验、细节件试验、部件级试验等积累出来的经验,这些经验是在一个到多个型号中积累的,这些经验对外是绝对保密的,尤其是涉及一些材料性能更是无法获取,我们只能看到一些概念性的比较基础的成果。

国内在结构抗鸟撞方面也进行过一些基础研究,但多数局限于简单平板及透明件的研究,在型号设计中的应用有限。有关单位在军机方面也做出不少卓有成效的研究工作,但主要局限于一些风挡的鸟撞研究,且只是满足军机规范对于 1.8 kg 级鸟撞的要求,与满足中国民航 CCAR-25 部对尾翼结构必须进行 3.6 kg 级鸟撞的要求存在差距。民用飞机结构抗鸟撞验证要求飞机的诸多部件均满足 CCAR-25 部规范要求,国内在这方面做的试验验证非常有限。在抗鸟撞试验能力方面,国内现存试验能力只能满足军机规范对于 1.8 kg 级鸟撞试验的要求,缺乏中国民航 CCAR-25 部对尾翼等结构必须进行 3.6 kg 级鸟撞试验要求的设备。

33.4　解决方案

针对上述 3 个技术难点,通过查阅国内外资料、消化吸收、咨询国外专家、适航 DER 和同局方多轮交流沟通等途径解决了适航条款鸟撞原则性要求具体化的问题,制订了鸟撞适航验证体系和流程;通过建模方法修正、参数灵敏度分析、分析参数修正、开展研发试验等途径解决了鸟撞动力学分析方法不可靠技术难点,获得能够试验前预判结构抗鸟撞能力的分析方法;针对结构设计更改,发现结构抗鸟撞设计主要是"疏"和"堵"的问题,制订了"分离原则、疏导原则、软阻拦原则和硬拦截原则"4 个原则,根据不同的结构形式,采用不同的原则应用到结构更改方案中,通过仿真计算确定具体设计参数,最终通过试验验证结构更改方案。

1) 建立鸟撞验证流程问题

验证流程的建立更多的是侧重于"借鉴"和"创新"的过程。也就是说要首先了解其他同行的相关信息,再结合 ARJ21 飞机自身特点才能制订出合理的验证流程,如图 33 - 2 所示。因此,建立流程的工作重点在于信息获取。为此,我们采取多种方式尽可能多地获取有效信息,主要如下。

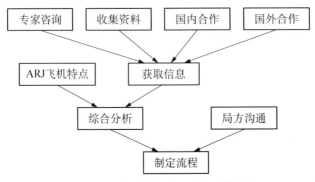

图 33 - 2　建立鸟撞验证流程工作办法

(1) 搜集查找相关资料,利用一切可以利用的信息资源,深入学习研究鸟撞分析与适航验证知识,期间共查找到鸟撞相关资料上百篇,包括国内外的学术期刊、成熟机型的鸟撞验证工作内容介绍等。

(2) 与国内、外相关公司进行深度合作和技术咨询,期间我们与美国 DTA 公司、意大利 ALENIA 公司、美国 ALPHASTAR 公司等进行多轮、多人次的技术交流,交流方式包括书面往来、面对面交流等,交流人员包括曾经或正在为 FAA 工作的资深适航工程师、专家以及具体技术人员,他们提供了很多详细的有价值的信息,为我们制订鸟撞验证总体流程和确定工作内容奠定了基础。

(3) 结合并行开展的、不断深入的鸟撞工作,逐步积累经验,不断修正和完善,最终建立适用于 ARJ21 - 700 飞机自身特点的鸟撞适航验证流程。

经过多方咨询和信息获取，借鉴国内外公司的成熟经验，并结合 ARJ21 - 700 飞机的实际情况和研制要求，最终制订了 ARJ21 - 700 飞机鸟撞适航验证的"三结合"原则，即"结构安全与系统安全相结合、理论分析与研发试验相结合、总体布置与评判标准相结合"。

2）鸟撞动力学仿真分析方法问题

飞机鸟撞问题属于典型的大变形问题，由于国内对这方面的仿真分析起步较晚，前期已有的计算分析大多局限于简单板结构，对于复杂结构系统还没有成熟经验可以借鉴。总的来讲，复杂结构鸟撞动力学仿真分析有如下几个技术难点。

（1）影响鸟撞大变形动力学仿真分析结果的关键因素不明确。在复杂结构鸟撞动力学分析过程中影响计算结果的因素非常多，包括不同的结构形式、不同材料、不同连接形式、接触参数、摩擦系数等。这些因素又相互作用，互相影响，哪些是关键因素当时并不十分清楚。

（2）国内鸟撞动力学分析参数积累十分薄弱。目前国内关于材料本构参数大多集中在静力学范围内，与动力学分析相关的参数积累很少，而鸟撞分析过程本身所需要的参数前期储备更少得可怜。这就造成在整个分析过程中很多输入参数的量值本身就存在问题，因此势必会造成计算结果的偏差。

（3）复杂结构鸟撞动力学建模技术不成熟。动力学建模过程中的结构简化方式、网格尺度大小、连接单元选取、失效模式定义等都将直接影响鸟撞动力学计算分析的最终结果。这些问题在建模过程中如何处理，怎样选取才能确保分析结果的合理性当时尚不十分明确。

针对计算分析所面临的几方面难题，我们采取边分析、边试验、边修正的方法。建立不同网格形式和尺寸的鸟撞分析模型、对每一个可能影响结果的参数反复调整，细致研究，考察参数的灵敏度。另外，并行同步开展研发试验，获取试验参数并结合理论分析结果反复进行调整和修正。期间，共完成研发试验 20 多次，建立了含机头、机翼前缘（包括内、中、外三段）、平尾前缘、垂尾前缘几大部位在内的 6 大复杂结构鸟撞动力学模型。正确仿真分析方法建立途径如图 33 - 3 所示。

3）抗鸟撞适应性结构更改设计问题

通常来讲，要想解决飞机设计过程中的鸟撞问题，提高结构抗鸟撞能力，核心是解决"吸能"和"散能"的问题。工程上实现上述目的需要遵守以下原则。

（1）分离原则：结构设计过程中采用一定的形状使鸟体撞击后直接分离，将大部分鸟体能量散去。

（2）疏导原则：如果鸟体不能分离，则采取一定方式对鸟体进行疏导，逐渐降低其能量。

（3）软阻拦原则：结构设计过程中尽量选取吸能效果较好的材料，将鸟体能量

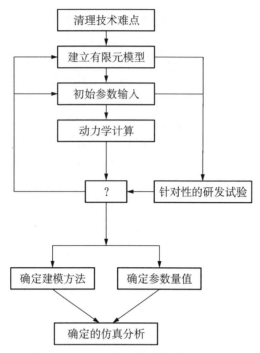

图 33 - 3　正确仿真分析方法建立途径

吸收掉。

（4）硬拦截原则：提高结构强度和刚度，将鸟弹挡住。

但是，上述几个原则如何运用到结构设计中，又如何使设计的结构能够满足适航要求是 ARJ21 鸟撞工作的难点。ARJ21 飞机几大部位结构抗鸟撞更改设计主要依托于鸟撞仿真分析进行。即依靠有效的鸟撞仿真分析方法逐步、反复修改设计方案，在最终方案确定之前不进行任何实质性的实物生产或物理试验。这样一方面可以避免设计—加工—试验—再重新设计过程的盲目性带来的周期延误；另一方面也可以大大地减少试验件生产加工等带来的不必要的物质浪费。在整个设计更改过程中，针对每个部位结构形式的实际特点和可更改的空间，单独或结合使用了上述四大原则，实际效果证明是十分明显的，结构更改设计工作流程如图 33 - 4 所示。

33.5　创新点

民用飞机抗鸟撞设计分析与适航验证技术从 CCAR - 25 部的要求出发，提出适航符合性从系统安全性、人员安全性、总体布置、鸟撞动力学分析、地面鸟撞试验及剩余强度分析进行综合考核的想法，制订了 ARJ21 - 700 飞机抗鸟撞适航验证技术体系，摸索得到经试验验证的鸟撞动力学分析方法，总结整理出抗鸟撞设计原则，制定了一套完整的 ARJ21 - 700 飞机鸟撞适航试验评判原则和体系，成功完成了

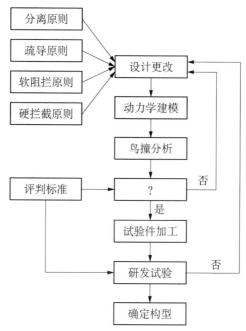

图 33‐4 结构更改设计工作流程

ARJ21‐700 飞机的抗鸟撞适航取证工作。具体技术创新点如下。

1）创新点之一

创新地提出了 ARJ21‐700 飞机抗鸟撞适航符合性验证思路和工作流程，建立一套完整的、经局方认可的民机抗鸟撞适航验证技术体系，应用该体系完成了 ARJ21‐700 飞机的适航取证工作，填补了国内在该领域的空白，是飞行器结构动力学理论在国内航空实际工程应用的一次突破。详细的适航验证体系如下。

（1）确定了 ARJ21‐700 飞机抗鸟撞适航验证的部件，如表 33‐1 和图 33‐5 所示。

表 33‐1 ARJ21‐700 飞机抗鸟撞适航验证部位

序号	部件名称	包含结构
1	机头	雷达罩、风挡及支撑结构、机头壁板
2	机翼	前缘、缝翼、襟翼、翼梢小翼
3	尾翼	平尾前缘、垂尾前缘、升降舵
4	发动机及吊挂	吊挂前缘及发动机唇口
5	起落架	

（2）确定不同部位或结构要进行鸟撞保护的区域，包括人员安全、系统安全等，提供各区域允许的标准和程度。

（3）针对不同部位、不同结构区域制订合适的适航验证方法，具体如表 33‐2 所示。

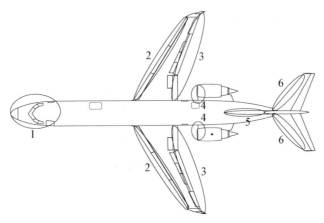

图 33 - 5 ARJ21 - 700 飞机抗鸟撞适航验证部位

1—机头；2—机翼前缘(缝翼收起/放下)；3—机翼襟翼(放下)；4—
发动机短舱唇口及吊挂前缘；5—垂直安定面前缘(包括背鳍)；6—水平
安定面前缘

表 33 - 2 ARJ21 - 700 飞机各部位鸟撞适航符合性验证方法表

条款号	鸟 撞 部 位		符合性验证方法			
			MOC1	MOC2	MOC3	MOC4
25.775(b)(c)	机头	风挡及支持结构	—	—	√	√
		除风挡以外的部分，包括天窗骨架、座舱盖壁板、机头雷达罩及雷达罩后的端框	—	√	√	√
25.571(e)(1)	机翼	前缘(缝翼收上/放下)	—	√	√	√
		襟翼放下	—	√	√	—
		翼稍小翼	√	—	—	—
	发动机及吊挂	发动机短舱唇口	—	√	√	√
		吊挂前缘	—	√	√	—
	起落架	起落架	√	—	—	—
25.631	尾翼	水平安定面前缘	—	√	√	√
		升降舵	√	—	—	—
		垂直安定面前缘	—	√	√	√

（4）开展鸟撞分析方法验证，包括材料动力学参数验证、鸟撞分析参数的验证。

（5）针对要保护的区域进行结构抗鸟撞分析或试验验证。

（6）根据分析或试验结果，对必要情况进行结构剩余强度分析和系统安全性分析，确保能够完成该次飞行。

2）创新点之二

开展大量的鸟撞研发试验，并利用其结果修正仿真分析方法（包括建模方法、分析参数等），最终建立了一套经试验验证的、能够较好模拟真实鸟体撞击过程的鸟撞动力学仿真分析方法。应用该方法完成了 ARJ21-700 飞机机头、机翼、平尾、垂尾的鸟撞选点分析工作。

该方法得到了适航当局的认可，并直接应用于 ARJ21-700 飞机的抗鸟撞适航验证工作，发现了 ARJ21-700 飞机不能满足设计要求的薄弱部位，并依托仿真结果制订出合理的结构更改方案；确定了有限几个典型位置作为飞机最终适航验证地面试验的位置，大大减少了试验件数量和试验次数，从而大幅度节约设计成本，缩短了型号研制周期，具有很大的经济效益和社会效益。

ARJ21-700 飞机静力学分析与抗鸟撞动力学分析的建模方法完全不同，分析涉及的控制参数及材料参数非常多，且参数之间又相互耦合，使得能影响分析结果的关键参数很难确定并十分复杂。在 ARJ21-700 飞机设计初期，由于没有研发试验的支持，不能掌握合理的建模方法和分析参数，导致鸟撞动力学计算结果与试验结果大相径庭（见图 33-6、图 33-7）。

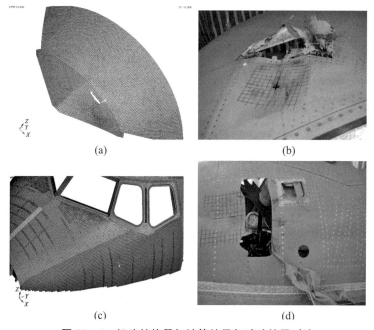

(a)   (b)

(c)   (d)

图 33-6 机头结构最初计算结果与试验结果对比

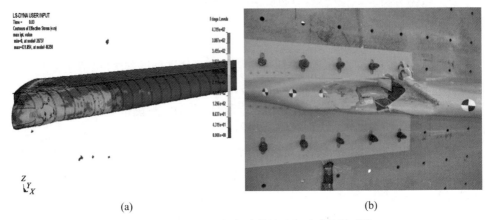

(a)　　　　　　　　　　　　　　　　　(b)

图 33 - 7　平尾结构最初计算结果与试验结果对比

　　针对仿真结果与研发试验结果间存在巨大差异问题,对鸟撞建模方法和分析参数进行了研究。通过大量的参数调整、模型修正,将仿真结果与试验结果对比分析,得到较合理的建模方法和分析参数,使得鸟撞动力学仿真能够较真实地模拟鸟体与飞机结构的整个撞击过程,预估结构变形损伤情况,预计试验结果。仿真结果与试验结果之间得到了较好的吻合度(见图 33 - 8～图 33 - 10)。

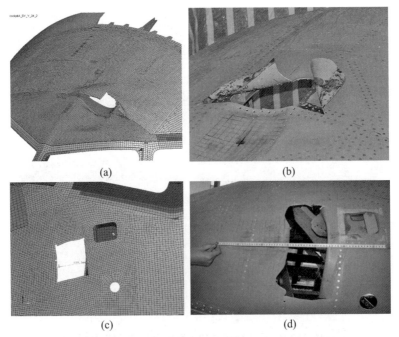

(a)　　　　　　　　　　　　　　　　　(b)

(c)　　　　　　　　　　　　　　　　　(d)

图 33 - 8　修正后机头仿真分析结果与试验结果对比情况

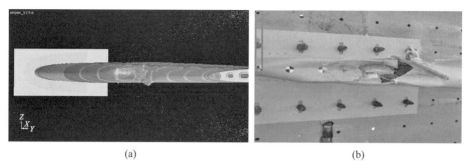

(a)   (b)

图 33 - 9　修正后平尾仿真分析结果与试验结果对比情况

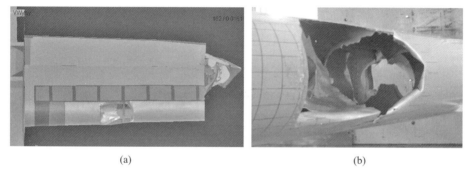

(a)   (b)

图 33 - 10　修正后垂尾仿真分析结果与试验结果对比情况

3) 创新点之三

针对不同的部位和结构形式特点,总结整理出 ARJ21 - 700 飞机抗鸟撞设计原则,应用该原则完成了 ARJ21 - 700 飞机机头、平尾、垂尾的结构更改方案,并且能够直接指导 C919 飞机及后续机型的抗鸟撞设计工作。

(1) 针对典型的壁板加筋结构设计,提出支持结构筋条设计刚度匹配的设计方法,如图 33 - 11 所示。

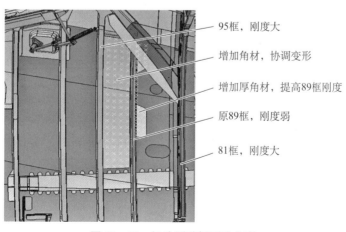

95框,刚度大

增加角材,协调变形

增加厚角材,提高89框刚度

原89框,刚度弱

81框,刚度大

图 33 - 11　机头侧壁板更改方案

（2）针对典型 D－nose 结构形式设计，提出根据曲率半径的大小确定切割鸟体的设计方法和增加吸能材料的设计方法，如图 33－12 所示。

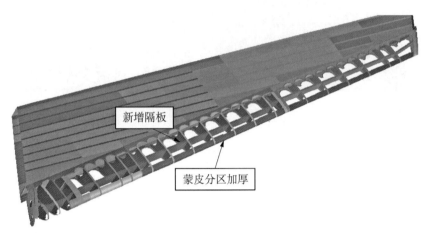

新增隔板

蒙皮分区加厚

图 33－12　平尾前缘更改方案

（3）针对对接区的结构设计，由于此种形式结构相对薄弱提出了刚度缓和过渡和紧固件强度选取适中的方法，如图 33－13 所示。

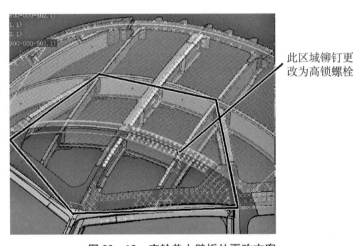

此区域铆钉更改为高锁螺栓

图 33－13　座舱盖上壁板处更改方案

（4）针对影响飞机安全的一级关键设备，提出将其放置在远离鸟撞影响区域，将备份设备分散布置避免遭鸟体同时撞击的方法；在必须放置一级关键设备的鸟撞影响区域增加吸能材料提高抗鸟撞的方法。

（5）针对撞击角度的大小对结构抗鸟撞性能的影响，提出将鸟撞能量进行"疏导"和"堵"的方法。当撞击角度较小时宜采用"疏导"的方法，让鸟体擦着结构划掉；

当撞击角度较大时宜采用"堵"的方法,在不允许破坏的关键结构前面增加吸能材料或者隔板来吸收能量而使其满足抗鸟撞设计的要求,如图 33-14、图 33-15 所示。

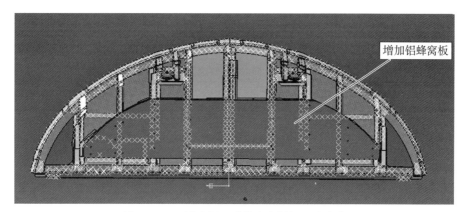

增加铝蜂窝板

图 33-14　雷达罩区域前端密封框更改方案

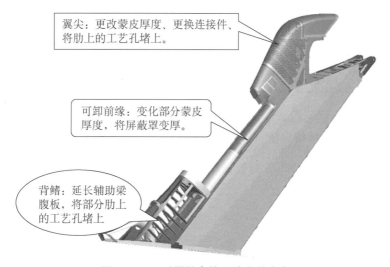

翼尖:更改蒙皮厚度、更换连接件、将肋上的工艺孔堵上。

可卸前缘:变化部分蒙皮厚度,将屏蔽罩变厚。

背鳍:延长辅助梁腹板,将部分肋上的工艺孔堵上

图 33-15　垂尾抗鸟撞设计完善方案

4) 创新点之四

根据适航条款要求,在国内首次制定了一套完整的 ARJ21-700 飞机鸟撞适航试验评判原则和体系,并得到局方的高度认可。依托准确的鸟撞动力学仿真分析方法及适航试验评判体系选取 ARJ21-700 飞机的鸟撞适航验证试验点,并完善、提高了国内鸟撞试验技术。

(1) 通过与适航当局的多次沟通,借鉴国外的资料,最终制订了鸟撞适航验证试验评判原则和体系,即根据每个部件内关键设备的布置情况,鸟撞损伤后结构剩

余强度具体要求来制订不同部件的鸟撞试验合格判据。根据这个原则确定了ARJ21-700飞机各部件的鸟撞试验合格判据(见表33-3～表33-6)。该结构抗鸟撞合格判据及合格判据确定的评判原则和体系,得到局方的认可。

表 33-3　机头合格判据

撞击区域	验证条款	合 格 判 据
座舱盖上壁板区域	验证 25.571(e)-1 条款,同时部分验证 25.775 条款	(1) 蒙皮允许出现永久变形和裂纹,但不允许穿透 (2) 支持结构(窗框、立柱、框、纵梁)允许出现永久变形、裂纹及局部破损 (3) 主风挡窗框及立柱允许出现裂纹,但不允许出现整体断裂 (4) 座舱内设备不允许破坏,飞行员不允许被撞击
窗框区域 雷达罩前端框区域	验证 25.571(e)-1 条款	(1) 雷达罩允许出现破坏 (2) 密封框腹板允许出现永久变形或裂纹,但不允许被击穿 (3) 密封框立柱允许出现永久变形或破坏
侧壁板区		(1) 考核部位密框结构允许出现永久变形或局部破损 (2) 考核部位蒙皮允许出现永久变形或裂纹,但不允许被击穿 (3) 座舱内设备撞击后不允许产生二级以上故障

表 33-4　机翼合格判据

撞击区域	验证条款	合 格 判 据
机翼前缘区域	验证考核结构能否满足 25.571(e)-1要求	(1) 前梁腹板不允许有穿透性的裂纹 (2) 缝翼、固定前缘允许破坏 (3) 操纵系统允许破坏,不能造成飞机二级以上故障 (4) 环控系统允许破坏,不能造成飞机二级以上故障 (5) 承力结构如有损伤,应能满足剩余强度要求,确保飞机安全着陆

表 33-5　平尾合格判据

撞击区域	验证条款	构合格判据
平尾可卸前缘翼尖区域	验证考核结构能否满足 25.631 条款要求。	(1) 可卸前缘外段(靠近翼尖的最后一个对接区之外)蒙皮、肋允许出现永久变形和破坏,前缘蒙皮与肋的连接件允许剪坏或拉脱 (2) 可卸前缘外段对应的隔板允许产生永久变形和破坏,与其相连的紧固件允许剪坏或拉脱 (3) 可卸前缘外段对应的前梁允许产生损伤和破坏,损伤和破坏应满足结构剩余强度要求,能够保证飞机安全着陆

（续表）

撞击区域	验证条款	构合格判据
平尾固定 前缘区域		（1）固定前缘及可卸前缘内段蒙皮、肋允许出现永久变形和破坏，前缘蒙皮与肋的连接件允许剪坏或拉脱 （2）固定前缘及可卸前缘内段对应的隔板允许产生永久变形和破坏，与其相连的紧固件允许剪坏或拉脱 （3）固定前缘及可卸前缘内段对应的前梁允许产生永久变形和损伤，但是不允许穿透，损伤后应满足结构剩余强度要求，能够保证飞机安全着陆

表 33 - 6　垂尾合格判据

撞击区域	验证条款	结构合格判据
垂尾前缘 翼尖区域	验证考核结构能否满足 25.631 条款要求。	（1）垂尾前缘蒙皮、肋允许出现永久变形和破坏，蒙皮与肋的连接件允许拉脱或剪断 （2）垂尾翼尖转折前梁允许出现永久变形、破损及穿透。相关连接件允许拉脱或剪坏 （3）前梁缘条与前梁腹板的连接件、前梁腹板与盒段肋连接件允许发生拉脱或剪断 （4）垂尾前梁结构、辅助梁结构允许永久变形或损伤，但不允许穿透 （5）其他承力结构如有损伤，应满足结构剩余强度要求，能够保证飞机安全着陆
垂尾可卸 前缘区域		（1）垂尾前缘蒙皮、肋允许出现永久变形和破坏，蒙皮与肋的连接件允许拉脱或剪断 （2）屏蔽罩结构允许出现永久变形和破坏，屏蔽罩与缘条的连接件允许拉脱或剪断 （3）前梁缘条与前梁腹板的连接件、前梁腹板与盒段肋连接件允许发生拉脱或剪断 （4）前梁结构允许永久变形或损伤，但不允许穿透 （5）其他承力结构如有损伤，损伤后应满足结构剩余强度要求，能够保证飞机安全着陆

　　（2）利用经试验验证过的仿真分析方法并结合上述评判原则在无限多个可能遭受鸟撞的区域中选取了少数几个典型位置（机头 4 个典型位置、机翼 3 个典型位置、平尾 2 个典型位置、垂尾 2 个典型位置）作为最终鸟撞适航验证试验点（试验点位置示意见图 33 - 16，计算结果见图 33 - 17～图 33 - 21），减少了试验次数，节省了研制成本，并最终通过了适航审批。

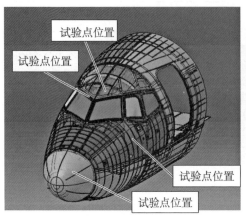 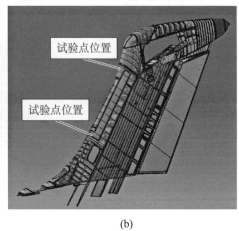

(a)　　　　　　　　　　　　　　　　　(b)

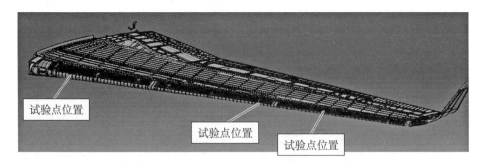

(c)

(d)

图 33 - 16　各部件最终试验点位置

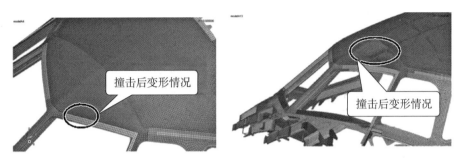

图 33‑17　机头天窗骨架及座舱盖上壁板区域试验点分析结果

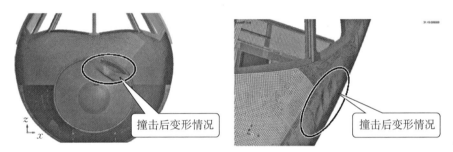

图 33‑18　机头雷达罩及侧壁板区域试验点分析结果

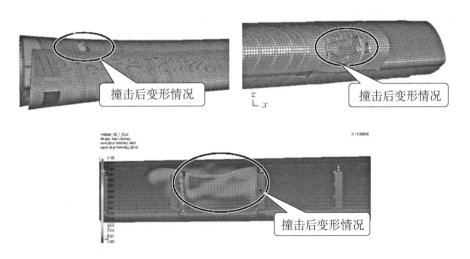

图 33‑19　机翼内段、中段及外段试验点分析结果

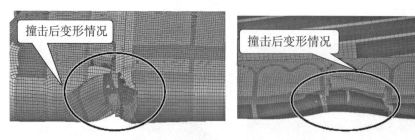

图 33 - 20　平尾内段及外段试验点分析结果

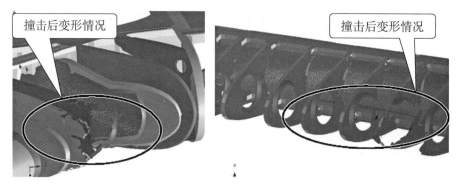

图 33 - 21　垂尾翼尖及可卸前缘试验点分析结果

最后,应用该技术创新点,成功地完成了 ARJ21 - 700 飞机适航验证试验。

33.6　解决的关键技术

(1) 通过国内外专家咨询、资料搜集和消化吸收,摸索出 ARJ21 - 700 飞机抗鸟撞适航符合性验证思路和工作流程,建立了一套完整的、经局方认可的民机抗鸟撞适航验证技术体系。应用该体系完成了 ARJ21 - 700 飞机的适航取证工作,填补了国内在该领域的空白。

(2) 通过对适航条款要求消化理解和局方沟通交流,综合考虑结构安全性、系统安全性和人员安全性,在国内首次制订了一套完整的 ARJ21 - 700 飞机鸟撞适航试验评判原则和体系,并得到了局方的高度认可。

(3) 开展了大量的鸟撞研发试验,并利用其结果修正仿真分析方法,最终建立了一套经试验验证的、能够较好模拟真实鸟体撞击过程的鸟撞动力学仿真分析方法。应用该方法完成了 ARJ21 - 700 飞机结构的鸟撞选点计算分析工作。

(4) 根据 ARJ21 - 700 飞机各个鸟撞部位的特点,比较相似机型的抗鸟撞设计特征,研究研发试验结果,依托较为准确的仿真分析方法和计算结果,制订了各种典型结构的抗鸟撞设计方案,形成了民用飞机典型结构抗鸟撞设计原则。应用该原则结合仿真计算,完成了 ARJ21 - 700 飞机机头、平尾、垂尾的结构更改,并且得到适航试验的验证和 CAAC 的批准。

33.7　应用前景与推广价值

33.7.1　应用前景

民用飞机抗鸟撞设计分析与适航验证技术已经应用在 ARJ21 - 700 飞机的鸟撞适航取证过程中,获得了 CAAC 的认可并且完成了 ARJ21 - 700 飞机鸟撞的适航取证任务。该技术也应用在 C919 飞机的研制过程中,基于该技术编制的 C919 飞机鸟撞 CP 也获得了 CAAC 的批准,为后续的适航取证奠定了基础。依托此技术,已经完成了宽体飞机前期鸟撞专业规划,此规划必定为后续宽体飞机鸟撞 CP 的编制和适航取证奠定基础。

33.7.2　推广价值

目前随着生态环境的改善,飞机遭遇鸟撞的概率逐步提高,人类对飞机的抗鸟撞性能也越来越关心,要求也越来越高。并且,随着科技的进步,军用飞机的抗鸟撞设计要求也逐步提高,从之前的仅对风挡进行严格考察到目前对整机结构提出抗鸟撞设计要求。因此,民用飞机抗鸟撞设计分析与适航验证技术在军用飞机方面有较高的推广价值。此技术形成的鸟撞动力学分析方法,是其他动力学专业发展的奠基石。后续坠撞动力学分析和适航取证、轮胎爆破分析等都可以很好地借鉴前期鸟撞动力学分析和试验积累的经验和方法。

34 环控系统设计验证技术

34.1 机翼防冰设计验证

该技术创新点主要包括民机机翼防冰系统三维性能校核计算技术、机翼防冰系统冰风洞试验技术、机翼防冰系统飞行试验技术。

该项技术创新工作在国内首次按照运输类飞机适航标准针对机翼防冰系统完成了计算分析、冰风洞试验到飞行试验完整的验证思路及方法。该项研究成果原创性突出,关键技术具有自主知识产权,填补了国内空白,并获得中国民用航空局专业审查代表的认可,相关报告获得了局方批准。通过本项目的成功经验,为国内同行业相关工程技术的研究开拓了新思路,并可以在后续型号中推广应用,研究成果总体处于国内领先、国际先进水平。具体创新点如下:

(1)首次采用内外流、热流固耦合计算机翼展向三维微段的飞机防冰系统性能分析方法,解决了缝翼外流场与内流场精确迭代耦合换热的问题,全面进行了机翼防冰系统的性能校核计算分析,计算结果与冰风洞试验及试飞结果吻合,计算方法可信,可为后续机型使用。

(2)针对 2.5D 试验模型,以试验模型真实的冰风洞安装环境为计算边界条件,完成了 2.5D 模型试验环境下的性能校核计算分析,解决了冰风洞试验后计算分析结果及模型修正的问题。

(3)创造性地提出了采用 2.5D 模型(选取机翼展向临界截面考虑后掠角拉伸形成)进行机翼防冰系统冰风洞试验验证性能的方法,并首次采用限流环技术模拟多工况下剩余段位热气流量的方法,解决了通过 2.5D 试验模型真实模拟机翼后掠及真实反应机翼相同站位下试验件笛形管内热气参数的问题,成功通过冰风洞试验完成了 ARJ21-700 飞机各种引气参数下的防冰系统性能验证,为后续自然结冰试飞提供支持。

(4)针对缝翼结构复杂及防冰腔空间小的特点,提出了一套胶接热电偶与铠装形式相结合的传感器加装方法,解决了有效且全面获取机翼防冰系统关键参数的难题,成功实现了 ARJ21-700 机翼防冰系统自然结冰试飞系统性能数据的获取,为分析系统性能奠定基础。

主要关键技术如下：

a. 机翼防冰系统计算分析条件优化选取技术；

b. 机翼防冰系统计算方法及分析技术；

c. 机翼防冰系统冰风洞试验模型设计技术；

d. 机翼防冰系统冰风洞试验程序研究；

e. 机翼防冰系统试飞改装技术；

f. 机翼防冰系统自然结冰试飞方法研究；

g. 机翼防冰系统自然结冰试飞决策程序研究。

34.2　地面结冰气象条件模拟系统

该技术创新点主要包括民用飞机短舱防冰系统地面结冰气象条件模型系统研制技术及试验研究。

该项技术创新工作在国内首次按照 FAR - 25.1093(b)(2)条款的要求针对短舱防冰系统完成了地面结冰气象条件模拟系统的研制并顺利完成了相关的试验。"地面结冰气象条件模拟系统"突破了国外在该领域的技术垄断和贸易壁垒，原创性强，具有完全自主知识产权，填补了国内空白，处于国内领先、国际先进水平，多项技术具有独创性和新颖性，为国际首创。具体创新点如下：

（1）国内首次研制了集风洞系统、喷雾系统、供水系统、供气系统、车载支撑固定系统、高度调节系统和测控系统一体的大型"地面结冰气象条件模拟系统"地面试验设备，实现了满足适航条款要求的结冰气象条件模拟，系统可移动，灵活性、适应性好，可以满足不同场地、不同型号使用要求；同时采用管路及连接件模块化密闭封装设计，系统安全可靠。

（2）在供气压力、供水压力耦合的基础上，采用调节风洞风速、喷雾位置、组合优化喷嘴数量及分布的综合方法，实现了 LWC 在 $0.3 \sim 3$ g/m³ 和 MVD 在 $20 \sim 50$ μm 范围的模拟和调节，水雾均匀性在 20% 误差之内，系统重复度好。

（3）创造性地实现了人工环境、自然环境与飞机的有机结合，采用 LWC、MVD 生成与水雾飘散过冷过程分离技术，同步实现了水滴过冷与喷嘴的不冻结；采用可移动俯仰设计，实现了喷雾系统四自由度调节，满足了复杂气象条件下的水雾模拟。

主要关键技术如下：

a. 过冷水滴的形成与检验技术；

b. 阵列式组合水雾喷射技术；

c. 可俯仰式喷雾装置承载和移动设计。

34.3　座舱温湿度限制等效安全技术

本项目属于航空、航天科学技术基础学科中的传热学和航空器试飞试验技术领域。适航条款 CCAR-25.831(g)要求"任何未经表明的极不可能失效情况发生后，在给定温度下的持续时间不得超出图 34-1 曲线所规定的值"。适航条款 CCAR-25.831(g)是确保在通风系统失效的情况下，飞机座舱温、湿度环境不至于影响机组人员执行飞行任务和对乘客身体造成伤害。但在通风系统失效的情况下，飞机不能满足某些情况下的湿度要求，如飞机下降或着陆在高温、高湿的低纬度热带地区（当地环境湿度大于 27 mbar）。

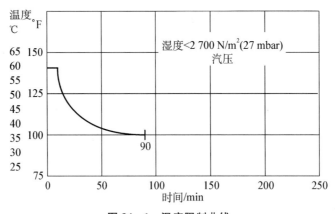

图 34-1　温度限制曲线

FAA 认可的 MSHWG（机械系统协调工作小组）报告中定义与适航条款 CCAR-25.831(g)等效的安全法则为：在任何未经表明的极不可能的通风系统失效情况下，①座舱环境不会影响机组人员工作，从而影响飞行安全；②座舱环境不会对乘客构成持久的生理伤害。

技术关键：

（1）研究 FAA MSHWG 报告建议的等效安全法则。

（2）研究并应用座舱温湿度环境的评价指标湿球黑球温度（WBGT）和人体核心温度（CT）计算方法。

（3）确定 ARJ21 飞机应急飞行操作程序，选择飞行环境条件，计算座舱热载荷、座舱 WBGT 和人体核心温度 CT。

（4）通过对比计算结果与评价指标，说明在通风系统失效情况下，ARJ21 飞机对 CCAR-25.831(g)的符合性。

创新点：

（1）首次将密闭有限空间湿球黑球环境评价方法应用于飞机座舱环境作用下

的人体体感温、湿度计算,解决了特殊复杂环境、多重因素影响下的热湿环境定量评价难题。

(2) 基于人体核心温度计算方法,考虑飞机空调系统多重失效模式下温度、压力、湿度等因素耦合对座舱热湿环境的影响,国内首次成功应用于飞机座舱温、湿度环境评价,用于适航符合性验证,满足了 FAA MSHWG 认可的等效安全法则,成功实现了 CCAR-25.831g 适航条款的符合性验证。

目前,本项研究已得到 CAAC 认可,将该研究应用于 ARJ21 飞机对 CCAR-25.831(g)的符合性验证工作中,减少转场试飞工作量,加快条款关闭速度。该项研究所积累的经验使我国民机座舱温湿度限制研究打破国外技术垄断、填补了国内空白,在该技术领域达到国内领先、国际一流的水平。该研究成果可广泛应用于民机各种机型的验证,具有广泛的应用前景。

35　飞机结构损伤容限适航评定

35.1　问题背景

根据适航条款 CCAR - 25.571 条的要求,民用飞机必须进行结构的损伤容限评定。飞机的结构损伤容限性能与设计、制造到使用维护的全过程都息息相关。

ARJ21 - 700 飞机是国内第一架按损伤容限设计和评定的民用飞机。无论是损伤容限设计还是评定,对 ARJ21 - 700 飞机的工程设计人员来讲都是崭新的,在这样的情况下,如何进行满足适航符合性要求的损伤容限评定成为一个难题。本项目以 ARJ21 - 700 飞机型号需求为基础,针对民机结构损伤容限适航评定技术,依靠自身力量,研究世界先进飞机制造公司的相关资料,借鉴其经验,消化吸收关键技术,结合现行有效的适航条款、现有的分析软件及自编程序,并结合典型结构的试验验证的技术途径,建立一套完整的、国内领先的、适航认可的损伤容限适航评定体系。形成了 ARJ21 - 700 飞机的损伤容限设计原则和要求、分析方法、模型简化准则、完整的满足适航符合性要求的损伤容限评定流程以及飞-续-飞载荷谱的编制方法。

35.2　技术难点

1) 制订损伤容限适航设计与评定原则

(1) 制订损伤容限设计原则。

损伤容限设计原则是飞机结构损伤容限设计的依据,它决定了结构损伤容限的固有品质和飞机的经济性能。难点在于它在与静强度、疲劳等性能,以及在选材、工艺制造及维修等方面经济性上的综合考量与折中。

(2) 制订损伤容限评定原则。

难点有两个:一是对适航审定基础内容的逐条梳理和理解,确立每条内容相应的符合性验证思路、方法和步骤;二是确定关键参数及分散系数。

2) 建立损伤容限分析方法

(1) 确定开裂模式和分析模型的选取原则。

（2）确定模型简化原则。

（3）确定接头结构的应力强度因子修正方法。

3）建立飞机结构飞-续-飞载荷谱的编制方法

（1）对 TWIST 编谱方法的理解。

（2）突风极值载荷对数正态分布准则、突风谱形状相似准则及每次飞行机动循环数近似相等准则的实现。

4）建立广布疲劳损伤评定方法

（1）结构广布疲劳损伤估算方法的建立。

（2）全尺寸结构广布疲劳损伤验证试验。

35.3 国内外现状

飞机结构损伤容限评定体系的建立是一个庞大而复杂的工程，它建立在无数次的试验、机队经验和复杂的理论研究基础之上，是要经过数十年才能完善的工作，在世界航空技术领域中属于关键和核心保密技术。

波音、空客等飞机制造公司都建立了各自的飞机结构损伤容限评定体系，在其系列飞机的研制和使用过程中得到了充分的验证，已经非常成熟，并形成了完备的结构材料性能数手册、分析方法手册、分析平台以及设计手册等。

ARJ21-700 飞机是国内第一架按航空规章第 25 部进行损伤容限设计和评定的民用飞机。无论是损伤容限设计还是评定，对飞机的工程设计人员来讲都是崭新的。尽管国内对损伤容限的研究时间已经很长，但是研究更多的是理论上的，方法可以借鉴，对在实际飞机型号研制中的应用还有一定的差距，国内更无成熟的型号经验和完整的评定体系可借鉴。

35.4 解决方案

从适航条款要求出发，对其内容逐条梳理和理解；依靠自身力量，研究世界先进飞机制造公司的相关资料，借鉴其经验，消化吸收关键技术；结合现有的分析软件及自编程序，并结合典型结构的试验验证的技术途径，建立 ARJ21-700 飞机结构的损伤容限适航评定体系。

（1）研究国内外相关资料，咨询国内外专家，参考国外先进机型结构设计，进行总结归纳和提炼。

（2）研究适航条款要求和相应咨询通报，逐字逐句理解，明确结构损伤容限适航评定内容，针对每一个需评定的内容确定符合性方法及步骤。结构损伤容限适航评定工作内容总揽如图 35-1 所示。

（3）进行有限元分析；编制分析软件。

（4）开展验证试验，证明方法的正确性/保守性或对方法进行修正。

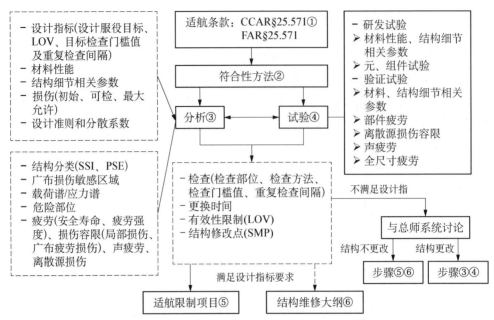

图 35‐1 ARJ21‐700 飞机结构损伤容限适航评定工作内容总揽

35.5 创新点

民机结构损伤容限适航评定技术研究本着立足国内、参考先进、自主研发、试验支持、适航认可的原则,从 CCAR‐25 部的适航符合性要求出发,以评定体系建设为目标,结合现代飞机结构先进设计理念、制造工艺、分析和验证技术以及损伤检测手段,以典型结构试验为支持,制订民机结构损伤容限设计原则、建立民机结构损伤容限适航符合性评定工作流程、建立民机结构损伤容限分析及验证方法、建立并完善了民机结构的飞‐续‐飞载荷谱编制方法,形成了完整的 ARJ21‐700 飞机结构损伤容限适航评定技术体系。

这套体系的建立使国内满足适航符合性要求的民用飞机损伤容限评定体系实现了从无到有的突破。主要创新点如下。

(1)创新点一:首次制订出满足适航符合性要求的飞机结构损伤容限评定流程。深入理解航空规章 CCAR‐25/FAR‐25 部 25.571 条款要求,明确对于飞机结构损伤容限评定的要求和评定内容,制定了飞机结构损伤容限适航符合性评定流程。该评定流程高度概括了损伤容限适航符合性评定工作的适航审定基础、采用的评定方法、评定的内容、评定工作的输入和输出以及工作流程。对相关工程技术人员了解飞机结构损伤容限适航符合性评定工作内容和流程有一目了然的效果,有高度的指导作用。流程如图 35‐2 所示。

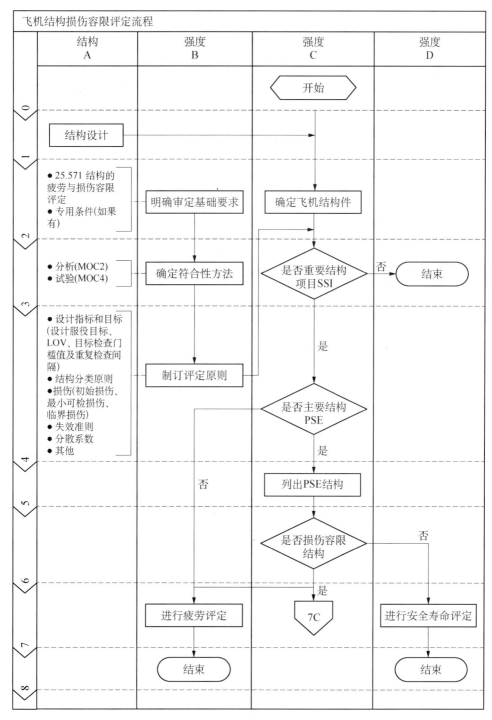

（a）

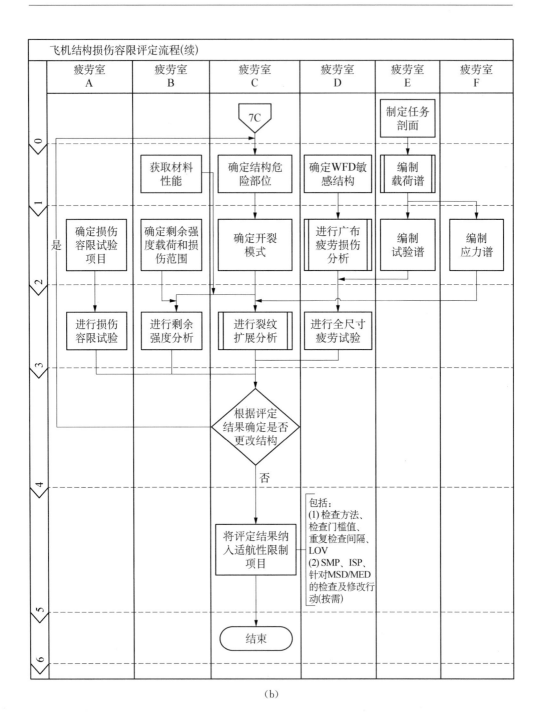

（b）

图 35‐2　民用飞机结构损伤容限适航符合性评定工作流程

（2）创新点二：首次按照适航符合性要求制订了飞机结构损伤容限评定原则。针对现代飞机结构先进的设计理念、制造工艺和无损检测技术水平，总结和参考世界先进飞机制造公司的设计和评定经验，消化其关键技术、吸取其精华，明确现行有效的航空规章相关要求和咨询通报的指导性意见后，在国内首次按照适航符合性要求制订出针对型号的飞机结构损伤容限评定原则，该原则对民机结构损伤容限评定的基础、评定的目的、评定的要求、评定的内容、方法和步骤等，包括广布疲劳损伤评定进行了系统的规定，是开展损伤容限评定工作的基础，是指导和规范专业人员进行结构损伤容限设计和评定的顶层要求。飞机结构损伤容限适航符合性评定原则主要内容的概括如图 35-3 所示。

（3）创新点三：建立了经试验验证的民机结构损伤容限分析方法。损伤容限分析涉及的因素很多，包括分析部位的确定、开裂模式、初始损伤、几何模型、应力强度因子、计算模型、材料裂纹扩展性能和断裂韧性、应力谱以及失效准则等。任何一个因素会对结构的损伤容限计算结果的准确性和保守性产生影响，因此，必须控制每个因素，做到 3 点：一是方法统一；二是参数真实；三是结果可靠。在最初进行 ARJ21-700 飞机结构损伤容限分析时，工程人员参考了《民机结构耐久性与损伤容限设计手册》《应力强度因子手册》等，用商用软件 NASGRO 进行裂纹扩展分析，在一些参数的确定上自由度很大，计算过程和结果可控性差。为了降低人为因素对计算结果的影响，规范计算中相关设计参数的选取，统一分析方法，疲劳组对相关资料进行深入研究，结合典型结构的疲劳和损伤容限试验结果，编制了《ARJ21-700 飞机结构损伤容限分析实施方法》，规定了分析输入、分析部位的确定、分析模型的选取、模型的简化、加筋壁板的应力强度因子计算、分析步骤、分析输出要求以及修正方法等，尤其对结构的开裂模式（包括初始裂纹模式和连续裂纹扩展模式）给出细致的图文说明。实现了经验数据与分析软件的良好结合和分析的规范化。

针对 ARJ21-700 飞机典型结构及构型较为复杂的结构，如机身壁板、机翼壁板、前起落架收放作动筒接头等进行了组件、元件的损伤容限试验，使损伤容限分析方法得到了验证，同时获得了相应结构的修正系数。

飞机结构损伤容限分析方法内容如图 35-4 所示。分析与试验的裂纹扩展寿命曲线对比如图 35-5 所示。并在 ARJ21-700 飞机结构 3.5 轮损伤容限分析中得到应用，应用结果实例如图 35-6～图 35-8 所示。

（4）创新点四：建立了民机飞-续-飞载荷谱编制方法。在国内，民用飞机飞-续-飞载荷谱的编制还是首次。借鉴国外先进的 TWIST 编谱技术，对其中的关键技术进行研究，在仅有的几份国外参考文献的基础上，通过大量分析和计算，经过数

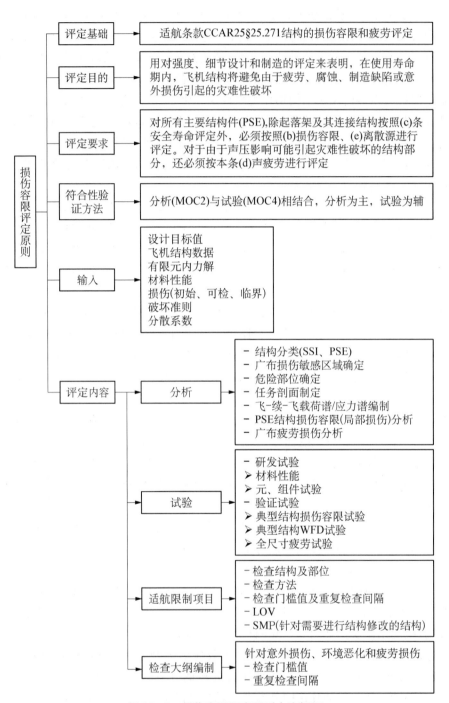

图 35-3　损伤容限评定原则内容框架

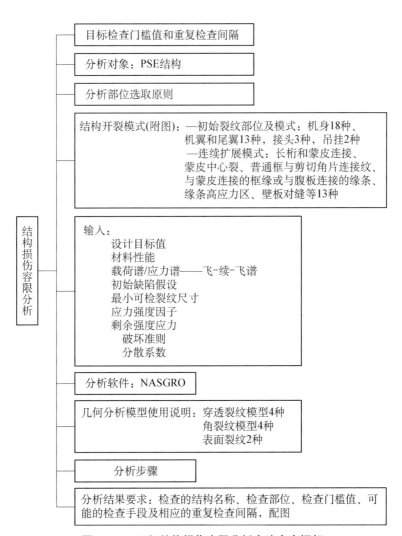

图 35 - 4 飞机结构损伤容限分析方法内容框架

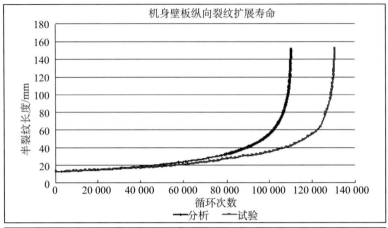

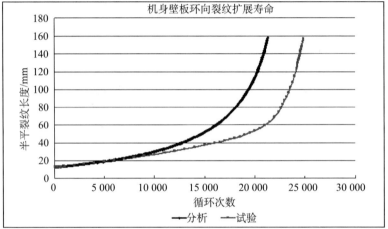

（a）

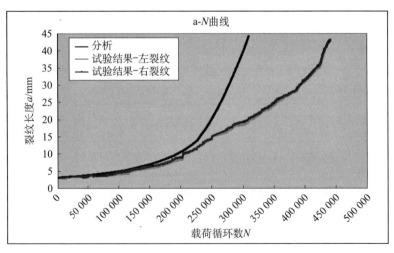

（b）

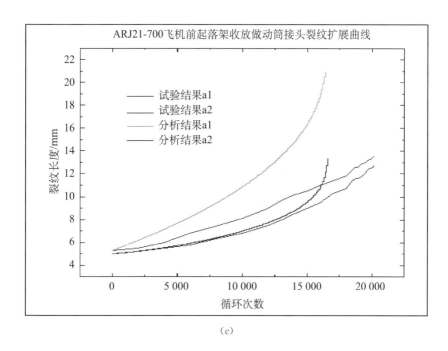

(c)

图 35 - 5　分析与试验的裂纹扩展寿命线对比

（a）机身壁板分析与试验的裂纹扩展曲线；（b）机翼下壁板裂纹扩展曲线；（c）前起收放作动筒裂纹扩展曲线

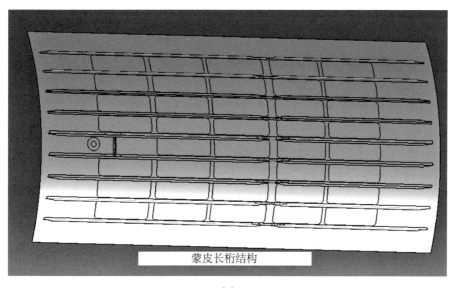

(a)

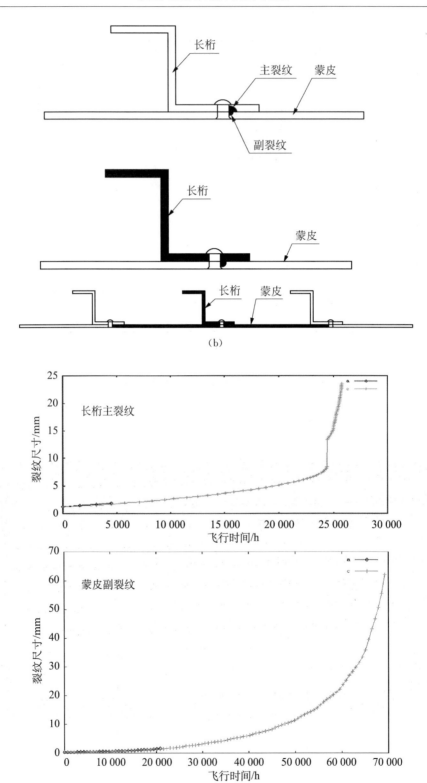

（b）

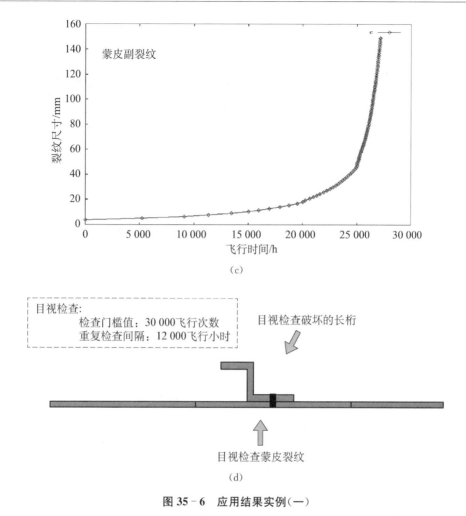

(c)

图 35－6　应用结果实例（一）

（a）中机身上壁板蒙皮长桁结构；（b）长桁和蒙皮连接结构开裂模式；（c）蒙皮长桁结构裂纹扩展分析；
（d）蒙皮长桁结构裂纹检查

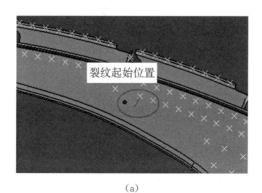

(a)

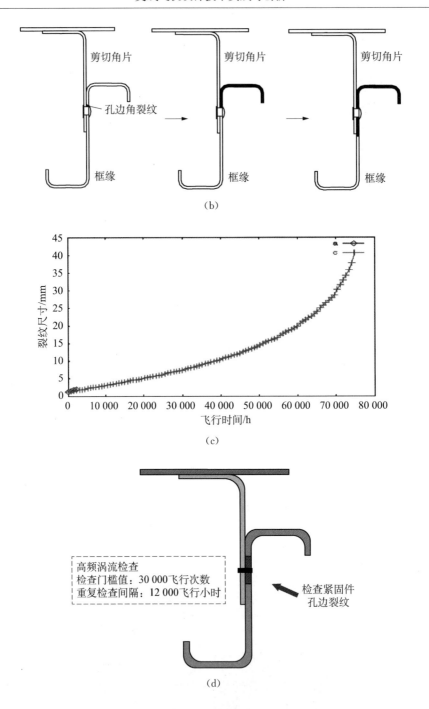

图 35 - 7 应用结果实例(二)

(a) 机身某框局部结构示意图;(b) 机身某框选取的开裂模式;(c) 机身某框裂纹扩展曲线;(d) 机身某框裂纹检查

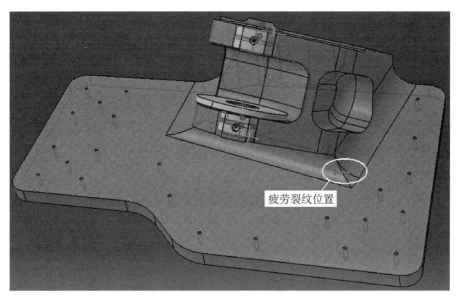

（a）

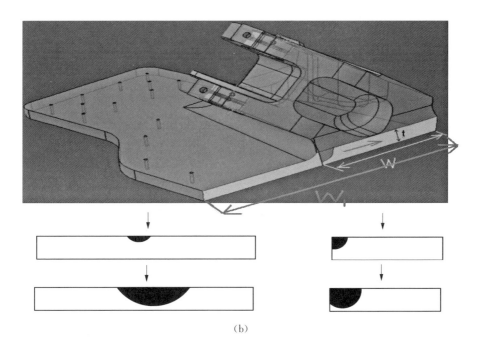

（b）

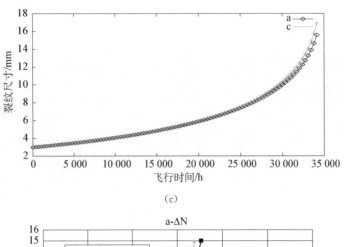

(c)

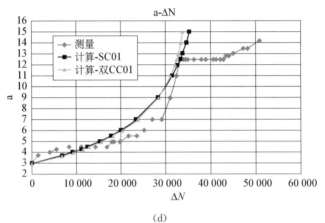

(d)

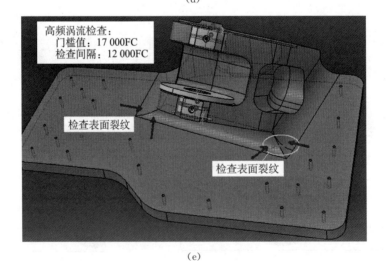

(e)

图 35 - 8 应用结果实例(三)

(a) 主起收放作动筒接头结构;(b) 接头 R 区裂纹开裂模式;(c) 裂纹扩展曲线;(d) 裂纹扩展分析与试验的对比;(e) 主起收放作动筒接头结构裂纹检查

次失败后突破并掌握了飞-续-飞载荷谱编制的关键技术,创建了正态概率分布模型、拉网式搜索算法、试凑目标表达式、等分载荷"等三角形法"、分配载荷次数"等三角形"法、突风连续谱内外包线相似法、突风形状相似方程、N(0)准则、相似系数法,编制了大量分析程序和随机谱生成程序,并将编谱方法归纳成文件《飞-续-飞疲劳载荷谱编制方案及其实现方法》。该方法目前国内领先,国际先进。

　　根据实际编谱特点,一旦根据任务剖面中的某个使用情况确定出各类飞行次数,则该次数直接适用于其他使用情况的突风谱和机动谱。同时又根据飞机在航线运营时的机动情况,规定了各类飞行每次飞行的机动循环数近似相等准则。即对于地面机动段,各类飞行每次飞行的循环数处于同一量级,对于空中机动段各类飞行每次飞行的循环数在两个数量级之内,从而确定了各类飞行每次飞行机动载荷的频数。

　　应用该编谱方法编制了 ARJ21-700 飞机结构损伤容限分析用飞-续-飞谱和全尺寸疲劳试验载荷谱,应用实例如图 35-9、图 35-10 所示。

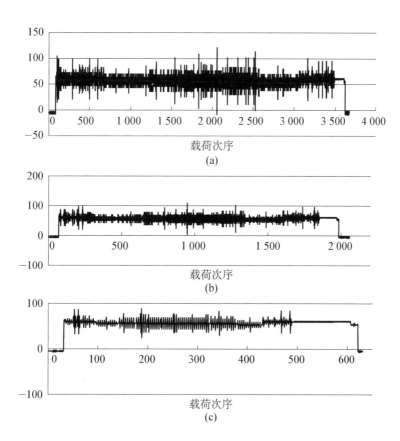

(a)

(b)

(c)

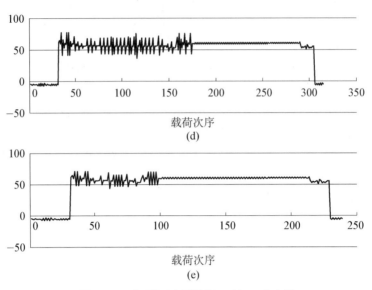

(d)

(e)

图 35-9　机翼下壁板根部飞-续-飞应力谱

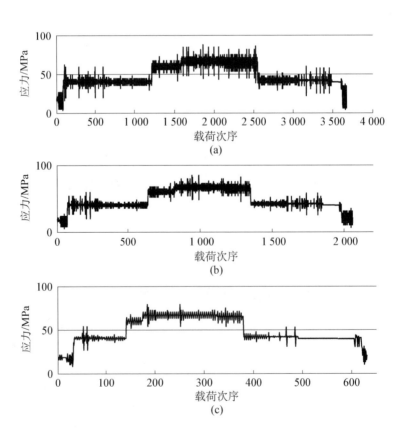

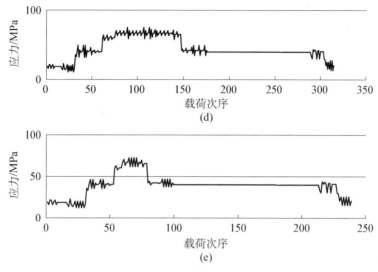

图 35 - 10 机身壁板环向飞-续-飞应力谱

（5）创新点五：首次将广布疲劳损伤评定内容纳入到结构损伤容限评定中。2011 年 1 月 FAR - 25 - 132 修正案正式生效,在"结构的损伤容限和疲劳评定"条款中增加了关于广布疲劳损伤的有效性限制要求。这一要求的提出使得我们必须开展结构广布疲劳损伤的评定工作。通过研究国外相关资料,对国内外专家的咨询以及试验研究,确立了结构广布疲劳损伤评定的思路、流程和内容。结构广布疲劳损伤评定流程如图 35 - 11 所示。

35.6 解决的关键技术

（1）确立了 ARJ21 - 700 飞机结构损伤容限评定的符合性验证思路、方法和步骤以及关键参数及分散系数。

（2）确定了结构开裂模式和分析模型的选取原则、模型简化原则。

（3）建立了接头结构的快速裂纹扩展分析方法。

（4）建立了飞机结构飞-续-飞载荷谱的编制方法：掌握了 TWIST 编谱方法,突破了突风极值载荷对数正态分布准则、突风谱形状相似准则及每次飞行机动循环数近似相等准则的实现方法。

（5）初步建立了结构广布疲劳损伤估算方法,确立了全尺寸结构广布疲劳损伤验证试验方案。

35.7 应用前景与推广价值

35.7.1 应用前景

该项研究成果是在完成 ARJ21 - 700 飞机结构的损伤容限适航评定的过程中

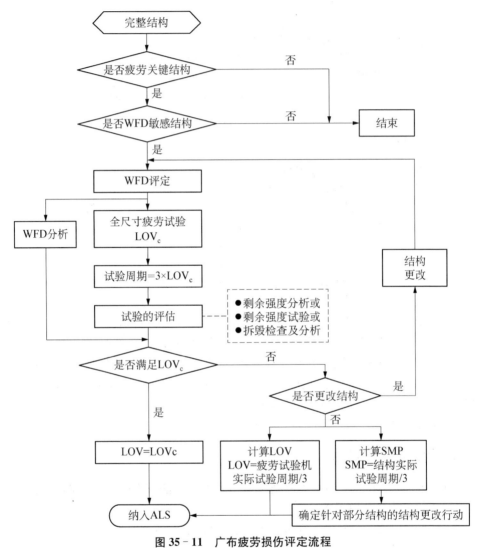

图 35‑11　广布疲劳损伤评定流程

形成的,已经直接应用于 ARJ21 飞机的研制和适航取证中。

本成果已经应用于 C919 飞机在初步设计和详细设计阶段的损伤容限分析和试验规划。

本成果可全面应用于后续机型结构损伤容限评定的适航取证工作。

35.7.2　推广价值

随着航空科学技术的飞速发展,为满足飞机综合性能不断提高的客观需要,飞机结构长寿命、高可靠性、高出勤率和低维修成本的综合要求成为现代飞机结构设计的一项极为重要和必须遵守的准则。对于民机而言,安全是永恒的主题,是结构的基本要求,长寿命、低维修成本构成的经济性是实现其市场价值的保证,而损伤容限设计则是达到上述要求的基本方法,也是现代民机设计的主流设计概念。

损伤容限设计和评定是保证民机结构完整性的基础。这套体系的建立填补了国内民机损伤容限适航评定体系的空白,无论对于损伤容限评定方法的规范、统一和提高以及专业技术管理,还是人才队伍建设都有建设性的意义,为民用飞机损伤容限适航评定技术奠定了基础,也为后续型号的研制提供了指导。同时,对于飞机各专业的技术管理体系的建设和完善也提供了借鉴。

36　民用飞机声疲劳适航符合性验证技术

36.1　问题背景

声疲劳是指飞机结构在高强度的声载荷作用下,结构反复振动,出现的疲劳破坏现象。适航条款 CCAR - 25 部 571(d)条对声疲劳有具体的要求。ARJ21 - 700飞机在研制过程中必须开展相应的工作来表明其声疲劳适航符合性。由于国内在该技术领域的基础相对比较薄弱,且 ARJ21 - 700 飞机是国内首次严格按照 CCAR - 25部的要求进行设计的民用运输机,在设计过程中,所使用的分析、试验等手段和工具方面也存在诸多不完善之处,这都给适航验证工作带来了不少困难。

36.2　技术难点

(1)声疲劳适航条款 CCAR - 25.571(d)条,仅给出对于全机的原则性设计要求,并没有规定声载荷的验证方法和声疲劳的考核部位。对于适航验证的方法也没有任何经验可以借鉴,可供选择的几种验证方法都存在一定的技术盲点,实际使用存在一定困难。

(2)民用运输机的声载荷获取和验证方法在国内属技术空白,没有相似的数据可供对比,也没有成熟的试验方法。

(3)对民用运输机的声疲劳考核区的确定,国内没有一套完整的、可以用于适航验证的筛选方法,作为筛选过程中最核心的分析方法,国内所能找到的几种方法均不十分完善,不能完全满足 ARJ21 - 700 飞机适航验证的需要。

(4)声疲劳适航验证试验件的设计上存在困难,由于 ARJ21 - 700 飞机声疲劳验证试验件的尺寸较大,而且必须严格按照飞机侧壁板上真实的零件尺寸、曲率进行设计,在试验件夹具的设计和保证考核区动态特性方面都需要进行特别的处理。

(5)声疲劳验证试验周期太长,必须对试验过程进行加速,但是如何进行加速,如何对加速方法进行验证,都是 ARJ21 - 700 飞机声疲劳验证过程中亟待解决的问题。

(6)声疲劳适航验证试验的可靠性需要提高。由于受到许多随机因素的影响,声疲劳的行波管试验本身是一种比较容易出现故障的试验,加之 ARJ21-700 飞机声疲劳适航验证试验所使用的行波管是专门制作的、国内尺寸最大的行波管,相配套的各个系统设备都缺乏实践的检验,而且 ARJ21-700 飞机的声疲劳适航验证试验只有一件试验件,一旦出现严重故障,对适航取证的影响较大。

36.3　国内外现状

声疲劳是指结构在高强度噪声的作用下反复振动引起的疲劳破坏现象。实践证明,不论是军用还是民用飞机,在使用中都会常常出现各种类型的声疲劳破坏现象。事实上,自 20 世纪 50 年代末期开始,飞机结构声疲劳问题就已经成为飞机设计、分析试验以及使用维护中必须加以考虑的一个专门技术问题。从 20 世纪 70 年代起,各种飞机设计规范和标准已正式列入了处理声疲劳问题的有关具体规定。目前 CCAR-25 部的 571(d) 条对声疲劳问题有专门的规定,是民用运输机设计和适航验证过程中必须加以考虑的问题。

在国内,对民用运输机的声疲劳适航验证工作从未开展过,整体验证思路和流程是空白。另外,国内针对声载荷的处理,以及声疲劳的分析和试验方法上虽然也有一定的积累,但是基本都是面向小的试件,本身尚不完善,不满足、不适用于或者不能直接应用于民用运输机适航验证。

在国外,波音、空客等飞机制造公司都有成熟的声疲劳适航验证技术体系,该技术体系是他们在大量试验的基础上,逐渐完善分析方法,并经过大量机型的适航验证和服役历史建立起来的,是其专有的知识产权。外界通过公开发表的文献,很能获得一部分片面的资料,很难获得其主要技术内容。

36.4　解决方案

民用运输机的声疲劳适航验证技术从 CCAR-25 部的条款要求出发,提出包括声载荷获取与验证、声疲劳考核区筛选、试验件设计、声疲劳验证试验等主要内容,涉及诸多分析方法和试验方法的适航验证技术体系。通过试验研究,提出并验证了可以用于适航验证的声疲劳加速方法,缩短了试验周期;优化了验证试验方案,提高了试验可靠性。在上述工作的基础上,ARJ21-700 飞机的声疲劳适航验证工作顺利完成。

立足于自力更生、自主创新,提出了民用运输机声疲劳适航验证的工作思路和方法,针对声载荷获取与验证、声疲劳考核区筛选、试验件设计、声疲劳验证试验等内容提出如下解决方案:

(1) 通过地面测试和飞行测试的手段获取并验证声载荷,向局方表明声载荷数据的可靠性。

(2) 对飞机上声载荷较高的多个区域进行声疲劳初步分析、详细分析,确定 ARJ21-

700 飞机上的声疲劳严重部位,作为验证试验的考核区,分析报告需由局方批准。

（3）根据声疲劳考核区的选定情况,设计用于适航验证试验的试验件和试验夹具,并由局方批准。

（4）进行研发试验,向局方表明声疲劳试验加速方法的合理性。并通过研发试验,向局方解释审查过程中提出的其他技术问题,优化验证试验的方案;试验的具体方案以大纲的形式提交局方审批。

（5）开展声疲劳适航验证试验,表明考核区满足声疲劳设计要求。

（6）通过上述声载荷、声疲劳分析、试验工作,表明 ARJ21 - 700 飞机的声疲劳符合性。

以上每一项的解决方案将在主要创新点中详细阐述。

36.5　主要创新点

在圆满完成 ARJ21 - 700 飞机型号声疲劳适航取证的过程中,形成了以下几个创新成果:

（1）创新点之一,提出民用运输机声疲劳适航符合性验证思路和工作流程,建立了一套完整的、经局方认可的民机声疲劳适航验证技术体系,填补了国内在该领域的空白。

国内的飞机声疲劳工作基本处于研究阶段,没有进行全机声疲劳适航验证的经验。在声载荷的获取和验证方面尚属空白,所使用的分析方法也不完善,在试验方面基本局限于小的典型结构的试验件,没有做大型验证试验方面的经验。

总体上,ARJ21 - 700 飞机声疲劳的适航验证涉及声载荷验证、考核区筛选和验证试验三大部分内容,形成完整的证据链。同时作为一种分析加试验的验证方法,最大限度地减少了试验数量,节约了适航验证成本。具体的工作流程如图 36 - 1 所示。

（2）创新点之二,形成了一套获取和验证民用运输机声载荷的方法。

ARJ21 - 700 飞机进行声疲劳适航验证时,国内在民用运输机的近场声载荷方面尚属空白,既无分析和试验方法可用,也无相似数据可供借鉴。如何获取和验证声载荷成为影响声疲劳适航验证的首个障碍。在 ARJ21 - 700 飞机实际的取证过程中,采用了发动机地面台架试验、飞机声载荷地面测试、飞机声载荷飞行测试 3 种试验手段,获取声载荷并相互对比验证。最终成功地解决了声疲劳条款中的声载荷验证问题,所使用的方法和获得的数据,均得到了局方认可,填补了国内的空白。具体获取和验证声载荷的过程如下:

a. 通过发动机地面台架静态噪声试验,获取发动机不同风扇转速下的声载荷分布,通过插值,计算机体表面上共计 36 个典型点的声压谱和总声压级数据。图 36 - 2 是地面台架试验的现场图片。图 36 - 3 显示了所选取的机体表面 36 个典型点的位置。

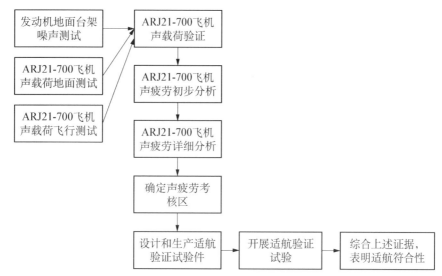

图 36-1　ARJ21-700 飞机声疲劳适航验证工作流程

图 36-2　发动机地面台架静态噪声试验

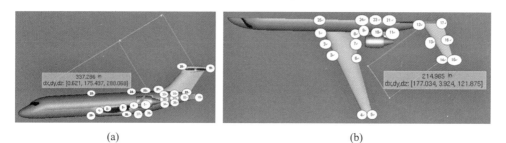

图 36-3　ARJ21-700 飞机表面声载荷典型位置

(a) 侧视图；(b) 俯视图

地面台架试验初步解决了缺少声载荷数据的问题,但是这种方法无法考虑飞机表面的遮挡、反射和散射等现象,为此,又进行了飞机声载荷地面测试。

b. 通过飞机声载荷地面测试,实际测得不同发动机状态下的机体表面声载荷。图36-4呈现的是声载荷地面测试时的传声器安装位置。通过该地面测试,对发动机地面台架试验的结果以及飞机表面的遮挡、反射等因素的影响进行讨论。图36-5呈现了飞机声载荷地面测试与发动机地面台架试验在典型位置上的声压谱结果对比图。

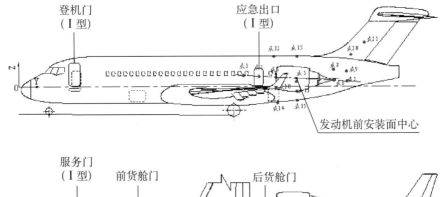

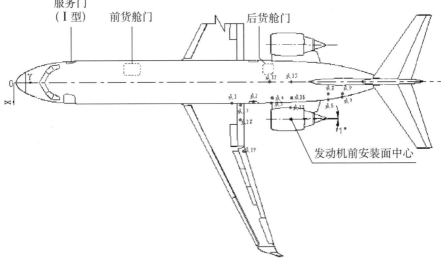

图 36‑4 地面测试的传声器布置位置示意图

从对比情况可以看出,两者总声压级基本一致,谱形上地面台架试验数据在低频段量值略高,高频段量值略低,考虑到飞机声疲劳主要发生在低频段,所以初步可以确定,根据地面台架试验计算出的声载荷数据是略偏保守的。

不过发动机地面台架试验与飞机声载荷地面测试都无法模拟飞行过程中气流对于声载荷的影响。为此需要进行飞机声载荷飞行测试。

c. 通过飞机声载荷飞行测试,对 ARJ21‑700 飞机的声载荷进行最终的验证。

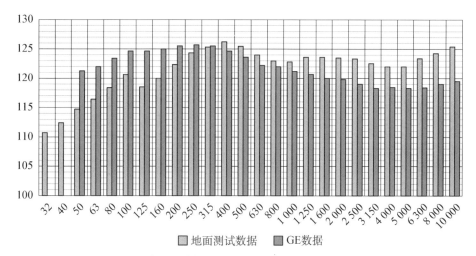

■ 地面测试数据　　■ GE数据

图 36 - 5　地面测试数据与地面台架静态噪声试验数据对比

受到试飞测试难度和风险的制约,飞行测试中传声器布置较少,测点位置如图 36 - 6 所示。实际的飞机改装情况如图 36 - 7 所示。

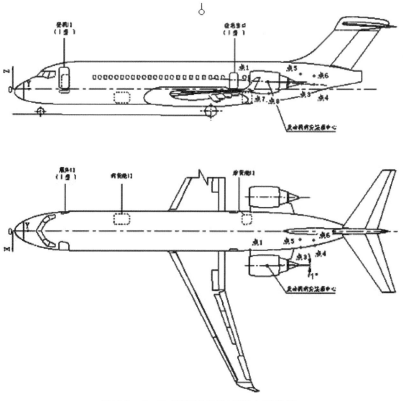

图 36 - 6　飞行测试的传声器布置位置

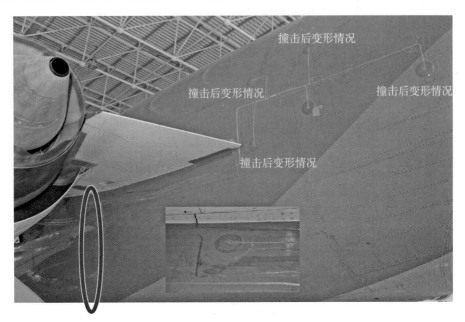

撞击后变形情况

撞击后变形情况

撞击后变形情况

撞击后变形情况

图 36 - 7　表面传声器实际安装图

　　对声载荷飞行测试的结果进行处理,得到整个飞行剖面中的声载荷信息。图 36 - 8呈现的是典型测点典型飞行架次的声载荷分布情况。经过仔细全面的数据处理和比较,最终确认飞行状态下,飞机的声载荷比地面测试时更低,从声疲劳设计的安全性考虑,应使用量值最高的地面台架试验的声载荷数据对飞机进行声疲劳的设计和适航验证。这一结论获得适航审查方的认可。

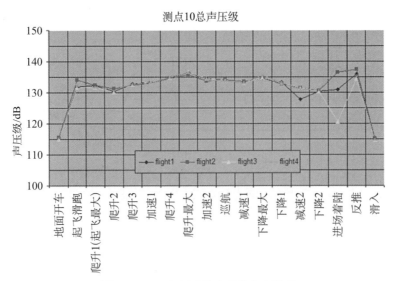

图 36 - 8　飞行测试的声载荷分布情况

（3）创新点之三，形成了一套民用运输机声疲劳考核部位的筛选方法。

在 ARJ21-700 飞机进行声疲劳适航验证之前，国内在声疲劳分析方面的几种方法并不完善，还不能用于考虑结构的声疲劳细节特性，而且也缺乏必要的验证，不能直接用于适航。本项目中提出的一套声疲劳考核部位筛选方法，是结合声载荷分布情况，通过声疲劳初步分析、声疲劳详细分析，逐步缩小声疲劳考核区的一种方法。在筛选过程中还同时对原有分析方法进行了改进。在 ARJ21-700 飞机声疲劳适航验证的过程中，该筛选方法得到了实际的应用，最后筛选确定的试验考核区大约只占 ARJ21-700 飞机表面积的 1‰，这大大减少了验证试验的工作量。因此可以说，这一筛选方法在声疲劳条款的适航验证过程中发挥了很大的作用。具体考核部位的筛选方法流程如图 36-9 所示。

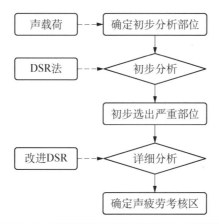

图 36-9　声疲劳考核部位的筛选方法和流程

具体步骤为，首先利用声载荷的分布的量值高低，将中后机身侧壁板、后机身侧壁板和吊挂壁板作为有可能受到声疲劳影响的区域。在这一步的筛选过程中，使用了"声疲劳寿命随着总声压级的下降而快速增大"和"低于一定量值的噪声载荷不会引起声疲劳破坏"这样两个假设。结合文献调研情况和实际的对比分析，对这两个假设进行了举证说明。

对上面选出的部位进行声疲劳初步分析。分析时，通过调研和对不同方法的对比，选用了 DSR 分析方法。该方法可以大量减少对于材料随机 $S-N$ 曲线的测试需求，最大限度地减少了整个考核区筛选过程中的随机 $S-N$ 曲线测试需求，节约了试验经费。根据初步分析得到的裕度情况，将声疲劳的薄弱部位进一步缩小到中后机身侧壁板上的若干位置。

中后机身的声疲劳初步分析如图 36-10 所示；后机身的声疲劳初步分析如图 36-11 所示。

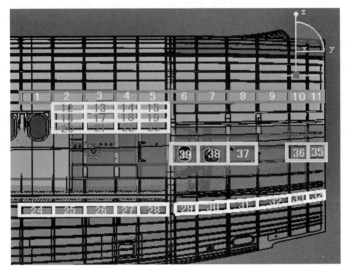

图 36‒10 中后机身的声疲劳初步分析

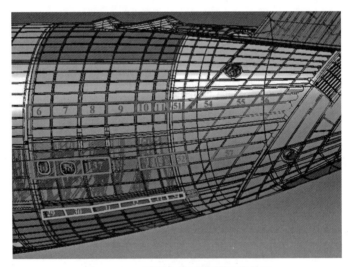

图 36‒11 后机身的声疲劳初步分析

对初步分析选出的中后机身侧壁板区域再进行详细的声疲劳分析(见图 36‒12),分析方法借助有限元软件,对 DSR 方法进行了改进。通过详细分析,确定了 ARJ21‒700 飞机上声疲劳最严重的具体的结构细节,并据此划定了飞机声疲劳试验考核区。声疲劳试验考核区位置如图 36‒13 的方框所示。

(4) 创新点之四,发展了一种声疲劳验证试验件及其夹具的设计方法。

ARJ21‒700 飞机进行声疲劳试验件设计时,面临试验件如何与行波管匹配、如

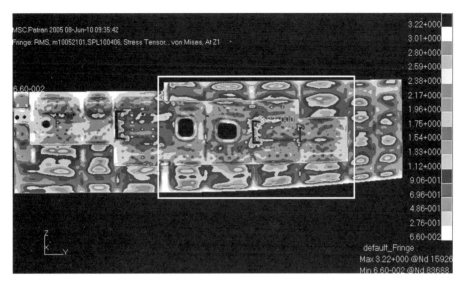

图 36‐12　中后机身侧壁板的声疲劳详细分析

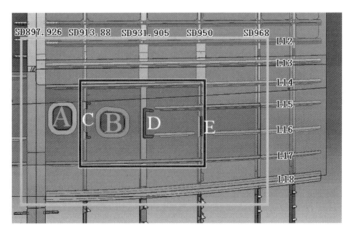

图 36‐13　声疲劳试验考核区

何对壁板进行截断、如何保证试验件动态特性与装机件一致的 3 个难题。最终,在分析的指导下,通过采用蒙皮、长桁和框的特殊截断和夹持固定方法,不仅实现了双曲壁板试验件与行波管的顺利对接,还保证了试验件考核区动态特性与飞机上真实结构基本一致,为声疲劳验证试验的顺利开展奠定了基础。本项目所设计的试验件是国内首例截取真实飞机结构设计而成的、迄今为止国内尺寸最大的行波管声疲劳试验件。

　　如图 36‐14 所示,声疲劳适航验证试验件截断了 5 条长桁和 5 个机身框,此外,钛合金蒙皮、铝合金蒙皮和钛合金加强垫板也被截断。在所有被截断的位置上,均布置了一些专门设计的长桁接头、夹具以及加强带板等结构。由于这一段机身侧壁板是双曲表面,为了能够与行波管进行对接,还设计了专门的过渡段,用于从双曲面过渡到平面。经过对比分析,保证了该试验件的边界条件的简化、夹具的刚度对结构件的动态特性影响不大。从而保证了试验件与装机件的一致性。

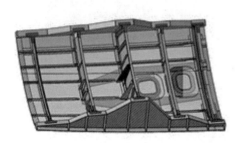

图 36 - 14　声疲劳适航验证试验件、夹具与过渡段

(5)创新点之五,提出并建立了一套声疲劳适航验证试验技术方案。

通过进行试验研究,首次向适航审查方表明了声疲劳试验加速技术的可行性,确定了加速量级;并通过试验研究确定了适航验证试验方案中的若干技术参数,在此基础上提出并确立了一套声疲劳适航验证试验的详细试验方案,该方案包括试验件安装、声载荷施加与控制、试验加速、试验测试等技术内容。

整个适航验证试验使用1件试验件,采用5倍分散系数。试验件通过夹具和过渡段固定在行波管上。试验中所使用的载荷为前面所述的发动机地面台架静态试验的声载荷,使用起飞状态的噪声谱。由于起飞状态是噪声载荷最大的状态,因此这样处理是偏于保守的。试验方案中包含声场控制方案(容差控制)、声载荷测量、动应变测量、裂纹检测、试验件检查方案等内容和相应的技术参数都经过了研发试验的对比研究后确定。整个试验方案可靠性强,试验故障少,而且通过加速,试验的时间大幅度缩短,具有较好的经济效益。本方案填补了国内声疲劳适航验证试验方案上的空白。

36.6　解决的关键技术

(1)提出了民用运输机声疲劳适航符合性验证思路和工作流程,建立了一套完整的、经局方认可的民机声疲劳适航验证技术体系,填补了国内在该领域的空白。该验证体系从声载荷、声疲劳分析、声疲劳验证试验3个方面,完整地表明了条款的符合性,证据链严谨,条款验证的经济成本较小。该适航验证方法实际应用在了ARJ21-700飞机型号研制的过程中,使得飞机顺利完成了声疲劳适航验证,取得了较好的综合效益。

(2)提出了一套获取和验证民用运输机声载荷的方法。采用多种试验手段获取声载荷,这些手段在技术上互为补充、在结果上相互验证,成功解决了声疲劳条款中的声载荷验证问题,所使用的方法和获得的数据,填补了国内的空白。

(3)提出和建立了一套民用运输机声疲劳考核部位的筛选方法。该方法结合声载荷分布情况,通过声疲劳初步分析、声疲劳详细分析,逐步缩小声疲劳考核区的面积。并对所使用的分析方法进行了改进。在ARJ21-700飞机声疲劳适航验证的过程中,该筛选方法得到了实际的应用,在缩小考核区面积、减少验证试验工作量方面发挥了重要的作用。

(4)建立了一种声疲劳验证试验件及其夹具的设计方法。在分析的指导下,该试验件通过特殊的蒙皮、长桁和框的截断和夹持固定方式,不仅实现了双曲壁板试验件在行波管中的顺利安装,还保证了试验件考核区动态特性与飞机上真实结构基本一致,为声疲劳验证试验的顺利开展奠定了基础。本项目所设计的试验件是国内首例截取真实飞机结构设计而成的、迄今为止国内最大的行波管声疲劳试验件。

(5)提出和建立了一套声疲劳适航验证试验的技术方案。通过进行试验研究,首次向适航审查方表明了声疲劳试验加速技术的可行性,确定了加速量级;并通过试验研究确定了适航验证试验方案中的若干技术参数,在此基础上提出并确立了一套声疲劳适航验证试验的详细试验方案,该方案包括试验件安装、声载荷施加与控制、试验加速、试验测试等技术内容,方案可靠性强,使得试验故障少,能够节省试验费用和周期,具有较好的经济效益,填补了国内声疲劳适航验证试验方案上的空白。

36.7 应用前景与推广价值

36.7.1 应用前景

民用运输机的声疲劳适航验证技术,包括了验证的思路和技术体系、声载荷获取和验证方法、声疲劳考核区筛选方法、声疲劳验证试验件及其夹具的设计方法,以及声疲劳适航验证试验技术等方面的内容,相关的技术内容在ARJ21-700飞机声疲劳适航验证的整个过程中得到应用。该适航验证技术体系填补了声疲劳适航验证工作之初所面临的多方面技术空白,使得ARJ21-700飞机在国内首次实现了民用运输类飞机的声疲劳适航验证。另外,此项技术可以应用于C919飞机及宽体客机等后续项目的研制,对于降低适航验证成本和周期,降低飞机的运营维护成本都有重要意义。

36.7.2 推广价值

在ARJ21-700飞机声疲劳适航验证过程中,通过多种技术途径解决声载荷的获取和验证,最大限度地保证了声载荷的准确性。在声疲劳考核区的筛选过程中,通过该成果的技术方法,最终筛选出用于进行验证试验的壁板面积仅占到全机表面积的约1‰,大幅度降低了后续验证试验的难度、费用和周期。在试验件设计方面,该成果内容所提供的试验件设计方法不仅使得目前国内最大的行波管声疲劳试验件能与首次投入使用、国内最大的行波管很好地对接安装,而且保证了试验件与装机件基本动力学特性一致,从而保证了试验和适航相关的审查的顺利通过。ARJ21 - 700 飞机声疲劳适航验证技术的成功对于国内民用运输机声疲劳适航取证具有重要的推广价值。

37　地面应急撤离试验

37.1　项目背景

为了验证 CCAR - 25.803(c)条款和附录 J,申请方必须通过全面应急撤离地面演示试验,验证 ARJ21 - 700 飞机具备适航要求所规定的应急撤离能力。

飞机应急撤离地面演示试验是民用飞机适航取证工作中最重大的一项全机性适航验证试验。应急撤离地面演示试验不仅是对地面应急撤离时间的检查,更是对客舱安全相关的各个方面设计符合性的检查,也是对飞机应急撤离程序合理性的考核。所以此次试验难度非常大,任何一个细节的疏忽就可能导致试验的失败,甚至可能导致参试人员的受伤。

37.2　实施情况

ARJ21 - 700 飞机全机应急撤离地面试验要求在黑夜条件下,机上 90 名乘客(其中 50 岁以上男性 18 名,50 岁以上女性 14 名,50 岁以下女性 22 名、其他 36 名)和 4 名机组人员从任意选择的 2 个应急出口在 90s 内使用滑梯从飞机撤离至地面。9 月 21 日,试验严格按照 CCAR - 25.803(c)条款和附录 J 要求程序执行,仅用时 57s 就完成了从开门、抛滑梯到所有参试人员的撤离。中国民用航空局(CAAC)型号合格审查组(TCT)、航空器评审组(AEG)审查代表以及美国联邦航空局(FAA)型号合格审查组(TCT)审查代表目击了此次试验,认为 ARJ21 - 700 飞机全机应急撤离地面试验"是一次成功的试验"。

2009 年 9 月,ARJ21 - 700 飞机全机应急撤离地面试验成立总指挥负责的工作团队,建立试验管理制度、工作职责和流程。2010 年 6 月 28 日,试验团队在 104 架进行了第一次摸底试验,试验时间为 92s。在本次试验中,试验团队深入发掘了试验程序的问题,对 92s 进行了分解,确认每个环节中的问题,完善了试验程序和应急预案。2012 年,试验团队感受到了前所未有的压力,压力主要来自两个方面:一是只许成功不许失败的压力;二是 103 架飞机构型问题。座椅取证、应急设备到位,尤其是影响试验的关键结构后应急门和滑梯迟迟未到位,舱门功能不及 104 架飞机。

当所有问题摆在试验团队面前的时候,激发了试验团队每位成员的斗志,团队主要负责人运用头脑风暴法,将压力转化为具体工作内容,制订详细计划,落实责任和解决措施。但是在前进的道路上,试验仍然遭遇到两个瓶颈。

首先是试验程序问题,2010年试验程序经过了 FAA/CAAC 认可并经过验证。2012年,新的 AC-25.803-1A 发布,对试验环境和程序规定更加严格详细,为此,CAAC 对试验程序提出了修改意见,其中之一是要求试验计时点的关键动作——关闭飞机内外部电源,由机长变更为试验总指挥在地面关闭。另外,FAA 提出机长模拟关闭发动机,刹车等动作(10 余秒)要求在计时点之后做,这两个要求均影响应急撤离试验时间,并且可能造成机长判断开始时间失误。此问题在 2012 年 8 月 31 日的第二次预演中暴露出来。由于蓄电池供电,驾驶舱照明未断电,导致试验模拟机长在试验开始后 40s 左右方才打开应急照明,乘客在一片漆黑条件下撤离,影响了撤离时间。试验后,试验团队分解了 94s 时间构成,反复观看视频,认为试验计时点判据不明显,为找到与外部电源同时熄灭且比较明显的灯光,总体布局专业立即组织照明、电源等专业人员在驾驶舱反复试验,直至确认合理可靠的判据。对于 FAA 的要求,相关专业认真研究适航条款,多方咨询讨论,在满足条款的前提下,以有力的观点和证据说服审查方取消了十几秒的模拟动作试验,将乘务从前舱跑到后舱的清舱工作改为喊话,节省了约 6s 时间,进一步保证了试验时间。

其次是飞机构型问题。对全机应急撤离地面试验影响最大的座椅、舱门以及滑梯构型。目前研制批飞机座椅采购自国内供应商,从 2010 年供应商开始座椅取证工作,期间经过多次反复,于 2012 年 5 月取得 TSO 证。此时距离试验时间仅 2 个多月,按照审查方要求,需以取证后生产的座椅进行应急撤离试验。此时,中国商飞充分发挥通力协作精神,主动迎击,多次赴襄樊与供应商共同协调解决措施,扫平一切障碍,保证座椅按期交付。

ARJ21-700 每架飞机舱门状态不一样,103 架飞机服务门和后应急门在之前未进行过反复的开启预试,试验期间由于改装和机组训练的需要,反复开启后服务门和后应急门均出现了不同程度的损伤。经过修整和调试,试验前试验团队专门进行抛放滑梯、开门等预试,状态正常。但是在 9 月 16 日正式试验时,一个意料之外的故障还是出现了——左后应急门开到一半卡死了,滑梯未抛放,后乘务员采用紧急充气的方式未能正常开启滑梯,全部 94 人从服务门撤离,时间为 96s。故障出现后,申请人面临两个问题:一是在 3 天内定位故障,并取得 FAA/CAAC 批准,5 天内开始第二次试验;二是第一批志愿者不能再用以试验,需在 3 天内清理确认第二批志愿者。试验团队全面考虑各种可能的问题,制订相应的应急预案,对 9 月 16 日试验问题进行了整改,终于于 9 月 21 日试验成功。

一个月后,试验报告获得了审查方的批准,表明了 ARJ21-700 飞机具备适航要求所规定的应急撤离能力,即符合 CCAR-25.803(c)条款和附录 J 的要求。试验的成功增强了 CAAC/FAA 对申请人的信任,同时也极大地提升了中国商飞各级领导、员工对 ARJ21-700 飞机取得型号合格证的信心。

37.3　成绩与突破

ARJ21-700 飞机应急撤离地面演示中取得的成果如下:

(1) 在深入研究 CCAR-25 部适航条款要求和关于应急撤离演示的最新 FAA 咨询通告的基础上,制订一整套严谨科学的适用于民用飞机地面应急撤离演示的试验要求、试验程序和保障措施。

(2) 建立一套大型"人""机"共同参与的适航验证项目的组织体系和管理规范。

本项目的技术成果已经应用于 2012 年 9 月 21 日晚在上海飞机制造有限公司总装厂房进行的 ARJ21-700 飞机应急撤离地面演示试验中。

试验前,CAAC 制造符合性检查代表及预备委任生产检验代表对 ARJ21-700 飞机应急撤离地面演示相关的试验件和试验设备进行了制造符合性检查。经检查,试验件和试验设备均符合试验大纲及构型评估报告中的要求。不满意项均在试验前关闭。审查代表目击了整个过程,请预备委任代表进行了部分重点试验项目的目击检查。整个试验过程都在审查代表的监督下进行。

本次 ARJ21-700 飞机的应急撤离演示试验中总撤离时间小于适航条款规定的 90 s,表明 ARJ21-700 飞机应急撤离地面演示试验结果符合试验大纲要求,试验数据有效,具备适航要求所规定的应急撤离能力,即符合 CCAR-25.803(c)条款和附录 J 的要求。ARJ21-700 飞机应急撤离地面演示试验报告已经获得局方批准。

ARJ21-700 飞机应急撤离地面演示试验是 ARJ21-700 飞机 TC 取证道路上的一项里程碑式的成功。本项目的技术成果获得 CAAC 和 FAA 审查方的认可。

本项目形成的民用飞机地面应急撤离演示适航取证技术,包括试验要求、试验程序和保障措施可以直接应用于 C919 飞机及后续型号验证工作中的应急撤离地面演示试验中。ARJ21-700 飞机地面应急撤离演示试验中获得的有效试验数据可以作为后续机型进行客舱布置和应急撤离时间计算分析的依据。

此次试验成果的技术突破点主要表现在如下 3 个方面:

(1) 是国内首次在自主研制的 70～90 座级民用飞机上进行的地面应急撤离试验验证,具有国内领先水平。

(2) 应急撤离地面演示是最新 FAA 咨询通告颁布后的首次验证,具有支线飞机适航验证工作在该领域的国际先进水平。

(3) 国内最大型的"人""机"共同参与的适航验证项目是国内首次在 CAAC 和 FAA 及两国 TCT 和 AEG 四方的目击下进行的,且是参与的试验人员最多的一次适航验证试验。

图 37-1 为应急撤离地面演示试验程序。

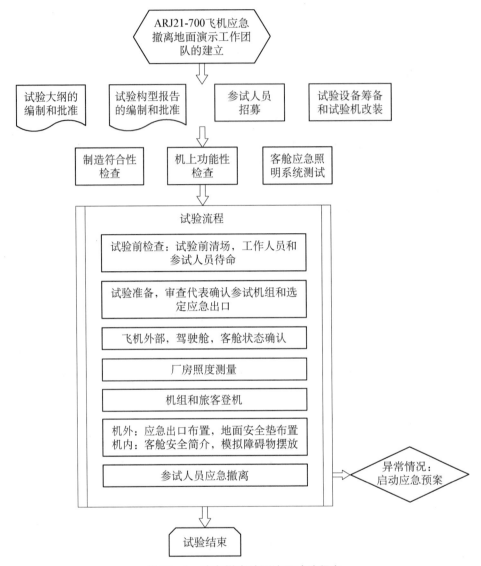

图 37 - 1 应急撤离地面演示试验程序

应急撤离地面演示试验是一项涉及人员广、专业多的重大试验,该试验验证的不仅是飞机的撤离能力,更是考核飞机制造商的组织管理能力。

ARJ21 - 700 飞机应急撤离地面演示试验的成功充分表明了我国自主研制的 ARJ21 - 700 飞机具备适航要求所规定的应急撤离能力,增强了 CAAC/FAA 对申请人的信任,同时也极大地提升了中国商飞各级领导、员工对 ARJ21 - 700 飞机取得型号合格证的信心。这是国内首次在 CAAC 和 FAA 两国 TCT 和 AEG 四方的目击下圆满完成的适航研制试验,具有国内领先水平;也具有支线飞机适航验证工作在该领域的国际先进水平。

主要关键技术：

（1）对应急撤离最新 FAA 咨询通告的验证。

（2）针对大型"人""机"共同参与的适航验证项目,建立严密高效的组织管理体系和质量管理体系。

38 飞机主起落架舱内轮胎爆破试验

38.1 项目背景

随着航空工业的发展,航空轮胎的性能也在不断提高,基本上可以适应航空工业发展的需要。但是,在飞机使用过程中,特别是飞机起飞和着陆过程中,仍然会发生轮胎失效,航空轮胎爆破失效产生的强大气流可能会损坏机体结构、系统管路等,直接影响飞行安全,是飞机研究的一个重要方面。轮胎爆破是飞机适航验证必须考虑的特定风险,是适航取证必不可少的工作。

轮胎爆破是突然的,有时是猛烈的,压力来自轮胎内部,通常与胎内裂缝、外来物体损坏或轮胎过热/过载有关。轮胎爆破是在飞机轮胎处于恶劣运行环境下偶然发生的,而实际上某些轮胎损伤可能在轮胎破坏前一直未被发现,有鉴于此,民用运输类飞机安装在起落架舱内的设备在合格审定时应评定其承受轮胎爆破影响的能力。要通过分析和实验室试验来确定关键区域,采取设计防护措施以保证轮胎爆破不会使关键功能丧失。

在 ARJ21-700 飞机研制和适航取证工作中,需制订 ARJ21-700 飞机轮胎爆破防护措施,最终通过主起落架舱内轮胎爆破试验,验证 ARJ21-700 飞机对 CCAR-25.729(f)条款的符合性。

飞机轮胎爆破试验存在定点定压引爆困难、爆破影响范围难以观测、爆破机理无法确定、爆破载荷和流场压力分散性大等问题,国外在轮胎爆破方面的研究进行核心技术封锁,因此国内轮胎爆破的试验研究在此之前处于空白,起落架舱防护设计长期处于缺乏相关设计依据的状态,轮胎爆破的适航取证存在较大困难。主起落架舱内轮胎爆破试验的目标是研究 ARJ21-700 飞机轮胎爆破的机理、引爆方法、能量测试,最终通过主起落架舱内轮胎爆破试验,完成 ARJ21-700 飞机对 CCAR-25.729(f)条款的符合性验证。

38.2 项目实施情况

随着 ARJ21-700 飞机适航取证工作的加速,轮胎爆破条款的关闭提上日程。

由于我国民机事业起步较晚,飞机轮胎爆破适航取证技术积累不足,前期在理论研究方面尤其是试验方面几乎是一片空白。当时对轮胎爆破的认识,还仅仅是条款的一行字和一两页简单的理论描述;即使世界最先进的几家飞机制造商,对轮胎爆破的认识也不尽相同,这导致了适航验证方法各异,没有统一的体系。我方在与审查方的谈判中困难重重,ARJ21－700飞机轮胎爆破适航条款的关闭工作面临巨大考验。

为攻克 ARJ21－700 飞机轮胎爆破适航取证这一难题,同时也为后续机型扫清道路,2009 年 12 月初,总师系统决定,成立 ARJ21－700 飞机轮胎爆破适航取证 IPT 团队,即轮胎爆破攻关队,开展轮胎爆破理论及试验研究专项工作。

2009 年 12 月至 2010 年 4 月间,攻关队开展了高效的工作,先后完成了适航条款的分析研究、专项合格审定计划初稿的编写、关键系统防护方案的制订等工作,取得了阶段性成果。攻关队对轮胎爆破取证工作有了较好的认识,初步建立起轮胎爆破理论研究体系。

轮胎爆破适航取证工作最快捷的完成方式是按照波音公司和空客公司的做法,即安全性分析方法,通过模型分析及理论计算等,来表明取证机型对条款的符合。然而,由于我方没有空客公司和波音公司大量型号研制及适航取证经验的积累,无法仅用安全性分析方法来说服审查方,审查方要求我方必须开展主起落架舱轮胎爆破试验,验证诸如关键设备防护措施的有效性等问题。

在世界范围内,能够开展舱体级轮胎爆破试验的飞机制造公司很少,开展过此类试验的更是凤毛麟角,且试验方法执行严格技术保护。在没有任何现成经验可借鉴的情况下,2010 年 5 月至 2010 年 12 月间,攻关队开展了轮胎爆破试验方法的研究工作,攻关队深挖技术根源,先后完成了轮胎爆破系统安全性分析、试验方案、试验件设计等工作,逐步摸索并建立起一套属于自己的轮胎爆破试验体系。2011 年 1 月,审查方对试验方案表示认可,试验开始各项前期准备工作。同年,攻关队先后完成各项技术协议签署、试验台架设计评审、试验件采购、试验支撑件设计及加工制造等众多工作,攻克一个又一个技术难题,每一天都在向试验完成、条款关闭的目标大步前进。

由于飞机轮胎必须在特殊组合条件下进行滑跑,其转速快、承载大、胎体构造复杂,控制轮胎在特定位置引爆是项极为困难的技术,此技术也是轮胎爆破试验的最重要技术与难题之一。当时飞机轮胎引爆技术国内尚未掌握,国外实行严格的技术保护,无法实施引爆工作,也就无法顺利开展试验。为保证试验工作能够继续开展,2012 年 8 月,在没有外部专家技术支持的情况下,总师系统决定开始飞机轮胎引爆技术攻关。

经深入钻研,通过大量不同型号轮胎的反复引爆验证,终于研究出了一套可靠的飞机轮胎引爆方法,最大的技术难题得以解决。

尽管在轮胎爆破适航取证攻关中取得了卓越的成绩,民机适航取证的难度和复杂性仍然很高。

2013 年 2 月,欧洲航空安全局(EASA)发布了民机轮胎爆破条款更改征求意见稿,其中对轮胎爆破条款进行了较大更改,同年年底,更改正式生效。此次更改提出了一些对轮胎爆破新的认识与取证要求,直接导致审查方的审查标准发生了巨大变化。攻关队必须从头重新调整轮胎爆破适航取证思路及体系,大批文件需要换版或编制,大量数模需要重新设计。

攻关队连续加班加点研究讨论条款更改技术,反复梳理取证思路及体系,加强加大与审查方的沟通协调。为了取得 ARJ21 - 700 飞机主起落架舱轮胎爆破适航验证试验的成功,轮胎爆破攻关队开展 X 形爆破研发试验,在不断探索中前进。首先,按照局方认可的爆破压力使用国产轮胎进行引爆方法的研究,经过几次爆破后确定出初步的引爆方法操作规程和工艺流程,同时为初步摸索 X 形爆破的冲击力,加工制作了简易的测试件,在验证引爆方法稳定性的同时,对简易测试件进行了冲击,经过这次摸底试验初步判断出 X 形爆破威力较大。为进一步摸清 X 形爆破的危害,又按照研发试验台架的连接形式加装防护罩加工制作一台架进行第二次摸底试验,在第二次摸底试验中使用 ARJ21 原型胎进行试验,同时验证引爆方法在原型胎上的稳定性。第二次摸底试验结果表明防护罩无变形,支撑梁局部变形。经分析原研发试验台架的支撑结构比飞机结构弱。为使研发试验能获得真实有效的测试数据,攻关队经过两次摸底试验和周密的分析研究,制订了合理完整的 X 形轮胎爆破冲击力测试方案,于 2014 年 3 月 3 日和 3 月 4 日分别成功地完成了两次研发测试试验,防护罩无损伤变化、支撑结构无损伤变形,测试系统数据采集正常。

有了真实可靠的 ARJ21 - 700 飞机轮胎爆破压力场测试数据,强度部对主起落架舱体结构和防护罩进行了强度分析校核,按照校核结果,对试验支撑件设计不合理之处与结构设计师孙健宇共同商定改进措施,并加以实施。从设计和技术上确保试验万无一失。

38.3　组织机构

ARJ21 - 700 飞机主起落架舱内轮胎爆破试验成立了总指挥负责的工作团队,下设 7 个工作组,分别负责组织、协调、适航、记录、测试、布置试验场地、引爆和安全。

试验工作分组及职责如图 38 - 1 所示。

38.4　成绩与突破

2014 年 2 月至 2014 年 3 月,圆满完成了 ARJ21 - 700 飞机主起落架舱轮胎爆破研发试验,获取了有效的轮胎爆破作用在起落架应急放系统防护罩上的空气冲击

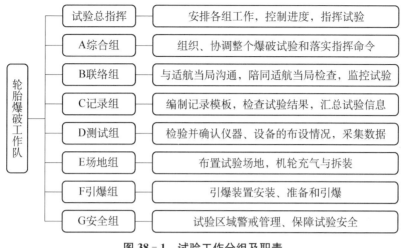

图 38-1　试验工作分组及职责

压力值,为飞机防护罩及其支撑结构的强度计算提供了可靠依据,同时为 ARJ21-700 飞机主起落架舱轮胎爆破适航验证提供了保障。

2014 年 5 月,圆满完成了 ARJ21-700 飞机主起落架舱内 X 形轮胎爆破适航验证试验,试验结果表明考核对象完好无损、舱体结构完好无损,达到了试验目的,表明 ARJ21-700 飞机轮胎爆破防护措施是有效的。试验得到了 CAAC 的认可,同时试验结果也得到 FAA 的肯定。

ARJ21-700 飞机主起落架舱内 X 形轮胎爆破适航验证试验完成后,2014 年底顺利完成了 ARJ21-700 飞机轮胎爆破适航条款的关闭。

轮胎爆破试验存在定点定压引爆困难、爆破影响范围难以观测、爆破机理无法确定、爆破载荷和流场压力分散性大等问题。国外在轮胎爆破方面进行核心技术封锁,因此国内轮胎爆破的试验研究在此之前处于空白,ARJ21 飞机起落架舱防护设计长期处于缺乏相关设计依据的状态。

首先开发一套轮胎定压定点引爆试验装置,轮胎爆破试验的轮胎爆破模式为起落架收上状态的轮胎爆破模式,根据空中爆胎事故统计和原因调查的结果,空中爆胎是由于飞机在起飞滑跑过程中因刹车而磨损掉胎面,至空中飞行时因轮胎内外压差和温度变化而发生爆破。因此为了实现规定压力下空中爆胎空气喷流爆破模式,先将轮胎磨损;其次是引爆,因为轮胎是高分子复合材料,轮胎爆破攻关队长张建敏创造性地提出了"加热电阻丝"引爆轮胎:将轮胎帘线熔断类似利器将帘线层割断,可以达到便于控制快速引爆的目的。

然后研究轮胎爆破空气喷流机理,确定轮胎爆破的影响范围,测试轮胎爆破的压力场,为起落架舱内关键系统设备及防护设计提供依据。空中爆胎轮胎爆破的危害主要是冲击波和气压效应,统计数据表明斜交胎的剖口形态为"X形"大破口,胎内压力瞬间释放。所以轮胎爆破压力场的测试传感器应有极高的灵敏度和精确度,同样测试数据的处理难度也很大,需要应用科学的手段和先进的方法。

39　货舱内饰抗火焰烧穿试验

39.1　问题背景

ARJ21 - 700 飞机的货舱属于"C"级货舱,适航规章规定"C"级货舱的货舱内饰须具备"火焰包容"能力,即需要满足 CCAR - 25.855(c)条款的抗火焰烧穿要求。国内先前进行的货舱内饰抗火焰烧穿试验仅限于内饰板材料本身,未考虑货舱内饰的设计特征,未能表明装机特征对适航条款的符合性。

39.2　技术难点

如何分析归类货舱内饰的设计特征,确定试验件构型是本试验的技术难点。

39.3　国内外现状

目前,国内飞机设计单位以设计军机为主,因此对民用飞机货舱的设计与适航验证研究较少。货舱内饰的抗火焰烧穿试验,在国内只有成都民航二所是此项试验的适航委任单位。据前期调研,该单位先前只进行过货舱内饰材料的抗火焰烧穿试验,从未进行过带设计特征的货舱内饰抗火焰烧穿试验。ARJ21 - 700 飞机带设计特征的货舱内饰抗火焰烧穿试验在国内首次进行。

关于带设计特征的货舱内饰抗火焰烧穿试验,国外各飞机主制造商依据的 FAA 试验文件主要是"DOT/FAA/CT - TN88/33"《Burnthrough Test Procedures for Cargo Liner Design Features》,该试验文件的作者是 Timothy Marker。所幸的是,我们和 Timothy Marker 取得了联系,在 ARJ21 - 700 飞机带设计特征的货舱内饰抗火焰烧穿试验过程中,试验件选型和试验过程中遇到的难题都在 Timothy Marker 的指导和帮助下解决了。所以 ARJ21 - 700 飞机带设计特征的货舱内饰抗火焰烧穿试验是严格按照 FAA 试验文件进行的,且得到了该试验文件作者的认可,达到国际先进水平。

39.4　解决方案

参考 FAA 文件 DOT/FAA/CT - TN88/33《Burnthrough Test Procedures for

Cargo Liner Design Features》,并结合 ARJ21 - 700 飞机货舱内饰的具体设计特征,确定试验件构型进行试验验证。

对于货舱内饰的搭接/接缝特征、开口特征和转角设计特征,用以下方法进行试验验证。

1) 搭接/接缝特征的试验方法

根据货舱内饰的装机结构,按规定尺寸制造带搭接/接缝特征的试验件。试验时,试验件沿台架的长边纵向放置。当验证天花板上的搭接/接缝特征时,将试验件中的搭接/接缝部位置于燃烧器的中心位置(距离台架侧壁 127 mm),台架侧壁装有 KAOWOOL 挡火板;当验证侧壁板上的搭接/接缝特征时,将搭接/接缝部位置于距离台架顶部 50.8 mm 处,台架顶部装有 KAOWOOL 挡火板,如图 39 - 1 所示。

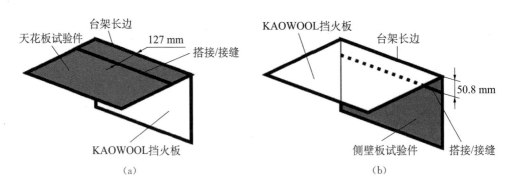

图 39 - 1　搭接/接缝特征的试验方法

(a) 天花板试验件在台架上的安装;(b) 侧壁板试验件在台架上的安装

2) 开口特征的试验方法

根据其他设备在货舱内饰上的装机结构,用构成开口区域的防火墙材料(设备或其安装支架的材料)做成一平板,置于试验台架上进行试验。平板是置于试验台架的顶部还是置于侧壁,这要根据飞机上安装设备开口的具体位置确定,如图 39 - 2 所示。

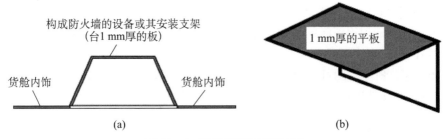

图 39 - 2　开口特征的试验方法

3）转角特征的试验方法

根据货舱内饰的装机结构，按规定尺寸制造带转角特征的试验件。试验时，把试验台架转角处的角钢去掉，把带转角特征的试验件安装于台架进行试验，如图 39-3所示。

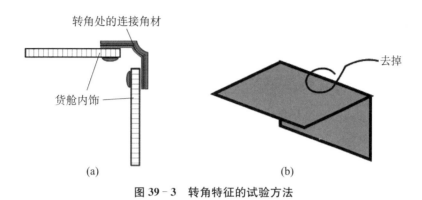

图 39-3　转角特征的试验方法

39.5　创新点

首次在国内进行 ARJ21 飞机货舱衬垫关于设计特征的抗火焰烧穿试验，设计特征主要包括开口特征、接合特征、接缝特征和转角特征。带有设计特征的货舱衬垫抗火焰烧穿试验方法突破了目前只针对货舱衬垫非金属材料的试验，此次试验的成功保证了货舱具有更好的防火性能。

39.6　解决的关键技术

针对 ARJ21-700 飞机货舱内饰的具体设计特征，如搭接/接缝特征、开口特征和转角特征，应用不同的试验件构型方法，完成了带设计特征的货舱内饰抗火焰烧穿试验，弥补了先前国内只针对货舱内饰材料试验的不足，且该试验方法已获得国内适航当局的认可。火焰烧穿试验照片如图 39-4 所示。

(a)　　　　　　　　　　　　　　　(b)

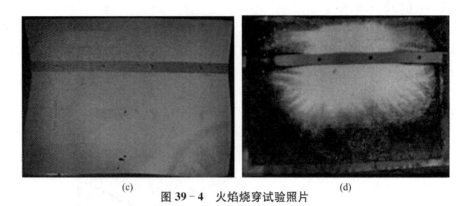

图 39‐4　火焰烧穿试验照片

(a) 试验前调试；(b) 试验中；(c) 搭接特征试验件(试验前)；(d) 搭接特征试验件(试验后)

39.7　应用前景与推广价值

39.7.1　应用前景

根据 ARJ21‐700 飞机带设计特征的货舱内饰抗火焰烧穿试验结果，对不符合抗火焰烧穿要求的部分装机构型进行了改进，如将天花板位置的铝合金零件改为钛合金零件，将侧壁板的货舱通风组件更改连接结构等，更改后的货舱构型符合了 CCAR‐25.855(c)条款的抗火焰烧穿要求，试验结果获得了局方的批准和肯定。

该创新成果不仅已应用在 ARJ21‐700 飞机的货舱研制中，还将应用在 C919 飞机和宽体飞机货舱的研制。

39.7.2　推广价值

本项目的创新成果得到了中国适航审查当局的批准，完成了货舱设计及适航验证的攻关目标。以上创新成果已应用到 ARJ21‐700 飞机货舱的研制中，且为以后的型号研制积累了丰富的经验。本项目对民用飞机货舱设计及适航验证技术来说，具有划时代的意义，为我国自主创新开展民用飞机研制的道路做出了开创性的贡献。

参 考 文 献

［1］ CAAC. CCAR-25-R3 运输类飞机适航标准［S］. 2001.

［2］ CAAC. CCAR-145-R3 民用航空器维修单位合格审定规定［S］. 2005.

［3］ CAAC. CCAR-36-R1 航空器型号和适航合格审定噪声规定［S］. 2007.

［4］ CAAC. CCAR-34 涡轮发动机飞机燃油排泄和排气排出物规定［S］. 2002.

［5］ CAAC. CCAR-21-R3 民用航空产品和零部件合格审定规定［S］. 2007.

［6］ CAAC. CCAR-26 运输类飞机的持续适航和安全改进规定［S］. 2011.

［7］ CAAC. CCAR-121-R4 大型飞机公共航空运输承运人运行合格审定规则［S］. 2010.

［8］ CAAC. CCAR-135 公共航空运输承运人运行合格审定规则［S］. 2003.

［9］ CAAC. CCAR-91 一般运行和飞行规则［S］. 2004.

［10］ FAA. AC-25.571-1D Damage Tolerance and Fatigue Evaluation of Structure［S］. 2011.

［11］ FAA. AC-120-104 Establishing And Implementing Limit Of Validity To Prevent Widespread Fatigue Damage［S］. 2011.

［12］ FAA. AC-25-27A Development of transport category airplane electrical wiring interconnection systems instructions for continued airworthiness using and enhanced zonal analysis procedure［S］. 2011.

［13］ CAAC. AC-21-AA-2008-213 研发试飞和验证试飞特许飞行证颁发程序［S］. 2008.

［14］ CAAC. AC-121/135-67 维修审查委员会和维修审查委员会报告［S］. 2006.

［15］ FAA. AC-25.773-1 驾驶舱视界设计［S］. 1993.

［16］ FAA. AC-25.1309-1A System Design and Analysis［S］. 1988.

［17］ FAA. AC-20-128A Design Considerations for Minimizing Hazards caused by Uncontained Turbine Engine and Auxiliary Power Unit Rotor Failure［S］. 1997.

［18］ CAAC. AC-121-135-49 民用航空器主最低设备清单、最低设备清单的制定和批准［S］. 2006.

［19］ FAA. AC-20-136A Final Protection of Aircraft Electrical and Electronic Systems［S］. 2006.

［20］ FAA. AC-20-158 The Certification of Aircraft Electrical and Electronic Systems for Operation in HIRF Environment［S］. 2007.

[21] CAAC. AC-21-1317 航空器高强辐射场(HIRF)保护要求[S]. 2006.

[22] EASA. NPA 2013-02 Protection from debris impact [S]. 2013.

[23] SAE ARP 4754 Guidelines for Development of Civil Aircraft and Systems [S]. 2010.

[24] SAE ARP 4761 Guidelines and Methods for Conducting the Safety Assessment Process on Civil Airborne Systems and Equipment [S]. 1996.

[25] SAE ARP 4101/2 驾驶舱内的驾驶员视界[S]. 2003.

[26] SAE ARP 5416 Aircraft Lightning Test Methods [S]. 2013.

[27] SAE ARP 5412 Aircraft Lightning Environment And Related Test Waveforms [S]. 2005.

[28] SAE ARP 5583 在高强度引导到飞机的认证辐射场(HIRF)环境[S]. 2003.

[29] HB 7496. 机的认证民用飞机驾驶舱视野要求[S]. 1997.

索　引

大飞机出版工程
书　目

一期书目（已出版）

《超声速飞机空气动力学和飞行力学》（译著）

《大型客机计算流体力学应用与发展》

《民用飞机总体设计》

《飞机飞行手册》（译著）

《运输类飞机的空气动力设计》（译著）

《雅克-42M和雅克-242飞机草图设计》（译著）

《飞机气动弹性力学和载荷导论》（译著）

《飞机推进》（译著）

《飞机燃油系统》（译著）

《全球航空业》（译著）

《航空发展的历程与真相》（译著）

二期书目（已出版）

《大型客机设计制造与使用经济性研究》

《飞机电气和电子系统——原理、维护和使用》（译著）

《民用飞机航空电子系统》

《非线性有限元及其在飞机结构设计中的应用》

《民用飞机复合材料结构设计与验证》

《飞机复合材料结构设计与分析》（译著）

《飞机复合材料结构强度分析》

《复合材料飞机结构强度设计与验证概论》

《复合材料连接》

《飞机结构设计与强度计算》

三期书目（已出版）

《适航理念与原则》

《适航性:航空器合格审定导论》(译著)

《民用飞机系统安全性设计与评估技术概论》

《民用航空器噪声合格审定概论》

《机载软件研制流程最佳实践》

《民用飞机金属结构耐久性与损伤容限设计》

《机载软件适航标准 DO－178B/C 研究》

《运输类飞机合格审定飞行试验指南》(编译)

《民用飞机复合材料结构适航验证概论》

《民用运输类飞机驾驶舱人为因素设计原则》

四期书目(已出版)

《航空燃气涡轮发动机工作原理及性能》

《航空发动机结构强度设计问题》

《航空燃气轮机涡轮气体动力学:流动机理及气动设计》

《先进燃气轮机燃烧室设计研发》

《航空燃气涡轮发动机控制》

《航空涡轮风扇发动机试验技术与方法》

《航空压气机气动热力学理论与应用》

《燃气涡轮发动机性能》(译著)

《航空发动机进排气系统气动热力学》

《燃气涡轮推进系统》(译著)

《燃气涡轮发动机的传热和空气系统》

五期书目(已出版)

《民机飞行控制系统设计的理论与方法》

《民机导航系统》

《民机液压系统》(英文版)

《民机供电系统》

《民机传感器系统》

《飞行仿真技术》

《民机飞控系统适航性设计与验证》

《大型运输机飞行控制系统试验技术》

《飞行控制系统设计和实现中的问题》(译著)

《现代飞机飞行控制系统工程》

六期书目（已出版）

《民用飞机构件先进成形技术》

《民用飞机热表特种工艺技术》

《航空发动机高温合金大型铸件精密成型技术》

《飞机材料与结构检测技术》

《民用飞机构件数控加工技术》

《民用飞机复合材料结构制造技术》

《民用飞机自动化装配系统与装备》

《复合材料连接技术》

《先进复合材料的制造工艺》(译著)

七期书目（已出版）

《支线飞机设计流程与关键技术管理》

《支线飞机验证试飞技术》

《支线飞机电传飞行控制系统研发及验证》

《支线飞机适航符合性设计与验证》

《支线飞机市场研究技术与方法》

《支线飞机设计技术实践与创新》

《支线飞机项目管理》

《支线飞机自动飞行与飞行管理设计与验证》

《支线飞机电磁环境效应设计与验证》

《支线飞机动力装置系统设计与验证》

《支线飞机强度设计与验证》

《支线飞机结构设计与验证》

《支线飞机环控系统研发与验证》

《支线飞机运行支持技术》

《ARJ21-700 新支线飞机项目发展历程、探索与创新》

《飞机运行安全与事故调查技术》

《基于可靠性的飞机维修优化》

《民用飞机实时监控与健康管理》

《民用飞机工业设计的理论与实践》